现代计算机
原理与工业应用

夏显忠◎编著

清华大学出版社

北京

内 容 简 介

本书分为两部分。第一部分先介绍计算机基本技术指标、计算机经典理论模型；然后按计算机工作原理分别讨论了计算机数据存储原理、数据传输原理、数据运算原理等。为了紧跟国际上计算机技术的最新发展，对台式计算机、服务器、计算机集群、工业计算机等进行了详细的分析，并且讨论了这些计算机系统的组成和体系结构。第二部分主要结合工业应用实践，介绍了工业计算机的基本原理、技术和应用，讨论了 CPCI 总线、VPX 总线、ATCA 等工业计算机的组成原理和设计技术，并且分析和讨论了工业计算机网络、工业物联网、智能工厂、工业云等技术。对工业计算机、嵌入式计算机在工业、国防等领域的应用，也提出了相应的技术解决方案。

本书内容通俗易懂，力求与当代计算机技术密切结合。

适合作为计算机科学技术、电子工程、通信工程、机械工程等相关专业的教学用书，也可作为相关技术人员的参考书。

图书在版编目(CIP)数据

现代计算机原理与工业应用/夏显忠编著. —北京：清华大学出版社，2020.4
ISBN 978-7-302-54946-8

Ⅰ. ①现…　Ⅱ. ①夏…　Ⅲ. ①电子计算机－教材　Ⅳ. ①TP3

中国版本图书馆 CIP 数据核字(2020)第 025510 号

责任编辑：闫红梅　张爱华
封面设计：刘　键
责任校对：梁　毅
责任印制：宋　林

出版发行：清华大学出版社
　　　　网　　　址：http://www.tup.com.cn, http://www.wqbook.com
　　　　地　　　址：北京清华大学学研大厦 A 座　　　　　　　邮　　编：100084
　　　　社 总 机：010-62770175　　　　　　　　　　　　　　邮　　购：010-62786544
　　　　投稿与读者服务：010-62776969, c-service@tup.tsinghua.edu.cn
　　　　质量反馈：010-62772015, zhiliang@tup.tsinghua.edu.cn
　　　　课件下载：http://www.tup.com.cn, 010-83470236
印 装 者：清华大学印刷厂
经　　销：全国新华书店
开　　本：185mm×260mm　　　印　张：24.25　　　字　数：589 千字
版　　次：2020 年 7 月第 1 版　　　　　　　　　印　次：2020 年 7 月第 1 次印刷
印　　数：1～1500
定　　价：59.00 元

产品编号：078119-01

前　言

本书全面分析了计算机的基本组成原理和最新设计技术,旨在培养读者深入理解计算机硬件设计的能力,帮助读者利用所学知识解决专业领域具体问题。

教材特色

(1) 讨论设计技术。教材在理论方面讨论了图灵机结构、冯·诺依曼结构、数据存储的局部性原理、CPU 流水线结构、GPU 并行计算、分布式计算问题等;在新技术方面,讨论了计算机集群结构、Hadoop 分布式计算平台、ARM、PowerPC 嵌入式系统结构、云计算等内容;在实用技术方面,讨论了国产化自主可控计算机等内容。教材在力求保持学科广度的同时,兼顾学科深度,并对所涉及的主题给出具体的应用案例。

(2) 解决工程问题。教材以工业计算机在工程实际中的应用为案例,讨论和分析计算机工业控制和应用等问题。例如,介绍了工业物联网技术、智慧工厂的数据采集与传输、嵌入式计算在车载加固计算机领域的应用、嵌入式技术在航电系统中的应用等。通过工程实际案例的教学,使学生更加深入地理解计算机的设计与应用。

(3) 讲解通俗易懂。作者从学生的角度出发,按照学生理解问题的思路和方式来写作,力求教材内容通俗易懂,图文并茂。全书通过大量的图表和案例,通俗地介绍和分析一些复杂的知识结构和难以理解的技术问题。例如,讲解各种常用系统结构时,案例尽量图形化、表格化,而不是利用计算公式对系统结构进行说明。

主要内容

本书分为两大部分。第一部分(第 1~8 章)首先分析和讨论了计算机硬件设备最基本的操作——编码、存储、传输、计算;然后讨论和分析了台式机、服务器、计算机集群。第二部分(第 9~11 章)主要讨论工业计算机的设计技术及其在企业和军事领域的应用,分析了车载加固计算机、航空计算机、舰载计算机等设计案例。

对各章内容简要介绍如下。

第 1 章主要介绍计算机技术指标、计算机基准测试、系统设计中的问题、二进制数据的编码、图灵机结构与原理、冯·诺依曼计算机结构、新型计算机等。

第 2 章主要分析和讨论数据存储技术,内容包括高速缓存的结构与原理、内存结构与设计技术、闪存结构与设计技术、硬盘结构与原理、存储设备常用接口。

第 3 章主要分析和讨论计算机数据传输技术,内容包括信号完整性分析、并行与串行传输的优点与缺点、数据传输中的控制方法、数据的纠错编码等。

第 4 章主要分析和讨论 CPU 组成与设计技术,内容包括 CISC 和 RISC 指令系统、CPU 基本结构、CPU 制程工艺、CPU 流水线技术、x86 系列 CPU、ARM 系列 CPU、PowerPC 系列 CPU、国产化 CPU 等。

第 5 章主要分析和讨论 GPU 原理与应用开发技术,内容包括 GPU 硬件结构、GPU 图形显示技术、GPU 并行计算原理、CUDA 并行计算、OpenCL 并行计算等。

第 6 章主要分析和讨论台式计算机技术,内容包括 ATX 主板技术、主板典型电路设计技术、BIOS 工作原理、系统引导过程、PCI 总线、PCI-E 总线、USB 总线等。

第 7 章主要分析和讨论服务器技术,内容包括 PC 服务器结构、服务器设计技术、SAS 接口技术、磁盘冗余阵列、服务器管理接口 IPMI、KVM 控制技术等。

第 8 章主要分析和讨论计算机集群技术,内容包括集群系统典型结构、集群系统硬件设备、集群系统管理软件、高性能集群系统、高可用集群系统、负载均衡集群系统、集群系统存储网络、Hadoop 分布式计算平台、BOINC 网格分布式计算等。

第 9 章主要分析和讨论工业计算机技术,内容包括工业计算机概述、工业计算关键技术、CPCI 工业计算机、VPX 工业计算机、ATCA 工业计算机等。

第 10 章主要分析和讨论工业计算基本特征、工业物联网应用、智能工厂设计案例、工业云技术。

第 11 章主要分析和讨论计算机在军事领域的应用,内容主要包括军用计算机概述、军用计算机设计技术、军用计算机内部总线以及设计与应用案例等。

致谢

本书由夏显忠编著,易建勋、彭超鹏、徐磊、陈龙、王浩、刘理鹏、黄江峰、潘旭亮、谭怀亮、徐瑶等参与了书稿的校对工作。因特网上的技术资料给作者提供了极大的帮助,非常感谢这些网络文献作者。

尽管我们非常认真努力地写作,但书中难免有疏漏之处,恳请广大读者批评指正。

夏显忠

2020 年 1 月

目　　录

第一部分　计算机组成原理

第二部分　工业计算机应用

第一部分　计算机组成原理

第 1 章 计算机基本知识

计算机的产生和发展经历了漫长的历史进程,在这个过程中,科学家们经过艰难探索,发明了各种各样的计算机器,推动了计算机技术的发展。总体来看,计算机的发展经历了计算工具→计算机器→现代计算机→当代计算机四个历史阶段。

1.1 计算机类型与技术指标

1.1.1 计算机基本类型

1. 计算机的定义

现代计算机(Computer)是一种在程序控制下,自动进行通用计算工作,并且具有信息存储和处理能力的数字化电子设备。

计算机由硬件系统和软件系统两大部分组成。硬件系统由一系列电子元器件按照设计的逻辑关系连接而成,硬件是计算机系统的物质基础;软件系统由操作系统和各种应用软件组成,计算机软件管理和控制硬件设备按照预定的程序运行和工作。

2. 计算机的类型

IEEE(电气和电子工程师协会)1989 年将计算机划分为巨型计算机、小巨型计算机、小型计算机、工作站、个人计算机六种类型。这种按计算性能分类的方法显然存在缺陷,如 20 世纪 90 年代的巨型计算机并不比目前计算机计算能力强。尤其是计算机集群技术的发展,使得大、中、小型计算机之间的界限变得模糊不清,而工作站这种机型也被服务器所取代。

按照目前计算机产品的应用,John L. Hennessy 教授在《计算机体系结构:量化研究方法(第 5 版)》一书中,将计算机划分为个人移动设备、台式计算机、服务器、嵌入式计算机和计算机集群五种类型,如表 1-1 所示。

表 1-1 计算机基本类型和技术特征

计算机类型	典型机型和技术特征
个人移动设备	智能手机、笔记本计算机、平板计算机、穿戴式计算机等;特征是低能耗,便携
台式计算机	PC 系列台式机、苹果系列台式机等;特征是通用性强,易用性好
服务器	机箱式服务器、机架式服务器、刀片式服务器等;特征是高性能,高可靠性
嵌入式计算机	工业计算机、单片机等;特征是实时性强,环境适应性好
计算机集群	高性能集群、高可用集群、负载均衡集群等;特征是超大型并行计算,容错性好

1) 个人移动设备

(1) 智能手机。

早期的手机是一种通信工具,用户不能安装程序,信息处理功能极为有限。而智能手机打破了这些限制,它完全符合计算机关于"程序控制"和"信息处理"的定义,而且形成了丰富的应用软件市场,用户可以自由安装各种应用软件。目前,智能手机是移动计算的最佳终端。智能手机作为一种大众化计算机产品,性能越来越强大,应用领域越来越广泛。

① 智能手机的发展。1992 年,苹果公司推出了第一个掌上微机 Newton(牛顿),它具有日历、行程表、时钟、计算器、记事本、游戏等功能,但是没有手机的通信功能。世界公认的第一部智能手机 IBM Simon(西蒙)诞生于 1993 年,如图 1-1(a)所示,它是首个手机和掌上电脑的混合产品,被归类为智能手机。2007 年,乔布斯首次向世界介绍了 iPhone,从此彻底改变了智能手机。2008 年,Android(安卓)诞生。目前,除 iPhone 之外,大部分手机搭载的系统都是安卓。随着移动通信技术的不断发展,智能手机将承载更多的功能,不断改变着人们的生活。

(a) Apple Newton　　(b) IBM Simon　　(c) 智能手机1　　(d) 智能手机2

图 1-1　智能手机的发展

国际电信联盟(ITU)发布的 2017 年度互联网调查报告显示,全球手机用户数突破了 50 亿。2018 年,全球智能手机总销量为 14.56 亿台。国家工信部统计数据表明,2018 年中国大陆智能手机出货量达到 3.71 亿台。

② 智能手机的功能。智能手机是指具有完整的硬件系统,独立的操作系统,用户可以自行安装第三方服务商提供的程序,并可以实现无线网络接入的移动计算设备。智能手机的名称主要是针对传统手机功能而言,并不意味着手机有很强大的"智能"。

(2) 笔记本计算机。

笔记本计算机主要用于移动办公,具有短、小、轻、薄的特点。笔记本计算机在软件上与台式计算机完全兼容,硬件上虽然按 PC 的设计规范制造,但受到体积限制,不同厂商之间的产品不能互换,硬件兼容性较差。在相同配置下,笔记本计算机的性能要低于台式计算机,价格也要高于台式计算机。笔记本计算机屏幕为 10~15in(1in=0.0254m),重量为 1~2kg,笔记本计算机一般具有无线通信功能。笔记本计算机如图 1-2 所示。

图 1-2　笔记本计算机

（3）平板计算机。

平板计算机（Tablet PC）最早由微软公司于 2002 年推出。平板计算机是一种小型、方便携带的个人计算机，如图 1-3 所示。目前，平板计算机最典型的产品是苹果公司的 iPad。平板计算机在外观上只有杂志大小，目前主要采用苹果和安卓操作系统。它以触摸屏作为基本操作设备，所有操作都通过手指或手写笔完成，而不是传统的键盘或鼠标。平板计算机一般用于阅读、上网、简单游戏等。

(a) 华为公司平板计算机　　　　　　(b) 苹果公司iPad平板计算机

图 1-3　平板计算机

2）台式计算机

大部分个人计算机采用 Intel 公司的 CPU 作为核心部件，凡是能够兼容 IBM PC 的计算机产品都称为 PC。目前台式计算机基本采用 Intel 和 AMD 公司的 CPU 产品，这两个公司的 CPU 兼容 Intel 公司早期的 80x86 系列 CPU 产品，因此也将采用这两家公司 CPU 产品的计算机称为 x86 系列计算机。

如图 1-4 所示，台式计算机在外观上有立式和一体化机两种类型，它们在性能上没有区别。台式计算机主要用于企业办公和家庭应用，因此要求有较好的多媒体功能。台式计算机应用广泛，应用软件也最为丰富，这类计算机有很好的性能价格比。

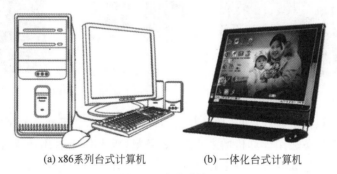

(a) x86系列台式计算机　　　　　　(b) 一体化台式计算机

图 1-4　台式计算机

PC 在各个领域都取得了巨大的成功，PC 成功的原因是拥有海量应用软件，以及优秀的兼容能力，而低价、高性能在很长一段时间里都是 PC 的市场竞争法宝。

3）服务器

如图 1-5 所示，服务器有机箱式（也称为塔式）、刀片式和机架式。机箱式服务器体积较大，便于今后扩充硬盘等 I/O 设备；刀片式服务器结构紧凑，但是散热性较差；机架式服务器体积较小，尺寸标准化，便于在机柜中扩充。服务器一般运行在 Linux 或 Windows Server 操作系统下，软件和硬件都与 PC 兼容。服务器硬件配置一般较高，例如，它们往往采用高性能 CPU（如"至强"系列 CPU），甚至采用多 CPU 结构。内存容量一般较大，而且要求具有 ECC（错误校验）功能。硬盘也采用高转速和支持热拔插的硬盘。大部分服务器需要全年不间断工作，因此往往采用冗余电源，冗余风扇。服务器主要用于网络服务，对多媒体功能几乎没有要求，但是对数据处理能力和系统稳定性有很高要求。

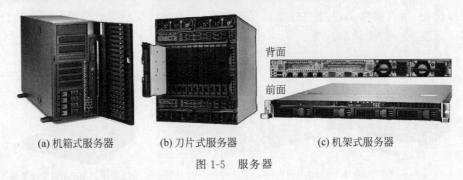

　　(a) 机箱式服务器　　　　　(b) 刀片式服务器　　　　　　(c) 机架式服务器

图 1-5　服务器

4）嵌入式计算机

嵌入式系统是一个外延极广的名词，凡是与工业产品结合在一起，并且具有计算机控制的设备都可以称为嵌入式系统（见图 1-6）。嵌入式计算机（EC）是为特定应用而设计的专用计算机，"嵌入"的含义是将计算机设计和制造在某个设备的内部。

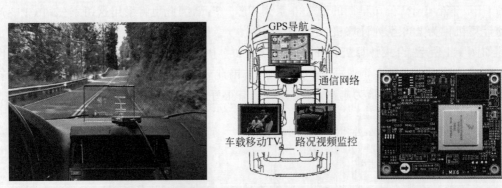

图 1-6　嵌入式计算机在商业和工业领域的应用

嵌入式计算机包括工业计算机、单片机等，计算机是嵌入式系统的核心控制设备。大部分嵌入式计算机不具备通用计算机的外观形态，例如，没有使用通用的键盘和鼠标，一般通过专用键盘、触摸屏、操纵杆等设备进行操作。嵌入式计算机以应用为中心，计算机的硬件和软件根据需要进行裁剪，以适用产品的功能、性能、可靠性、成本、体积、功耗等特殊要求。嵌入式计算机一般由微处理器（CPU）、硬件设备、嵌入式操作系统以及应用程序四个部分组成。嵌入式计算机由于工作环境复杂，要求系统可靠性好。

5）计算机集群

计算机集群主要用于科学计算、军事、通信、金融等大型计算项目。在超级计算机领域，计算机集群的价格只有专用大型计算机的几十分之一，因此世界 500 强（TOP500）计算机大多采用集群结构（见图 1-7），少数大型计算机采用 MPP（海量并行处理）结构。

计算机集群（Cluster）技术是将多台（几台到上万台）独立计算机（PC 服务器），通过高

图 1-7 "天河 2 号"超级计算机集群系统

速局域网组成一个机群,并以单一系统模式进行管理,使多台计算机像一台超级计算机那样统一管理和并行计算。集群中运行的单台计算机并不一定是高档计算机,但集群系统却可以提供高性能不停机服务。集群中每台计算机都承担部分计算任务,因此整个系统计算能力非常高。同时,集群系统具有很好的容错功能,当集群中某台计算机出现故障时,系统可将这台计算机进行隔离,并通过各台计算机之间的负载转移机制,实现新的负载均衡,同时向系统管理员发出故障报警信号。

集群的扩展性很好,可以不断向集群中加入新计算机。集群提高了系统可靠性和数据处理能力。计算机集群一般采用 Linux 操作系统,软件开发采用并行计算。计算机集群由于投资大,运行能耗大,计算任务复杂,因此要求系统利用率高。

1.1.2 计算机技术指标

计算机的主要技术指标有性能、功能、可靠性、兼容性等,技术指标的好坏由硬件和软件两方面的因素决定。

1. 性能指标

单台计算机的性能主要取决于 CPU 的运行速度与存储器容量。计算机运行速度越快,在一定时间段内处理的数据就越多,计算机的性能也就越好。存储器容量也是衡量计算机性能的一个重要指标,大容量的存储空间一方面是由于海量数据的需要,另一方面,为了保证 CPU 进行计算时数据流不至于中断,就需要对数据进行预存、预取,这加大了对存储器容量的要求。例如,计算机能不能播放高清视频影片是有没有这项功能的问题,但是视频画面效果如何则是性能问题。为了得到好的画面质量,就必须使用高频率的 CPU 和大容量内存。因为高清视频数据量巨大,低速系统将导致严重的动画效果和马赛克效果。

1) CPU 工作频率

频率是单位时间内发出的脉冲数,单位为赫兹(Hz),1GHz=每秒 10 亿个信号周期。例如,工作频率为 3GHz 的 4 核 CPU,理论上 1 秒最多可以做 30 亿×4=120 亿次运算。CPU 工作频率是最简单的衡量计算机性能的指标,CPU 工作频率越高,程序运行速度越快。但是目前 CPU 频率的提高遇到了"频率高墙"问题,即 CPU 频率达到一定高度(大约4GHz)后,会导致 CPU 内核工作温度急剧升高(90℃以上),这会造成计算机工作不稳定,甚至很容易导致 CPU 烧毁。为了解决这个问题,目前 CPU 主要采用多核技术、64 位计算技术,以及提高 CPU 运行效率的技术解决方案。因此,CPU 工作频率是一个很重要但并不是唯一的计算机性能指标。

2) FLOPS(每秒浮点运算次数)性能指标

FLOPS 常被用来估算计算机的执行性能。浮点运算包括了所有涉及小数的运算,这类运算在某些应用软件(如 3D 图形、工程计算等)中常常出现,它们比整数运算更花时间。目前大部分 CPU 中都有专门用来处理浮点运算的 FPU(浮点运算单元),FLOPS 测量的是FPU 的执行速度,最常用来测量 FLOPS 的基准测试程序是 Linpack。FLOPS 测量比较适合"计算密集型"任务,但是它也存在一些缺陷。例如,计算机 CPU 速度再快,如果相应的外部设备速度跟不上,如磁盘读写速度缓慢等,就会严重制约计算机的处理能力。因此,FLOPS 不适用于测量"数据密集型"(如数据库操作、视频播放等)任务,因此台式计算机极少用 FLOPS 来衡量性能。较全面地衡量一台计算机的性能指标,应该是它每秒处理事务的能力,以及系统的能源消耗。

3) 平均性能与突发性能

目前 CPU 工作频率越来越高,CPU 内核也越来越多。但是,CPU 利用率大部分时间都在 10% 以下。根据专家估计,台式计算机 CPU 的平均利用率在 5% 左右。那么台式计算机配置高频率多核 CPU 有什么用途呢?这主要是用户希望计算机的任何操作实现"单击就用"的要求。由此可见,个人用户对计算机性能的要求不是"平均性能",而是"突发性能"。高性能台式计算机主要用于满足个人用户对"突发性能"的要求。

2. 功能指标

对用户而言,计算机的功能是指它能够提供服务的类型;对专业人员而言,功能是系统中每个部件能够实现的操作。功能可以由硬件实现,也可以由软件实现,只是它们之间实现的成本和效率不同。例如,网络防火墙功能,在客户端一般采用软件实现,以降低用户成本;而在服务器端,防火墙一般由硬件设备实现,以提高系统处理效率。

随着计算机技术的发展,3D 图形显示、高清视频播放、多媒体功能、网络功能、无线通信功能等已经在计算机中广泛应用;触摸屏、语音识别等功能也在不断普及中;增强现实、3D激光投影显示、3D 打印(见图 1-8)、穿戴式计算机等功能也在普及中。计算机的功能越来越多,应用领域涉及社会各个领域。

 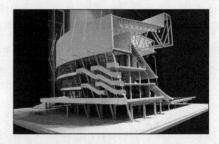

图 1-8　3D 打印机和打印的建筑模型

在计算机设计中,一般由硬件提供基本通用平台,利用各种不同软件实现不同应用需求的功能。例如,计算机硬件仅提供音频基本功能平台,而音乐播放、网络电话、语音录入、音乐编辑等应用功能都通过软件来实现。或者说,计算机的功能取决于软件的多样性。计算机的所有功能都可以通过软件或硬件的方法进行测试。

3. 可靠性指标

可靠性是指产品在规定条件下和规定时间内完成规定功能的能力。例如,计算机经常性死机或重新启动,都说明计算机可靠性不好。计算机硬件测试如图 1-9 所示。

(a) 温度/湿度极端环境测试　　　　(b) 震动测试　　　　(c) 冲击测试

图 1-9　计算机硬件设备常规可靠性测试

每个专业人员都希望他们负责的系统正常运行时间最大化,最好将它们变成完全的容错系统。但是,约束条件使得这个问题变得几乎不可能解决。例如,经费限制、部件失效、不完善的程序代码、人为失误、自然灾害,以及不可预见的商业变化,都是达到 100% 可用性的障碍因素。系统规模越复杂,其可靠性越难保证。

【例 1-1】　Webbench 是一个在 Linux 系统下使用的网站压力测试工具。它使用 fork() 函数模拟多个客户端同时访问设定的网址(URL),测试网站在访问压力下工作的性能。Webbench 最多可以模拟 3 万个并发连接去测试网站的负载能力。

硬件产品故障概率与运行时间成正比;而软件产品故障的产生难以预测。软件可靠性比硬件可靠性更难保证。例如美国宇航局的软件系统,可靠性比硬件低一个数量级。

4. 兼容性指标

计算机硬件和软件由不同厂商的产品组合在一起,它们之间难免会发生一些"摩擦",这就是通常所说的兼容性问题。兼容性是指产品在预期环境中能正常工作,无性能降低或故障,并对使用环境中的其他部分不构成影响。经验表明,如果在产品开发阶段解决兼容性问题所需的费用为 1,那么等到产品定型后再想办法解决兼容性问题,费用将增加 10 倍;如果到批量生产后再解决,费用将增加 100 倍;如果到用户发现问题后才解决,费用可能增加 1000 倍。1994 年,英特尔公司的"奔腾 CPU 瑕疵事件"很好地印证了这一经验。

1) 硬件兼容性

硬件兼容性是指计算机中的各个部件组成在一起后,会不会相互影响,能不能很好地运行。例如,A 内存条在 Windows 10 中工作正常,B 内存条在 Windows 10 下不能工作,可以说 B 内存条的兼容性不好。在硬件设备中,为了保护用户和设备生产商的利益,硬件设备都遵循向下兼容的设计原则,即老产品可以正常工作在新一代产品中。一旦出现硬件兼容性问题,一般采用升级驱动程序的方法解决。

2) 软件兼容性

软件兼容性是指软件能否很好地在操作系统平台运行,软件和硬件之间能否高效率地工作,会不会导致系统崩溃等故障的发生。

【例1-2】　在64位Windows操作系统下,既可以运行新的64位应用程序,又可以运行以前的32位应用程序时,我们说64位操作系统与32位应用程序兼容。

【例1-3】　一个新设计的游戏软件,应该考虑它与常用软件的兼容性,不能安装了这个游戏软件后,连Word都不能运行了。

软件产品兼容性不好时,一般通过安装软件服务包(SP)或进行软件版本升级解决。近年来,利用"虚拟机"技术解决软件兼容性问题,成为了一个新的探索方向。

1.1.3　计算机基准测试

1. 计算机性能基准测试

基准测试(Benchmark Test)是一种测量和评估系统性能指标的操作。基准测试也称为性能测试,通常也是功能测试,即测试系统的某项功能是否达到了预期的要求。

通过基准测试可以建立一个已知的性能水平(称为基准线),当系统的软件或硬件环境发生变化后,再进行一次基准测试就可以确定哪些变化对性能产生了影响。这是基准测试最常见的用途,其他用途包括测定某种负载水平下的性能极限等。

可测量、可重复、可对比是基准测试的三大原则。可测量是指测试过程是可以实现的,并且测试结果可以量化表现;可重复是指测试结果处于可接受的置信区间之内,而不受测试时间、地点和测试者的影响;可对比是指测试结果具有线性关系,测试结果的大小直接决定性能的高低。

基准测试有很多标准,因而也就有很多基准测试软件,每种测试软件和测试方案都有自己的优势和不足。应当注意到,任何测试都无法模拟真实应用环境中计算机的负载情况。基准测试结果只能作为一个横向比较的参考。如图1-10所示,计算机的性能可以通过某些基准测试软件进行测试。

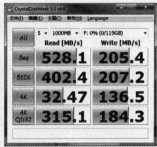

图1-10　计算机性能的基准测试

2. Linpack基准测试

最权威的超级计算机排名是TOP500(世界最快500台超级计算机),TOP500以Linpack测试值为基准进行排名,每年发布两次,显示各国高性能计算的科研实力。

Linpack测试程序用C语言或Java语言编写,它主要用于求解线性方程和线性最小平方问题。测试程序提供了各种线性方程的求解方法,如各种矩阵运算等。Linpack 测试值为计算机每秒计算多少次。例如,2016 年我国的"神威·太湖之光"超级计算机 TOP500 排名第 1,它的 Linpack 实测平均性能达到了 93PFLOP(每秒运算一千万亿次),理论最高性能达 125.4 PFLOP。Linpack 测试仅反映了计算性能的一个方面,它主要适用"计算密集型"问题,而不适用服务器和台式计算机中的"数据密集型"问题,台式计算机很少采用Linpack 测试。

3. 服务器性能基准测试

衡量服务器性能的基准测试程序有 TPC、SPEC 等。TPC(事务处理性能委员会)是由数十家计算机软件和硬件厂家创建的非营利性组织,它主要制定商务应用基准程序的标准规范、性能和价格度量,并发布测试结果。

TPC 不给出基准程序的代码,而只给出基准程序的标准规范。任何厂家或测试者都可以根据规范,最优地构造自己的测试平台和测试程序。为保证测试结果的客观性,被测试厂家必须提交给 TPC 一套完整的报告,包括被测系统的详细配置、分类价格和包含五年维护费用在内的总价格。该报告必须由 TPC 授权的审核员核实(TPC 本身不做审计)。TPC 推出的基准测试程序有 TPC-A、TPC-B、TPC-C、TPC-D、TCP-H、TCP-W 等。其中 TPC-A 和TPC-B 已经过时,不再使用。TPC-C 测试广泛用于衡量 C/S(客户/服务器)环境下,测试服务器和客户端系统的整体性能。TPC-D 是决策支持的基准程序。

4. 服务器能效基准测试

SPECpower_ssj2008 是计算机能效测试基准,参与发起这一指标的厂商有 AMD、DELL、HP、Intel、IBM、加州大学伯克利分校等。SPECpower_ssj2008 基准测试的目的在于建立一个接近于实际工作环境中的性能/功耗评价基准,期望改变以往只重视服务器系统最大性能指标而忽视系统能源消耗的观点。

SPECpower_ssj2008 的测试单位是 overall ssj_ops/watt(平均每秒处理 Java 事物的性能/瓦)。SPECpower_ssj2008 测试平台由四个要件构成:被测服务器系统、测试控制系统、功耗分析器和温度传感器。测试基本流程是:由控制系统按照被测系统 CPU 负载的10%～100%(每 10%为一个量级),依次发出不同量级的请求,并持续一定时间,记录下该时段内的 ssj_ops 数据和系统功耗平均值,完成一次系统测试最少需要 70min。记录完全部数据后,以 ssj_ops 的总和除以功耗总和,为最终的 SPECpower_ssj2008 指标。

1.1.4　系统设计的思考

1. 分布式系统的 CAP 理论

在分布式系统中,数据一致性(C)指数据复制到系统 N 台机器后,如果数据有更新,则N 台机器的数据需要一起更新。系统可用性(A)指分布式系统有很好的响应性能。分区容错性(P)是指系统为了保证计算的可靠性,分布式系统会将数据分成多份存放在几台服务器中(分区),如果系统中一台服务器出现故障,数据也不会丢失。

在分布式系统中,假设将同一份数据放到三台服务器分区中,如果 A 服务器的网络连接出现故障,这时就会出现 A 服务器中的数据不能与其他服务器同步更新的情况,也就是说数据不能满足一致性的要求但是其他两台服务器的数据是可用的。在分区容错性(P)是必选时,系统可用性(A)和数据一致性(C)两者之间只能选择一个。埃瑞克·布鲁尔(Eric Brewer)教授指出:对于分布式系统,数据一致性(C)、系统可用性(A)、分区容错性(P)三个目标(合称 CAP)不可能同时满足,最多只能满足其中两个。CAP 理论给人们以下启示:事物的多个方面往往是相互制衡的,在复杂系统中,冲突不可避免。

系统设计中,常常需要在各方面达成某种妥协与平衡,因为凡事都有代价。例如,高可用性和高一致性是系统设计的完美追求,但是存在网络分区的情况下,鱼和熊掌不可兼得。变通的方法是放弃一点儿高一致性,获得一些高可用性。例如,分层会对性能有所损害,不分层又会带来系统过于复杂的问题。很多时候结构就是平衡的艺术,明白这一点,就不会为无法找到完美的解决方案而苦恼。复杂性由需求所决定,既要求容量大,又要求效率高。这种需求本身就不简单,因此很难用简单的算法解决。

2. 大问题的不确定性

大型网站往往有成千上万台机器,在这些系统上部署软件和管理服务是一项非常具有挑战性的任务。大规模用户服务往往会涉及众多的程序模块和操作步骤。简单性原则就是要求每个阶段、每个步骤、每个子任务都尽量采用最简单的解决方案。这是由于大规模系统存在的不确定性会导致系统复杂性的增加。即使做到了每个环节最简单,但是由于不确定性的存在,整个系统还是会出现不可控的风险。

【例 1-4】 计算机科学家杰夫·迪恩(Jeff Dean)介绍了在大规模数据中遇到的难题:假设一台机器处理请求的平均响应时间为 1ms,只有 1% 的请求处理时间会大于 1s。如果一个请求需要由 100 个结点机并行处理,那么就会出现 63% 的请求响应时间大于 1s,这完全不可接受。面对这个复杂的不确定性问题,Jeff Dean 和 Google 公司做了很多工作。

系统的复杂性来自于大量的不确定性,如需求不确定、功能不确定、输入不确定、运行环境不确定等,这些不确定性事实上无法避免。由于不确定性的存在,在计算机系统设计中,应当遵循 KISS(保持简单)原则,推崇简单就是美,任何没有必要的复杂都需要避免(奥卡姆剃刀原则)。但是要做到 KISS 原则并不容易,人们遇到问题时,往往会从各个方面去考虑,其中难免包含了问题的各种细枝末节,这种思维方式会导致问题变得非常复杂。

3. 效率

效率始终是计算机领域重点关注的问题。例如,为了提高程序执行效率,采用并行处理技术;为了提高网络传输效率,采用信道复用技术;为了提高 CPU 利用率,采用时间片技术;为了提高 CPU 处理速度,采用高速缓存技术等。

【例 1-5】 计算机死锁目前没有完美的解决方法。解决死锁问题(如死锁检测)通常会严重地降低系统效率,以至于得不偿失。因为死锁不是一种经常发生的现象,所以几乎所有操作系统处理死锁问题的方法都是采用"鸵鸟算法",也就是假装什么都不会发生,一旦死锁真正发生就重新启动系统。可见"鸵鸟算法"是为了效率优先而采用的一种策略。

但是,效率是一把双刃剑,美国经济学家奥肯(Arthur M. Okun)在《平等与效率——重大的抉择》中断言:"为了效率就要牺牲某些平等,并且为了平等就要牺牲某些效率。"奥肯的论述同样适用计算机系统。

【例 1-6】　计算机"优先"技术有系统进程优先、中断优先、反复执行的指令优先等,它们体现了效率优先的原则;而 FIFO(先到先出)、队列、网络数据包转发等,体现了平等优先的原则。效率与平等的选择需要根据实际问题进行权衡分析。如绝大部分算法都采用效率优先原则,但是也有例外。如树的广度搜索和深度搜索中,采用了平等优先原则,即保证树中每个结点都能够被搜索到,因而搜索效率很低;而启发式搜索则采用效率优先原则,它会对树进行"剪枝"处理,因此不能保证树中每个结点都会被搜索到。在实际应用中,搜索引擎同样不能保证因特网中每个网页都会被搜索到,棋类博弈程序也是这样。

4. 兼容性

计算机硬件和软件产品遵循向下兼容的设计原则。在计算机领域,新一代产品总是在老一代产品的基础上进行改进。新设计的计算机软件和硬件,应当尽量兼容过去设计的软件系统,兼容过去的体系结构,兼容过去的组成部件,兼容过去的生产工艺,这就是"向下兼容"。计算机产品无法做到"向上兼容"(或向前兼容),因为老一代产品无法兼容未来的系统,只能是新一代产品来兼容老产品。

兼容性降低了产品成本,提高了产品可用性,同时也阻碍了技术发展。各种老式的、正在使用的硬件设备和软件技术(如 PCI 总线、复杂指令系统、串行编程方法等)是计算机领域发展的沉重负担。如果不考虑向下兼容问题,设计一个全新的计算机时,完全可以采用现代的、艺术的、高性能的结构和产品,如苹果公司的 iPad 就是典型案例。

5. 硬件与软件

早期计算机中,硬件与软件之间的界限十分清晰。随着技术发展,软件与硬件之间的界限变得模糊不清了。特兰鲍姆(Andrew S. Tanenbaum)教授指出:"硬件和软件在逻辑上是等同的。""任何由软件实现的操作都可以直接由硬件来完成,……任何由硬件实现的指令都可以由软件来模拟。"某些功能既可以用硬件技术实现,也可以用软件技术实现。

【例 1-7】　硬件软件化。硬件软件化是将硬件的功能由软件来实现,它屏蔽了复杂的硬件设计过程,大大降低了产品成本。例如 2000 年时,Transmete(全美达)公司设计了一种全新结构的 Crusoe 处理器,它是一个基于软件模拟的超低功耗的 x86 处理器,后来因为性能太低而淘汰。例如,在 x86 系列 CPU 内部,用软件的微指令来代替硬件逻辑电路设计。微指令技术增加了指令设计的灵活性,也降低了逻辑电路的复杂性,同时也降低了系统性能。另外,冯·诺依曼计算机结构中的"控制器"部件,目前已经由操作系统取代。目前流行的虚拟机、虚拟仪表、VHDL(超高速集成电路硬件描述语言)程序设计、软件无线电等,都是硬件设备软件化的典型案例。

【例 1-8】　软件硬件化。软件硬件化是将软件实现的功能设计成逻辑电路,然后将这些电路集成到集成电路芯片中,由硬件实现其功能。硬件电路的运行速率要大大高于软件,因而,软件硬件化能够大大提升系统的运行速率。例如,实现两个符号的异或运算(如 $a \oplus b$)时,软件实现的方法是比较两个符号的值,再经过 if 控制语句输出运算结果;硬件实现的方法是直接利用逻辑门电路实现异或运算。如视频数据压缩与解压缩、3D 图形的几何建模和渲染、数据奇偶校验、网络数据打包与解包等，目前都采用专业芯片处理，这是软件技术硬件化的典型案例。计算机硬件和软件的界限完全是人为划定的，并且经常变化。

【例 1-9】 软件与硬件的融合。在 TCP/IP 网络模型中，信息的比特流传输通过物理层硬件设备实现。而网络层、传输层和应用层的功能是控制比特传输，实现传输的高效性和可靠性等。事实上，应用层的功能主要由软件实现，而传输层和网络层则是软硬件相互融合。如传输层的设备是交换机，网络层的设备是路由器，在这两台硬件设备上，都需要加载软件（如数据成帧、地址查表、路由算法等），以实现对传输的控制。如果只用硬件设备，会使硬件复杂化，而且不一定能很好地实现控制功能；如果只使用软件，程序也就变得很复杂，而且某些接口功能实现困难，而且程序运行效率较低，这对有实时要求的应用（如校园网数据中心）是致命的。交换机和路由器是软硬件相互融合、协同工作的例证。

一般来说，硬件实现某个功能时，具有速度快、占用内存少、可修改性差、成本高等特点；而软件实现某个功能时，具有速度低、占用内存多、可修改性好、成本低等特点。具体采用哪种设计方案实现功能，需要对软件和硬件进行折中考虑。

6. 折中与结论

在计算机产品设计中，经常会遇到性能与成本、易用性与安全性、纠错与效率、编程技巧与可维护性、可靠性与成本、新技术与兼容性、软件实现与硬件实现、开放与保护等相互矛盾的设计要求。单方面来看，每一项指标都很重要，在鱼与熊掌不可兼得的情况下，计算机设计人员必须做出折中和结论。

【例 1-10】 计算机工作过程中，由于电磁干扰、时序失常等原因，可能会出现数据传输和处理错误。如果每个步骤都进行数据错误校验，则计算机设计会变得复杂无比。因此，是否进行数据错误校验、数据校验的使用频度如何，需要进行性能与复杂性方面的折中考虑。例如，在个人微机中，性能比安全性更加重要，因此内存条一般不采用奇偶校验和 ECC（错误校验），以提高内存的工作效率；但是在服务器中，一旦系统崩溃将造成重大损失（如股票交易服务器的崩溃），因此服务器内存条的安全性要求大于工作效率。奇偶校验和 ECC 校验是服务器内存必不可少的设计要求。

1.2　数字信息编码

计算机只能处理数字信号 0 和 1，因此必须对各种信息进行编码，将它们转换为计算机能够接受的形式。

1.2.1　二进制编码特征

1. 信息的二进制数表示

一切信息编码都包括基本符号和组合规则两大要素。信息论创始人香农（Claude Elwood Shannon）指出：通信的基本信息单元是符号，而最基本的信息符号是二值符号。最典型的二值符号是二进制数,它以 1 或 0 代表两种状态。香农提出,信息的最小度量单位为比特(bit)。任何复杂信息都可以根据结构和内容,按一定编码规则,最终变换为一组 0、1 构成的二进制数据,并能无损地保留信息的含义。

2. 二进制编码的优点

如果计算机采用十进制数做信息编码,则加法运算需要 10 个(0~9)运算符号,加法运算有 100 个运算规则(0+0=0,0+1=1,0+2=2,…,9+9=18)。如果采用二进制编码,则运算符号只需要 2 个(0 和 1),加法一共只有 4 个运算规则(0+0=0,0+1=1,1+0=1,1+1=10)。另外,用二进制做逻辑运算也非常方便,可以用 1 表示逻辑命题值"真"(True),用 0 表示逻辑命题值"假"(False)。基于二进制的计算机并不意味着非黑即白,计算机采用二进制只是为了物理实现的简单化和逻辑推理的方便,降低计算机设计的复杂性。

也许我们可以指出,由于加法运算服从交换律,0+1 与 1+0 具有相同的运算结果,这样十进制运算规则可以减少到 50 个,但是对计算机设计来说,结构还是过于复杂。

也许我们还能指出,十进制运算 1+2 只需要做一位加法运算;而转换为 8 位二进制数后,至少需要做 8 位加法运算(如 00000001+00000010),可见二进制数大大增加了计算工作量。但是目前普通的计算机(4 核 2.0GHz 的 CPU)每秒可以做 80 亿次以上的 64 位二进制加法运算,可见计算机最善于做大量的、机械的、重复的高速计算工作。

3. 计算机中二进制编码的含义

当计算机接收到一系列二进制符号(0 和 1 字符串流)时,它并不能直接"理解"这些二进制符号的含义。二进制数据的具体含义取决于程序对它的解释。

【例 1-11】　二进制数 01000010 在计算机中的含义是什么? 对于这个问题无法给出简单的回答,这个二进制数的意义要看它的编码规则是什么。如果这个二进制数是采用原码编码的数值,则表示为十进制数+65;如果采用 BCD 编码,则表示为十进制数 42;如果采用 ASCII 编码,则表示字符 A;另外,它还可能是一个图形数据、一个视频数据、一条计算机指令的一部分,或者其他含义。

4. 任意进制数的表示方法

任何一种进位制都能用有限几个基本数字符号表示所有数。进制称为基数,如十进制的基数为 10,二进制的基数为 2。任意 R 进制数,基本数字符号为 R 个,任意进制数可以用公式(1-1)表示:

$$N = A_{n-1} \times R^{n-1} + A_{n-2} \times R^{n-2} + \cdots + A_0 \times R^0 + A_{-1} \times R^{-1} + \cdots + A_{-m} \times R^{-m}$$

$$(1-1)$$

式中,A 为任意进制数字,R 为基数,n 为整数的位数和权,m 为小数的位数和权。

【例 1-12】　将二进制数 1011.0101 按位权展开表示。

$$[1011.0101]_2 = 1 \times 2^3 + 1 \times 2^1 + 1 \times 2^0 + 1 \times 2^{-2} + 1 \times 2^{-4}$$

5. 二进制数运算规则

计算机内部采用二进制数进行存储、传输和计算。用户输入的各种信息,由计算机软件和硬件自动转换为二进制数,在数据处理完成后,再由计算机转换为用户熟悉的十进制数或其他信息。二进制数的基本符号为 0 和 1,二进制数的运算规则是"逢二进一,借一当二"。二进制数的运算规则基本与十进制相同,四则运算规则如下。

（1）加法运算：$0+0=0,0+1=1,1+0=1,1+1=10$（有进位）

（2）减法运算：$0-0=0,1-0=1,1-1=0,0-1=1$（有借位）

（3）乘法运算：$0\times0=0,1\times0=0,0\times1=0,1\times1=1$

（4）除法运算：$0\div1=0,1\div1=1$（除数不能为 0）

【例 1-13】 二进制数与十进制数四则运算的比较如图 1-11 所示。

二进制计算	十进制验算	二进制计算	十进制验算
1001+10=1011	9+2=11	1110−1001=101	14−9=5
1001	9	1110	14
+ 10	+ 2	− 1001	− 9
1011	11	101	5
101×10=1010	5×2=10	1010÷10=101	10÷2=5
101	5		
× 10	× 2	101	5
000	10	10⟌1010	2⟌10
101		10	10
1010		10	10
		10	
		10	
		0	

图 1-11　二进制数与十进制数四则运算的比较

二进制数用下标 2 或在数字尾部加 B 表示,如$[1011]_2$或 1011B。

6. 十六进制数编码

二进制表示一个大数时位数太多,计算机专业人员辨认困难。早期程序员采用八进制来简化二进制,以后又采用十六进制数来表示二进制数。十六进制的符号是：$0、1、2、3、4、5、6、7、8、9、A、B、C、D、E、F$。运算规则是"逢十六进一,借一当十六"。计算机内部并不采用十六进制数进行存储和运算,引入十六进制数的原因是让计算机专业人员可以很方便地将十六进制数转换为二进制数。

为了区分数制,十六进制数用下标 16 或在数字尾部加 H 表示,如$[18]_{16}$或 18H;更多时候用前置 0x 的形式表示十六进制数,如 0x000012A5 表示十六进制数 12A5。

常用数制之间的基本特征和对应关系分别如表 1-2、表 1-3 所示。

表 1-2　计算机常用数制之间的基本特征

基 本 特 征	十 进 制 数	二 进 制 数	十 六 进 制 数
运算规则	逢十进一,借一当十	逢二进一,借一当二	逢十六进一,借一当十六
基数	$R=10$	$R=2$	$R=16$
数符	$0,1,2,\cdots,9$	$0,1$	$0,1,2,\cdots,9,A,B,C,D,E,F$
权	10^n	2^n	16^n
数制标识符	D	B	H 或 0x

表 1-3　常用数制与编码之间的对应关系

十进制数	十六进制数	二进制数	BCD 编码
0	0	0000	0000
1	1	0001	0001
2	2	0010	0010
3	3	0011	0011
4	4	0100	0100
5	5	0101	0101
6	6	0110	0110
7	7	0111	0111
8	8	1000	1000
9	9	1001	1001
10	A	1010	0001 0000
11	B	1011	0001 0001
12	C	1100	0001 0010
13	D	1101	0001 0011
14	E	1110	0001 0100
15	F	1111	0001 0101

1.2.2　不同数制的转换

1. 二进制数与十进制数之间的转换

在二进制数与十进制数的转换过程中,要频繁地计算 2 的整数次幂。表 1-4 和表 1-5 分别给出了 2 的整数次幂和十进制数值的对应关系以及二进制数与十进制小数的关系。

表 1-4　2 的整数次幂与十进制数值的对应关系

2^n	2^9	2^8	2^7	2^6	2^5	2^4	2^3	2^2	2^1	2^0
十进制数值	512	256	128	64	32	16	8	4	2	1

表 1-5　二进制数与十进制小数的关系

2^n	2^{-1}	2^{-2}	2^{-3}	2^{-4}	2^{-5}	2^{-6}	2^{-7}	2^{-8}
十进制分数	1/2	1/4	1/8	1/16	1/32	1/64	1/125	1/256
十进制小数	0.5	0.25	0.125	0.0625	0.03125	0.015625	0.0078125	0.00390625

二进制数转换成十进制数时,可以采用按权相加的方法,这种方法是按照十进制数的运算规则,将二进制数各位的数码乘以对应的权再累加起来。

【例 1-14】　将 $[1101.101]_2$ 按位权展开转换成十进制数。

二进制数按位权展开转换成十进制数的运算过程如图 1-12 所示。

二进制数	1		1		0		1	.	1		0		1	
位权	2^3		2^2		2^1		2^0	.	2^{-1}		2^{-2}		2^{-3}	
十进制数值	8	+	4	+	0	+	1	+	0.5	+	0	+	0.125	=13.625

图 1-12　二进制数按位权展开转换成十进制数的运算过程

2．十进制数与二进制数转换

十进制数转换为二进制数时,整数部分与小数部分必须分开转换。整数部分采用除以 2 取余法,就是将十进制数的整数部分反复除以 2,如果相除后余数为 1,则对应的二进制数位为 1;如果余数为 0,则相应位为 0;逐次相除,直到商小于 2 为止。转换为整数时,第一次除法得到的余数为二进制数低位(第 K_0 位),最后一次余数为二进制数高位(第 K_n 位)。

小数部分采用乘以 2 取整法。就是将十进制小数部分反复乘以 2;每次乘以 2 后,所得积的整数部分为 1,相应二进制数为 1,然后减去整数 1,余数部分继续相乘;如果积的整数部分为 0,则相应二进制数为 0,余数部分继续相乘;直到乘以 2 后小数部分为 0 为止,如果乘积的小数部分一直不为 0,则根据数值的精度要求截取一定位数即可。

【例 1-15】　将十进制数 18.8125 转换为二进制数。

整数部分除以 2 取余,余数作为二进制数,从低到高排列。小数部分乘以 2 取整,积的整数部分作为二进制数,从高到低排列。竖式运算过程如图 1-13 所示。

运算结果为:$[18.8125]_{10} = [10010.1101]_2$

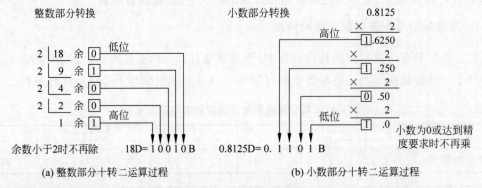

(a) 整数部分十转二运算过程　　　　　　(b) 小数部分十转二运算过程

图 1-13　竖式运算过程

3．二进制数与十六进制数转换

对于二进制整数,自右向左每 4 位分为一组,当整数部分不足 4 位时,在整数前面加 0 补足 4 位,每 4 位对应 1 位十六进制数;对二进制小数,自左向右每 4 位分为一组,当小数部分不足 4 位时,在小数后面(最右边)加 0 补足 4 位,然后每 4 位二进制数对应 1 位十六进制数,即可得到十六进制数。

【例 1-16】　将二进制数 111101.010111 转换为十六进制数。

$[111101.010111]_2 = [00111101.01011100]_2 = [3D.5C]_{16}$,转换过程如图 1-14 所示。

0011	1101	·	0101	1100
3	D	·	5	C

图 1-14　例 1-16 题图

4. 十六进制数与二进制数转换

将十六进制数转换成二进制数非常简单,只要以小数点为界,向左或向右每一位十六进制数都用相应的 4 位二进制数表示,然后将其连在一起即可完成转换。

【例 1-17】　将十六进制数 4B.61 转换为二进制数。

$[4B.61]_{16} = [01001011.01100001]_2$,转换过程如图 1-15 所示。

4	B	·	6	1
0100	1011	·	0110	0001

图 1-15　例 1-17 题图

5. BCD 编码

计算机经常需要将十进制数转换为二进制数,利用以上转换方法存在两方面的问题:一是数值转换需要多次做乘法和除法运算,这大大增加了数制转换的复杂性;二是小数转换需要进行浮点运算,而浮点数的存储和计算都较为复杂,运算效率低。

BCD 编码是一种二-十进制编码。BCD 编码用 4 位二进制数表示 1 位十进制数。BCD 编码有多种方式,8421 码是最常用的 BCD 编码,它各位的权值为 8、4、2、1,与 4 位二进制编码不同的是,它只选用了 4 位二进制编码中前 10 组代码。BCD 编码与十进制数的对应关系如表 1-3 所示。当数据有很多 I/O 操作(如计算器,每次按键都是一个 I/O 操作)时,通常采用 BCD 编码,因为 BCD 编码更容易将二进制数转换为十进制数。

二进制数使用 0000～1111 中的全部编码,而 BCD 数仅仅使用 0000～1001 中的 10 组编码,编码到 1001 后就产生进位,而二进制编码到 1111 才产生进位。

【例 1-18】　将十进制数 10.89 转换为 BCD 编码。

$$10.89 = [0001\ 0000.1000\ 1001]_{BCD}$$

对应关系如图 1-16 所示。

十进制数	1	0	·	8	9
BCD 码	0001	0000	·	1000	1001

图 1-16　例 1-18 题图

【例 1-19】　将 BCD 编码 0111 0110.1000 0001 转换为十进制数。

$$[0111\ 0110.1000\ 0001]_{BCD} = 76.81$$

对应关系如图 1-17 所示。

BCD 码	0111	0110	·	1000	0001
十进制数	7	6 ·	·	8	1

图 1-17　例 1-19 题图

【例 1-20】 将二进制数 111101.101 转换为 BCD 编码。

如图 1-18 所示,二进制数不能直接转换为 BCD 编码,因为编码方法不同,可能会出现非法编码。可以将二进制数 111101.101 转换为十进制数 61.625 后,再转换为 BCD 编码。

二进制数	0011	1101	·	1010
非法 BCD 编码	~~0011~~	~~1101~~	·	~~1010~~
正确 BCD 编码	0110	0001	·	0110 0010 0101

图 1-18　例 1-20 题图

常用数制之间的转换方法如图 1-19 所示。

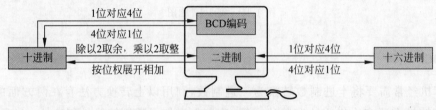

图 1-19　常用数制之间的转换方法

1.2.3　二进制整数编码

计算机以字节(Byte)组织各种信息,字节是计算机用于存储、传输、计算的基本计量单位,一个字节可以存储 8 位(b)二进制数。

1. 无符号二进制整数编码形式

计算过程中,如果运算结果超出了数据表示范围称为溢出。如例 1-21 所示,8 位无符号整数运算结果大于 255 时,就会产生溢出问题。

【例 1-21】 $[11001000]_2 + [01000001]_2 = \boxed{1}00001001$(8 位存储时,最高位溢出)。

解决数据溢出最简单的方法是增加数据的存储长度,数据存储字节越长,数值表示范围越大,越不容易产生溢出现象。如果小数字(小于 255 的无符号整数)采用 1 字节存储,大数字(大于 255 的无符号整数)采用多字节存储,则这种变长存储会使存储和计算复杂化,因为每个数据都需要增加一个字节来表示数据长度;更麻烦的是计算机需要对每个数据都进行长度判断。解决数据不同存储长度的方法是建立不同的数据类型。程序设计时首先声明数据类型,计算机对同一类型数据采用统一存储长度,如整型(int)数据的存储长度为 4 字节,长整型数据的存储长度为 8 字节。这样,小数字的数据虽然会浪费一些存储空间,但是等长存储提高了整体运算速度,这是一种"以空间换时间"的计算思维方式。

【例 1-22】 如图 1-20 所示,无符号数 $[22]_{10} = [10110]_2$ 在计算机中的存储形式如下。

用 1 字节存储时：	00010110			
用 2 字节存储时：	00000000	00010110		
用 4 字节存储时：	00000000	00000000	00000000	00010110

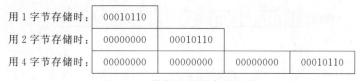

图 1-20　数据的不同存储长度

2. 带符号二进制整数编码形式

数值有“正数”和“负数”之分，数学中用“＋”表示正数（表示正数时“＋”常被省略），用“－”表示负数。但是计算机只有“0”和“1”两种状态，为了区分二进制数与“＋”“－”符号，符号在计算机中也必须数字化。当用一个字节表示一个数值时，将该字节的最高位作为符号位，用“0”表示正数，用“1”表示负数，其余位表示数值大小。

符号化的二进制数称为机器数或原码，没有符号化的数称为真值。机器数有固定的长度（如 8、16、32、64 位等），当二进制数位数不够时，整数在左边（最高位前面）用 0 补足，小数在右边（最低位后面）用 0 补足。

【例 1-23】　$[+23]_{10}=[+10111]_2=[\mathbf{0}0010111]_2$，如图 1-21 所示，最高位为 0 表示该数是正数。

真值	8 位机器数（原码）	16 位机器数（原码）
＋10111	**0**0010111	**0**0000000 00010111

图 1-21　例 1-23 题图

【例 1-24】　$[-23]_{10}=[-10111]_2=[10010111]_2$，如图 1-22 所示，最高位为 1 表示该数是负数。

二进制数－1011 的真值与机器数的区别如图 1-22 所示。

真值	8 位机器数（原码）	16 位机器数（原码）
－10111	**1**0010111	**1**0000000 00010111

图 1-22　例 1-24 题图

1.2.4　二进制小数编码

1. 定点数编码方法

定点数是小数点位置固定不变的数。如图 1-23 所示，定点数假设小数点固定在最低有效位后面（隐含）。在计算机中，整数用定点数表示，小数用浮点数表示。当十进制整数很大时（有效数大于 10 位），一般也用浮点数表示。

【例 1-25】　十进制数－73 的二进制数真值为－1001001，如果用 2 字节存储，最高位（符号位）用 0 表示“＋”，1 表示“－”，则二进制数原码（16 位）的存储格式如图 1-23 所示。

在 32 位计算机系统中，整型数（int）用 4 字节表示，最高位用于表示数值的符号，其余 31 位表示数据。如果数据运算结果超出了 31 位，就会产生溢出问题。

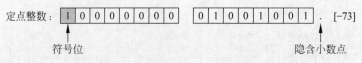

图 1-23　二进制数原码(16 位)的存储格式

2. 浮点数的表示

实数是最常见的自然数,实数中的小数在计算机中的存储和运算是非常复杂的。目前已有两位计算机科学家因为研究浮点数(小数)的存储和运算而获得图灵奖。小数点位置浮动变化的数称为浮点数,浮点数采用指数表示,二进制浮点数的表示公式为:

$$N = \pm M \times 2^{\pm E} \tag{1-2}$$

式中,N 为浮点数;M 为小数部分,称为尾数;E 为原始指数。浮点数中,原始指数 E 的位数决定数值范围,尾数 M 的位数决定数值精度。

【例 1-26】　$[1001.011]_2 = [0.1001011]_2 \times 2^4$

【例 1-27】　$[-0.0010101]_2 = [-0.10101]_2 \times 2^{-2}$

3. 二进制小数的截断误差

1) 浮点数存储空间不够引起的截断误差

如式(1-2)所示,假设用 1 字节表示和存储浮点数 N,原始指数 E 的符号和数字本身需要 2 位,尾数 M 的符号为 1 位,尾数 M 本身为 3 位。将二进制数 10.101 存储为浮点数时,尾数由于存储空间不够,最右边的 1 位数据(1)就会丢失(如例 1-28 所示)。这种现象称为截断误差(舍入误差)。由于尾数空间不够,导致部分数值丢失时,可以通过使用较长的尾数域来减少截断误差的发生。

【例 1-28】　| 0 | 10 | 0 | 1010 | 1 |　(存储长度为 8b 时,最后一位产生截断误差)。

2) 数值转换引起的截断误差

截断误差的另外一个来源是无穷展开式问题。例如,将十进制数 1/3 转换为小数时,无论用多少位数字,总有一些数值不能精确地表示出来。二进制记数法与十进制记数法的区别在于,二进制记数法中有无穷展开式的数值多于十进制。

【例 1-29】　十进制小数 0.8 转换为二进制小数时为 0.11001100…,后面还有无数个1100,这说明十进制的有限小数转换成二进制小数时,不能保证精确转换;二进制小数转换成十进制小数也会遇到同样的问题。

【例 1-30】　将十进制数 1/10 转换为二进制数时,也会遇到无穷展开式问题,总有一部分数不能精确地存储。编程语言在涉及浮点数运算时,会尽量计算精确一些,但是也会出现截断误差的现象。例如,Python 程序运算的截断误差如下所示。

```
>>> 0.1 + 0.1 + 0.1                             # 3 个 0.1 相加
0.30000000000000004                             # 输出(出现截断误差)
>>> 0.1 + 0.1 + 0.1 + 0.1 + 0.1 + 0.1 + 0.1 + 0.1   # 8 个 0.1 相加
0.7999999999999999                              # 输出(出现截断误差)
```

　　在十进制小数转换成二进制小数时,整个计算过程可能会无限制地进行下去,这时可根据精度要求,取若干位二进制小数作为近似值,必要时采用"0 舍 1 入"的规则。

　　3) 浮点数的运算误差

　　浮点数加法中相加的顺序很重要,如果一个大数加上一个小数,那么小数就可能被截断。因此,多个数相加时,应当先相加小数字,将它们累计成一个大数字后,再与其他大数相加,避免截断误差。对大部分用户,大多数商用软件提供的计算精度已经足够了。

　　在一些特殊应用领域(如导航系统等),很小的误差可能在运算中不断累加,最终产生严重的后果。如浮点数乘方运算中,当指数很大时,很小的误差将会呈指数级放大。

　　【例 1-31】　$1.01^{365} = 37.8$;$1.02^{365} = 1377.4$;$0.99^{365} = 0.026$;$0.98^{365} = 0.0006$。

4. 规格化浮点数的表示与存储

　　计算机中的实数采用浮点数存储和运算。浮点数并不完全按式(1-2)进行表示和存储。如表 1-6 所示,计算机中的浮点数严格遵循 IEEE 754 标准。

表 1-6　IEEE 754 标准规定的浮点数规格(部分)

浮点数规格	码长/b	符号位 S/b	阶码 e/b	尾数 M/b	十进制数有效位
单精度(float)	32	1	8	23	6~7
双精度(double)	64	1	11	52	15~16
扩展双精度数 1	80	1	15	64	20
扩展双精度数 2	128	1	15	112	34

说明:表中阶码 e 与式(1-2)中的原始指数 E 并不相同;尾数 M 与式(1-2)中的 M 也有所区别。

　　1) IEEE 规格化浮点数

　　浮点数的表示方法多种多样,因此 IEEE 对浮点数的表示进行了严格规定。IEEE 规格化浮点数规定:小数点左侧的整数必须为 1(如 1.xxxxxxx),指数采用阶码表示。

　　【例 1-32】　$1.75D = 1.11B$。用科学记数法表示时,小数点前一位为 0 还是 1 并不确定,IEEE 规格化浮点数规定小数点前一位为 1,即规格化浮点数为:$1.75D = 1.11B = 1.11 \times 2^0$。

　　浮点数规格化的目的有两个:一是整数部分恒为 1,这样在存储尾数 M 时,就可以省略小数点和整数 1(注意与式(1-2)的区别),从而用 23 位尾数域表达了 24 位尾数。二是尾数域最高有效位固定为 1 后,尾数能以最大数的形式出现,即使遭遇类似截断的操作,仍然可以保持尽可能高的精度。

　　2) 数据混淆问题

　　整数部分的 1 舍去后,会不会造成两个不同数据的混淆呢? 例如,A = 1.010011 中的整数部分 1 在存储时被舍去了,那么会不会造成 A = 0.010011(整数 1 已舍去)与 B = 0.010011 两个数据的混淆呢? 答案是不会。仔细观察就会发现,数据 B 不是一个规格化浮点数,数据 B 可以改写成 1.0011×2^{-2} 的规格化形式。所以省略小数点前的 1 不会造成任何两个浮点数的混淆。但是浮点数进行运算时,省略的整数 1 需要还原,并参与浮点数相关运算。

　　3) 浮点数的阶码

　　原始指数 E 可能为正数或负数,但是 IEEE 754 标准没有定义指数 E 的符号位(如

表 1-6 所示）。这是因为二进制数规格化后，纯小数部分的指数必为负数，这给运算带来了复杂性。因此，IEEE 规定指数部分用阶码 e 表示，阶码 e 采用移码形式存储。阶码 e 的移码值等于原始指数 E 加上一个偏移值，32 位浮点数（float）的偏移值为 127；64 位浮点数（double）的偏移值为 1023。经过移码变换后，阶码 e 变成了正数，可以用无符号数存储。阶码 e 的表示范围是 1～254，阶码 0 和 255 有特殊用途。阶码为 0 时，表示浮点数为 0 值；阶码为 255 时，若尾数为全 0 则表示无穷大，否则表示无效数字。

4）IEEE 浮点数的存储格式

IEEE 标准浮点数的存储格式如图 1-24 所示，编码方法是：省略整数 1、小数点、乘号、基数 2；从左到右采用：符号位 S（1 位，0 表示正数，1 表示负数）＋阶码 e（余 127 码或余 1023 码）＋尾数 M（规格化小数部分，长度不够时从最低位开始补 0）。

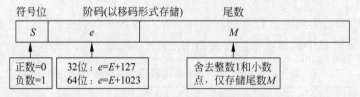

图 1-24　IEEE 754 规格化浮点数存储格式

实数转换为 IEEE 标准浮点数的步骤是：将十进制数转换为二进制数→在 S 中存储符号值→将二进制数规格化→计算出阶码 e 和尾数 M→最后连接 $[S\text{-}e\text{-}M]$ 即可。

【例 1-33】　将十进制实数 26.0 转换为 32 位 IEEE 规格化二进制浮点数。

步骤 1：将实数转换为规格化浮点数，26.0＝11010B（如图 1-25 所示）。

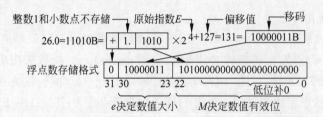

图 1-25　32 位规格化浮点数的转换方法和存储格式

步骤 2：26.0 是正数，因此符号位 $S＝0$。

步骤 3：将二进制数转换为 IEEE 规格化浮点数，$11010B＝1.1010 \times 2^4$。

步骤 4：计算浮点数阶码 e，$E＝4$，偏移值＝127，$e＝4＋127＝131＝10000011B$。

步骤 5：浮点数尾数 $M＝1010B$，低位补 0 后 $M＝1010000000000000000000000B$（注意，尾数省略了整数 1 和小数点，只取小数部分）。

步骤 6：连接符号位-阶码-尾数，$N＝01000001\ 11010000\ 00000000\ 00000000B$。

【例 1-34】　将浮点数 11000001110010010000000000000000B 转换成十进制数。

步骤 1：把 32 位浮点数分割成三部分，1100000111001001 00000000 00000000B，可得符号位 $S＝1B$；阶码 $e＝10000011B$；尾数 $M＝1001001\ 00000000\ 00000000B$。

步骤 2：还原原始指数 E，$E＝e\text{-}127＝10000011B－01111111B＝100B＝4$。

步骤 3：还原尾数 M 为规格化形式，$M＝1.1001001B \times 2^4$（"1."从隐含位而来）。

步骤 4：还原为非规格化形式，$N=S1.1001001B\times 2^4=S11001.001B$（$S=$符号位）。

步骤 5：还原为十进制数形式，$N=S11001.001B=-25.125$（$S=1$，说明是负数）。

5）浮点数能表示的最大十进制数

32 位浮点数（float）尾数 M 为 23 位，加上隐含的 1 个整数位，尾数部分共有 24 位，可以存储 6~7 位十进制有效数（如表 1-6 所示）。由于阶码 e 为 8 位，IEEE 规定原始指数 E 的表示范围为 -126~$+127$，这样 32 位浮点数可表示的最大正数为 $(2-2^{-23})\times 2^{127}=3.4\times 10^{38}$（有效数 6~7 位），可表示的最小正数为 $2^{-126}=1.17\times 10^{-38}$（有效数 6~7 位）。

注意：最大/最小数涉及计算溢出问题；有效位涉及计算精度问题。

小数的处理过程非常复杂。浮点运算通常是对计算机性能的考验，世界 500 强计算机都是按浮点运算性能进行排序的。

1.2.5　二进制补码运算

1. 原码在二进制数运算中存在的问题

用原码表示二进制数简单易懂，易于与真值转换。但二进制数原码进行加减运算时存在以下问题：一是做 $x+y$ 运算时，首先要判别两个数的符号，如果 x、y 同号，则相加；如果 x、y 异号，就要判别两个数绝对值的大小，然后用绝对值大的数减去绝对值小的数；显然，这种运算方法不仅增加了运算时间，而且使计算机结构变得复杂了。二是在原码中，由于规定最高位是符号位，"0" 表示正数，"1" 表示负数，这会出现 $[00000000]_2=[+0]_2$，$[10000000]_2=[-0]_2$ 的现象，0 有两种形式，因此产生了"二义性"问题。三是两个带符号的二进制数原码进行运算时，在某些情况下，符号位会对运算结果产生影响，导致运算出错。

【例 1-35】　$[01000010]_2+[01000001]_2=[10000011]_2$（进位导致的符号位错误）

【例 1-36】　$[00000010]_2+[10000001]_2=[10000011]_2$（符号位相加导致的错误）

计算机需要一种可以带符号运算，而运算结果不会产生错误的编码形式，而补码具有这种特性，因此，计算机中整数普遍采用二进制补码进行存储和计算。

2. 二进制数的反码编码方法

二进制正数的反码与原码相同，负数的反码是对该数的原码除符号位外各位取反。

【例 1-37】　二进制数字长为 8 位时，$[+5]_{10}$ 的二进制原码与反码相同，即 $[00000101]_原=[00000101]_反$。

【例 1-38】　二进制数字长为 8 位时，$[-5]_{10}$ 的二进制原码为 10000101，反码为 11111010。

3. 补码运算的概念

两个数相加，计算结果的有效位（即不包含进位）为 0 时，称这两个数互补。如 10 以内的补码对有：1-9、2-8、3-7、4-6、5-5；100 以内的补码对有：1-99、2-98、…、50-50 等。十进制数中，正数 x 的补码为正数本身 $[x]_补$，负数的补码为 $[y]_补=[模-|y|]_补$。如图 1-26 所示，

+4 的补码为+4,−1 的补码为+9(10−|−1|=9)。

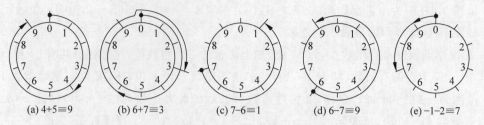

图 1-26　模为 10 的十进制数模运算示意图(顺时针方向为+,逆时针方向为−)

"模"是指数字系统的计数范围,例如时钟的计数范围是 0~12,模为 12。十进制数中,1 位数的模为 10,2 位数的模为 100,其余以此类推。模运算具有以下特征:任何有关模的计算,均可将减法转换为加法运算。下面利用模运算将减法简化为加法运算。

【例 1-39】　$4+5 \equiv [4]_补 + [5]_补 = [9]_补$ mod 10=9,如图 1-26(a)所示。

【例 1-40】　$6+7 \equiv [6]_补 + [7]_补 = [13]_补$ mod 10=3,如图 1-26(b)所示。

【例 1-41】　$7-6 \equiv [7]_补 + [10-6]_补 = [11]_补$ mod 10=1,如图 1-26(c)所示。

【例 1-42】　$6-7 \equiv [6]_补 + [10-7]_补 = [9]_补$ mod 10=9,如图 1-26(d)所示。

【例 1-43】　$-1-2 \equiv [10-1]_补 + [10-2]_补 = [17]_补$ mod 10=7,如图 1-26(e)所示。

【例 1-44】　$12-12 \equiv [12]_补 + [100-12]_补 = [100]_补$ mod 100=0。

4. 二进制数的补码编码方法

二进制正数的补码就是原码,二进制负数的补码等于正数原码"取反加 1",即按位取反,末位加 1。负数的最高位(符号位)为 1,不管是原码、反码还是补码,符号位都不变。

【例 1-45】　$[10]_{10}$ 的二进制原码为 00001010(最高位 0 表示正数)。

　　　　　　$[-10]_{10}$ 的二进制原码为 **1**0001010(最高位 1 表示负数)。

【例 1-46】　$[10]_{10}$ 的二进制反码为 00001010(最高位 0 表示正数)。

　　　　　　$[-10]_{10}$ 的二进制反码为 11110101(最高位 1 表示负数)。

【例 1-47】　$[10]_{10}$ 的二进制补码为 00001010(最高位 0 表示正数)。

　　　　　　$[-10]_{10}$ 的二进制补码为 11110110(最高位 1 表示负数)。

计算机中,8 位二进制数特殊值的编码方法如表 1-7 所示。

表 1-7　8 位二进制数特殊值的编码方法

十 进 制 数	二进制数真值	二进制数原码	二进制数反码	二进制数补码
0	0	00000000	00000000	00000000
0	0	10000000	11111111	00000000
+1	+1	00000001	00000001	00000001
−1	−1	10000001	11111110	11111111
−127	−1111111	11111111	10000000	10000001
−128	−10000000	—	—	10000000

5. 补码运算规则

补码运算的算法思想是：把正数和负数都转换为补码形式，使减法变成加一个负数的形式，从而使加减法运算转换为单纯的加法运算。补码运算在逻辑电路设计中实现容易。当补码运算结果不超出表示范围（不溢出）时，可得出以下重要结论。

用补码表示的两个数进行加法运算时，其结果仍为补码。补码的符号位可以与数值位一同参与运算。运算结果如有进位，则判断是否溢出，如果不是溢出，就将进位舍去不要。不论正数和负数，补码都具有以下性质。

$$[A]_补 + [B]_补 = [A + B]_补 \tag{1-3}$$

$$[[A]_补]_补 = [A]_原 \tag{1-4}$$

式中，A、B 为正整数、负整数、0 均可。

【例 1-48】　$A = [-70]_{10}$，$B = [-55]_{10}$，求 A 与 B 的和。

先将 A 和 B 转换为二进制数的补码，然后进行补码加法运算，最后将运算结果（补码）转换为原码即可。原码、反码、补码在转换中，要注意符号位不变的原则。

$[-70]_{10} = [-(64+4+2)]_{10}$，其二进制原码为 11000110，则 $[11000110]_原 = [10111001]_反 + [00000001] = [10111010]_补$。

$[-55]_{10} = [-(32+16+4+2+1)]_{10}$，其二进制原码为 10110111，则 $[10110111]_原 = [11001000]_反 + [00000001] = [11001001]_补$。

$$\begin{array}{r} 10111010 \\ + \quad 11001001 \\ \hline \end{array}$$

没有溢出时，进位 1 自然丢失→　　$\boxed{1}$　10000011

相加后补码为：$[10111010]_补 + [11001001]_补 = [10000011]_补$，进位 1 作为模丢失。为什么要丢弃进位呢？因为加法器设计中，本位值与进位由不同逻辑电路实现。

由补码运算结果再进行一次求补运算（取反加 1）就可以得到真值：

$$[10000011]_补 = [11111100]_反 + [00000001]_2 = [11111101]_原$$

11111101 的十进制形式即为 -125。

通过以上案例可以看到，进行补码加法运算时，不用考虑数值的符号，直接进行补码加法即可。减法可以通过补码的加法运算实现。如果运算结果不产生溢出，且最高位（符号位）为 0，则表示结果为正数；如果最高位为 1，则结果为负数。

6. 补码运算的特征

设计补码一是使符号位能与有效值一起参加运算，从而简化运算规则；二是使减法运算转换为加法运算，进一步简化 CPU 中加法器的设计。

所有复杂计算（如线性方程组、矩阵、微积分等）都可以转换为四则运算，四则运算理论上都可以转换为补码的加法运算。实际设计中，CPU 为了提高计算效率，乘法和除法采用了移位运算和加法运算。CPU 内部只有加法器，没有减法器，所有减法都采用补码加法进行。程序编译时，编译器将数值进行了补码处理，并保存在计算机存储器中。补码运算完成后，计算机将运行结果转换为原码或十进制数据输出给用户。CPU 对补码完全不知情，它只按照编译器给出的机器指令进行运算，并对某些溢出标志位进行设置。

1.3　计算机理论模型

1.3.1　计算机系统层次模型

1. 计算机体系结构的定义

1964 年 C. M. Amdahl(阿姆达尔)在介绍 IBM 360 计算机系统设计时指出：计算机体系结构是程序员所看到的计算机的属性。程序员关心的属性主要有以下内容。

(1) 数据表示。硬件能处理的数据类型，如浮点数的运算、字长(16/32/64 位)。

(2) 寻址规则。最小寻址单元、寻址方式等。

(3) 寄存器定义。各种寄存器的定义、数量和使用方式。

(4) 指令集。机器指令的操作类型和格式，指令间的排序和控制机构等。

(5) 中断系统。中断的类型、中断响应硬件的功能等。

(6) 存储系统。主存的容量、程序员可用的最大存储容量、内存管理方式等。

(7) 系统保护。系统保护方式、硬件对保护的支持。

(8) I/O 结构。I/O 连接方式、数据传送方式和格式、I/O 操作的状态等。

由此可以看到，经典计算机体系结构主要关心的是指令和数据在计算机中的流转和控制过程，而对如何实现这些功能并不关心。计算机的"体系"可以由指令集进行规定(如复杂指令系统或精简指令系统)，计算机的"结构"则可以由硬件电路来实现。最佳的计算机体系结构是以最好的兼容性、最佳的性能、最低的成本实现程序员需求的计算机属性。

2. 计算机系统的层次模型

将计算机系统按实现方法分为多级层次，有利于简化计算机系统的复杂性、正确理解计算机系统的工作过程、明确软件和硬件在计算机系统中的地位和作用。如图 1-27 所示，计算机系统结构模型大致可以分为 6 层，最高层是应用软件层，最底层是数字逻辑层，指令系统层是软件系统与硬件系统之间的分界层。

在计算机系统层次模型中，不同层看到的计算机具有不同属性。层次越高，抽象程度越高；层次越低，细节越具体。保证每个层具有充分而不过多的细节非常重要，细节不充分会给设计造成困难，产生不精确的结果；过多的细节则会使层的设计变得烦琐，难以理解和不规范。每个层的属性可以用行为域、结构域和物理域进行描述。行为域描述这个层需要完成的功能；结构域描述实现某一功能的具体结构，以及各个部件如何互连；物理域描述结构的物理实现，包括能实现所要求功能的电路和芯片，以及它们的制造工艺。

3. 计算机系统组成

计算机系统结构一般由大厂商或企业联盟制定公布，它们较少发生变化，一旦体系结构发生变化，必然造成计算机新旧硬件之间的不兼容，而计算机发展的一贯方向是保持最大兼容性。目前计算机产品的体系虽然不一，但是结构大致相同。但即使是相同的计算机系统结构，不同的生产厂商之间采用了不同的组成方式。

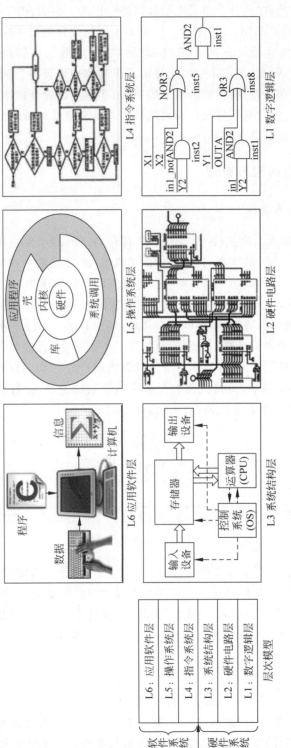

图 1-27　计算机系统层次模型和各层的表示方法

　　计算机系统组成的目的是实现计算机系统结构规定的功能,因此它更关心实现功能的各个单元的结构设计,以及各个单元之间如何进行连接。例如,图形处理是设计一个单独的电路单元(GPU),还是利用 CPU 资源? 这是系统结构设计需要考虑的问题;如果单独设计显卡,在电路上如何实现? 这是系统组成要解决的问题。计算机组成的主要部分包括CPU、主板、内存条、硬盘、显示卡、电源、显示器等具体硬件设备。同一系统结构,不同组成的计算机在性能上存在差别。例如,基于同一 Intel 芯片组设计的主板,各个生产厂商的主板组成都会不一样,因为它们涉及厂商之间产品的技术特点和知识产权问题。因此,它们的产品在性能和质量方面存在差异。

1.3.2　图灵机的结构与原理

1. 图灵机的基本结构

　　1936 年,图灵发表了论文《论可计算数及其在判定问题中的应用》。论文中,图灵构造了一台抽象的“计算机”,科学家们称它为“图灵机”。图灵机是一种结构十分简单但计算能力很强的计算模型,它可以用来计算所有能想象到的可计算函数。

　　如图 1-28 所示,图灵机由存储带(M)、控制器(P)、指令表(I)、读写头(R/W)组成。其中,存储带是一个无限长的带子,可以左右移动,带子上划分了许多单元格,每个单元格中包含一个来自有限字母表的符号。控制器中包含了一套指令表(控制规则)和一个寄存器,指令表就是一个图灵机程序,寄存器则记录了机器当前所处的状态以及下一个新状态。读写头则指向存储带上的格子,负责读出和写入存储带上的符号,读写头有写 1、写 0、左移、右移、改写、保持、停机 7 种行为状态(有限状态机)。

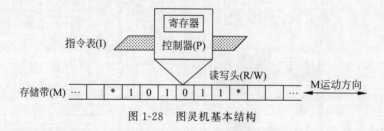

图 1-28　图灵机基本结构

　　图灵机的工作原理是:存储带每移动一格,读写头就读出存储带上的符号,然后传送给控制器。控制器根据读出的符号以及寄存器中机器当前的状态(条件),查询应当执行程序的哪一条指令,然后根据指令要求,将新符号写入存储带(动作),以及在寄存器中写入新状态。读写头根据程序指令改写存储带上的符号,最终计算结果就在存储带上。

2. 图灵机的特点

　　在上面的案例中,图灵机使用了 0、1、* 等符号,可见图灵机由有限符号构成。如果图灵机的符号集有 11 个符号,如{0,1,2,3,4,5,6,7,8,9,*},那么图灵机就可以用十进制来表示整数值。但这时的程序要长得多,确定当前指令要花更多的时间。符号表中的符号越多,用机器表示的困难就越大。

　　图灵机可以依据程序对符号表要求的任意符号序列进行计算。因此,同一个图灵机可以进行规则相同、对象不同的计算,具有数学上函数 $f(x)$ 的计算能力。

如果图灵机初始状态(读写头的位置、寄存器的状态)不同,那么计算的含义与计算的结果就可能不同。每条指令进行计算时,都要参照当前的机器状态,计算后也可能改变当前的机器状态。而状态是计算机科学中非常重要的一个概念。

在图灵机中,虽然程序按顺序来表示指令序列,但是程序并非按顺序执行。因为指令中关于下一状态的指定,说明了指令可以不按程序的顺序执行。这意味着,程序的三种基本结构——顺序、判断、循环在图灵机中得到了充分体现。

3. 通用图灵机

专用图灵机将计算对象、中间结果和最终结果都保存在存储带上,程序保存在控制器中(程序和数据分离)。由于控制器中的程序是固定的,因此专用图灵机只能完成规定的计算(输入可以多样化)。

存在一台图灵机能够模拟所有其他图灵机吗? 答案是肯定的。能够模拟其他所有图灵机的机器称为"通用图灵机"。通用图灵机可以把程序放在存储带上(程序和数据混合在一起),而控制器中的程序能够将存储带上的指令逐条读进来,再按照要求进行计算。

通用图灵机一旦能够把程序作为数据来读写,就会产生很多有趣的情况。首先,会有某种图灵机可以完成自我复制,例如计算机病毒就是这样。其次,假设有一大群图灵机,让它们彼此之间随机相互碰撞。当碰到一块时,一个图灵机可以读入另一个图灵机的编码,并且修改这台图灵机的编码,那么在这个图灵机群中会产生什么情况呢? 美国圣塔菲研究所的实验得出了惊人的结论:在这样的系统中,会诞生自我繁殖的、自我维护的、类似生命的复杂组织,而且这些组织能进一步联合起来构成更大的组织。

4. 图灵机的重大意义

图灵机不是一台具体的机器,它是一种理论思维模型。图灵机完全忽略了计算机的硬件特征,考虑的核心是计算机的逻辑结构。图灵机的内存是无限的,而实际机器的内存是有限的,所以图灵机并不是实际机器的准确模型(图灵本人也没有给出图灵机结构图),图灵机模型也并没有直接带来计算机的发明,但是图灵机具有以下重大意义。

(1) 图灵机证明了通用计算理论,肯定了计算机实现的可能性。图灵机可以分析什么是可计算的,什么是不可计算的。一个问题能不能解决,在于能不能找到一个解决这个问题的算法,然后根据这个算法编制程序在图灵机上运行,如果图灵机能够在有限步骤内停机,则这个问题就能解决。如果找不到这样的算法,或者这个算法在图灵机上运行时不能停机,则这个问题无法用计算机解决。图灵指出:"凡是能用算法解决的问题,也一定能用图灵机解决;凡是图灵机解决不了的问题,任何算法也解决不了。"

(2) 图灵机模型引入了读/写、算法、程序语言等概念,极大地突破了过去计算机器的设计理念。通用图灵机与现代计算机的相同之处是:程序可以和数据混合在一起。图灵机与现代计算机的不同之处在于:图灵机的内存无限大,并且没有考虑输入和输出设备(所有信息都保存在存储带上)。

(3) 图灵机模型是计算学科最核心的理论,因为计算机的极限计算能力就是通用图灵机的计算能力,很多问题可以转化为图灵机这个简单的模型来考虑。通用图灵机可以模拟其他任何一台解决某个特定数学问题的图灵机的工作状态。

1.3.3　冯·诺依曼计算机结构

1. 冯·诺依曼与 EDVAC 计算机

1944 年，冯·诺依曼专程到美国莫尔学院参观了还未完成 ENIAC 计算机，并参加了为改进 ENIAC 而举行的一系列专家会议。冯·诺依曼对 ENIAC 计算机的不足之处进行了认真分析，并讨论了全新的存储程序通用计算机设计方案。当军方要求设计一台比 ENIAC 性能更好的计算机时，他提出了 EDVAC 计算机设计方案。

1945 年，冯·诺依曼发表了计算机史上著名的论文 *First Draft of a Report on the EDVAC*（EDVAC 计算机报告的第一份草案），这篇 101 页的论文称为"101 报告"。在"101 报告"中，冯·诺依曼提出了计算机的五大结构，以及存储程序的设计思想，奠定了现代计算机设计基础。一份未署名的 EDVAC 系统结构设计草图如图 1-29 所示。

1952 年，EDVAC 计算机投入运行，它主要用于核武器理论计算。EDVAC 的改进主要有两点：一是为了充分发挥电子元件高速性能采用了二进制；二是把指令和数据都存储起来，让机器自动执行程序。EDVAC 使用了大约 6000 个电子管和 12000 个二极管，占地 45.5m^2，重达 7.85t，消耗电力 56kW。EDVAC 利用水银延时线作为内存，可以存储 1000 个 44 位的字，用磁鼓作为辅存，具有加、减、乘和软件除的功能，运算速度比 ENIAC 提高了 240 倍。

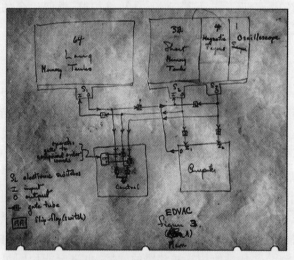

(a) EDVAC计算机系统结构设计草图（设计者不详）

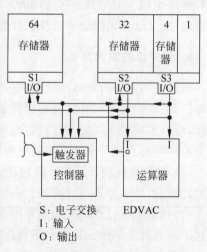

(b) 重绘的图

图 1-29　EDVAC 计算机系统结构设计草图及重绘

2. 冯·诺依曼关于计算机的设计思想

1945 年，冯·诺依曼在"101 报告"中提出了现代计算机的一些设计原则：一是用二进制代替十进制，进一步提高计算机运算速度；二是存储程序，即计算机指令编码后，存储在计算机存储器中；三是计算机结构包括五大部件，它们是：输入、输出、存储器、控制器、运算器。目前使用的计算机,不论机型大小都属于冯·诺依曼结构计算机。由于冯·诺依曼在"101 报告"中并没有用图形表示计算机的系统结构,因此导致了目前教科书中存在各种各样的冯·诺依曼计算机结构图,教材中常见的冯·诺依曼计算机结构如图 1-30 所示。

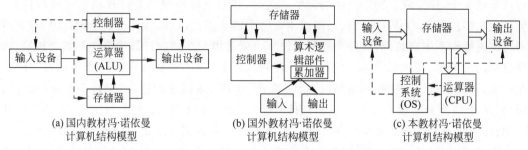

图 1-30　教材中常见的冯·诺依曼计算机结构

3. 存储程序思想的重要性

(1) 存储程序的思想。冯·诺依曼计算机结构的最大特点是"共享数据,串行执行"。冯·诺依曼指出:预先编制好程序,指令用二进制机器码表示,并且将指令存放在存储器中,然后由计算机按照事前制定的计算顺序来执行数值计算工作。这就是著名的"存储程序"原理,存储程序意味着计算机运行时能自动、连续地从存储器中依次取出指令并执行。这大大提高了计算机运行效率,减少了硬件连接故障。

(2) 程序和数据的统一。早期计算机设计中,人们认为程序与数据是两种完全不同的实体。因此,将程序与数据分离,数据存放在存储器中,程序则作为控制器的一部分,采用穿孔纸带、外部开关、外接线路等方式编程。冯·诺依曼将程序与数据同等看待,程序像数据一样进行编码,然后与数据一起存放在存储器中。从对程序和数据的严格区分到同等看待,这个观念的转变是计算机发展史上的一场革命。

(3) 程序控制计算机。早期的编程体现为对计算机一系列开关进行开/闭设置,对电气线路进行接线配置,以及安装穿孔纸带。计算机每执行一个程序,都要对这些开关和线路进行设置。例如在 ENIAC 计算机中,编制一个解决小规模问题的程序,就要在 40 多块几英尺长的电路板上,插上几千个导线插头。这样不仅计算效率低,且灵活性非常差。存储程序的设计思想实现了计算的自动化。程序指令和数据可以预先设置在打孔卡片或纸带上,然后由输入装置一起存入计算机存储器中,再也不用手动设置开关和线缆了。存储程序的设计思想导致了由程序控制计算机的设计方案。

4. 冯·诺依曼计算机结构的进化

(1) 早期计算机的局限性。早期计算机由控制器和程序共同对计算机进行控制。受限于存储单元太小,如冯·诺依曼当时主持设计的 EDVAC 计算机内存只能存储 1000 个 44位的字(36KB 左右),程序的功能也不强大,更谈不上操作系统的出现,因此控制器是整个计算机的控制核心。

(2) 进化的冯·诺依曼计算机结构。冯·诺依曼非常重视计算机的"逻辑控制"研究,他曾预言:在将来,科学将更关注控制、程序、信息过程、信息、组织和系统。目前的计算机仍然遵循了冯·诺依曼五大结构和存储程序的设计思想,但是随着技术的进步,计算机结构有了一些进化。例如,连接线路变成了总线,运算器变成了CPU,其中最重要的改变是控制器部件的变化。随着技术的进步,存储单元容量越来越大,运算器性能不断提高,计算机变得越来越复杂,这导致了操作系统的诞生。这时,利用硬件控制器对计算机系统进行控制,就产生了结构复杂、灵活性不够、系统成本高等问题。因此,目前计算机系统设计中,控制器的功能由操作系统来实现(或称为控制系统),也就是由程序控制计算机系统。如处理器、内存、设备、文件等,都由操作系统进行统一控制。目前CPU内部并没有一个功能独立的控制单元,充其量只是一些控制电路,功能仅限于对CPU运算过程进行控制,并不对(也无法对)内存、I/O设备等模块进行控制。进化的冯·诺依曼结构大大增强了计算机的灵活性和通用性,同时降低了系统复杂性和成本。程序控制计算机实现了巴贝奇、图灵的设计思想,也是冯·诺依曼存储程序设计思想的必然结果。进化后的冯·诺依曼计算机结构模型示意图如图1-31所示。

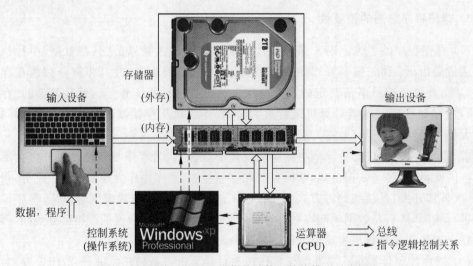

图 1-31　进化后的冯·诺依曼计算机结构模型示意图

注意:图中的指令(虚线)只是表示逻辑控制关系,实际指令通过总线进行传输。

1.3.4　哈佛计算机结构

一些嵌入式计算机系统需要较大的运算量和较高的运算速度,为了提高数据吞吐量,在一些嵌入式系统中大多采用哈佛计算机结构。哈佛计算机结构有两个明显的特点:一是使用两个独立的存储器模块,分别存储指令和数据。二是使用两条独立的总线,分别作为CPU与存储器之间的专用通信路径,这两条总线之间毫无关联。后来,人们又提出了改进的哈佛计算机结构,如图1-32所示。

改进的哈佛计算机结构有一条独立的地址总线和一条独立的数据总线,利用公用地址总线访问两个存储模块(指令存储模块和数据存储模块),公用数据总线则被用来完成指令存储模块或数据存储模块与CPU之间的数据传输;两条总线由指令存储器和数据存储器分时共用。

在哈佛计算机结构中,CPU首先到指令存储器中读取程序指令内容,解码后得到数据

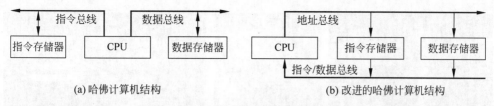

图 1-32　哈佛计算机系统结构原理图

地址；再到相应的数据存储器中读取数据，并进行下一步的操作（通常是执行）。程序指令存储和数据存储分开，可以使指令和数据有不同的数据宽度。哈佛结构的计算机通常具有较高的执行效率。由于指令和数据指令分开组织和存储，指令执行时可以预先读取下一条指令。而冯诺依曼结构简单，物理实现的成本相对较低。

　　采用哈佛结构的 CPU 和微处理器有 IBM 公司的 PowerPC 处理器，SUN 公司的 UltraSPARC 系列处理器，MIPS 公司的 MIPS 系列处理器，安谋公司的 ARM9、ARM10 和 ARM11 等。大部分 RISC（精简指令系统）计算机采用哈佛结构。例如，ATmega32 的 CPU 采用哈佛结构，有独立的数据存储器和程序存储器。

1.3.5　新型计算机研究

　　20 世纪 70 年代，人们发现能耗会导致计算机中的芯片发热，这极大地影响了芯片集成度，从而限制了计算机运行速度。目前集成电路内部制程线宽达到了 12nm（最小的氢原子直径为 0.1nm）。当晶体管元件尺寸小到一定程度时，单个电子将会从线路中逃逸出来，这种单电子的量子行为将产生干扰作用，使集成电路芯片无法正常工作。这些物理学及经济成本方面的制约因素，激励科学家必须进行新型计算机的研究和开发。在计算机体系结构方面，专家们提出的非诺依曼结构的计算机主要有哈佛结构计算机、数据流计算机、并行计算机、量子计算机、面向信息处理的智能计算机等。

1. 量子计算机

　　量子计算机同样由存储元件和逻辑门元件构成。在现有计算机中，每个存储单元（Cell）只能存储一位二进制数据，非 0 即 1。在量子计算机中，数据采用量子位存储。由于量子的叠加效应，一个量子位可以同时存储 0 和 1。所以，一个量子位可以存储 2 位二进制数据，就是说同样数量的存储单元，量子计算机的存储量比半导体计算机大。量子计算机的优点：一是能够实现并行计算，加快解题速度；二是大大提高了存储容量；三是可以对任意物理系统进行高效率模拟仿真；四是量子计算机的发热量极小。

　　2007 年，加拿大 D-Wave System 公司宣布研制成功了世界上第一台 16qubits（量子位）的量子计算机样机，如图 1-33 所示。2013 年，D-Wave2 计算机达到了 512 量子位，在计算某些特定任务的运算速度上，比目前 Intel 最快的芯片还要快 1.1 万倍。

　　量子计算机也存在一些问题：一是对微观量子态的操作非常困难，需要在超低温环境下进行；二是量子计算利用了量子纠缠的性质，但是在实际系统中，受到环境的影响，量子的纠缠状态只能维持几十毫秒；三是量子编码纠错复杂，效率不高。迄今为止，世界上还没有真正意义上的通用量子计算机（D-Wave 为专用量子计算机）。

(a) D-Wave量子计算机　　　　　(b) 量子处理器　　　　　(c) 量子纠缠原理示意图

图 1-33　量子计算机样机

2. 超导计算机

超导是指导体在接近绝对零度（−273.15℃）时，电流在某些介质中传输时所受阻力为 0 的现象。1962 年，英国物理学家约瑟夫逊（Thomson Joseph John，1856—1940）提出了"超导隧道效应"，即由超导体-绝缘体-超导体组成的器件（约瑟夫逊元件），当对两端施加电压时，电子会像通过隧道一样无阻挡地从绝缘介质中穿过，形成微小电流，而该器件两端电压为 0。利用约瑟夫逊器件制造的计算机称为超导计算机。这种计算机耗电仅为用半导体器件耗电的几千分之一，它执行一个指令只需几皮秒，比目前半导体元件快 10 倍。

超导现象只有在超低温状态下才能发生，在常温下获得超导效果还有许多困难。

3. 光子计算机

光子计算机是以光子代替电子，光互连代替铜导线互连。与电子相比，光子具备电子所不具备的频率和偏振，从而使它负载信息的能力得以扩大。光通信（如光纤）和光存储（如 DVD-ROM）技术目前已经十分成功，应用广泛。

2017 年，中国科学技术大学潘建伟教授及科研组研制成功了光量子计算机。光子计算机的优点是光子不需要导线，即使在光线相交的情况下，它们之间也不会相互影响。光子计算机只需要很小的能量就能驱动，大大减少了芯片产生的热量。光子计算机的并行处理能力强，具有超高速运算速度。目前超高速计算机只能在常温下工作，而光子计算机在高温下也可工作。光子计算机信息存储量大，抗干扰能力强。光子计算机具有与人脑相似的容错性，当系统中某一元件损坏或出错时，并不影响最终的计算结果。

光子计算机也面临一些困难：一是随着无导线计算机性能的提高，要求有更强的光源；二是要求光线严格对准，光元件的装配精度必须达到纳米级；三是必须研制具有完备功能的光子基础元件开关。

4. 生物计算机

生物计算机的运算过程是蛋白质分子与周围物理化学介质的相互作用过程。计算机的转换开关由酶来充当，生物计算机的信息存储量大，能够模拟人的思维。

利用蛋白质技术生产的生物芯片，信息以波的形式沿着蛋白质分子链中单键、双键结构顺序改变,从而传递了信息。蛋白质分子比硅晶片上的电子元件要小得多,生物计算机完成一项运算,所需的时间仅为 10ps。由于生物芯片的原材料是蛋白质分子,所以生物计算机有自我修复的功能。

蛋白质作为工程材料存在一些缺点:一是蛋白质受环境干扰大,在干燥环境下会不工作,在冷冻时又会凝固,加热时会使机器不能工作或者不稳定;二是高能射线会打断化学键,从而分解分子机器;三是 DNA(脱氧核糖核酸)分子容易丢失和不易操作。

习题 1

1-1　简述现代计算机的定义。

1-2　个人移动设备、台式计算机、服务器、计算机集群和嵌入式计算机有哪些技术特征?

1-3　计算机的主要技术指标有哪些?

1-4　实现某个计算机功能时,采用软件设计或硬件设计各有什么特点?

1-5　补码加法运算有哪些特点?

第2章 数据存储原理

计算机硬件工作原理是：将现实世界中的各种信息，转换为二进制代码（编码运算）；保存在计算机存储器（数据存储）中；在程序控制下由运算器对数据进行处理（数据计算）；在数据存储和计算过程中，需要将数据从一个部件传输到另一个部件（数据传输）；数据处理完成后，再将数据转换为人类能够理解的形式（解码运算）。在以上工作过程中，信息如何编码和解码、数据存储在什么位置、数据如何进行计算等，都由计算机能够识别的机器命令（指令系统）控制和管理。由以上讨论可以看出，计算机硬件设备最基本的操作是存储、传输和计算。

2.1 数据存储技术

2.1.1 常用存储器类型

1. 存储器的类型

存储器分为两大类：内部存储器和外部存储器。直接与 CPU 进行数据交换的存储器称为"内部存储器"（简称为内存或主存），不能直接与 CPU 进行数据交换的存储器称为"外部存储器"（简称为外存）。例如，硬盘中的数据需要先传输到内存中，才能与 CPU 进行数据交换，因此硬盘为外存设备。内存通过总线与 CPU 相连，用来存放正在执行的程序和数据；外存通过接口电路（如 SATA、USB 等）与主机相连，用来存放暂时不执行的程序和数据。不同存储器的工作原理不同，性能也不同。计算机常用存储器如图 2-1 所示。

图 2-1　计算机常用存储器类型

2. 内存

内存是采用 CMOS（互补金属氧化物半导体）工艺制作的半导体存储芯片，内存断电后，其中的程序和数据都会丢失。早期将内存类型分为 RAM（随机存储器）和 ROM（只读存储器),由于 ROM 使用不方便,性能极低,目前已经淘汰。目前内存类型为 DRAM(动态随机存取存储器)和 SRAM(静态随机存取存储器)。SRAM 存储速度快,只要不掉电,数据不会丢失,所以称为"静态存储器"。但是 SRAM 结构复杂,一般仅用在 CPU 内部作为高速缓存(Cache)。DRAM 利用电容保存数据,结构简单,成本低,但是由于电容漏电,因此数据容易丢失。为了保证数据不丢失,必须对 DRAM 定时进行内存动态刷新(充电),所以称为"动态存储器"。"随机"的含义一是指数据可以在存储器中随机存放,不要求按序存储,这大大提高了内存空间利用率;二是 CPU 可以随机读写内存空间的数据,这提高了控制的灵活性。这两类存储器的读写速度大大高于其他类型的存储器,但是这两类存储器断电后,保存在其中的数据都会丢失。

3. 外存

外存的存储材料和工作原理更加多样化。由于外存需要保存大量数据,因此要求容量大,价格便宜,更为重要的是外存中的数据在断电后不会丢失。外存的存储材料有:采用半导体材料制造的闪存(Flash Memory),如电子硬盘(SSD)、U 盘(USB 接口闪存)、存储卡(如 SD 接口存储卡)等;采用磁介质材料制造的硬盘(软盘和磁带机已淘汰);采用光介质材料制造的 CD-ROM、DVD-ROM、BD-ROM 等。

4. 存储容量单位

存储器的最小存储单位是字节(B),1 个字节可以存储 8 位(b)二进制数据。实际应用中,字节单位太小,为了方便计算,一般采用国际电工委员会(IEC)2005 年在 IEC 60027-2 标准中制定的位标,如 K(开)、M(兆)、G(吉)、T(太)、P(拍)、E(爱)、Z(泽)等。它们之间的换算关系是:$1B=8b$,$1KB=2^{10}=1024B$,$1MB=2^{20}=1024KB$,$1GB=2^{30}=1024MB$,$1TB=2^{40}=1024GB$,$1PB=2^{50}=1024TB$,$1EB=2^{60}=1024PB$,$1ZB=2^{70}=1024EB$。

2.1.2　存储器层次结构

1. 存储器性能

存储器性能由存取时间、存取周期、传输带宽三个指标衡量。

存取时间指启动一次存储器操作到完成该操作所需要的全部时间。存取时间越短,存储器性能越高,如内存存取时间为纳秒级($10^{-9}s$),机械硬盘存取时间为毫秒级($10^{-3}s$)。

存取周期指存储器连续两次存储操作所需的最小间隔时间,如寄存器与内存之间的存取时间都是纳秒级,但是寄存器为一个存取周期(保持与 CPU 同步),而 DDR3-1600 内存为 30 个存取周期,可见内存的存取周期远高于 CPU 的指令执行周期。

传输带宽(简称带宽)是单位时间里存储器能达到的最大数据存取量,或者说是存储器的最大数据传输速率。串行传输带宽单位为 b/s(位/秒),并行传输单位为 B/s(字节/秒)。

2. 存储器的层次结构

不同存储器的性能和价格不同,不同应用对存储器的要求也不同。对最终用户来说,要求存储容量大,停电后数据不能丢失,存储设备移动性好,价格便宜,但是对数据读写延时不敏感,在秒级即可满足用户要求。对计算机核心部件 CPU 来说,存储容量相对不大,数百个存储单元(如寄存器)即可,数据也不要求停电保存(大部分为中间计算结果),对存储器移动性没有要求,但是 CPU 对数据传送速度要求极高。为了解决这些矛盾,数据在计算机中分层次进行存储,存储器的层次模型如图 2-2 所示。

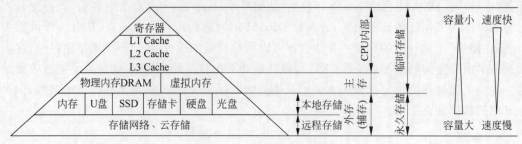

图 2-2　存储器的层次模型

2.1.3　数据的寻址方法

1. 内存数据查找方法

内存以"字节"为单位进行数据存储和传输。每一个内存单元(1 字节)都有一个地址,CPU 运算时按内存地址查找程序或数据,这个过程称为寻址。寻址过程由操作系统控制,由硬件设备(主要是 CPU、内存、总线)执行。

内存地址用二进制整数表示。一个 4GB 的内存,需要多少位地址来寻址任何一个字节呢? 4GB 内存为 2^{32}B,即需要 32 位二进制数来标识一个字节的地址,由于内存数据采用并行传输,因此内存寻址需要 32 根地址线。

【**例 2-1**】 "天河 2 号"超级计算机每个计算结点有 88GB 内存,而 2^{36}B＝64GB,2^{37}B＝128GB,因此需要 37 位二进制数来标识内存中一个字节的地址。

如图 2-3 所示,内存地址采用二进制数表示,早期 8086 计算机地址采用 20 位(即 20 根地址线)二进制数表示,CPU 寻址空间为 2^{20}＝1 048 576B(1MB)。也就是说,内存容量大于1MB 时,CPU 无法找到它们。目前计算机 CPU 均为 64 位,理论可寻址范围达到了 2^{64}B＝16EB。但是,如果采用 32 位 Windows 操作系统,操作系统内存寻址空间为 2^{32}B＝4GB。因此,对于 32 位操作系统,当内存容量大于 4GB 时,将无法找到内存中的程序和数据。

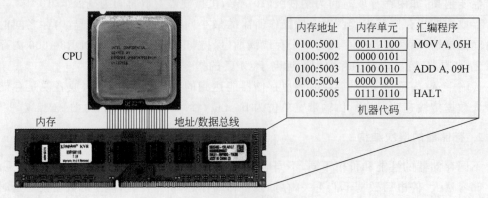

图 2-3　内存数据的寻址

2. 外存数据查找方法

程序和数据没有运行时,存放在外存设备中,如硬盘、U 盘、光盘等。程序运行时,CPU 不直接对外存的程序和数据进行寻址,而是在操作系统控制下,将程序和数据复制到内存,CPU 在内存中读取程序和数据。操作系统怎样寻找外存中的程序和数据呢? 外存数据查找方法与内存有很大区别,外存以"块"为单位进行数据存储和传输。如图 2-4 所示,硬盘中的数据块称为"扇区",存储和查找以扇区为单位;U 盘中的数据按"块"进行查找;光盘中的数据块也按"扇区"查找,但是扇区结构与硬盘不同;网络数据在接收缓冲区中查找。外存数据的地址编码方式与内存不同,如,Windows 按"页"(1 页＝1 簇＝8 扇区＝4KB)号进行硬盘数据寻址,外存寻址不需要地址线,而是将地址信息放在数据包中,利用线路进行串行传输。

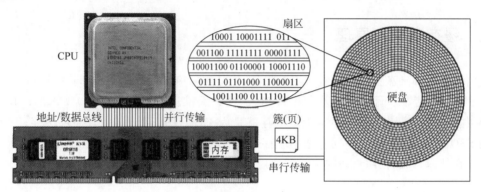

图 2-4　硬盘数据的块寻址

2.1.4　地址的转换机制

大部分 CPU 中带有一套高速缓存子系统,以提高系统性能。如图 2-5 所示,ARM 9E 处理器的存储器子系统包含一个 MMU(存储器管理单元)或 MPU(存储器保护单元)、高速缓存(Cache)和写缓冲(Write Buffer);CPU 通过子系统与系统内存相连。

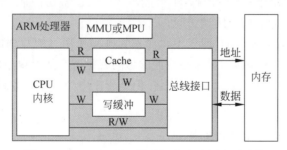

图 2-5　ARM 9E 处理器内部的高速缓存子系统

MMU 为了满足操作系统对内存管理的需要,它主要有两个功能:一是支持虚拟/物理地址映射;二是提供不同存储器地址空间的保护机制。

程序开发人员都是在操作系统给定的 API(应用程序接口)和编程模型下开发程序,操作系统通常只开放一个确定的存储器地址空间给用户。这样就带来了一个问题:所有的应用程序在编译时都使用了同一地址空间(如每个程序都统一从 0 号地址开始存储程序,即虚拟地址),如果这些程序同时启动(多任务系统的常见情况),就会产生存储器地址冲突。操作系统如何避免这个问题呢? 操作系统会利用 MMU 硬件单元完成存储器虚拟地址到物理地址的转换。所谓虚拟地址是程序员在程序中使用的逻辑地址,而物理地址则是真实存储器单元的空间地址。MMU 通过一定的规则,可以把相同的虚拟地址映射到不同的物理地址上去。这样,即使有多个使用相同虚拟地址的程序进程启动,也可以通过 MMU 调度把它们映射到不同的物理地址上去,不会造成系统错误。

MMU 除了地址映射功能之外,还能给不同的地址空间设置不同的访问属性。例如操作系统将自己的内核程序地址空间设置为用户模式下不可访问,这样用户应用程序就无法访问到该空间,从而保证了操作系统内核的安全性。MPU 与 MMU 的区别在于它只有给地址空间设置访问属性的功能而没有地址映射功能。

2.2　缓存结构与原理

内存容量和磁盘集成度虽然在不断提高,但是访问速度在过去 10 年间并没有很大的提升,CPU 与存储器之间的速度差异越来越大,这大大推进了缓存(Cache)技术的应用。如 CPU 内部的高速缓存;如显示卡中的显存就是为 GPU(图形处理单元)提供缓存;机械硬盘或 SSD(固态盘)上也有不同容量的缓存,用来加快数据读写速度;Web 网站更是大量使用了缓存技术,以加快用户访问网站的速度。

2.2.1　高速缓存工作原理

1. 存储局部性原理

大量程序运行情况的统计表明,在一个较短时间内,指令往往集中在内存地址空间的很小范围内。这种对局部范围的内存地址频繁访问而对此范围以外的地址访问比较少的现象,称为存储局部性原理(或称为程序局部性原理)。局部性分为时间局部性和空间局部性。时间局部性指近期被访问的程序代码,很可能不久将再次被访问;空间局部性是指地址上相邻近的程序代码,可能会被连续地访问。

指令地址分布一般是连续的,即程序往往重复刚刚使用过的数据或指令。再加上循环程序段需要重复执行多次,因此,对这些地址的访问就具有空间上集中的倾向。数据分布的随机性较大,集中存放的倾向不如指令明显。但是程序中经常使用数组这种数据结构,它在内存单元的分布也是相对集中的。

2. 缓存对存储局部性原理的利用

缓存是数据或指令的缓冲区。当 CPU 读取数据(以下程序和数据统称为数据)时,会首先从缓存中查找需要的数据,如果找到了数据,则直接执行;如果找不到需要的数据,则转到从内存中找。由于缓存的运行速度比内存快得多,因此缓存可以减少 CPU 等待数据的时间。简单地说,缓存就是把最常用的东西放在最容易取到的地方。缓存利用了"存储局部性原理"的规律。

【例 2-2】　播放 DVD 影片时,视频数据由一系列字节组成,CPU 会依次从头到尾地调用 DVD 数据。如果 CPU 这次读取的 DVD 数据为 1min 30s,那么下次读取的时候就会从 1min 31s 开始,因此有序排列的数据依次被读入 CPU 进行处理。从数据存储角度来看,图片、视频、音频、数据库等文件通常有较好的空间局部性。

【例 2-3】　在程序设计中,程序员通常会尽量避免出现程序的跳跃和分支,让 CPU 可以不间断地处理大块连续数据。游戏、仿真模拟和多媒体程序通常都会这样设计,以小段代码连续处理大块数据。但是在办公应用程序中,情况就不同了,改变字体、改变格式、保存文档等都需要执行不同的程序代码,而这些程序代码通常不会在一个连续的内存区域中。于是 CPU 就不得不在内存中不断跳来跳去地寻找需要的代码。这意味着对这些程序而言,需要较大的缓存来读入大多数经常使用的程序代码,并将它们放在一个连续的区域中。如果缓存足够大,所有的代码都可以放入,也就可以获得很高的执行效率。

3. 缓存技术对系统性能的影响

缓存物理上是一块高速 SRAM,缓存的行为受系统硬件控制而不由程序控制,系统控制器会把最近访问存储器地址附近的内容复制到缓存中去。这样,当 CPU 访问下一个存储器单元(可能是取指令,也可能是取数据)时,这个存储器单元的内容可能已经在缓存里了,所以 CPU 不需要到内存中去读取数据,直接读取缓存中的数据就可以了,从而加快了访问速度。CPU 要访问的数据既可能在缓存中已经存在(缓存命中);也可能不在缓存中(缓存未命中)。在缓存没有命中的情况下,CPU 的性能会比没有缓存的情况更坏,因为 CPU 除了要判断缓存命中或未命中外,还需要重新到内存中访问数据,以及进行缓存数据刷新等操作。只有当缓存命中带来的好处超过缓存未命中带来的牺牲时,系统的整体性能才能得到提高,所以缓存的命中率是一个非常重要的指标。

4. 缓存技术对程序设计的影响

程序中的跳转经常会引起缓存未命中,因此提高缓存命中率的方法有:一是尽可能将与功能相关的程序代码和数据放在一起,减少程序跳转次数;二是在程序中保持合适的函数大小,不要书写太多过小的函数体;三是循环体最好放置在 4 个字对齐的地址,这样就能保证循环体在缓存中是行对齐的,并且占用最少的缓存行数,使得被多次调用的循环体得到更好的执行效率。

2.2.2　高速缓存基本结构

高速缓存主要由三部分组成:一是缓存存储体,它用来存放由内存调入的指令和数据块;二是地址转换部件,它用于实现内存地址到缓存地址的转换;三是替换部件,它的作用是当缓存已满时,按一定算法进行数据块替换,并修改地址转换部件。

1. 高速缓存的存储结构

高速缓存的基本结构如图 2-6 所示,一个缓存块有多个组(S 组);每组有 1 到多行(E 行);每行由有效位(Valid)、标签位(Tag)、缓存块组成。有效位(Valid)的作用是判断该行是否保存了数据(Valid=1 为有数据,Valid=0 为空行);标签位(Tag)的作用是与访问地址进行比较,如果缓存的标签位与地址的标签位相等,则标志着缓存命中;块(Block)用于保存缓存数据,它是缓存加载数据的最小单位。

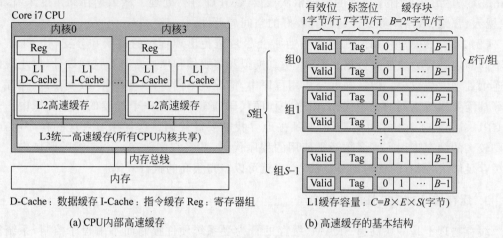

(a) CPU内部高速缓存　　　　　　　　(b) 高速缓存的基本结构

图 2-6　CPU 内部高速缓存和高速缓存的基本结构

2. 地址与缓存之间的关系

假设 CPU 通过一个 32 位的地址读取 L1 缓存中的一个字节,地址与缓存之间的映射关系如图 2-7 所示。

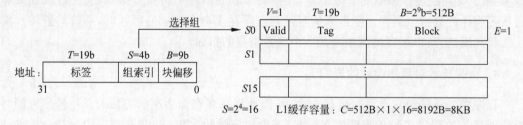

图 2-7　32 位地址与 8KB L1 缓存之间的关系

如图 2-17 所示,在 L1 缓存中,将 L1 缓存分成 2^4＝16 组,每组大小相等,目的是 32 地址的中 4 位恰好可以索引到缓存中的一组。为了简单说明起见,假设每组只有 1 行($E=1$),因此 L1 缓存是 16 行;每行分为 3 段,高段 1 位是有效位(Valid);中间段是标签位(Tag),与地址中的标签位一样也是 19 位,如果地址的组索引位映射到缓存的这一行,而且这一行的标签位与 32 位地址的标签位相等,则标志着缓存命中;剩下的段是保存好此数据的块(Block)。从理论上讲,访问速度越慢、离 CPU 越远的缓存,Block 越大,这里缓存的大小为 2^9b＝512b,目的是 32 位地址的低 9 位(块偏移)能定位到每一个字节。

近年来,CPU 逐渐增加了 L2、L3 缓存,当 L1 缓存的 Tag 位与地址的 Tag 位匹配不上时,CPU 就去 L2 缓存上找 Block 中的数据。由于 L2 缓存比 L1 缓存便宜,因此 L2 缓存容量可以设计得更大,可以存放的 Block 也更多,命中的概率也更大。总之,缓存的规律是:冷数据(很少使用的数据)存储在容量较大的 L2、L3 缓存中;热数据(频繁使用的数据)存储在容量较小的 L1 缓存中,数据是否频繁使用的关键是数据的"局部性"规律。

3. 缓存的地址映像方式

地址映像是指某一数据在内存中的地址与在缓存中的地址两者之间的对应关系。缓存有直接相联、组相联、全相联三种地址映像方式。

1) 直接相联映像

直接相联映像方式中，每个组只有一行，$E=1$，结构很简单，整个缓存相当于一个一维数组。没有命中时的行替换也很简单，哪个没有命中就替换哪个。

这种方式的优点是地址映像方式简单，数据访问时，只需检查区号是否相等即可，因而可以得到比较快的访问速度，硬件设备简单；缺点是替换操作频繁，命中率较低。

2) 组相联映像

在组相联映像方式中，E 大于 1，就是说一个组里面有多个缓存路。E 等于多少，就称为多少路，所以也称为 E 路组相联。

组相联的行匹配要复杂一些，因为要检查多个行的标记位和有效位。如果最终找到了还好，如果找不到，则会从下一级存储器中取出包含所需数据的行来替换，但一个组里这么多行，替换哪个行呢？如果有一个空行，自然就是替换空行；如果没有空行，那就只有采用其他替换算法了。例如，随机算法、最不常使用算法、最近最少使用算法等。这些算法本身需要一定的开销。但是，不命中的开销更大。为了保证命中率，采取一些相对复杂的算法也是值得的。目前大部分 CPU 都采用组相联映像方式。

组相联映像的优点是块的冲突概率较低，块的利用率大幅度提高，块失效率明显降低；缺点是实现难度和制造成本比直接映像方式高。

3) 全相联映像

全相联映像就是由一个包含所有缓存行的组组成的缓存。由于只有一个组，所以组选择特别简单，这时地址就不需要组索引了，只有标记和偏移，也就是 T 部分和 B 部分。其他步骤中，行匹配和数据选择与组相联原理是一样的，只是规模大得多。

这种方式的优点是命中率比较高，缓存存储空间利用率高；缺点是访问相关存储器时，每次都要与全部内容进行比较，速度低，成本高，因而应用少。

2.2.3　高速缓存替换策略

1. 缓存的命中率

CPU 访问存储系统时，在存储系统中找到所需数据的概率称为命中率。命中率计算方法如下所示，命中率越接近于 1 越好。

$$命中率 = \frac{命中次数}{访问次数} \tag{2-1}$$

CPU 访问存储系统时，通常先访问 Cache，由于 CPU 所需要的信息不会百分之百地在 Cache 中，这就存在一个命中率的问题。从理论上说，只要 Cache 的大小与内存的大小保持适当比例，Cache 的命中率是相当高的。对于没有命中的指令或数据，CPU 只好再次访问内存，这时 CPU 将会浪费更多的时间。

从理论上讲，一颗有三级缓存的 CPU，读取一级缓存的命中率大约为 80%。也就是说

CPU 一级缓存中找到的有用数据占数据总量的 80％,剩下 20％的数据从二级缓存中读取。由于不能完全精准地预测将要执行的数据,因此读取二级缓存的命中率也在 80％左右(从 L2 缓存读到有用的数据占总数据的 16％)。二级缓存未命中的数据可以在三级缓存中查找,还有大约 5％的数据不得不从内存中调用,但这是一个相当不错的性能。为了保证缓存有较高的命中率,缓存中的数据应该按一定的算法进行替换。

2. 缓存的替换算法

缓存只复制了内存中少部分数据,所以 CPU 到缓存中查找数据时,也会出现找不到数据的情况,因为有些数据没有从内存复制到缓存中,这时 CPU 就需要再次到内存中查找数据,这样数据的读取速率就会慢下来。不过,CPU 会把查找到的数据复制到缓存中,以便下一次不再到内存中读取。CPU 读取频繁的数据不是一成不变的,也就是说,刚才还不频繁使用的数据,有时需要频繁地使用;刚才还频繁使用的数据,现在又不频繁使用了,因此缓存中的数据需要按照一定的算法进行更换,这样才能保证缓存中的数据是使用最频繁的。替换算法有随机法、先进先出法、最近最少使用法等。

(1) 随机(RAND)法。RAND 法是随机地确定替换的缓存块。设置一个随机数产生器,依据产生的随机数,确定替换块。这种方法简单、易于实现,但命中率较低。

(2) 先进先出(FIFO)法。FIFO 法是选择最先调入缓存的数据块进行替换。最先调入并多次命中的块,很可能被优先替换。这种算法易于实现,命中率比随机法好,但还是不能满足要求。

(3) 最近最少使用(LRU)法。LRU 法是依据各块的使用情况,总是选择最近最少使用的块被替换。这种算法较好地反映了程序局部性规律。实现 LRU 法的方法有多种,如计数器法、寄存器栈法、硬件逻辑比较对法等。

3. 缓存的一致性问题

缓存的内容是内存内容的一部分,是内存数据的副本,缓存的内容应该与内存内容一致。但是在以下情况中,会造成缓存与内存数据的一致性问题:一是 CPU 将数据写入缓存时,并没有立即写内存;二是 I/O 设备没有及时将数据写入到内存中。这些情况会造成缓存与内存内容的不一致。缓存写操作引起的不一致问题有以下解决方法。

(1) 写通法或写直达法(Write Through)。这种方法是在进行缓存写操作的同时,也对内存写入该内容。它的优点是可靠性较高,操作比较简单;缺点是缓存写操作的速度与内存写操作的速度很难一致。

(2) 写回法(Write Back)。这种方法是 CPU 执行写操作时,只写入缓存,不写入内存。它的优点是写入速度较高;缺点是可靠性较差,操作比较复杂。

2.2.4　缓存技术应用领域

1. 高速缓存在 CPU 中的应用

CPU 要读取一个或一批数据时,首先从 CPU 缓存中查找,找到数据后就立即读取并送 CPU 处理;如果没有找到数据,CPU 就需要再次从速率相对较慢的内存中读取数据并送给

CPU 处理,同时把这个数据所在的数据块一起调入缓存中,使得以后对整块数据的读取都在缓存中进行,不必再访问内存。这种机制使 CPU 读取缓存数据的命中率非常高(大多数CPU 可达 90％以上)。这大大节省了 CPU 直接读取内存的时间,也使 CPU 读取数据时基本无须等待。总的来说,CPU 读取数据的顺序是先缓存后内存。

CPU 内部的高速缓存通常采用 SRAM,SRAM 速率非常快,但是它的集成度低(存储相同数据块时,SRAM 的体积是 DRAM 的 6 倍)、成本高(相同容量的 SRAM 成本是DRAM 的 4 倍)。由此可见,无限扩大 SRAM 做缓存是一个不理智的行为。但是为了提高系统性能,必须要扩大缓存,这就出现一个折中的方法,即不扩大 SRAM 缓存容量,而是增加一些高速 DRAM 作为缓存,这些高速 DRAM 速率比常规 DRAM 快,但是比 SRAM 慢,把原来的 SRAM 作为一级缓存,而把增加的高速 DRAM 做二级和三级缓存。

在 CPU 产品中,一级缓存容量相差不大,缓存容量基本在 4～64KB,二级缓存的容量在 128KB～4MB 等,三级缓存更大。二级缓存容量的提升是由 CPU 制造工艺所决定的,容量增大必然导致 CPU 内部晶体管数增加,要在有限的 CPU 面积上集成更大的缓存,对制造工艺的要求也就越高。

2. 缓存技术在硬盘中的应用

(1)预读取。硬盘收到 CPU 指令开始读取数据时,硬盘上的控制芯片就会控制磁头把正在读取的磁盘簇和下几个磁盘簇中的数据读到缓存中(由于硬盘数据存储的连续性比较好,所以数据读取命中率较高)。当需要读取下一个或几个簇中的数据时,硬盘就不需要再次读取磁盘数据,直接把硬盘缓存中的数据传输到内存中就可以了。由于硬盘缓存的速率远远高于磁头的读写速率,所以能够达到改善硬盘数据性能的目的。

(2)写入。当硬盘接收到 CPU 写入数据的指令后,并不会马上就将数据写入到磁盘中,而是将数据暂时存储在缓存里,然后发送"数据已写入"的信号给系统。这时系统就会认为数据已经写入,并继续执行下面的工作,而硬盘则在空闲(不进行数据读写)时,再将缓存中的数据写入到磁盘中。硬盘缓存虽然能够提升写入数据的性能,但不可避免地带来了安全隐患,当数据还在缓存中时,如果突然掉电,那么这些数据就会丢失。硬盘厂商的解决办法是:掉电时,磁头会借助惯性将缓存中的数据写入零磁道以外的暂存区域,等到下次启动时再将这些数据写入磁盘目的地址。

(3)临时存储。硬盘缓存就像内存一样,在硬盘读写数据时,负责数据的存储、寄放等功能。这样一来,不仅可以大大减少数据读写的时间,提高硬盘的使用效率,同时利用缓存还可以让硬盘减少频繁地读写,让硬盘更加安静,更加省电。更大的硬盘缓存,可以缩短文件读取时间,使得复制文件时更快,系统启动时间更短。

2.3　内存结构与原理

2.3.1　内存数据存储原理

1. 内存条基本结构

内存条上一般有 4 个、8 个或 16 个内存芯片,每个内存芯片内部有 2/4/8 个逻辑存储阵列组(Bank),每个逻辑存储阵列组有几千万甚至上亿个存储单元(Cell),这些存储单元的组合体称为"存储阵列"。内存条的基本结构如图 2-8 所示。

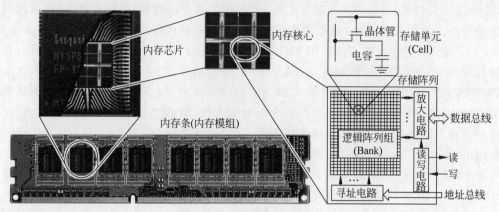

图 2-8　　内存条的基本结构

2. DRAM 存储单元工作原理

(1) DRAM 存储单元电路结构。DRAM 存储单元的电路结构如图 2-9 所示,存储单元由 1 个 MOS 晶体管(M)和 1 个电容(C_S)组成。DRAM 的这种电路结构非常简单,电路集成度高、容量大,缺点是速度慢。目前的内存芯片都采用这种电路结构。

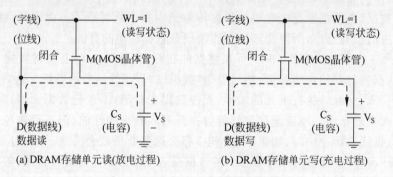

图 2-9　　DRAM 存储单元的电路结构

(2) 存储单元的充电与放电。在 DRAM 存储单元中,晶体管 M 的作用是一个开关器件,它控制着数据输入线 D 端到存储电容 C_S 之间的电流通断。如图 2-9 所示,当晶体管 M 处于闭合(ON)状态时,数据线 D 端到存储电容 C_S 之间是连通的;当晶体管 M 处于断开(OFF)状态时,数据线 D 端到存储电容 C_S 之间不能连通。可见晶体管 M 控制着电容 C_S 的充电和放电。

(3) 存储电容 C_S 的功能。存储电容 C_S 的功能是保存数据。当电容 C_S 中充有电荷时,存储器为逻辑"1"状态;当电容 C_S 中没有电荷时,存储器为逻辑"0"状态。

(4) 数据读写线路。WL(字线)的作用是控制晶体管 M 的开关,当 WL=1 时,晶体管 M 处于闭合(ON)状态,这时允许在数据线 D 端进行写或读操作。当 WL=0 时,晶体管 M 处于断开(OFF)状态,这时数据线 D 端的信号不能写入或读出,DRAM 保持原来状态。数据线 D 也称为"位线",它是数据位写入或读出的端点。

（5）存储单元的数据保持。如图 2-9 所示，当字线 WL＝0 时，晶体管 M 处于断开状态，系统无法从数据线 D 写入或读出数据，这时 DRAM 处于数据保持状态。由于数据线 D 和存储电容 C_S 之间的断开的，因此在理想状态下，存储电容 C_S 中的电荷将永久保持。

（6）DRAM 存储单元的刷新。存储单元中电容 C_S 失去电荷的速度非常快，DRAM 中的数据只能保持一个较短的时间，因此 DRAM 中的电容必须定期充电，使它的状态保持不变。在 DRAM 中，动态刷新就是周期性地对 DRAM 中的数据进行读出、放大、写回操作。当计算机断电时，刷新电路不能工作，因此存储单元中的数据会全部丢失。DDR 内存标准规定的内存刷新周期为 64ms。

3. SRAM 存储单元工作原理

如图 2-10 所示，SRAM 存储单元的工作原理类似于一个开关：当开关接通时，相当于逻辑"1"状态；当开关关闭时，相当于逻辑"0"状态。如果不去改变开关，它就保持上次的状态，因此 SRAM 存储器不需要刷新电路。

SRAM 存储单元由一个双稳态触发器组成，电路结构如图 2-10 所示。它由 6 个 MOS晶体管组成（也可以用 4 个 MOS 晶体管组成）。如图 2-10 所示，WL 为字线（行选择），BL和 BLB 为数据输入和输出线，一般简称为"位线"，由它进行数据的读取或写入。

当 WL＝0 时，存储单元与外部隔离，处于数据保持状态。

当 WL＝1 时，允许对存储单元进行读/写操作。

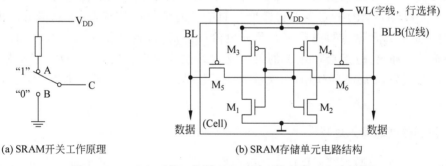

(a) SRAM开关工作原理　　　　　　　(b) SRAM存储单元电路结构

图 2-10　SRAM 开关工作原理和 SRAM 存储单元电路结构

一个 SRAM 存储单元由 6 个 MOS 晶体管组成，存储一个字节数据需要 8 个存储单元，也就是说保存一个字节的数据需要 48 个 MOS 晶体管。由此可见，在相同的存储容量下，SRAM 电路需要的晶体管比 DRAM 多，这也是造成 SRAM 成本较高的原因。SRAM 的优点是速度快，不需要动态刷新电路；缺点是结构复杂，生产成本高。目前 CPU 内部的部分高速缓存（Cache）采用了 SRAM 作为存储单元。

2.3.2　内存数据读写原理

1. 内存数据的读取过程

读取内存数据时，首先需要进行列地址选定（CAS），确定具体的存储单元，接下来通过数据 I/O 通道将数据输出到内存总线上。在 CAS 信号发出之后，仍要经过一定的时间等待才有数据输出,从 CAS 与读取命令发出到第一次数据输出的这段时间定义为 CL(列地址选通潜伏期)。CL 只在数据读取时出现,单位为时钟周期数。

由于内存存储单元中的电容容量很小,所以读取的信号要经过放大才能保证有效地识别。一个 Bank 对应一个读出放大器(S-AMP)通道,数据读取时,读出放大器有一个准备时间(要进行电压比较和逻辑电平的判断)才能保证信号的发送强度。

DDR 内存通过控制 WE♯(写允许)信号线的状态来达到读写的目的。WE♯有效时为写入命令,WE♯无效时就是读取命令。内存数据读取操作时序如图 2-11 所示。

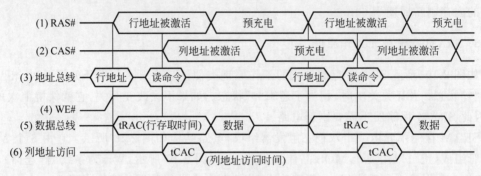

图 2-11　内存数据读取操作时序

DRAM 读操作是一个放电过程,逻辑状态为"1"的电容在读操作后,会因为放电而变为逻辑"0"。为了保证数据的可靠性,需要对存储单元中原有的数据进行重写,这个任务由读出放大器(S-AMP)来完成。它根据存储单元的逻辑电平状态,对数据进行重写(逻辑"0"时不重写),数据重写操作可在预充电阶段完成,因此数据重写与数据输出可以同步进行而互不冲突,也不会产生新的重写延迟。在读取操作时,读出放大器会保持数据的逻辑状态,起到 Cache 的作用,再次读取同一数据时,由它直接发送即可,不用再进行新的寻址。

2. 内存数据的写入过程

如图 2-12 所示,数据写入操作与读取操作过程基本相同,只是在列寻址时,WE♯为有效状态,而且没有了 CL(CL 只出现在读操作中),行寻址与列寻址的时序与读取操作一样。

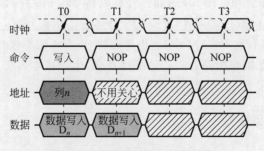

图 2-12　内存数据写入操作时序

写操作是一种充电过程,内存中数据的读写操作和预充电操作都能刷新存储单元中的电荷,为什么还要进行内存刷新呢? 因为读写和预充电操作的存储单元是随机的,在时间上也不确定;而刷新要求有固定的时间周期,并且必须对所有存储单元进行刷新。

3. 存储单元的动态刷新

DRAM 的存储单元中,电容存储的电荷会慢慢泄漏,这就需要对电容进行定时充电。DDR2 内存的电容充电时间一般为 60ns 左右,DDR3 为 36ns 左右。在充电过程中,存储单元不能被访问。定时对存储单元中的电容进行充电的过程称为"动态刷新"。在技术上实现存储单元的动态刷新并不困难。

存储单元刷新的时间间隔应当小于存储单元中电容有效保持时间的上限,目前公认的标准刷新时间间隔是 64ms。每隔 64ms 后,内存单元必须再次进行刷新,如此循环进行,直到用户关机为止。显然,刷新操作对 DRAM 的性能造成了一定的影响,这也是 DRAM 相对于 SRAM 取得成本优势的同时所付出的代价。

【例 2-4】　韩国现代 DDR3 的 1GB 内存芯片的技术参数规定"8KB Refresh Cycles/64ms",这说明内存芯片中每个 8KB 页面的刷新时间应当小于 64ms,那么这个页面中每个存储单元的刷新时间应当小于 $7.8125\mu s$。

2.3.3　内存条电路结构

1. 内存条的组成形式

计算机主要采用 DRAM 芯片构成内存系统,它由安装在主板上的内存条组成。从IBM PC/AT(286)计算机开始,放弃了将内存芯片直接安装在主板上的设计方案,采用了内存条的设计方式,这样既减小了内存占用主板的空间,又方便用户扩充内存容量,在以后的台式计算机设计中一直沿用了这种方案。

如图 2-13 所示,内存条由 DRAM(内存芯片/内存颗粒)芯片、SPD(内存序列检测)芯片、PCB(印制电路板)、贴片电阻、贴片电容、金手指、散热片等组成。不同技术标准的内存条,它们在外观上并没有太大区别,但是它们的工作电压不同,引脚数量和功能不同,定位卡口位置不同,互相不能兼容。

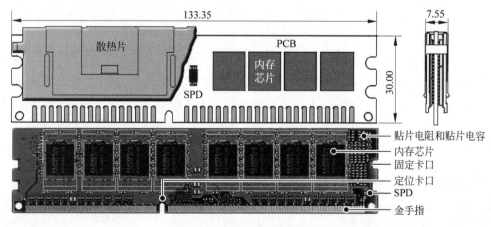

图 2-13　DDR 内存条组成形式

2. SPD 芯片的基本功能

JEDEC 组织从 SDRAM 的 PC100 内存标准开始,规定内存条上必须带有 SPD 芯片。内存条制造商将该内存芯片的基本技术参数预先写入 SPD 芯片,SPD 芯片记录了内存条的类型、工作频率、芯片容量、工作电压,以及各种主要操作时序(如 CL、tRCD、tRP、tRAS 等)和其他技术参数。SPD 的主要功能是协助 CPU 内部的内存控制器精确调整内存参数,使内存达到最佳使用效果。

3. 内存芯片位宽与内存总线的关系

目前 CPU 前端总线位宽为 64 位,内存总线位宽也为 64 位。内存条有两种设计方案,其中一种是将内存条位宽设计为 64 位,这样内存总线一次就可以从一个内存条上读写 64 位数据,目前内存条采用这种设计方案。

4. Unb-DIMM 内存条电路结构

如图 2-14 所示,Unb-DIMM(无缓冲 DIMM)内存条主要用于台式计算机。主板内存插座(DIMM)中,内存总线位宽为 64 位,主板对内存条的数量和容量都有限制。高位宽的内存芯片可以使 DIMM 的设计简单一些,因为所用芯片少。

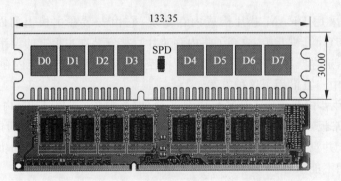

图 2-14　64 位 DDR3 Unb-DIMM 内存条基本尺寸

内存条容量计算公式如下:

$$内存条容量 = Bank 容量(b) \times 芯片 I/O 位宽(b) \times 内存芯片数 \div 8 \tag{2-2}$$

【例 2-5】　用不同位宽的内存芯片,设计一个位宽为 64b、容量为 1GB 的内存条。

方案 1:如图 2-15(a)所示,采用 512Mb×4I/O 的内存芯片时,4GB 的内存条需要 16 个内存芯片,才能构成一个 64 位(4I/O×16 芯片)的内存条。这种方案的优点是可以采用多个(16 个)低容量的内存芯片,实现高容量的内存条设计;缺点是内存条工艺复杂。

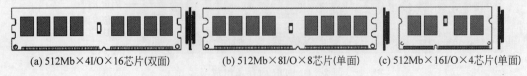

(a) 512Mb×4I/O×16芯片(双面)　　(b) 512Mb×8I/O×8芯片(单面)　　(c) 512Mb×16I/O×4芯片(单面)

图 2-15　4GB 内存条的不同设计方案

方案 2：如图 2-15(b)所示，采用 512Mb×8I/O 的内存芯片设计时，4GB 的内存条只需要 8 个内存芯片，就能构成一个 64 位(8I/O×8 芯片)的内存条。这种方案在台式计算机的内存条设计中应用最为广泛，它有较好的性能价格比。

方案 3：如图 2-15(c)所示，采用 512Mb×16I/O 的内存芯片设计时，4GB 的内存条仅需要 4 个内存芯片，就能构成一个 64 位 4GB 的内存条。这种方案的优点是可以在高容量的内存芯片上实现少芯片的内存条设计，笔记本计算机由于受到空间的限制，往往采用这种设计方案；缺点是要求采用高密度的内存芯片。

5. Unb-DIMM 内存条电路结构

内存条的电路结构差别不大，对于不同容量的内存芯片，只是在数量上有所改变。

图 2-16 是一个 DDR3 内存条的电路结构图，它的内存容量为 1GB，内存条采用 240 脚的 Unb-DIMM 规格，无 ECC(差错校验)功能。在这个内存条中，采用 128Mb×8I/O 的内存芯片。由于单个内存芯片的位宽为 8b，意味着 1 个芯片可以同时读写 8b 数据，而内存条有 8 个内存芯片，这样内存条每次就可以同时读写 64b 数据。

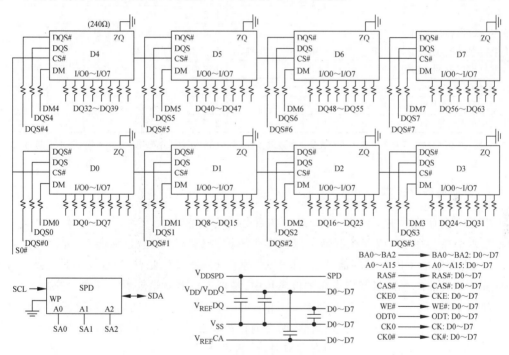

图 2-16　64 位 DDR3 Unb-DIMM 1GB 内存条电路结构

2.3.4　内存条技术参数

1. 内存主要技术参数

DDR SDRAM 简称为 DDR 内存。DDR 采用了延时锁相环(DLL)技术，提供数据选通信号对数据进行精确定位。DDR 在时钟脉冲的上升沿和下降沿都可以传输数据，这样 DDR 内存在不提高时钟频率的情况下，可以大幅提高数据传输速率。DDR 采用了更先进的同步电路,使指定地址、数据的输入和输出主要步骤既能独立执行,又能保持与 CPU 完全同步。目前使用的内存为 DDR4,不同类型的 DDR 内存在结构没有太大区别,主要区别是在一些技术参数和内存性能上。内存带宽计算公式如下:

$$内存带宽(B/s)=传输速率(T/s)×总线位宽(b)/8(b) \tag{2-3}$$

【例 2-6】 计算 DDR3 1600 内存条的带宽。

1600 是指内存数据传输频率,内存总线位宽为 64b,所以

$$内存带宽 =1600MHz×64b/8=12\,800MB/s$$

DDR 内存条技术参数如表 2-1 所示。

表 2-1 DDR 内存条技术参数

技 术 指 标	技 术 参 数		
内存类型	DDR4	DDR3	DDR2
总线位宽(b)	64	64	64
数据传输速率(T/s)	2133～4266	800～2133	400～800
内存带宽(GB/s)	17～34	6.4～17	3.2～6.4
工作电压(V)	1.2	1.5	1.8
单芯片最大容量(GB)	2～16	0.5～8	0.25～4
单个内存条容量(GB)	PC:4～16/服务器:32～128	PC:1～4/服务器:4～32	0.25～4
Unb-DIMM 尺寸(mm)	133×31×4.9	133×30×4	133×30×4
SO-IMM 尺寸(mm)	68×30×3.7	67×30×3.8	67×30×3.8
Unb-DIMM 金手指(pin)	284	240	240
SO-DIMM 金手指(pin)	256	204	204

说明:Unb-DIMM 内存条主要用于台式计算机或服务器;SO-DIMM 存条主要用于笔记本或嵌入式计算机。

2. 多通道内存技术

多通道内存技术主要依靠 CPU 芯片内部的内存控制单元实现,与内存本身无关。多通道技术的核心在于:内存控制器可以在多个不同的数据通道上分别寻址、读写数据。部分 CPU 内部集成了内存控制器,所以计算机是否支持多通道,要看 CPU 是不是支持;另外一部分计算机的内存控制器集成在主板芯片中,是否支持多通道要看主板内存控制芯片。

如图 2-17 所示,CPU 内部有两个 64b 的 DDR 双通道内存控制器。双通道体系包含了两个独立的、具备互补性的内存控制器,两个内存控制器能在 0 等待的情况下同时运行。例如,当控制器 B 准备进行下一次内存存取时,控制器 A 在进行内存读写操作,反之亦然。两个内存控制器的这种互补性可以让内存的读写等待时间减少 50%。

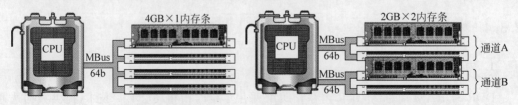

(a) 单通道内存技术　　　　　　　　　　(b) 双通道内存技术

图 2-17 单通道内存技术与双通道内存技术的比较

　　双通道内存的安装有一定的要求。主板的内存插槽的颜色和布局一般都有区分。常规主板一般有 4 个 DIMM 内存插槽,每 2 根一组。为了方便用户安装,大部分双通道主板将不同通道的内存插槽以相同的颜色标示出来,用户只要把 2 个内存条安装在颜色相同的 DIMM 插槽上即可。

2.4　闪存结构与设计技术

　　半导体存储器分为易失性存储器和非易失性存储器。易失性存储器包括 DRAM、SRAM 等,技术较为成熟,是半导体存储技术的主流。非易失性存储器技术包括 ROM(只读存储器)、EEPROM(电擦除可编程存储器)、Flash Memory(闪存)、NV SRAM(带备电源的SRAM),以及新兴的 FRAM(铁电存储器)、MRAM(磁电存储器)、OUM(相变存储器)等。

2.4.1　闪存数据存储原理

1. 闪存的技术特点

　　闪存从 EEPROM 技术发展而来。1980 年,Intel 公司在 EEPROM 基础上开发出了以块为单位进行读写的闪存。闪存具备 DRAM 快速存储的优点,也具备硬盘停电存储的特性。闪存可以利用现有半导体工艺生产,缺点是读写速度较 DRAM 慢,而且擦写次数也有极限。闪存中以固定的区块为单位进行数据擦除与写入,区块大小一般为 8KB~2MB 不等。由于闪存不能以字节为单位进行数据的随机写入,因此闪存在速度上目前还不能作为内存使用。

2. 闪存数据存储原理

　　如图 2-18 所示,闪存采用 MOSFET(场效应晶体管)作为基本存储单元,它是一种 N 沟道场效应晶体管,闪存的特点是在 MOSFET 中加入了浮空栅极和选择栅极。

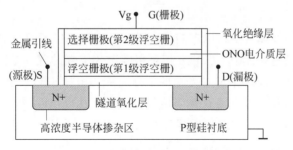

图 2-18　闪存存储单元晶体管结构

　　浮空栅极是一个非常薄的多晶硅氧化膜绝缘体,它负责源极和漏极之间传导电流的控制。向浮空栅极中注入电子时,存储单元中的阈值电压就会升高,浮空栅极带电(如负电荷)后,就会在下面的源极和漏极之间感应出正的导电沟道,使场效应晶体管导通,这可以定义为数据"0"。如果将浮空栅极中的电子清除,则不能在下面的源极和漏极之间感应出导电沟道,场效应晶体管就不会导通,这可以定义为数据"1"。也就是说,只要控制浮空栅极中电子的变化,存储单元中的阈值电压也会随之改变,就可以用来表示二进制数据的两种状态。也就是说,可以通过在浮空栅极上放置电子和清除电子两种状态来表示数据"0"和"1",在浮空栅极中有电子时为"0",无电子时为"1"。

在闪存存储单元中,当没有外部电流改变存储单元中浮空栅极的电子状态时,浮空栅极就会一直保持原来的状态,这就保证了数据不会因为断电而丢失。

3.闪存存储单元的结构

闪存存储单元的结构分为 SLC(单极存储单元)、MLC(多级存储单元)、TLC(三级存储单元)三种类型。

1)SLC 结构

如图 2-19 所示,SLC 闪存采用 1 个晶体管存储 1b 数据。SLC 闪存的优点是写入速度极快,寿命长。SLC 写入寿命一般为 10 万次,MLC 只有 1 万次(如 Intel 公司采用 14nm 生产的 MLC 闪存只能保证平均 3000 次写入寿命),而 TLC 不到几千次。SLC 的缺点是一个存储单元只能储存 1b 数据,所以容量越大闪存的体积越大;另外 SLC 单位耗电量较大,这给移动设备续航时间造成不小的影响。

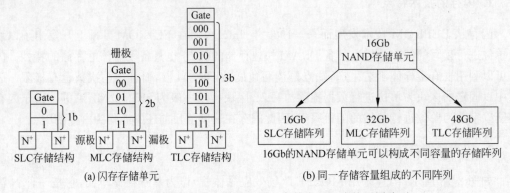

图 2-19　闪存存储单元结构和同一存储容量组成的不同阵列

2)MLC 结构

MLC 闪存在 1 个晶体管中可以存储 2b 数据。MLC 通过不同级别的内部电压,在 1 个存储单元中记录 2b 信息(00、01、10、11),记录密度比 SLC 提高了 1 倍。MLC 的缺点:一是写入速度慢;二是寿命短,只有 SLC 寿命的十分之一。相对 SLC 而言,MLC 闪存读取数据需花费 2 倍长的时间,写入数据需花费 4 倍长的时间。由于 MLC 的 1 个晶体管可以储存 2b 数据,于是当写入空白的 MLC 时需要先写第 1b 数据,再写入第 2b 数据,然后换一个块继续写入。数据在写入时就要排队,会浪费宝贵的时间。问题还不止于此,当一个 MLC 块含有 2b 数据时,需要一个一个擦除,再一个一个写入,这就更慢了。MLC 这种频繁地电压变化,导致 MLC 的使用寿命远低于 SLC。

3)TLC 结构

TLC 闪存在 1 个晶体管中可以存储 3b 数据。在同体积使用一样的制程工艺下,用 TLC 工艺生产的闪存容量是 SLC 的 3 倍。简单来说,相同价格下,TLC 存储卡比 MLC 便宜 50%,比 SLC 便宜 2/3。TLC 的缺点是寿命短,只有 1000 次左右的写入寿命。TLC 的写入速度不可能超过 MLC 和 SLC,于是采用多通道技术,首先一个块写 1b 数据,等有空余时间后,再把分散在其他 3 个块中的数据合并在一个块中,这样的好处是写入数据时不需要再等待;弊端是以寿命换速度,因为同样的数据要写入 2 次。SLC、MLC、TLC 三种闪存的比较如表 2-2 所示。

表 2-2　SLC、MLC、TLC 三种闪存的比较

类型	单元容量	写入速度	写 入 次 数	耗电量	同容量体积	价格
SLC	1b	快	约 10 万次	高	大	极高
MLC	2b	中等	3000～10 000 次	中等	中等	中等
TLC	3b	慢	1000 次左右	低	小	廉价

4. 闪存存储阵列的类型

1) NOR(或非型)闪存阵列

NOR 技术由 Intel 和 AMD 公司主导。NOR 闪存的读操作如同 DRAM,可以直接按地址读,但是 NOR 闪存的写操作按"块"进行。NOR 闪存写操作慢,读操作快,适合于频繁随机读操作的场合,通常用于存储程序代码,并直接在闪存内运行。如计算机中的 BIOS 芯片,手机中的存储芯片,交换机、路由器中的存储器等。手机是 NOR 闪存应用大户,手机中 NOR 闪存的容量通常不大。

2) NAND(与非型)闪存阵列

NAND 闪存在读写速度上比 DRAM 低得多,这与 NAND 闪存结构设计和接口设计有关。NAND 闪存的性能很像硬盘,小数据块操作速度很慢,大数据块速度很快,这种差异远比其他存储介质大。NAND 闪存成本低,主要用来存储用户资料,如 U 盘、存储卡、固态硬盘等都是利用 NAND 闪存芯片的主流产品。

2.4.2　NOR 闪存结构与性能

NOR(或非型)闪存芯片内部存储阵列结构如图 2-20 所示。NOR 闪存中每两个存储单元共用一个位线(列地址)和一条电源线,存储单元具有高速写入和高速读取的优点,但是写入功耗过大。在存储阵列布局上,接触孔占用了相当多的空间,因此集成度不高。

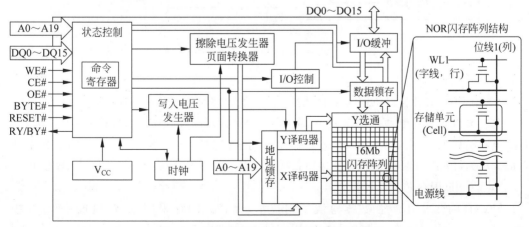

图 2-20　NOR 闪存芯片内部存储阵列结构

NOR 闪存在电路上具有以下特点。

（1）快速随机读取数据。NOR 闪存有独立的数据总线和地址总线，能快速随机读取数据。程序代码可以直接在 NOR 闪存中运行，无须将程序代码读入到系统内存中运行。

（2）写入和擦除速度较低。在写入数据之前，NOR 闪存必须先将目标块内所有位都写为 0（擦除操作）。NOR 闪存可以单字节写入，但是不能单字节擦除，必须以块为单位进行擦除操作，然后再写入数据，这种操作方式大大影响了 NOR 闪存的写入性能。

（3）不适用存储大文件。NOR 闪存适合存储程序代码，如 BOIS 等。由于它的擦除和写入速度较慢，而块尺寸又较大，因此 NOR 闪存不适用存储大型数据文件。

2.4.3　NAND 闪存结构与性能

1. NAND（与非型）闪存电路结构

1）NAND 闪存芯片结构

NAND 闪存通过多位直接串联，将每个存储单元的接触孔减小了 1/2 左右，大大缩小了存储芯片的尺寸。NAND 闪存的缺点是多管串联后，读取速度比 NOR 闪存慢。4GB 容量的 NAND 闪存芯片电路结构如图 2-21 所示。

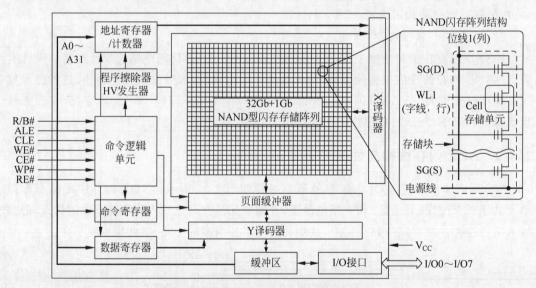

图 2-21　4GB 的 NAND 闪存芯片电路结构

2）NAND 闪存芯片 I/O 接口

NAND 闪存芯片接口位宽为 8、16、32 位。每条数据线每次传输 1 个页面信息，8 个 I/O 接口每次可以传输的数据为：（1 个页面）×8。例如，韩国现代 HY27UK08BGFM 闪存芯片的电路结构如图 2-21 所示，闪存芯片存储阵列结构如图 2-22 所示，芯片总容量为 4GB，页面大小为（2KB+64B），8 个 I/O 接口每次可以传输（2048B+64B）×8＝16.5KB 数据。

3）NAND 闪存芯片寻址操作

NAND 闪存采用地址/数据总线复用技术，大容量闪存采用 32 位地址总线，其中：A0～A11 对页内存储单元进行寻址，可以理解为"列地址"；A12～A29 对区块内的页进行

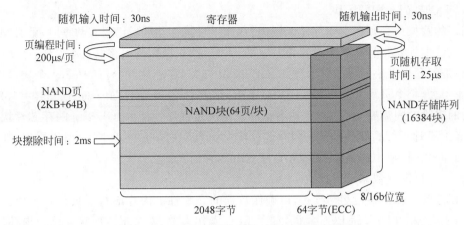

图 2-22　4GB 的 NAND 闪存芯片存储阵列结构

寻址,可以理解为"行地址"(注意,与 DRAM 中的定义不同)。随着 NAND 闪存容量的增大,地址信息会更多,需要占用更多的时钟周期,因此 NAND 闪存的一个重要特点是闪存芯片容量越大,寻址时间越长。

4) NAND 闪存芯片控制命令

NAND 闪存的基本操作包括复位操作、读 ID 操作、读状态操作、编程操作(写入)、随机数据输入操作和读操作等。

2. NAND 闪存技术性能

韩国现代 HY27UK08BGFM 闪存芯片技术性能如表 2-3 所示。

表 2-3　韩国现代 HY27UK08BGFM 闪存芯片技术性能

技 术 指 标	技 术 参 数	技 术 指 标	技 术 参 数
芯片型号	HY27UK08BGFM	页随机存取时间	25μs(最大)
存储容量	4GB(4Gb×8)	页顺序存取时间	30ns(最小)
接口位宽	8b	页编程时间(写)	200μm
页尺寸	2KB+64B	快速块擦除时间	2ms
块尺寸	128KB+4KB	写/擦除次数	10 万次
存储阵列大小	(2KB+64B)×64 页×16 384 块	数据保存时间	10 年
工作电压	2.7～3.6V	芯片封装	48 脚 TSOP1

说明:HY27UK08BGFM 采用双芯片堆叠技术,使闪存总存储容量为单芯片的 2 倍。

1) NAND 闪存中的页

闪存的基本存储单位是"页"(Page)。闪存的页类似于硬盘中的扇区,硬盘中一个扇区的容量为 512B,而闪存每一页的有效容量也是 512B 的倍数,另外还要加上 16B 的 ECC 信息。2Gb 以下容量的闪存大多采用(512B+16B)的页容量;2Gb 以上容量的闪存则将页容量扩大到(2048B+64B)。闪存容量越大,页就会越多,页尺寸也越大,这会导致寻址时间越长。如 128Mb 和 256Mb 的闪存芯片需要 3 个周期传送地址信号;512Mb 和 1Gb 需要 4 个周期;2Gb 和 4Gb 需要 5 个周期。闪存页的容量决定了一次可以传输的数据量,因此大容量页有更好的性能。采用 2KB 的页容量比 512B 的页容量可以提高写性能 2 倍以上。

2）NAND 闪存中的区块

闪存的写操作必须在空白存储区域进行,如果目标存储区域已经有数据时,就必须先擦除后写入。擦除就是将存储位设置为"1"(即 FFh),擦除操作是闪存的基本操作,区块(以下简称块)是闪存中最小的可擦除实体。4GB(32Gb)的闪存芯片,一共有 16 384 个块,每个块包含 64 个页,每个页尺寸为(2KB+64B)字节,因此块容量为(2KB+64B)×64=132KB。每个块的擦除时间需要 2ms 左右,块容量的大小决定擦除性能。4Gb 以上闪存芯片块容量为 128KB(不计算校验部分),1Gb 闪存芯片块大小为 512B×32=16KB。可以看出,如果两者擦除时间相同,则 4Gb 闪存擦除速度为 1Gb 闪存的 8 倍。

3）NAND 闪存数据出错校验

闪存需要进行错误检测与校正,以确保数据的完整性。闪存的每一页都有一个校验区(512B 的区块为 16B)存储 ECC 编码,如果 ECC 操作失败,就会把该区块标记为损坏,且不能再使用。2Gb 的 NAND 闪存规定,最多可以有 40 个坏块。一些有坏块的闪存之所以能够出厂,主要是闪存裸片容量大,可以利用管理软件负责映射坏块,并由好的存储区块取而代之。

2.4.4　SSD 结构与性能

SSD(固态盘)由存储单元和控制单元组成。存储单元一般采用闪存作为存储介质,控制单元采用高性能 I/O 控制芯片,构成多种形式的半导体移动存储设备。

1. 固态盘的技术特点

固态盘根据不同的接口,可以分为三种类型:第一种是各种数码设备中的存储卡;第二种是采用 USB 接口的小容量 U 盘;第三种是计算机中使用的固态盘,固态盘是机械硬盘衍生出来的概念,实际上它并没有所谓的"硬盘"和相应的机械结构。

固态盘最大的优点是抗震动性好,而且数据保存不受电源控制;缺点是价格偏高。固态盘的耗电量只有机械硬盘的 5% 左右,对比固态盘与机械硬盘的读写速度,固态盘比机械硬盘大约快 5 倍。

2. U 盘存储技术

如图 2-23 所示,U 盘是利用闪存芯片、控制芯片和 USB 接口技术的一种小型半导体移动固态盘。U 盘容量一般在 1～64GB;数据读写速度比机械硬盘更快,可以达到 500MB/s 或更高。U 盘没有机械读写装置,避免了使用过程中的碰伤、跌落等损坏。

图 2-23　U 盘外观与内部电路

如图 2-24 所示,U 盘电路包括 NAND 闪存芯片、USB 控制芯片、电源芯片、USB 接口等部件。各种容量的 U 盘在电路设计上基本相同,只是采用了不同容量的闪存芯片。

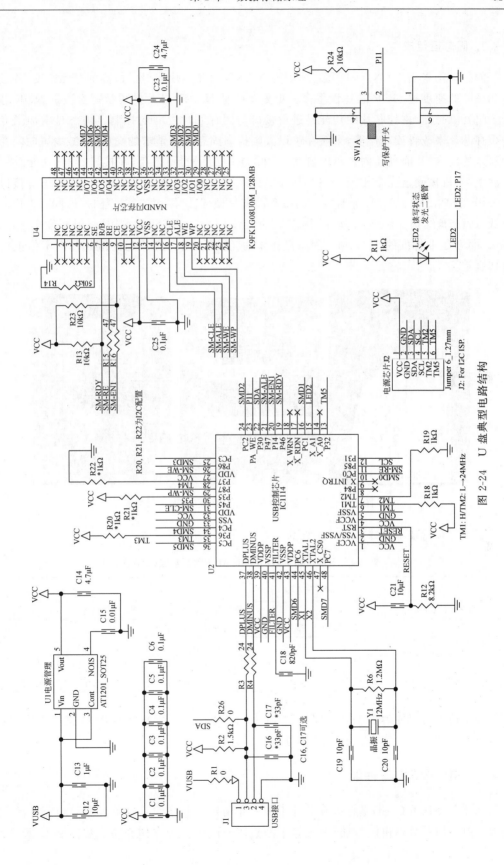

图 2-24 U 盘典型电路结构

3. 固态盘组成

固态盘均采用 NAND 闪存芯片,因为 NAND 闪存芯片能提供极高的存储密度,并且写入和擦除的速度比 NOR 芯片快得多。更重要的是 NAND 芯片的可擦写次数是 NOR 芯片的 10 倍。固态盘主控芯片的功能是进行接口与闪存芯片之间的控制。固态盘增加了专门的缓存芯片来改善读写性能,大缓存可以大幅提高固态盘写请求的命中率,减少了向闪存芯片写入的次数,从而延长固态盘的寿命。计算机中使用的固态盘,在接口标准、功能及使用方法上,与机械硬盘完全相同。在产品外形和尺寸上也与机械硬盘基本一致,固态盘接口大多采用 SATA、M.2、USB 等形式。固态盘没有机械部件,因而抗震性能极佳,同时工作温度很低。固态盘结构如图 2-25 所示,固态盘的尺寸与 2.5in 硬盘基本相同,但厚度在 2mm～7mm,低于工业标准的 9.5mm。固态盘整体功耗极低,固态盘外壳的散热作用不像机械硬盘那么重要。

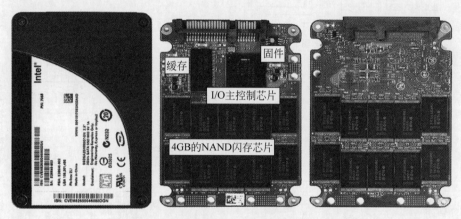

图 2-25　固态盘外观与内部电路板(正面和反面)

三星固态盘技术参数如表 2-4 所示。

表 2-4　三星 960 EVO NVMe M.2 固态盘技术参数

技 术 指 标	技 术 参 数	技 术 指 标	技 术 参 数
存储容量(GB)	250	读取速度(MB/s)	3200
接口类型	M.2 PCIe 接口	写入速度(MB/s)	1500
硬盘尺寸(in)	2.5	平均无故障时间(h)	150 万
闪存架构	TLC 三层单元	防震能力(G,伽利略)	20～2000Hz,20
缓存(MB)	512	外形尺寸(mm)	80.15×22.15×2.38

固态盘主要部件为 NADA 闪存芯片、I/O 主控制芯片,高速缓存芯片、接口电路,以及其他电子元件。大部分固态盘电路结构如图 2-26 所示。

2.4.5　SD 卡结构与性能

闪存卡(Flash Card)是在闪存芯片中加入专用接口电路的一种单片型移动固态盘。闪存卡一般应用在数码相机、智能手机等小型数码产品中作为存储介质。如图 2-27 所示,常

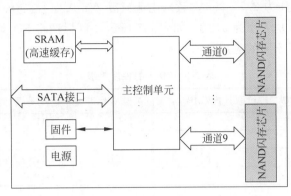

图 2-26 大部分固态盘电路结构

见闪存卡有 SD 卡、TF 卡等。这些闪存卡虽然外观和标准不同,但技术原理都相同。手机对闪存卡最为挑剔,数码相机和数码摄像机对闪存卡的要求相对较低。

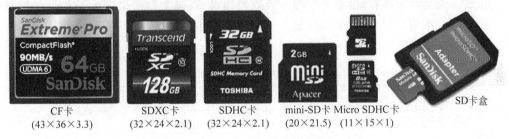

CF卡　　　　SDXC卡　　　SDHC卡　　mini-SD卡 Micro SDHC卡　　　　SD卡盒
(43×36×3.3) (32×24×2.1) (32×24×2.1) (20×21.5) (11×15×1)

图 2-27 常见闪存卡类型和基本尺寸

1. SD 卡

1) SD 卡技术规格

SD(Secure Digital,安全数码)卡是一种应用最广泛的存储卡,它由多家公司共同创立标准。SD 卡的尺寸为 32mm×24mm×2.1mm,它通过 9 针接口与驱动器连接。SD 卡采用 NAND 闪存芯片作为存储单元,它的使用寿命大约为 10 年。SD 卡易于制造,在成本上有很大优势。随着技术的发展,SD 卡逐步发展了 Micro SD、mini-SD、SDHC、Micro SDHC 卡等技术规格。SD 卡和读卡器如图 2-28 所示。

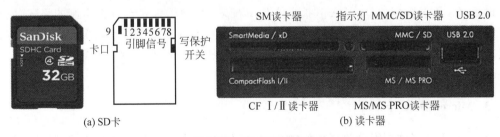

(a) SD卡　　　　　　　　　　　　　(b) 读卡器

图 2-28 SD 卡和读卡器

2) SD 卡性能等级

SD 卡的存储容量为 128MB～2GB,目前最大数据读取速度为 60MB/s,写入速度为

35MB/s 左右,工作电压为 2.7～3.6V,读写电流只有 27mA 左右,功耗很低。SD 卡的数据传输以块为单位,默认块大小为 512B。如表 2-5 所示,SD 标准将 SD 卡的性能分为几个等级,不同等级分别满足不同的应用要求。

表 2-5　SD 卡的性能等级

普通卡标准	速度等级	读取速度/MB·s^{-1}	高速卡标准	速度等级	读取速度/MB·s^{-1}
DS2.0 普通卡	Class 2	2	DS3.01	UHS-1	104
	Class 4	4	DS4.0	UHS-1	50
	Class 6	6		UHS-2	104
	Class 10	10		UHS-3	300

2. SDHC 卡

1) SDHC 卡的技术规格

SDHC(安全数字高容量)卡是专为高级数码相机、高画质数码摄像机等专业设备而设计。SD 2.0 标准规定,SDHC 卡的容量大于 2GB,小于等于 32GB。SDHC 卡的技术规格如表 2-6 所示。

表 2-6　SDHC 卡的技术规格

技 术 参 数	SD	Micro SD	SDHC	mini-SDHC	Micro SDHC	SDXC
尺寸(高×宽,mm×mm)	32×24	15×11	32×24	21.5×20	15×11	32×24
厚度(mm)	2.1	1.0	2.1	1.4	1.0	2.1
重量(g)	2	0.5	2	1	0.5	2
针脚(个)	9	8	9	11	8	9
文件系统	FAT16	FAT16	FAT32	FAT32	FAT32	exFAT
工作电压(V)	2.7～3.6	2.7～3.6	2.7～3.6	2.7～3.6	2.7～3.6	2.7～3.6
写保护口	有	无	有	无	无	有
最大容量(GB)	2	2	2～32	2～32	2～32	64～2000

2) SDHC 卡的文件系统

SDHC 卡采用 FAT32 文件系统,因为之前的 SD 卡使用 FAT16 文件系统,支持的最大存储容量为 2GB。由于 SDHC 卡只支持 FAT32 文件系统,因此与以前只支持 FAT16 的 SD 设备存在不兼容现象。exFAT(扩展文件分配表)是微软为移动设备定制的格式,它是 NTFS 的简化版本,支持单个文件大于 4GB,相对于 NFTS 格式来说写入次数少,能更好地延长存储设备寿命。Windows 7 系统开始支持 exFAT 格式,一些 64GB 的存储卡,在 Windows XP 格式化后只能使用 32GB。

3. Micro SDHC 卡

Micro SDHC(微型安全数字高容量)卡又称为 TF(Trans FLash)卡,它专门针对快速增长的移动通信市场进行设计,在电气规格方面与 SDHC 卡相同。Micro SDHC 卡尺寸为 SD 卡的 1/4 左右,大小与手指甲相当,是目前最小的存储卡。Micro SDHC 卡通过 SD 卡转换器后成为标准 SD 卡使用。Micro SDHC 卡与 mini-SD 卡规格不同,因此采用 Micro SD

卡的设备,不能使用 mini-SDHC 卡;而采用 mini-SDHC 卡的设备中,无论是 Micro SDHC
卡还是 Micro SD 卡,都可以使用。

4. SDXC 卡

SDXC(容量扩大安全存储)卡是 SD 联盟推出的存储卡新一代标准。存储卡目前最大
容量达到了 512GB,理论最高容量能达到 2TB。SDXC 4.0 标准定义的传输速度有 50MB/s、
104MB/s 和 300MB/s 三种。SDXC 4.0 采用 LVDS 低压差分信号传输技术,变并行传输为
串行传输,将读写速度上限提升到 300MB/s。目前 SD 卡可实现 35MB/s 的最大写入速度,
以及 60MB/s 的最大读取速度。SD 4.0 标准将对卡片结构进行较大规模的改动,增加接口
金手指数量,变并行传输为串行传输,但是新增的接口针脚并不会影响 SD 4.0 和旧版 SD/
SDHC/SDXC 卡、读卡器的兼容性。SDXC 卡只和装有 exFAT 文件系统的 SDXC 对应设
备相兼容,它不能用于 SD 或 SDHC 对应设备。

2.5　硬盘结构与原理

2.5.1　硬盘数据存储原理

如图 2-29 所示,硬盘盘片上涂有磁性材料,磁性材料由无数"磁粒子"(10nm 左右)组
成,每个磁粒子都有南、北(S、N)两极。利用磁盘中一个很小的区域(100 个左右的磁粒子)
来构成一个同一个方向的"磁记录位",硬盘利用磁记录位的极性特征来记录二进制数据位。
在 1TB 容量的硬盘中,磁记录密度为 148Gb/in^2 左右。可以人为地设定磁记录位的极性与
二进制数据的对应关系,如将磁记录位的南极表示为数字"0",北极则表示为"1"。

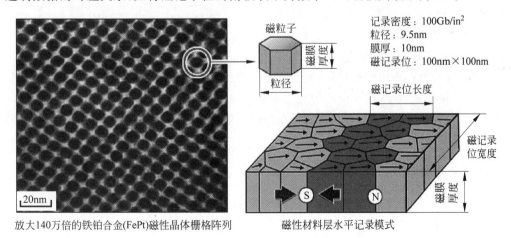

记录密度：100Gb/in^2
粒径：9.5nm
膜厚：10nm
磁记录位：100nm×100nm

放大140万倍的铁铂合金(FePt)磁性晶体栅格阵列　　磁性材料层水平记录模式

图 2-29　硬盘盘片的磁性材料层和磁粒子

2.5.2　硬盘基本物理结构

目前硬盘容量达到了 6TB,平均寻道时间缩小到了 8ms 左右,平均延迟时间达到了
4ms 左右,硬盘外部接口数据传输率达到了 3Gb/s。

1. 硬盘外部组成

灰尘对硬盘有极大的危害,所以硬盘必须密封得很好,硬盘外观如图 2-30 所示。

图 2-30　硬盘外观与接口

1) 硬盘呼吸孔

硬盘在高速工作时会产生大量的热,完全密封的硬盘会导致内部气压增大,影响硬盘正常工作。硬盘面板或底部有一个小呼吸孔,在孔上贴有一个过滤空气尘埃的过滤器,这样可以保持硬盘内部的无尘。呼吸孔的作用是调节硬盘内部气压,使它与大气气压保持一致,避免剧烈的气压变化使硬盘顶盖凸起或凹陷。

2) 盘片伺服孔

硬盘侧面或底部有一个伺服孔(Clock 窗口),伺服孔用于磁头定位信号的写入。写入伺服信息后,伺服孔会用标签封闭,一旦打开标签纸,硬盘将报废。硬盘工作时,磁盘表面与磁头之间的间隙非常小,即使微细的灰尘也会导致硬盘磁头的严重故障。因此硬盘部件封闭在一个充满洁净空气的密封盘体内。在普通环境下将硬盘拆开,就意味着硬盘的报废,因此不要轻易尝试。

2. 硬盘基本结构

硬盘主要部件有盘片组件、磁头组件、印制电路板(PCB)、盘体和盖板等。硬盘内部结构如图 2-31 所示。

1) 盘片组件的基本结构

盘片组件包括盘片、电机等部件。

(1) 盘片。盘片一般用铝合金作为基片,厚度大约 1mm。根据硬盘容量不同,盘片的数量在 1～5 片。所有盘片都固定在电机主轴上,盘片之间保持绝对平行。

(2) 电机。盘片固定在电机主轴上,由电机驱动进行水平旋转。硬盘电机转速的提高会带来电机磨损加剧、硬盘温度升高、噪声增大等一系列负面影响。因此,硬盘采用液态轴

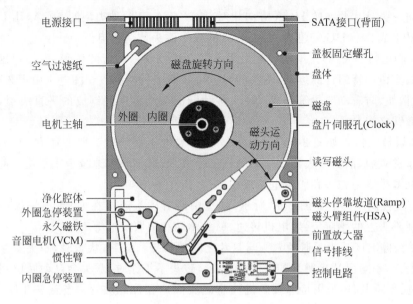

图 2-31　硬盘内部结构

承技术,将硬盘噪声与温度减至最低;油膜能有效地吸收震动,使硬盘抗震能力提高到
1200G(伽利略单位);另外液态轴承使用寿命较长。

2)磁头组件的基本结构

磁头组件是硬盘中最精密的部件。如图 2-32 所示,磁头组件由磁头、磁头传动臂组件
(HSA)、音圈电机(VCM)、前置放大器、前置控制电路等组成。磁头组件往往由多个磁头
传动臂组合而成。

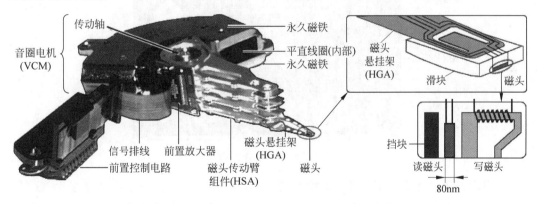

图 2-32　硬盘磁头组件结构

(1)磁头。硬盘读取数据的速度远远高于写入数据,读写操作的特性也完全不同,因此
硬盘采用了读写分离的磁头,二者分别工作互不干扰。磁头由滑块(Slider)、GMR 读取磁
头、磁感应写磁头等组成,读写磁头被镶嵌在滑块之中,因此很难分清哪个是磁头,哪个是滑
块。磁头大小为 1mm×1mm 左右,磁头和滑块采用半导体晶圆材料,制作工艺上采用半导
体光刻工艺制作,目前磁头采用 45nm 光刻工艺制作。

(2)磁头传动臂组件(HSA)。磁头固定在传动臂前端的悬挂架上,后面引出相应的电

路。由于同一张盘片两面的 HGA 方向相对,所以有 A、B 两种类型的 HGA,几个 HGA(一张盘片需要 1 或 2 个 HGA)堆叠在一起,就构成了磁头传动臂组件。

(3)音圈电机(VCM)。早期硬盘采用步进电机控制磁头臂的位置,现代硬盘采用音圈电机推动磁头传动臂组件的运动,磁头的寻道由音圈电机控制。音圈电机由永久磁铁、平直线圈、越位挡块、防震动装置等组成。磁头传动臂的末端是铜线制成的平直线圈,它悬浮在两块永久磁铁之间。

(4)前置放大器。如图 2-32 所示,前置放大器位于靠近磁头臂的地方,由于磁头读取的磁信号非常微弱,前置放大器将读取的磁信号放大,最大限度地减少了干扰。前置放大器通过弹性电缆排线与磁头和印制电路板相连。

(5)前置控制电路。如图 2-32 所示,硬盘中所有磁头连接在前置控制电路上,前置控制电路控制磁头上的感应信号、电机转速、磁头驱动和伺服定位等工作。

(6)磁头停泊区。为了避免磁头与盘片之间的磨损,在工作状态时,磁头悬浮在高速转动的盘片上方,不与盘片接触。如图 2-32 所示,磁头不工作时,磁头会自动回位到停靠坡道(Ramp);硬盘断电时,采用特殊锁定机构将磁头固定在停靠坡道;当磁盘开始旋转时,产生的气流使锁定机构解开,从而解除固定状态。

3)印制电路板组件

硬盘印制电路板(PCB)位于硬盘背面,电路板下面有一个海绵护垫,起到保护和消除噪声的作用,背板卸开后,印制电路板如图 2-33 所示。

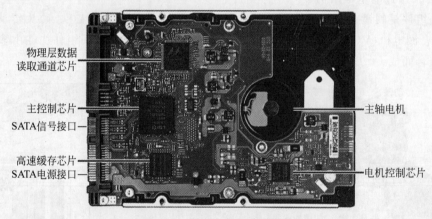

图 2-33　硬盘印制电路板组件

硬盘印制电路板有以下芯片:主控制芯片、电机控制芯片、高速数据缓存芯片、数据物理层读取芯片(部分硬盘集成在主控制芯片内)、固件芯片(部分硬盘集成在主控制芯片内)等。主控制芯片负责硬盘数据的读写控制、指令译码、接口控制等工作。数据传输芯片的功能是将磁头前置电路读出的数据经过校正及变换后,经过数据接口传输到主机系统。电机控制芯片的功能它包括主轴调速、磁头驱动与伺服定位等。高速数据缓存芯片容量的大小对硬盘性能有很大影响,在读取零散的小文件时,大缓存能带来非常大的优势。硬盘固件芯片里的程序有加电启动、硬盘初始化、硬盘缺陷管理、磁道定位以及故障检测等功能。

2.5.3 硬盘数据读写原理

1. 磁头飞行间隙的控制

硬盘没有读写操作时,磁头停留在停靠坡道内。当硬盘读写数据时,盘片开始旋转,当旋转速度达到额定速度时,磁头就会因盘片旋转产生的气流而抬起,这时磁头才开始向磁盘的数据区移动。磁头读写操作完成后,磁头又回到停靠坡道,盘片停止旋转。

盘片高速旋转产生的气流相当强,它足以使磁头升起并与盘面保持一个微小的距离。为了使磁头超低空飞行,磁头臂的设计由空气动力学家来完成。如图 2-34 所示,磁头飞行高度约为 10nm。磁头飞行在盘面上方,而不接触盘面的方法,可以避免磁头擦伤盘片表面的磁性涂层,更重要的是不让磁盘损伤磁头。但是,磁头也不能离盘面太远,否则难以读出盘片上的磁信号,或者写入盘片中的磁信号强度不够。

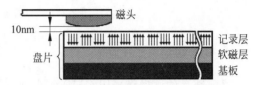

图 2-34 盘片与磁头之间的飞行间隙

2. 硬盘数据读操作原理

(1)电磁感应式磁头。早期硬盘采用读、写合一的电磁感应式磁头,但是硬盘的读、写是两种不同的操作,这种二合一的磁头在设计时很难同时兼顾到读、写两种操作特性。专家们发现,读操作大大快于写操作;而且当磁盘记录提高到一定密度后,感应磁头根本无法读取信息,限制了硬盘存储容量的提高。

(2)GMR 磁头结构。1997 年 IBM 公司首度将 GMR(巨磁阻)技术应用于硬盘产品;2005 年,TMR(隧道磁电阻)技术应用在首度面世的垂直记录技术硬盘上。如图 2-35 所示,GMR 磁头由导电材料(导体)、磁性材料和绝缘薄膜材料构成。在 GMR 磁头中,有 2 个绝缘超薄氧化膜层,它们的功能是防止电磁信号泄漏;磁头中的传感层采用反强磁性体材料,它在夹持的导体中固定了一个磁性体的磁场方向,因此能灵敏地捕捉到外界磁场造成的电阻变化;栓层中的磁场强度是固定的,栓层中磁场的方向被相邻的导体和绝缘层所保护;前几个层控制着磁头的电阻;自由层中的磁场强度和方向随磁头下磁盘表面的磁记录而改变,这种磁场强度和方向的变化会导致磁场电阻的变化;导体的作用是将磁场方向的变化感应为阻值变化,然后将磁阻信号传输到前置放大器进行处理。GMR 磁头利用了"磁阻效应"现象,即用磁场方向会因外部磁场而变化,夹持在 GMR 磁头中导体的电阻值会随盘片上磁场的变化而变化。

(3)TMR 磁头结构。GMR 和 TMR 磁头的磁场方向与盘片方向垂直,电流方向则相互不同。GMR 磁头的电流在导体中进行传导,TMR 磁头中的电流是贯通磁头的薄膜进行传导。TMR 磁头在传感层和自由层之间,夹着一个绝缘层。通过减小绝缘层薄膜的厚度,使电流贯通绝缘层的薄膜进行传导称为隧道效应。采用这种结构,就能够得到比 GMR 磁头更高的磁阻效应。

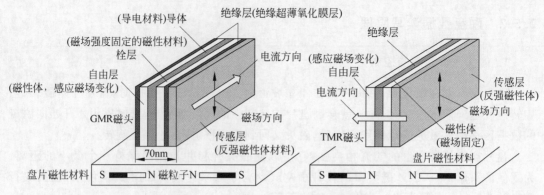

图 2-35　GMR 和 TMR 读取磁头结构

3. 硬盘数据写操作原理

目前硬盘的读操作采用 GMR 磁头,而写操作仍采用传统的磁感应磁头(GMR 磁头不能进行写操作),即磁阻读,感应写。这样,可以得到最好的读写性能。

根据物理学原理,当电流通过导体(导线)时,围绕导体会产生一个磁场,当电流方向改变时,磁场的极性也会改变,硬盘数据写入操作就是根据这一原理进行的。

硬盘数据写入磁头结构如图 2-36 所示。磁头由软铁和线圈组成,它是一个实现电磁转换的部件。磁头采用软铁材料是为了提高导磁率,并且不容易被反复变化的磁场所磁化。线圈的作用是在写入数据时,使通过线圈的电流产生感应磁场。

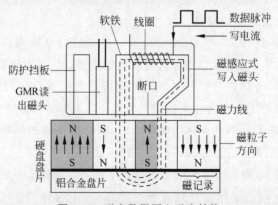

图 2-36　磁盘数据写入磁头结构

在硬盘写电路中,将数据脉冲信号转换成一个具有一定方向和大小的写电流;写电流经过磁头中的线圈时,就会在线圈环绕的软铁(导体)中产生磁力线;由于在磁头中间有一个断口,会使磁力线通过磁盘表面,在磁盘上形成一个局部磁场(图 2-36 中虚线部分)。在局部磁场的作用下,磁粒子的方向也会随之改变,这样就达到了记录数据"0"和数据"1"的目的。

2.5.4　硬盘常用接口类型

目前硬盘接口类型有 SATA、SAS、USB 等,大部分硬盘采用 SATA 接口,SAS 接口主要用于服务器,移动硬盘一般采用 USB 接口。

(1) 串行通信与并行通信。早期硬盘、打印机等外设采用并行通信,计算机内部数据传输也采用并行通信方式。近年来随着串行通信技术的发展,串行通信的数据传输速率大大高于并行通信;串行接口简单,并行接口复杂;另外,串行通信成本大大低于并行通信。因此,目前外设接口几乎都淘汰了并行接口,转而采用串行接口。

(2) SATA 接口标准。SATA(串行 ATA)是一种硬盘高速串行通信接口(见图 2-37),采用点对点方式进行串行数据传输,接口及连接线缆针脚较少,成本较低。SATA 接口主要用于硬盘、光驱等设备。2000 年,Intel 等公司提出了 SATA 1.0 标准,目前 SATA 组织已经推出了 SATA 3.0 接口标准,基本标准内容包括:最大接口速率为 6.0Gb/s,采用 NCQ(原生指令排序)技术、供电标准、热插拔等;高级标准为服务器级,内容包括端口复用器、端口选择器、多通道电缆等。

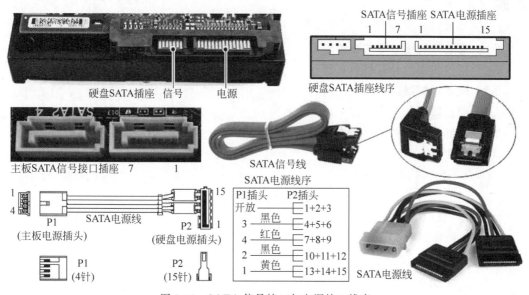

图 2-37　SATA 信号接口与电源接口线序

(3) SATA 数据接口信号。SATA 接口采用 7 针 L 型连接器,这避免了插反的情况发生。SATA 端口的地线比数据线的插针要长一些,这是为了在插入数据线时让地线先接触到;而拔出数据线时,地线在数据线之后撤出。有了先入后出的地线,就可以防止热插拔过程中过载电流、过载电压和静电损坏接口芯片。SATA 接口信号如表 2-7 所示。

表 2-7　SATA 数据接口信号

引脚	信号	说　明	引脚	信号	说　明	引脚	信号	说　明
1	GND	地	4	GND	地	7	GND	地
2	TX+	数据发送+	5	RX−	数据接收−			
3	TX−	数据发送−	6	RX+	数据接收+			

(4) SATA 电源接口信号。SATA 最大线路长度为 1m。由于 SATA 采用了低电压差分信号技术,工作电压从并行 ATA 的 5V 降低到了 0.25V,这降低了硬盘功耗,缩小了接口尺寸。SATA 电源线采用 15 针扁平接口(见图 2-37),提供+12V、+5V 和+3.3V 的电压。

部分 SATA 硬盘同时提供了旧式的 4 针 D 型接口。SATA 电源接口信号如表 2-8 所示。

表 2-8　SATA 电源接口信号

引脚	信号	说　明	引脚	信号	说　明	引脚	信号	说　明
1	V33	＋3.3V 电源	6	Ground	第 3 路地	11	Reserved	保留
2	V33	＋3.3V 电源	7	V5	预充电	12	Ground	第 1 路地
3	V33	预充电	8	V5	＋5V 电源	13	V12	预充电
4	Ground	第 1 路地	9	V5	＋5V 电源	14	V12	＋12V 电源
5	Ground	第 2 路地	10	Ground	第 2 路地	15	V12	＋12V 电源

说明：地与负极相连；信号 1～3、4～6、7～9、10～12、13～15 分为 5 组。

习题 2

2-1　简述计算机基本工作原理。

2-2　目前主要的外存材料有哪些？

2-3　简述存储局部性原理。

2-4　简述缓存的基本工作原理。

2-5　存储器有哪些主要技术指标？

第 3 章　数据传输原理

数据传输包括：计算机内部数据传输，如 CPU 与内存之间的数据传输；计算机与外部设备之间的数据传输，如计算机与显示器的数据传输；计算机与计算机之间的数据传输，如两台计算机之间的网络传输。高速串行传输的应用也越来越广泛。

3.1　信号完整性分析

3.1.1　信号完整性概念

1. 低频信号与高频信号的差异

早期计算机时钟频率或数据传输频率大多在几十兆赫兹以下（如 Pentium 处理器的工作频率为 50MHz），信号上升沿时间大多在几个纳秒，甚至十几个纳秒以上。那时计算机硬件设计工程师只需要进行"数字设计"，保证数字逻辑正确，就能设计出所期望性能的产品。低频时，一段普通传输线就可以有效地将两个电路连接在一起，但在高频时就不同了。高频状态下，只有宽的、扁平的导体才能够有效地连接两个电路。同样一段传输线，在低频是有效的，但在高频状态下因电感太大而无法完成连接功能。

目前数字器件工作频率发展到了几吉赫兹（如 Core i7 处理器工作频率达到了3.8GHz），甚至几十吉赫兹的传输速率，信号上升沿时间大多在 1ns（纳秒）以内，甚至几十个皮秒（ps）。这时，反射、串扰、抖动、阻抗匹配、EMI（电磁干扰）等射频微波领域遇到的问题，变成了高速数字电路设计必须解决的问题。这就要求计算机硬件设计工程师不但要具备数字电路方面的知识，同时也要具备射频微波电路方面的知识。

2. 信号完整性概述

信号完整性（SI）是指信号在线路上传输的质量。当电路中的信号能以要求的时序、持续时间和电压幅度到达接收芯片管脚时，该电路就有很好的信号完整性。当信号不能正常响应，或者信号质量不能使系统长期稳定工作时，就出现了信号完整性问题。信号完整性主要表现在延迟、反射、串扰、抖动、振荡、阻抗匹配等几个方面。一般认为，当系统工作在50MHz 以上时，就会产生信号完整性问题，随着系统和器件频率的不断攀升，信号完整性问题也就更加突出。电子元器件和 PCB（印制电路板）的设计、元器件在 PCB 上的布局、高速信号的布线等，这些问题都会引起信号完整性问题，导致系统工作不稳定。信号完整性涉及电路设计中的每一个环节，不但系统设计工程师、硬件工程师、PCB 工程师要考虑，甚至在制造工艺中也不能掉以轻心。

3. 高速信号与高频信号

高速电路和高频电路没有严格的区分，仅仅是针对不同的设计问题，人为划分的一个大概的范畴。高速电路并没有统一的定义，通常有多种看法。有专家认为，如果数字逻辑电路的频率达到或者超过50MHz，而且工作在这个频率之上的电路已经占到了整个系统一定的分量（例如1/3），就称为高速电路。也有专家认为，高速电路和频率并没有太大的联系，是否是高速电路只取决于它们的上升沿时间。还有专家认为，高速电路是能产生并且考虑到趋肤效应的电路。大部分计算机设计工程师都接受一种量化的定义：电路中的数字信号在传输线上的延迟大于1/2上升沿时间就称为高速电路。

随着集成电路技术的发展，集成电路的工作频率越来越高。晶体管开关的时间越来越短，这给信号完整性带来了重要影响。由于时钟频率的提高，信号的上升沿必然会减小，而读取数据需要足够的时间来维持信号的高电平或低电平，这就意味着只有很少的时间留给信号转换。在高速数字电路中，上升沿的时间大约为时钟周期的10%，称为10-90原则，如图3-1所示。

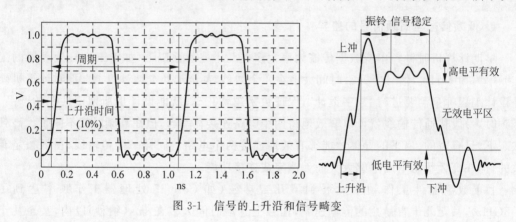

图 3-1　信号的上升沿和信号畸变

【例3-1】　时钟频率为100MHz时，时钟周期为10ns，根据10-90原则，上升沿时间为1ns。当时钟频率提升到1GHz时，时钟周期为1ns，上升沿时间为0.1ns。

4. 趋肤效应

当传输线通过低频直流信号时，可认为电流密度是均匀的，或者电流变化率很小。但是在高频电路中，电流变化率非常大，电流不均匀分布的状态非常严重。在高频信号中存在趋肤效应和临近效应，如图3-2所示。

趋肤效应使电流集中在导体表面　　　　临近效应使两导线内侧电流密度增大

图 3-2　趋肤效应和邻近效应

【例3-2】　USB 2.0的最高工作频为480MHz，试估算导线中电流的趋肤厚度。$\delta \approx 66.2/\sqrt{f} = 66.2/\sqrt{480\,000\,000} = 0.003$（mm）

趋肤效应（或集肤效应）是导体中有交变电磁场时，导体内部的电流会分布不均匀，电流集中在导体的"皮肤"部分,越靠近导体表面,电流密度越大,传输线内部电流较小。既然导体中电流有向表面分布的趋势,则相当于导体内部呈现"空心化"的趋势,这相当于导体的截面积减小,电阻增大了,所以导体的交流电阻总是比直流电阻大,引起的损耗功率也增加了。例如,一条地线的电阻在 1kHz 时为 0.01Ω,当频率提高到 1GHz 时,趋肤效应电阻值提高到了 1.0Ω,不仅如此,它还获得了 50Ω 的阻抗。计算机电路板(如主板、显卡、内存条等)上有大量的印制传输线,这些传输线在数据传输中会产生趋肤效应,导致线路之间的信号衰减、热效应、电磁干扰等现象更加严重。

5. 临近效应

临近效应是两根传输线分别通过方向相反的交变电流时,各自产生的交变磁场会引起相邻传输线的涡流,这种涡流与本传输线原有工作电流的叠加,使导体中的电流分布向接近相邻传输线的一侧(内侧)集中(见图 3-2)。临近效应与趋肤效应在传输线中往往是孪生现象,结果是导体有效电阻增加,信号衰减增大。

临近效应与趋肤效应一样,两个导体上的电流被限制在表层的一小部分上,表面电流的厚度与信号频率有关。临近效应的影响远比趋肤效应大,减弱邻近效应比减弱趋肤效应作用大。因为趋肤效应只是集中在传输线表面的一小部分,它没有改变电流的幅值,只是改变了传输线表面的电流密度。相对来看,临近效应中的涡流是由相邻传输线的信号可变磁场引起的,而且涡流的大小随 PCB 层数的增加按指数规律递增。

采用两根差分信号线传输一路串行信号(如 USB 信号传输),可以减小趋肤效应和临近效应的影响,但是这样会使线路成本增加一倍。为了减小临近效应,传输线宽度越宽越好;布置 PCB 时,流过高频电流的传输线与回流传输线在 PCB 的上下层最好,传输线平行靠近放置在同一层效果最差。

3.1.2 传输线基本特征

1. 传输线

传输线是由两个具有一定长度的导体组成回路的连接线。其中的一个导体为信号传播通道,而另一个导体则构成信号的返回通路(传统技术资料表述为"地线")。在多层电路板设计中,每一个 PCB 互连线都构成传输线中的一个导体,该传输线都将临近的参考平面(电源或地平面)作为传输线的第二个导体,或称为信号返回通路。传输线包括微带线、带状线、双绞线、耦合线和各种共面波导。传输线有两个重要特征:特性阻抗与时延。传输线的时延取决于绝缘材料的介电常数、线长和传输线剖面几何结构。传输线剖面几何结构决定了电场是被抑制在 PCB 内,还是散射到空中。

2. 微带线

微带线是指只有一面在参考平面(如接地金属平面)的传输线,如 PCB 表面的传输线(见图 3-3)。传输线的厚度、宽度,传输线与地平面层的距离,以及电路板的材料介电常数决定了微带线的特性阻抗。根据经验法则,PCB 材料的介电常数(E_r)为 4.0～5.0;因此,75Ω 的微带线 $W \approx h$;50Ω 的微带线 $W \approx 2h$;25Ω 的微带线 $W \approx 3.5h$。

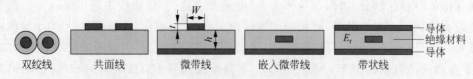

图 3-3　各种传输线的横截面示意图

3. 带状线

带状线是指两边都有参考平面的传输线，如 PCB 内部夹层的线路。带状线的特性阻抗与传输线的宽度、厚度、介电常数，以及两个夹层之间的距离有关。根据经验法则，如果 PCB 材料为 FR4(常用电路板安全等级材料)，则介电常数(E_r)为 $4.0 \sim 5.0$；75Ω 的带状线 $W \approx h/8$；50Ω 的带状线 $W \approx h/3$。

4. 特性阻抗

交流信号在传输线上传播中的每一步，遇到不变的瞬间阻抗称为特性阻抗，也称为浪涌阻抗，记为 Z_0。大部分电子元件的特性阻抗值为 50Ω。因此，采用这个值的系统越多，它们之间的兼容性就会越好。在 FR4 电路板上，当线宽是介质厚度的 2 倍时，阻抗特性为 50Ω 左右的微带线，在制造工艺上大致是最优的。

3.1.3　信号的传输速度

信号在传输线上的传播速度有多快？这个问题在低频(50MHz 以下)电路中基本无须考虑，而目前 CPU、内存、总线等部件，工作频率经常达到 1GHz 以上，这就关系到信号在传输过程中的时延、信号上升沿的时间、传输线长度不一造成的信号不同步等问题。

根据伯格丁(Eric Bogatin)博士的分析，传输线周围的材料(电路板、塑料包皮等)，信号在传输线周围空间(不是传输线内部)形成交变电磁场的建立速度，以及交变电磁场的传播速度，三者共同决定了信号的传播速度。也就是说，只要有电场和磁场变化，由此而形成的交变电磁场就会向外传播，这些场的传播和作用可以用麦克斯韦(James Clerk Maxwell)方程式来描述。信号的传播速度取决于一些常量和材料特性。

磁导率是一个重要的参数，所有不含铁磁体材料的聚合物，其磁导率都为 1。而计算机中的主要互连材料为铜(传输线)、FR4(电路板材料)、塑料(芯片封装)、硅(芯片内核)、空气等，这些互连材料的相对磁导率均为 1，因此磁导率参数可以忽略不计。

相对介电常数(E_r)也是一个非常重要的参数，相对介电常数也称为介电常数、介质常数、介电系数或电容率。它是表示材料绝缘能力特性的一个系数。除空气的介电常数为 1 外，其他材料的介电常数总是大于 1。绝大多数聚合物的介电常数大约为 4，玻璃为 6，陶瓷为 10 等。某些材料的介电常数会随频率的变化而变化，一般情况下，随着频率增高，介电常数会减小，信号在材料中的传播速度会提高。在大多数材料中，如计算机主板材料 FR4(环氧树脂和玻璃纤维)，当频率从 500MHz 变化到 10GHz 时，FR4 的介电常数为 $4.0 \sim 5.0$。

根据伯格丁(Eric Bogatin)博士的计算，真空下的光速大约为 $300\,000\text{km/s} = 30\text{cm/ns}$，而电磁波速度等于光速，这说明电信号在传输线中的传播速度总是小于 30cm/ns(或 12in/ns)。

因此,电磁波在 FR4 电路板中的传播速度也应当小于:

$$\nu = \frac{30\mathrm{cm/ns}}{\sqrt{E_r}} = \frac{30}{\sqrt{4}}\mathrm{ns} = 6\mathrm{in/ns} = 15\mathrm{cm/ns}$$

以上是一个非常有用的经验法则,在绝大多数互连线路中,估算电信号在电路板中的传输速度时,可以假定它为 15cm/ns(或 6in/ns)。

如图 3-4 所示,当传输线(如微带线)穿过不同介质的材料时,传输线的一面在电路板材料上,而另外一面则在空气中,这样影响信号速度的介电常数由两种材料共同决定。对于带状线,传输线只穿过了一种材料,因此信号的传播速度为 15cm/ns。

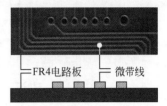

图 3-4　计算机主板中的微带线

在电路板中布线时,往往需要知道传输线长度与电信号时延的关系。

$$T_{\mathrm{d}} = \frac{L_{\mathrm{en}}}{\nu} \tag{3-1}$$

式中,T_{d} 为时延(ns);L_{en} 为互连传输线长度(cm);ν 为信号传播速度(cm/ns)。

【例 3-3】　当电信号在 FR4 电路板上,长度为 15cm 的互连传输线中传输时,时延约为 1ns;如果传输线长度为 30cm,则时延为 2ns。

反过来,每厘米长度互连传输线的时延(ps)数,也是一个非常有用的度量单位。它为速度的倒数:$1/\nu$。对于 FR4 材料,互连传输线的时延为 1ns/15cm=0.067ns/cm=67ps/cm。因此推算出 BGA 封装芯片的引线长度为 2cm 时,时延为 67ps/cm×2cm=134ps。

在计算机电路设计中,许多电路工作状态不佳都与信号突变和传输线延伸空间大小有关。因此,往往需要知道传输线在上升沿时间内的线路长度。

$$d = R_{\mathrm{t}} \times \nu \tag{3-2}$$

式中,d 为上升沿时间的传输线空间延伸,单位 cm;R_{t} 为信号上升沿时间,单位 ns;ν 为信号传播速度,单位是 cm/ns。

【例 3-4】　USB 3.0 的传输频率为 5.0GHz,可以计算出信号周期为 0.02ns,信号上升沿时间为 0.002ns(根据 10-90 原则);如果信号传播速度为 15cm/ns,则传输线空间延伸为 0.002ns×15cm/ns=0.03cm=0.3mm。USB 3.0 接口采用低压差分信号传输,可见两根差分信号传输线的长度相差不能大于 0.3mm,否则会导致差分信号不同步。

3.1.4　信号反射和串扰

1. 信号反射

传输线上的阻抗不连续会导致信号反射,当源端与负载端阻抗不匹配时,负载将一部分电压反射回源端。如果负载阻抗小于源阻抗,反射电压为负;如果负载阻抗大于源阻抗,反射电压为正。反射回来的信号还会在源端再次形成反射,从而形成振荡。反射信号形成的干扰如图 3-5 所示。

当 PCB 传输信号速度超过 100MHz 时,必须将导线看成带有寄生电容和电感的传输线,而且在高频下会有趋肤效应和电介质损耗,这些都会影响传输线的特性阻抗。由于存在

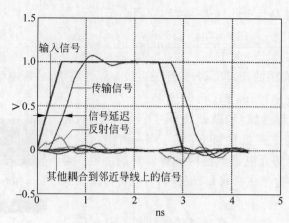

图 3-5　反射信号形成的干扰

传输线效应，从反射的角度来看，会出现以下信号完整性问题。

（1）反射会形成信号振荡。反射回来的信号会在源端和终端之间形成多次反射，加上传输线效应引起过大的电感和电容，会导致信号振荡，即在一个逻辑电平附近上下震荡。这种现象尤其易于出现在周期性时钟信号上，从而导致系统失败。

（2）反射会形成信号过冲和下冲。虽然大部分信号输入端都有保护作用的齐纳二极管，但过冲电平会远远超过元件电压范围，导致器件损坏。

（3）反射会跨越电平门限。信号在跳变过程中可能多次跨越电平门限，这是信号振荡的一种特殊形式，多次跨越逻辑电平门限会导致逻辑功能紊乱。

解决反射的根本办法是使信号具有良好的终端匹配，控制传输线的长度。

2. 信号串扰

在高速信号系统设计中，反射属于单信号线现象，当然也包括地平面问题。但串扰不同，它是两条信号线之间以及地平面之间的耦合。形成串扰的原因是信号变化引起周边的电磁场发生变化。特别是高速信号，信号的上升沿和下降沿的时间可以达到皮秒级，高频分量非常丰富，信号线之间的寄生电容和电感容易成为串扰信号的耦合通道。

传输线上分布着电感分量和电容分量，所以整个信号之间的串扰由两部分组成，即容性耦合干扰和感性耦合干扰。容性耦合干扰是由于干扰源上的电压变化在被干扰对象上引起感应电流从而导致的电磁干扰，而感性耦合干扰则是由于干扰源上的电流变化产生的磁场在被干扰对象上引起感应电压从而导致的电磁干扰。

串扰的大小与很多因素有关，如信号的速率、信号的上升沿和下降沿的速率、PCB层的参数、信号线间距、驱动端和接收端的电气特性及线端接方式等。

PCB基材与两面的印制传输线可看作一个电容器。当串扰信号线之间的平行长度增加时，将增加两传输线之间重叠的面积，所以传输线之间的耦合电容也会增加，从而增大电流串扰。同理，当传输线之间的间距减小时，两个耦合的传输线之间的耦合电容也会增加，从而增加串扰的数值。在高速电路设计中，重要的是减少串扰的数值，这样就要从结构上减小平行的长度，而且传输线之间的间距也不能太小。动态传输线（有信号的微带线）上的信号对静态传输线（没有信号的微带线）的串扰信号如图3-6所示。

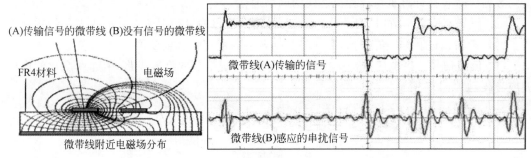

图 3-6　传输线的串扰信号

在串扰效应中,除信号本身传输频率外,影响很大的还有信号上升时间和下降时间。在计算机中,经常会出现几百兆赫兹的时钟信号和数字信号,这样信号的上升沿可以达到皮秒级。这种情况下,信号上升时间和下降时间对串扰的影响不可忽视。

在高速电路设计中,除了信号频率对串扰有较大影响外,信号的边沿(上升沿和下降沿)变化对串扰的影响更大,边沿变化越快,串扰越大。解决串扰的方法主要是减少干扰源强度和切断干扰路径。如采用以下方法。

(1) 串扰与信号频率成正比,而且在数字电路中,信号的边沿(上升沿和下降沿)变化对串扰的影响最大,边沿变化越快,变频分量越丰富,串扰越大,因此在超高速电路设计中可以使用低电压差分信号或其他差分信号。

(2) 在布线空间允许的条件下,在串扰较严重的两条线之间插入一条地线,可以起到隔离作用,从而减小串扰。

(3) 加大传输线之间的间距,减小传输线的平行长度,必要时可以采用凹凸方式布线。

(4) 对高速信号,可将传输线控制在与地平面 0.2mm 距离以内,这样可以显著减少串扰。

(5) 控制传输线的阻抗,加入端接匹配电阻,以减小或消除反射,从而减小串扰。

3. 电磁兼容

电磁兼容(EMC)的基本含义是:保证设备在共同的电磁环境中,执行各自功能时互不相扰。造成设备性能降低或失效的电磁干扰必须同时具备三个要素:一是有一个电磁干扰源;二是有一台对电磁干扰敏感的设备;三是有一条电磁干扰的耦合通路,可以把能量从干扰源传递到电磁敏感的设备。

抑制电磁干扰的方法主要有接地、屏蔽和滤波。虽然每种方法在电路和系统的设计中有它独特的作用,但相互之间又是关联的。例如,良好的接地可以降低设备对屏蔽和滤波的要求,而良好的屏蔽也可以使滤波的要求低一些。

3.2　并行与串行传输

3.2.1　传输基本概念

数据传输既包括计算机内部的数据传输,如 CPU 与内存之间的数据传输;也包括计算机与外部设备之间的数据传输,如内存与硬盘、内存与打印机等外设之间的数据传输;更广泛的数据传输包括计算机与计算机之间的网络通信。

（1）信号。信号是数据（用户信息和控制信息）在传输过程中的电磁波或光波的物理形式。为了传输二进制编码的数据，必须将数据转换为数字信号或模拟信号。

（2）模拟信号。模拟信号是在各种传输介质（传送信号的物理线路）中连续变化的电磁波或光波，如图 3-7 所示。

数字信号　　　　　调制解调器　　　　模拟信号

PC

图 3-7　模拟信号与数字信号

（3）数字信号。数字信号是传输介质中的电脉冲序列或光脉冲序列。数字信号的优点是传输速率高，传输成本低，对噪声不敏感。电脉冲数字信号的缺点是信号容易衰减，传输频率越高，信号衰减越厉害，因此，电脉冲的数字信号不利于长距离传输。而光脉冲数字信号则克服了这个缺点。

（4）通信模型。机器设备之间的数据传输是一个非常复杂的过程，为了简化问题的分析，可以建立一个数字通信模型进行讨论。数字通信系统的基本模型分为四大部分：信源、信道、信宿和噪声。如图 3-8 所示，在数字通信模型中，产生和发送信息的一端称为信源，接收信息的一端称为信宿，信源与信宿之间的传输通道称为信

图 3-8　数字通信系统基本模型

道。在数字通信系统中，信号还会受到信道内部和外部噪声的干扰。

（5）信源编码。信源编码是将原始信息变换成原始电信号，然后进行数字编码。信源编码的目的：一是用尽可能少的数字脉冲来表示信源的信息（即通常所说的数据压缩），提高通信效率；二是当信源是模拟信号时，信源编码器将其转换成数字信号（即 A/D 转换），以实现模拟信号的数字化传输。

（6）信道。信道是信号的传输媒介。信道的类型有线信道（如电路板上的传输线、外部设备接口的电缆和光纤）和无线信道（如自由空间）。

（7）噪声源。通信系统中各种设备以及信道中所固有的干扰信号都是噪声源。

（8）信道编码。数字信号在传输中，往往由于各种原因会使得传送的数据流中产生误码。因此通过信道编码对码流进行相应处理，使通信具有一定的纠错能力和抗干扰能力，可避免码流传送中误码的发生。信道编码技术有纠错、交织、线性内插等。信道编码的本质一是增加通信的可靠性；二是提高数据传输效率。但是信道编码是在源数据流中添加一些码元（纠错码），从而达到在接收端进行判错和纠错的目的，这就是常说的开销。这就像运输一批玻璃杯，为了保证运输途中不出现打烂玻璃杯的情况，通常用一些泡沫或海绵将玻璃杯包装起来，这些包装会使玻璃杯所占容积变大，包装的代价是运送玻璃杯的数量减少了。同样，在带宽固定的信道中，总的传输码率也是固定的，由于信道编码增加了传输的数据量（开销），结果是降低了传输有用信息的码率。不同的信道编码方式，其编码效率会有所不同。

（9）同步。同步是指通信系统的收发双方具有统一的时间标准，使它们的工作"步调一致"。同步对数字通信至关重要，如果同步存在误差或失去同步，通信过程中就会出现大量

的误码,导致整个通信系统失效。

3.2.2　数据并行传输

1. 并行传输

如图 3-9 所示,并行传输是数据以成组的方式(1 字节至多个字节)在多个信道上同时进行传输。在并行传输中,每个比特位使用一条单独的线路,如 32 位传输就需要 32 条线路。这些线路通常制造在一个电路板(如计算机主板中的总线)中,或在一条多芯电缆(如显示器与主机的连接电缆)里。并行传输适用于两个短距离(2m 以内)设备之间进行数据传输。在计算机内部,只有很少一部分设备采用并行传输。例如,内存与 CPU 之间的数据传输、PCI 总线与一些老式外部设备之间的数据传输。其他大部分设备均采用高速串行传输。

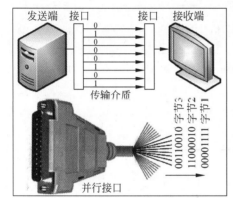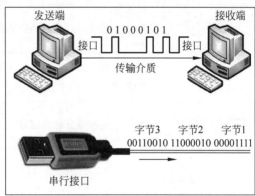

图 3-9　数据并行传输和串行传输

2. 并行传输的电路时序图

时序图是一组信号按照时钟频率工作的时间顺序图形。时序是为了确定电路输出和输入之间的逻辑关系,以确定电路的逻辑功能。电路时序图主要描述地址、数据和控制信号之间的逻辑关系,并强调这些信号之间的时间顺序,同时也描述了信号之间是如何交互工作的。时序图有两个坐标轴:纵坐标轴表示不同的信号;横坐标轴表示时间。信号以高或低电平来表示,但并不涉及信号电压的具体值。在时序图上可以反映出某一时刻各个信号的取值情况,以及信号的周期长度。时序图按从上到下、从左到右的顺序编制,最关键的是每个信号的突变点(从 0 变为 1,或从 1 变为 0),它记录了信号的值,根据这些突变点可以分析电路的相应功能。图 3-10 是 DDR3 内存读写时序图,常见的时序符号如表 3-1 所示。

表 3-1　计算机常用时序符号

图 形 符 号	信 号 说 明
	稳定的电平状态,由 H 态(高电平)进入 L 态(低电平),再进入 H 态
	电平由 H 态进入 L 态,多个斜线部分为信号过渡区,不稳定

续表

图 形 符 号	信 号 说 明
///	电平由 L 态进入 H 态,多个斜线部分为信号过渡区,不稳定
⊠══⊠	空白区表示一组有效信号电平的变化,0、1 兼有,有时标注信号名称
⊠//══⊠	斜线区表示一组无效信号电平的变化,0、1 兼有,有时画为交叉线
╳══╳	斜线交叉区表示信号有跳变,但是 0、1 不确定
⟩══⟨	中间水平线表示信号为高阻状态,信号无效
A ⟍ B ↘	箭头表示两个信号之间存在逻辑依存关系,即 A 信号发生变化时,B 信号也会有相应变化
⟩⟨⟩⟨	一般用于表示差分时钟信号

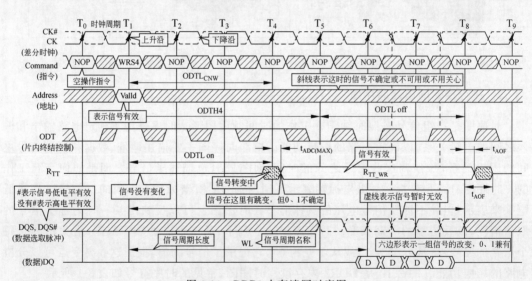

图 3-10　DDR3 内存读写时序图

3. 并行传输存在的问题

目前内存采用并行总线进行数据传输,这种方法具有简单直观的优点。如果不考虑传输线的阻抗、电容和电感效应,并行总线拥有较大的传输速率。

但现实工程中,信号传输有各种阻抗和干扰存在,传输速度越快或单位面积上传输的数据线越多时,传输线的阻抗也越大,电磁干扰、耦合干扰等问题也越严重。另外,在高速传输时,因线路阻抗造成的信号滞后与同步问题使得内存条在传输时必须加入额外的延迟,以确保每个信号周期都能完整无误。例如,每次存取 64 位数据时,先完成传输的数据必须等候其他数据,所有数据都到达后才能进行下一次数据传输。

为了让每个数据传输的时间尽可能接近,内存条上每条传输线的长度都要基本相同,这导致了在电路板线路设计时,存在弯弯曲曲的蛇形线。并行内存条与北桥芯片之间的传输线长度也受到了极大的限制。另外,如果增加内存通道数以扩充总线带宽,则线路数量就会成倍增加,庞大的线路数带来了电路板成本和体积过大的缺点。

在同样制程宽度的印制电路板上,如果并行传输的内存条速度越快,则传输线在主板上的线路就必须缩短,而这又会导致内存条数量的减少。

3.2.3　数据串行传输

1. 串行传输

串行传输是数据在一条信道上一位一位按顺序传送的方式。串行传输时,所有数据、状态、控制信息都可以在一根传输线路上传送。这样,在数据传输时所连接的物理线路最少,也最经济,因而特别适合远距离信号传输。

串行传输给发送设备和接收设备增加了复杂性。例如,发送方必须明确比特发送的顺序,发送一字节的数据时,发送方必须确定是先发送高位比特,还是先发送低位比特;同样,接收方必须知道收到的第一个数据比特位在什么位置上,因为接收的信号前面还包含了一些控制信号。这些问题虽然比较琐碎,但是,如果串行通信协议在比特位的顺序上都无法取得一致,数据传输将无法进行。

2. 异步传输的基本方法

在数据传输中,收发两端的动作必须相互协调配合。倘若两端互不联系、协调,则很容易造成数据传输错误。目前串行传输有异步传输和同步传输两种方式。

在异步传输中,发送端与接收端有各自的时钟,这两个时钟彼此独立,不需要同步。异步传输是一种基于字符的通信方式,每个字符(8b)都独立传送,而且两个字符之间的间隔时间不固定。发送方可以在任何时刻发送这些字符组,而接收方不知道它们会在什么时候到达。例如,键盘与主机之间进行通信时,用户在键盘上按下一个字母键,键盘就会发送一个 8b 的 ASCII 码。计算机内部的硬件必须随时接收这个输入的字符。异步传输的问题是接收方不知道数据会在什么时候到达,在接收方检测到数据并做出响应之前,第一个数据位可能已经过去了。因此,每次异步传输都以一个起始位开头(见图 3-11),它的作用是通知接收方数据马上就要到达了。这就给了接收方响应、接收和缓存数据的时间。在异步传输结束时,需要增加一个停止位,告诉接收方这次传输终止。

【例 3-5】　画出用异步传输方式传送字符 E 的波形图,要求增加 1 位起始位、1 位停止位和 1 位奇校验位。查表得知字符 E 的 ASCII 码为 69D,即 01000101B,传送信号的波形如图 3-11 所示。

异步传输对收发双方的时钟同步要求不高。即使收发双方的时钟频率存在一定偏差,只要不使接收器在一个字符的起始位之后的采样出现错位现象,则数据传输仍可正常进行。

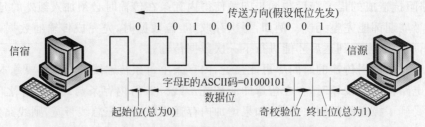

图 3-11　字符 E 的串行异步传输波形图

因此,异步传输的双方可以不用共同的时钟,而各自使用自己的本地时钟。

异步传输中,发送一个字符需要增加一些附加的信息位,如起始位、校验位和停止位等,这些附加信息位称为通信开销,这种开销使通信效率降低。例如一个字符由 8 位组成,加上一位起始位、一位校验位和一位停止位,发送一个字符必须发送 11 位,而其中只有 8 位是有效的,通信能力的 27% 成了额外开销。因此,异步传输主要用于传送数据量较少或传输速度不高的场合,如键盘、鼠标等设备。对于大量信息的传输,一般采用通信效率较高的同步传输方式,如 USB 总线、SATA 接口、PCI-E 总线等。

3. 同步传输的基本方法

同步传输通常把传送的正文分解为数据帧(也称为数据包)。同步传输是一种基于数据帧的通信方式。同步传输的方法是使通信的接收方与发送方在时间基准上保持一致。

同步传输传送的信息没有起始位和停止位。同步传输要求对传送数据的每一位都必须在收发两端严格保持同步,即"位同步"。因此,同步传输中,收发两端需用同一个时钟源作为时钟信号,如图 3-12 所示。同步传输效率高,适合于快速、大量数据的传送。

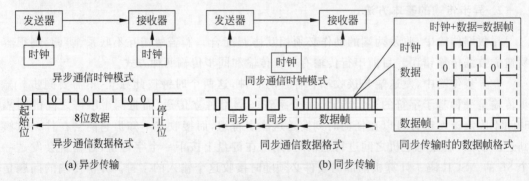

图 3-12　异步传输与同步传输

同步传输的同步方法还可以分为外同步和内同步。外同步是在发送数据之前向接收端发送一串时钟脉冲,接收端按这个时钟频率调整自己的时序,使接收时钟频率锁定在接收到的时钟频率上,并作为同步时钟来接收数据。内同步是将时钟信号与源数据进行混合编码(见图 3-12(b))后再发送,接收端从接收到的数据帧中提取同步时钟信号。

4. 并行传输与串行传输的比较

并行传输在一个时钟周期里可以传输多位(如 64 位)数据,而串行传输在一个时钟周期里只能传输一位数据,直观上看,并行传输的数据传输速率大大高于串行传输。

　　在实践中,提高并行传输速率存在很多困难。一是并行传输的时钟频率在 200MHz 以下,而且很难提高,因为时钟频率过高时,会引起多条传输线之间传输信号的相互干扰(高频电信号的趋肤效应);二是高频(100MHz 以上)信号并行传输时,各个信号之间同步控制的成本很高;三是并行传输距离很短(2m 以下),长距离传输时,技术要求和线路成本都非常高;四是并行传输(64 位总线)目前最高带宽仅为 34GB/s(DDR 内存总线带宽)。

　　串行传输时钟频率目前在 1GHz 以上,如 USB 3.0 传输时钟频率为 5.0GHz;商业化的单根光纤串行传输时钟频率达到了 6.4THz 以上,如果以字节计算,大致为 640GB/s。2014 年,丹麦科技大学的研究团队在实验室条件下研制成功了在单根光纤上实现 43Tb/s 的传输网速。可见串行传输带宽大大高于并行传输带宽。串行传输信号同步简单,线路成本低,传输距离远。传输信号无中继放大时,铜缆双绞线传输距离可达 100m,光纤传输距离可达 100km。

　　目前,计算机数据传输越来越多地采用多通道串行传输技术,它与并行传输的最大区别在于通道之间不需要同步控制机制,如显卡数据传输采用 PCI-E 串行总线、硬盘采用 SATA 串行接口、外部数据采用 USB 串行总线等。

3.2.4　差分传输技术

1. 差分信号工作原理

　　高速传输的需求每年以惊人的速度增长。随着 CPU 变得越来越快,总线速度必须相应提升以满足其要求。随着数据传输速度的增加,信号转换的时间越来越短,这对高性能总线和接口提出了更高的要求。近年来,大部分数据高速传输系统都采用串行差分信号传输技术,如系统时钟、USB 3.0、PCI-E、1000M 以太网等,基本上都采用差分信号传输。

　　差分信号是一种信号高速串行传输技术。传统的单端信号用一根传输线传输数据,差分信号在两根导线上都传输信号,这两个信号的振幅相等,相位相同,极性相反(见图 3-13),在这两根传输线上传输的信号就是差分信号。信号接收端比较两个电压的差值来判断发送的信号是逻辑 0 还是逻辑 1。在电路板上,两根差分传输线必须等长、等宽、紧密靠近,而且在电路板的同一层面。

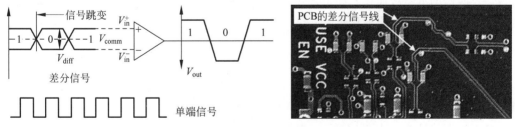

图 3-13　差分信号原理和电路板上的差分线路

　　差分信号既可以是模拟信号,也可以是数字信号。实际应用中大部分是数字信号。

　　严格地讲,所有电压信号都是差分的,因为一个电压只能是相对于另一个电压而言。在某些系统里,"系统地"(GND)被用作电压基准点,当"地"当作电压测量基准时,这种信号称为单端的。另外,一个差分信号作用在两个导体上,信号值是两个导体间的电压差。尽管不是非常必要,但是这两个电压的平均值还是会经常保持一致。

2. 差分信号传输技术的优点

一是抗干扰能力强。差分信号两根传输线(线对)之间的耦合很好,当外界存在噪声干扰时,几乎同时被耦合到两条传输线上,而接收端关心的只是两个信号的差值,外界的共模噪声被完全抵消,如图 3-14(a)所示。

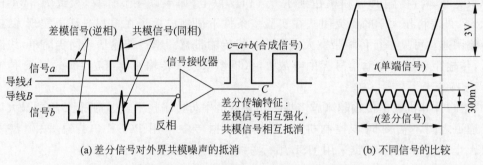

(a) 差分信号对外界共模噪声的抵消　　　　(b) 不同信号的比较

图 3-14　差分信号对外界共模噪声的抵消和不同信号的比较

二是能有效抑制 EMI(电磁干扰)。由于两个差分信号的极性相反,它们对外辐射的电磁场可以相互抵消,耦合得越紧密,泄放到外界的电磁能量就会越少。

三是时序定位精确。由于差分信号的开关变化位于两个信号的交点,而不像普通单端信号依靠信号的高低两个阈值电压判断,因而差分信号受工艺、温度的影响小,能降低时序的误差,同时也更适合低电压幅值的信号电路。

四是差分信号可以有效地倍增信号电平,如图 3-14(a)所示,$c=a+b$。

五是差分信号没有通过"地"的返回信号,地回路的连续性变得相对不重要了。如果有模拟信号通过差分对连接到数字器件时,就无须担心跨越电源边界、平面不连续等问题。

3. 差分信号电路的缺陷

差分信号比单端信号有一个显著的缺点:就是需要两根传输线传输一个差分信号,或者说需要两倍的电路板面积。如果差分信号传输的优点在应用中产生了显著的性能,那么增加的布线面积就是付出的代价。

4. LVDS

目前流行的 LVDS(低电压差分信号)是一种小振幅的差分信号技术,信号的低振幅和低电流实现了信号的低噪声和低功耗。ANSI、TIA、EIA-644 标准对 LVDS 进行了定义,推荐的最大数据传输速率为 655Mb/s,理论极限速率为 1923Mb/s。

LVDS 一般由三部分组成:差分信号发送器、差分信号互联器和差分信号接收器。差分信号发送器的功能是将非平衡传输的 TTL(5V 电平信号)信号转换成平衡传输的 LVDS,这通常由一个 IC(集成电路芯片)来完成。差分信号接收器是将平衡传输的 LVDS 信号还原成非平衡传输的 TTL 信号,它通常也由一个 IC 来完成。差分信号互联器包括连接线(PCB 传输线或电缆)、终端匹配电阻(IEEE 规定电阻值为 100Ω)等。

LVDS 有以下特点：一是采用低电压电源；二是低噪声；三是高噪声抑制能力；四是可靠的信号传输；五是能够集成到系统级 IC 内。

LVDS 是电流驱动,通过在接收端放置一个负载而得到电压,当电流正向流动时,接收端输出为 1,反之为 0。它的电压幅值为 250～450mV。

LVDS 技术在液晶显示器的驱动板数字信号输出中应用广泛,传输的数据除 RGB 数据信号外,还包括行同步、场同步、像素时钟等信号,其中像素时钟信号的最高频率可超过 28MHz。如果采用 TTL 接口作为数据输出接口,数据传输速率不高,传输距离较短,且抗电磁干扰(EMI)能力也比较差；另外,TTL 多路数据信号采用排线的方式来传送,整个排线数量达几十路,不但连接不便,而且不适合超薄化的趋势。

3.3　数据传输控制

3.3.1　计算机中断控制

中断是计算机处理内部或外部事件的一种系统机制。在计算机执行指令过程中,由于出现了某些特殊情况(事件),使得 CPU 暂时中止现行指令,而转去执行处理特殊事件的处理程序,处理完毕之后再回到原来程序的中断点继续向下执行,这个过程就是中断。中断类似于程序设计中的子程序调用,与之不同的是中断请求是由外设发出的。

中断的优点是：CPU 与外设能够并行工作；CPU 能够处理例外事件,如电源掉电、非法指令、地址越界、数据溢出、数据校验错、页面失效等。

1. 中断响应服务过程

当中断源向 CPU 发出中断请求信号时,CPU 要想响应它,还应满足下列条件。

(1) CPU 开放中断。也就是 CPU 允许接收中断请求。当中断源请求时,根据 CPU 内部设置的中断允许触发器的状态,来决定 CPU 是否响应中断。

CPU 开中断后,如果有中断请求信号发至 CPU,CPU 并不会立即响应。只有当 CPU 将现行指令执行完毕,并且当前正在执行的不是停机指令,又没有优先权更高的中断请求(如电源失效或 DMA 请求)时,CPU 才会进入中断响应状态。

当满足上述条件后,CPU 就响应中断,工作流程如图 3-15 所示。

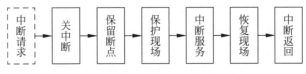

图 3-15　中断响应工作流程

(2) 关中断。当 CPU 响应中断后,在发出中断响应信号的同时,内部自动地(由硬件)实现关中断,以免在响应中断后处理当前中断时又被新的中断源中断。

(3) 保留断点。将断点地址保存起来,以备在中断处理完毕后,CPU 能返回断点处继续运行原来的程序。

(4) 保护现场。为了确保在中断完成之后,程序能正确地返回到原来的断点处,继续执行原程序的下一条指令,必须对断点处的各种数据进行现场保护,主要是将有关寄存器的内容和标志位的状态压如堆栈保护起来。

(5) 执行中断服务。根据中断源提供的中断类型号,可以在中断向量表中查出要执行的中断服务程序的入口地址,从而执行相应的中断服务程序。该中断服务程序既可以是系统提供的程序,也可以是用户自己编写的程序。

(6) 恢复现场。中断处理完毕后,将原来保留在堆栈中的各个有关寄存器的内容和标志位的状态从堆栈中弹出,送回 CPU 中它们原来的位置,从而恢复中断前的状态。

(7) 开中断与返回。最后打开中断,以便 CPU 能响应新的中断请求。并且安排一条返回指令,将堆栈内保存的断点值弹出,CPU 恢复到断点处继续运行。

2. 中断向量和优先权

中断向量是中断服务程序的入口地址。在中断响应过程中,CPU 通过从接口电路获取的中断类型号(中断向量号)计算对应中断向量在表中的位置,并从中断向量表中获取中断向量,将程序流程转向中断服务程序的入口地址。

在计算机系统中,往往有多个中断源,而 CPU 的可屏蔽中断请求线往往只有一条,如何解决多个中断源同时请求中断,而只有一根中断请求线的矛盾呢? 这就要求 CPU 按多个中断源的优先权由高至低依次来响应中断请求。同时,当 CPU 正在处理中断时,还要能响应更高级的中断请求,而屏蔽掉同级或低级的中断请求。

3. APIC 高级程序中断控制器

早期 x86 计算机使用 PIC(可编程中断控制器)进行中断管理,利用 8259A 芯片来实现中断控制。从 Pentium 4 开始,Intel 公司开始使用全新的 APIC(高级程序中断控制器)中断系统,用它来代替 8259A。注意,不要将 APIC 与 ACPI(高级电源管理)混淆。由于 APIC 兼容 PIC,因此在计算机中看到的 PIC,实际上是 APIC 系统下的兼容 PIC 模式。

APIC 有两个功能:一是管理 IRQ(中断请求号)的分配,将传统的 16 个 IRQ 扩展到 255 个,以适应更多的设备;二是用于管理多 CPU 系统,当然,单 CPU 系统也能使用 APIC。

APIC 系统支持 255 个中断向量,但 Intel 公司保留了 0～15 中断向量,可用的中断向量是 16～255,并引进任务优先级,为此保留了 16 个中断向量,可用的优先级是 2～15。

APIC 系统由本机 APIC、I/O APIC 和 APIC 串行总线组成。每个 CPU 中集成了一个本机 APIC,如果一台计算机上有 4 个 CPU,则有 4 个本机 APIC。而 I/O APIC 则集成在主板南桥芯片内,用来管理外设过来的中断,一台计算机中只有一个(多核系统也是如此)。APIC 串行总线负责连接 I/O APIC 和各个本机 APIC。本机 APIC 接收该 CPU 产生的本地中断,如时钟中断,以及该 CPU 与其他 CPU 之间的中断信号,并从 APIC 串行总线接收来自 I/O APIC 的消息。I/O APIC 负责接收所有外部设备的硬件中断,并翻译成消息选择发给接收中断的处理器,及从本机 APIC 接收处理器间的中断消息。

在 64 位系统中,APIC 这种基于中断引脚的控制机制,也将被 SAPIC(串行高级程序中断控制器)这种基于消息的更强大的中断控制系统所取代。

3.3.2　DMA 数据传输

数据传输的控制方式有程序控制方式、中断方式和 DMA 传输方式。

1．程序控制方式

程序控制方式(PIO)是主机与外设之间进行数据交换最简单的方式,在早期计算机中采用较多。程序控制方式由 CPU 主动通过 I/O 指令询问指定设备的当前状态。如果设备就绪,则立即与设备进行数据交换,否则 CPU 处于循环查询状态。这种方式直接利用 I/O 指令进行编程(即 IN 或 OUT 指令)方式实现数据的输入与输出。PIO 主要用于连接低速外围设备,如终端、打印机等。

(1) 对于某设备处理时间已知的情况,CPU 可直接执行 I/O 指令,从该设备的缓冲区中读取数据或向缓冲区中写入数据。

(2) 如果处理时间未知或不确定(如设备的初始化时间不确定),将采用先查询再等待最后传送的方式,即 CPU 执行循环程序,不断测试外设状态,直至外设为交换数据准备就绪时为止。

程序控制方式下数据传送流程如图 3-16 所示。一台主机管理多个外设时,主机采用轮流循环测试方法,分时为各台外围设备服务。

PIO 方式的优点是灵活性很好,可以很容易地改变各台外设的优先级;缺点是 CPU 将浪费大量时间去等待外设,而且实现主机与外设并行工作困难。

2．中断方式

中断方式具有以下特点。

(1) CPU 与外设能并行工作。

(2) 能处理意外事件,如电源掉电、非法指令、地址越界、数据溢出、数据校验错、页面失效等。

(3) 数据的输入和输出都要经过 CPU。

(4) 用于连接低速外围设备。

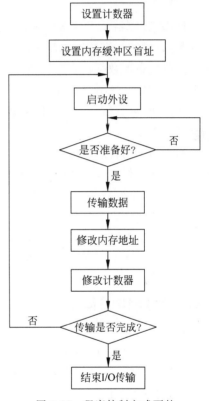

图 3-16　程序控制方式下的数据传送流程

在计算机中,中断输入输出方式的作用已经远远超出了为外设服务的范畴,成为计算机中非常重要的组成部分。

3．DMA(直接存储器访问)方式

用中断方式进行数据交换时,虽然可以提高 CPU 工作效率,但是它仍然需要 CPU 通过程序来传递数据。并且在处理中断时,还要有"保护现场"和"恢复现场"的操作,这就会占用一部分时间,这对于一些高速的设备来说,依然显得有些慢。DMA 方式主要用来连接高速外设,如硬盘等设备。

1) DMA 的基本工作原理

DMA 方式是一种完全由硬件执行 I/O 交换的工作方式。由于 DMA 控制器(专门的硬件设备)从 CPU 中接管了对总线的控制权,使得数据交换在内存和外设之间高速进行,不需要经过 CPU,当然也就不用进行保护现场之类的额外操作,就可以直接对存储器进行存取。DMA 工作原理如图 3-17 所示。

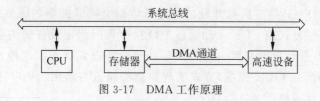

图 3-17　DMA 工作原理

DMA 控制器负责数据传送,由它给出当前正在传送数据的主存地址,并统计传送数据的个数,以确定一组数据的传送是否已结束。在主存中开辟连续地址的专用缓冲区,用于提供或接收传送的数据。在数据传送之前与数据传送结束之后,要通过程序或中断的方式对缓冲区和 DMA 控制器进行预处理和后处理。可见,在 DMA 方式中,一批数据在传送之前的准备工作,以及传送结束后的处理工作,均是由管理程序承担,而 DMA 控制器仅负责数据传送的工作。

2) DMA 的特点

与程序控制方式和中断方式相比,DMA 有以下特点。

(1) DMA 控制器建立了外设与内存之间数据交换的直接通道,减轻了总线的负荷。

(2) 当 DMA 和 CPU 同时要求访问内存时,DMA 通常被赋予较高的优先级。

(3) 内存中需要开辟专用的缓冲区,及时供给发送数据和接收数据。

(4) 为了解决 CPU 和 DMA 同时访问内存发生的冲突,DMA 采用周期挪用方式。

3.4　数据纠错编码

数据传输要通过各种物理信道,由于电磁干扰、设备故障等因素的影响,传送的信号可能发生失真,使信息遭到损坏,造成接收端信号误判。为了确保数据在传送过程中正确无误,可采用以下方法:一是提高硬件电路的可靠性;二是提高代码的校验能力,包括查错和纠错,也就是采用校验码的方法来检测传送的数据是否出错。

3.4.1　差错控制概念

1. 信道差错控制编码

差错控制编码是数据在发送之前,按照某种关系附加一个校验码后再发送。接收端收到信号后,检查信息位与校验码之间的关系,确定传输过程中是否有差错发生。差错控制编码提高了通信系统的可靠性,但它以降低通信系统的效率为代价。

差错控制编码有两类:一类是 ARQ(自动请求重发);另一类是 FEC(前向纠错)。纠错码使用硬件实现时,速度比软件快几个数量级;纠错码使用软件实现不需要另外增加设备,特别适合于网络通信。绝大多数情况下,计算机使用检错码,出现错误后请求对方重发(ARQ);只有在单工信道情况下,才会使用纠错编码。

2. 出错重传的差错控制方法

ARQ 采用出错重传的算法思想。如图 3-18 所示,在发送端对数据进行检错编码,通过信道传送到接收端,接收端经过译码处理后,只检测数据有无差错,并不自动纠正差错。如果接收端检测到接收的数据有错误时,则利用信道传送反馈信号,请求发送端重新发送有错误的数据,直到收到正确数据为止。ARQ 通信方式要求发送方设置一个数据缓冲区,用于存放已发送出去的数据,以便出现差错后,可以调出数据缓冲区的内容重新发送。在计算机通信中,大部分通信协议采用 ARQ 差错控制方式。

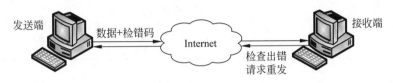

图 3-18　ARQ 差错控制方式

3. 一个简单的前向纠错编码案例

在前向纠错通信中,发送端在发送前对原始信息进行差错编码,然后发送。接收端对收到的编码进行译码后,检测有无差错。接收端不但能发现差错,而且能确定码元发生错误的位置,从而加以自动纠正。前向纠错不需要请求发送方重发信息,发送端也不需要存放以备重发的数据缓冲区。虽然前向纠错有以上优点,但是纠错码比检错码需要使用更多的冗余数据位。也就是说编码效率低,纠错电路复杂。因此,大多数情况下使用检错码,查错后请求重发;只有在单工信道(没有反馈信号)或实时要求特别高的领域,才使用纠错编码。例如,地球与火星之间距离太远,美国火星探测器"机遇号"的信号传输一个来回差不多要20min,这使得信号的前向纠错非常重要。

下面用一个简单的例子来说明纠错的基本原理。它虽然不是海明码,但是它们是算法思想相同,都是利用冗余编码来达到纠错的目的。

【例 3-6】　如图 3-16 所示,发送端 A 将字符 OK 传送给接收端 B,字符 OK 的 ASCII 码为 79,75。如果接收端 B 通过奇偶校验发现数据 D2 在传输过程中发生了错误,最简单的处理方法就是通知发送端重新传送出错数据 D2,但是这样会降低传输效率。

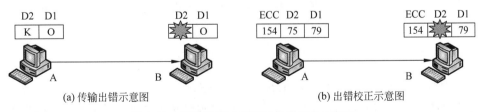

(a) 传输出错示意图　　　　　　　　　　(b) 出错校正示意图

图 3-19　传输出错示意图和出错校正示意图

如图 3-19(b)所示,如果发送端将两个原始数据相加,得出一个错误校验码 ECC(ECC=D1+D2=79+75=154),然后将原始数据 D1、D2 和校验码 ECC 一起传送到接收端。如果接收端通过奇偶校验检查没有发现错误,就丢弃校验码 ECC;如果接收端通过奇偶校验发现数据 D2 出错了,就可以利用校验码 ECC 减去另外一个正确的原始数据 D1,这样就可以得到正确的原始数据 D2(D2＝ECC－D1＝154－79＝75),不需要发送端重传数据。

3.4.2　奇偶校验编码

奇偶校验是一种最基本的检错码,它分为奇校验或偶校验。奇偶校验可以发现数据传输错误,但是它不能纠正数据错误。奇偶校验的编码规则如表 3-2 所示。

表 3-2　奇偶校验的编码规则

奇　校　验		偶　校　验	
数据位中"1"的个数	校验值	数据位中"1"的个数	校验值
奇数个	0	偶数个	0
偶数个	1	奇数个	1

【例 3-7】　字符 A 的 ASCII 码为 01000001,其中有两位码元值为"1"。如果采用奇校验编码,由于这个字符的编码中有偶数个"1",所以校验位的值为"1",其 8 位组合编码为10000011,前 7 位是信息位,最低位是奇校验码。同理,如果采用偶校验,可知校验位的值为"0",其 8 位组合编码为 10000010。接收端对 8 位编码中"1"的个数进行检验时,如有不符,就可以判定传输中发生了差错。

如果通信前通信双方约定采用奇校验码,接收端对传输数据进行校验时,如果接收到编码中"1"的个数为奇数时,则认为传输正确;否则就认为传输中出现了差错。在传输中有偶数个比特位(如 2 位)出现差错时,这种方法就检测不出来了。所以,奇偶校验只能检测出信息中出现的奇数个错误,如果出错码元为偶数个,则奇偶校验不能奏效。

奇偶校验容易实现,而且一个字符(8 位)中 2 位同时发生错误的概率非常小,所以信道干扰不大时,奇偶校验的检错效果很好。计算机广泛采用奇偶校验进行检错。

3.4.3　CRC 编码

CRC(循环冗余校验)编码是最常用的一种差错校验码。它的特点是检错能力极强,开销小,易于用编码器或检测电路实现。从检错能力来看,它的出错概率非常小。从性能上和开销上考虑,CRC 编码远远优于奇偶校验编码。因此,在数据存储和数据通信领域,CRC 编码无处不在。例如,以太网、WinRAR 软件等采用了 CRC-32 编码;磁盘文件校验采用了CRC-16 编码;GIF、TIFF 等图像文件也采用 CRC 编码作为检错手段。

1. CRC 原理

CRC 的算法思想是:先在待发送的数据帧后面附加一个数(校验码),生成一个新数据帧后发送给接收端。当然,校验码不是随意的,校验码要使生成的新数据帧与发送端和接收端共同选定的某个特定数整除。数据帧到达接收端后,对接收的数据帧除以这个选定的除数(模 2 除法,即异或运算)。因为发送端已对校验码做了"去余"处理,如果传输没有差错则校验结果没有余数;如果校验结果有余数,则说明数据帧在传输过程中出现了差错。

2. 生成多项式

CRC 的除数可以随机选择,也可以按国际标准选择(见表 3-3),但最高位和最低位系数必须为 1。除数通常以多项式表示,称为"生成多项式"。为了简化表示生成多项式,一般只列出二进制值为"1"的位,其他位为"0"。

【例 3-8】 码组 1100101 可以表示为:$1*x^6+1*x^5+0*x^4+0*x^3+1*x^2+0*x+1$,为了简化表达式,生成多项式省略了码组中为 0 的部分,即记为:$G(x)=x^6+x^5+x^2+1$。

生成多项式按最高阶数 m,将 CRC 称为 CRC-m,如 CRC-8、CRC-16 等。生成多项式 $G(x)$ 一般按标准进行选择,常用的 CRC 生成多项式标准如表 3-3 所示。

表 3-3 常用的 CRC 生成多项式标准

标准名称	生成多项式	十六进制简记式*	应用案例
CRC-4-ITU	x^4+x+1	0x3	ITU-G. 704
CRC-8-ITU	x^8+x^2+x+1	0x07	ATM,HEC,ISDN,HEC
CRC-16	$x^{16}+x^{15}+x^2+1$	0x8005	IBM SDLC
CRC-16-ITU	$x^{16}+x^{12}+x^5+1$	0x1021	ISO HDLC,ITU-X. 25,V. 34,PPP-FCS
CRC-32	$x^{32}+x^{26}+x^{23}+\cdots+x^2+x+1$	0x04C11DB7	IEEE 802. 3,RAR,ZIP,IEEE 1394

说明:* 生成多项式的最高幂次系数固定为 1,在简记式中,通常将最高位的 1 去掉了。如 CRC-8-ITU 的简记式 0x07 实际上是 0x107,对应的二进制码为:0x07=107H=1 0000 0111B。

3. CRC 码计算案例

【例 3-9】 为了简单说明起见,假设待发送的数据为字符 a,a 的 ACSII 码为 01100001;假设收发双方设选择的生成多项式为 CRC-16-ITU,计算字符 a 的 CRC 码。

步骤 1:将生成多项式转换成二进制数。

CRC-16-ITU 的生成多项式 $G(x)=x^{16}+x^{12}+x^5+1$,则 $G(2)=2^{16}+2^{12}+2^5+1=$ 69 665;将其转换为十六进制为:11021H;将其转换为二进制为:1 0001 0000 0010 0001B。

步骤 2:CRC 校验码位数＝生成多项式位数－1＝17－1＝16(位)。在原始数据 01100001 后面加 16 个 0(16 位校验码),得到被除数为 01100001 0000 0000 0000 0000 。

步骤 3:如图 3-20 所示,将步骤 2 得到的数作为被除数,生成多项式作为除数,进行模 2 除法(异或运算),得到的余数 0111 1100 1000 0111 即为 CRC 码。

步骤:4:将得到的 CRC 码附在原始数据帧 01100001 后面,得到的新数据帧为 01100001**0111 1100 1000 0111** (其中低位的 0111 1100 1000 0111 为 CRC 码)。把新数据帧发送到接收端。

步骤 5:以上新数据帧到达接收端后,接收端会把这个数据帧再用上面选定的除数 1 0001 0000 0010 0001(生成多项式)进行异或运算,验证余数是否为 0,如果余数为 0 则证明该数据帧在传输过程中没有出错;如果余数不为 0,则说明传输过程中数据帧出现了差错。

从以上讨论来看,CRC 似乎非常麻烦,其实用逻辑电路实现非常简单。

```
(生成多项式做除数)                  商在这里没有用, 不用写
1 0001 0000 0010 0001  0110 0001 0000 0000 0000 0000  0110 0001=a的ASCII码
          异或运算       100 0100 0000 1000 01          16个0=校验码位置
      (相同为0, 相异为1)  ─────────────────────────
                         010 0101 0000 1000 0100 0000
                         10 0010 0000 0100 001
                         ─────────────────────────
                         00 0111 0000 1100 0110 0000
                          100 0100 0000 1000 01
                         ─────────────────────────
                         011 0100 1100 1110 0100
                         10 0010 0000 0100 001
                         ─────────────────────────
                         01 0110 1100 1010 0110
                          1 0001 0000 0010 0001  (计算到最低位对齐止)
                         ─────────────────────────
            字符a的CRC码 = 0 0111 1100 1000 0111 = 7C87
```

图 3-20   字符 a 的 CRC 码计算

4. CRC 码的特征

CRC 码能检错和纠错,但是纠错效率不高,或者说对计算资源要求过高。计算机网络大多采用 CRC 进行检错,发现错误后则采用出错重传(ARQ)技术。

采用 CRC 编码时,信息码长度可任意选定,校验码长度取决于选用的生成多项式。

采用 CRC 编码时,传送信号任一位发生错误时,生成多项式做除法后余数不为 0。

采用 CRC 编码时,传送信号不同位发生错误时,生成多项式做除法后余数不同。

采用 CRC 编码时,对生成多项式做除法后的余数继续做除法时,余数会循环出现。

3.4.4   海明校验编码

计算机系统运行时,各个部件之间要进行数据交换。为确保数据在传送过程中正确无误,要使用检验码,而海明校验码(以下简称海明码)就是一种常用的校验码。

1. 海明码原理

海明码由海明(Richard Hamming)于 1950 年提出,它是目前广泛应用的一种很有效的校验方法。海明码只需要增加少数几个校验位,就能检测出 2 位同时出错的数据,或者检测出 1 位出错并能自动恢复该出错位的正确值(自动纠错)。

海明码的实现原理是:海明码利用奇偶性来校验数据。它是一种多重奇偶校验检错编码,它通过在 k 个数据位之间插入 r 个校验位来扩大码距,从而形成一个 $k+r$ 位的新码字,使新码字的码距比较均匀地拉大,然后将数据的每一个二进制位分配在几个不同的偶校验位组合中。当新码字某一位出错后,就会引起相关几个校验位的值发生变化,这样不但可以发现错误,还能指出是哪一位出错,为自动纠错提供了依据。

2. 确定校验位

海明码的基本思想是将数据按某种规律分成若干组,每组安排一个校验位,通过奇偶测试就可以检查出多位错误信息,然后指出是哪位出错,并且将其纠正。

假设为 k 个数据位设置 r 个校验位,则校验位能表示 2^r 个状态,可用其中的一个状态

指出"是否发生错误",其余 2^r-1 个状态用来指出错误发生在哪一位。当有 k 个数据位和 r 个校验位时,校验位的位数应满足如下关系: $2^r \geqslant k+r+1$。

如果要检出并且自动校正 1 位出错,并能同时发现是哪位出错,此时校验位的位数 r 和数据位的位数 k 应满足如下关系: $2^r-1 \geqslant k+r$。

按照上述不等式,可计算出数据位 k 与校验位 r 的对应关系,如表 3-4 所示。

表 3-4　海明码数据位与校验位的关系

数据位 k	1	2~4	5~11	12~26	27~57	58~120
校验位最小值 r	2	3	4	5	6	7

3. 海明码编码案例

【例 3-10】　计算数据 1011 的海明码。

(1) 确定海明码长度。根据公式 $2^r \geqslant k+r+1$,其中 k 为数据位,r 为校验位数。因为数据 1011 共有 4 位,所以 $k=4$,根据以上公式,求得 r 最小值为 3,因此数据位和校验位的位数一共是 $4+3=7$,所以海明码的长度是 7 位($H_1 \sim H_7$),如图 3-21 所示。

位置 H	H_1	H_2	H_3	H_4	H_5	H_6	H_7
数据位 k							
校验位 R							

图 3-21　确定海明码长度

(2) 确定校验位位置。分配校验位时,校验位的位置分配规律是在 2^n 位上,也就是 1、2、4、8、16 等位置,如图 3-22 所示。

位置 H	H_1	H_2	H_3	H_4	H_5	H_6	H_7
数据位 k							
校验位 R	R_1	R_2		R_3			

图 3-22　确定校验码位置

(3) 分配数据位。数据位的位置安排从高位到低位依次排列($H_7 \rightarrow H_1$),如果该位置被校验位占据,则数据位顺序往后移,直到没有被占据的空位。如图 3-23 所示,由于 H_4 的位置被 R_3 占据,因此数据位的分配往左移动一位。

位置 H	H_1	H_2	H_3	H_4	H_5	H_6	H_7
数据位 k			1		1	0	1
校验位 R	R_1	R_2		R_3			

图 3-23　分配数据位

(4) 确定校验位值。要确定校验位的值,就要知道数据位是由哪几个校验位进行校验的。校验的原则是:被校验位的下标,等于所有参与校验该位的校验位下标之和,即想要校验的数据位的位置(i)等于校验位的位置值相加。例如,要校验第 3 位时,$3=2+1$,也就是用 R_1 和 R_2 来校验第 3 位,由此得到的校验位如图 3-24 所示。

位置 H	H_1	H_2	H_3	H_4	H_5	H_6	H_7
海明码下标 i	1	2	$3=2+1$	4	$5=4+1$	$6=4+2$	$7=4+2+1$
校验位组 R	R_1	R_2	R_1,R_2	R_3	R_3,R_1	R_3,R_2	R_3,R_2,R_1

图 3-24　确定校验位值

（5）确定校验码的数据位。通过图 3-24 可知，校验码 R_1 用来校验 H_1、H_3、H_5、H_7 位，每个校验码对应的校验数据位如图 3-25 所示。

校验码 R	校验的数据位 H
R_1	H_1,H_3,H_5,H_7
R_2	H_2,H_3,H_6,H_7
R_3	H_4,H_5,H_6,H_7

图 3-25　确定校验码的数据位

（6）计算校验码的值。异或运算的数学符号为 $\oplus$，计算机符号为 xor，运算法则为：如果 a、b 两个值不同，则异或结果为 1；如果 a、b 两个值相同，异或结果为 0（同 0 异 1 规则）。根据图 3-22，对每个数据位的值进行异或运算，得出每个校验位的值。例如：求 R_1 的值时，从图 3-22 得知，R_1 用来校验 H_1、H_3、H_5、H_7 位，而 H_1 对应的数据位是空，H_3、H_5、H_7 对应的数据位都是 1（见图 3-23），由此得出：$R_1=H_3\oplus H_5\oplus H_7=1\oplus1\oplus1=1$；同理可得 $R_2=0$，$R_3=0$，校验码的值如图 3-26 所示。

校验码 R	校验的数据位 H	校验码编码方程	校验码值
$R1$	H_1,H_3,H_5,H_7	$R_1=H_3\oplus H_5\oplus H_7$	$R_1=1\oplus1\oplus1=1$
$R2$	H_2,H_3,H_6,H_7	$R_2=H_3\oplus H_6\oplus H_7$	$R_2=1\oplus0\oplus1=0$
$R3$	H_4,H_5,H_6,H_7	$R_3=H_5\oplus H_6\oplus H_7$	$R_3=1\oplus0\oplus1=0$

图 3-26　计算校验码的值

（7）补齐表格。将图 3-25 的计算值填入到图 3-23 的表格中，就得到了需要的海明码，如图 3-27 所示。将海明码值从高位到低位排列得到：1010101（$H_7\sim H_1$），这就是我们最终得到的海明码。

位置 H	H_1	H_2	H_3	H_4	H_5	H_6	H_7
海明码值	1	0	1	0	1	0	1
校验位 R	$R_1=1$	$R_2=0$		$R_3=0$			

图 3-27　补齐表格确定海明码

4. 海明码译码案例

在数据接收端，可以通过偶校验来检查海明码的合法性，这个过程称为译码。海明码的译码是用一个校验码和形成这个校验码的编码方程执行异或，实际上就是又一次执行偶校验运算。通过检查各个 S（译码方程值）的结果，就可以实现检错纠错的目的。如果出错的是数据位，对其求反则可以实现纠错；如果出错的是校验位则不必理睬。

【例 3-11】　在例 3-9 中，数据 1011 发送端的海明码为 1010101，接收端对海明码的译码方程和译码校验值 S 如图 3-28 所示。

发送端编码方程	接收端译码方程	接收端译码值 S
$R_1 = H_3 \oplus H_5 \oplus H_7$	$S_1 = R_1 \oplus H_3 \oplus H_5 \oplus H_7$	$S_1 = R_1 \oplus H_3 \oplus H_5 \oplus H_7 = 1 \oplus 1 \oplus 1 \oplus 1 = 0$
$R_2 = H_3 \oplus H_6 \oplus H_7$	$S_2 = R_2 \oplus H_3 \oplus H_6 \oplus H_7$	$S_2 = R_2 \oplus H_3 \oplus H_6 \oplus H_7 = 0 \oplus 1 \oplus 0 \oplus 1 = 0$
$R_3 = H_5 \oplus H_6 \oplus H_7$	$S_3 = R_3 \oplus H_5 \oplus H_6 \oplus H_7$	$S_3 = R_3 \oplus H_5 \oplus H_6 \oplus H_7 = 1 \oplus 1 \oplus 0 \oplus 1 = 0$

图 3-28　接收端对海明码的译码方程和校验值

在海明码中，一个数据位会被多个校验位进行校验，所以当某一位出错后，就会引起相关的几个校验位的值发生变化，这不但可以发现错误，还能指出是哪一位出错了，这为下一步的自动纠错提供了依据。对本例来说，海明码译码后出现的情况如下。

（1）任何一位（数据位和校验位）均无错，则所有 S 都应为 0 值。

（2）任何单独 1 位数据位出错，3 个 S 中会有 2 个为 1。

（3）如果单独 1 位校验位出错，3 个 S 中会有 1 个或 2 个为 1。

（4）任何 2 位（数据位和校验位）同时出错，S_3 一定为 0，而另外 2 个 S 位一定不全为 0，此时只知道是 2 位同时出错，但不能确定是哪 2 位出错，因此无法纠错。

3.4.5　信道编码技术

信道编码就像商品的包装，商品包装的目的是使商品更适合运输，在运输过程中不受损。同样，信道编码的目的是使编码后的二进制数据更适合线路的传输。

1. 直流平衡

一秒对人类来说是一个短暂的时间，但是在 USB 3.0 总线中，信号传输频率为 5GHz，这意味在一秒时间内可以传输 50 亿个（5Gb/s）信号，这对计算机来说这是一个非常漫长的时间。在数据传输过程中，如果长时间（如 100 个时钟周期）内没有信号出现（称为"直流不平衡"），就会造成以下问题：一是不能确定是传输的数据一直为"1"或"0"，还是数据传输系统出现了问题；二是长时间（如 100 个时钟周期）低电平（为 0），偶尔出现一个高电平（为 1）时，系统不能确定这个信号到底是有效信号还是干扰信号；三是高速串行传输都采用了同步传输技术，数据发送端将时钟信号与源数据组合成数据帧进行传输，接收端需要从接收端数据帧中恢复时钟信号来保证同步，这就需要线路中所传输的二进制码流有足够多的跳变，既不能有过多连续的高电平，也不能有过多连续的低电平。

解决以上问题的方法是保证数据传输过程中的直流平衡。直流平衡是数据传输中 1 与 0 的数量基本相同的一种技术。直流平衡在数据传输中应用广泛，如 USB 3.0 总线、PCI-E 总线、SATA 接口、IEEE 1394 总线、主机与液晶显示器接口、以太网通信等，都会用到直流平衡技术。在直流平衡的情况下，数据传输的平均功耗为常数，这使得接收器的设计变得简单。实现直流平衡的方法有 8B-10B 编码方式、扰频技术等。

2. 8B-10B 编码技术

（1）8B-10B 编码技术的应用。8B-10B 是应用最广泛的编码技术。它广泛用于高速串行接口，如 USB 总线、SAS 接口、SATA 接口、PCI-E 总线（v2.0）、IEEE 1394b 接口、光纤链路、GbE（吉比特以太网）、XAUI（10G 比特接口）、InfiniBand 总线、Serial Rapid I/O 总线、

HyperTransport 总线等。同时,所有主流 ASIC(专用集成电路)和 FPGA(现场可编程门阵列)平台也支持这些高速接口技术。从结构上看,这些高速接口主要包括三个组成部分:电路部分(串行/解串行)、物理部分(数据编码)、链路与协议部分(高层)。

(2) 8B-10B 编码原理。8B-10B 编码技术是将 8B 代码组合编码成 10B 代码,代码组合包括 256 个数据字符编码和 12 个控制字符编码。其中 8B 的含义是将原始数据分成两部分,低 5 位进行 5B-6B 编码,高 3 位则进行 3B-4B 编码,这两种映射关系可以从标准化表格中查到,人们习惯把 8B 数据表示成 D$x.y$ 的形式,其中 $x=5$LSB,$y=3$MSB。

【例 3-12】 一个 8B 源数据为 10110101,其中 $x=10101$(低 5 位,十进制数为 21),$y=101$(高 3 位,十进制数为 5),一般将 8b 源数据写成 D21.5 的形式。

(3) 8B-10B 编码的技术特征。8B-10B 编码的特性是保证直流平衡,它可以实现发送"0""1"的数量保持基本一致,连续的"1"或"0"不超过 5 位,即每 5 个连续的"1"或"0"后,必须插入 1 位"0"或"1",从而保证信号的直流平衡。这些特性确保了"0"码元与"1"码元个数一致(直流平衡)、确保了字节同步容易实现(易于在一个比特流中找到字节的起始位),以及对误码率有足够的容错能力,降低硬件电路设计的复杂度等。

(4) 8B-10B 编码的缺点。8B-10B 编码的缺点只有一个,就是高达 25% 的编码开销。人们提出过一些降低 8B-10B 编码开销的改进方法,如 64B-66B 编码技术(应用于 10G 以太网,开销大约 3%)、10GBase-KR(应用于 10GbE 背板连接)、CEI-P 编码技术;Interlaken PHY 编码技术等。这些技术的共同点都是以提高硬件设计复杂度(逻辑门数量)为代价,换取较低的编码开销。但是到目前为止,还没有哪种低开销技术能够脱颖而出,成为继 8B-10B 编码之后广泛采用的首选技术。

习题 3

3-1　简述高频电路存在的问题。

3-2　内存与 CPU 之间采用 64 位并行传输,假设其中最长的传输线为 15cm,最短的传输线为 10cm,试计算内存最长传输线与最短传输线之间的时延。

3-3　简要说明信源编码的目的。

3-4　简要说明信道编码的目的。

3-5　简要说明什么是差分信号。

第4章 CPU组成与设计技术

计算机运算部件需要具备以下功能：能够对指令进行译码并执行规定的动作；可以进行算术和逻辑运算；能与内存和外设交换数据；对整个计算过程进行控制等。尽管各种运算部件的结构和性能各不相同，但它们能完成的功能基本相同。

4.1 计算机指令系统

计算机工作过程中，数据如何编码和解码、数据如何进行寻址和读写、数据如何进行传输、数据如何进行计算等，都由计算机指令系统进行控制和管理。

4.1.1 指令基本概念

1. 指令系统的特征

指令是指计算机中最低层的机器指令，也就是 CPU 能够识别和直接执行的二进制机器码，指令规定了计算机能完成的某一种操作，所有指令的集合称为指令系统。基于某一指令集的计算机称为该指令集体系结构(ISA)。指令系统一般以汇编语言的形式给出，汇编语言与机器指令之间存在一一对应的关系。

一个好的指令系统的特征：一是定义的指令集应当在当前和将来都能够实现高效率运算；二是指令集应当为编译器提供明确的编译目标；三是指令集在硬件设计中能够很容易、高效率地实现；四是指令集必须很容易进行程序设计。

软件兼容性的要求大大减缓了指令集的变革。市场的压力，使得计算机设计工程师很难抛弃原有的指令系统。因此，在新一代指令系统设计中，往往需要保持与原有指令系统的兼容，然后增加一部分新指令，以增强系统的功能和性能。

2. 指令的基本组成

每种类型的计算机都有自己的指令集，指令在内存中有序存放，什么时候执行哪一条指令由应用程序和操作系统控制，指令的执行过程由 CPU 决定。如图 4-1 所示，一条指令通常由操作码和操作数(地址码)两部分组成。过长的指令会导致 CPU 在一个时钟周期中无法读出整条指令；而且指令愈长，占用的内存空间愈大。因此，指令格式设计的原则是：在满足操作类型、寻址范围的前提下，指令应当尽可能短。

图 4-1 机器指令的格式

操作码说明该指令要执行什么操作,如取数、做加法或输出数据等。操作码的位数决定了指令的数量。例如,当使用定长操作码时,如果采用 8 位操作码,最多支持 $2^8 = 256$ 条基本指令。如果操作码位数为 n,则指令数量为 2^n 条。

操作数说明操作对象的内容或所在的存储单元地址(地址码)。操作数在大多数情况下是地址码,地址码可以有 $0 \sim n$ 个。地址码可以是源操作数的存放地址,也可以是运算结果的存放地址。某些指令的地址码可以省略,如空指令就只有操作码而没有地址码。

【例 4-1】 如图 4-2 所示,假设某指令系统的指令长度为 32 位,操作码长度为 8 位,操作数总长度是 24 位,共 3 个操作数(地址码),且第 1 条指令是加法(00000001),第 2 条指令是减法(00000010)。当 CPU 收到一个 00000010 00000100 00000001 00000110 指令时,先取出它的前 8 位操作码(00000010),分析得出这是一个减法操作,而且有 3 个操作数,分别是 2 个源操作数地址和一个目的地址。于是,CPU 到内存地址 00000100 处取出被减数,到内存地址 00000001 处取出减数,送到 ALU 中进行减法运算,然后将计算结果送到内存地址 00000110 处。以上只是一个简化的例子,实际情况要复杂得多。

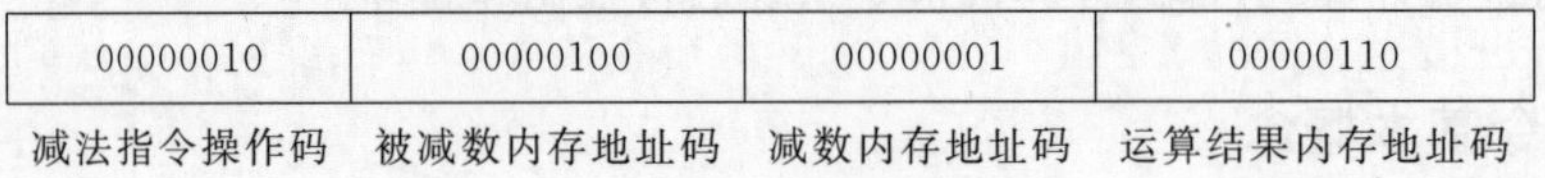

00000010	00000100	00000001	00000110
减法指令操作码	被减数内存地址码	减数内存地址码	运算结果内存地址码

图 4-2 例 4-1 题图

3. x86 基本指令集

Intel 公司 1978 年发布了 8086 指令集。如图 4-3 所示,Intel 公司又逐步发展了 MMX、SSE、AVX 等指令集,这些指令集都是向下兼容的,统称为 x86 指令集。

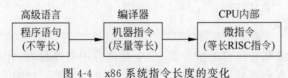

图 4-3 Intel x86 指令集的发展

x86 指令的长度没有太强规律,指令长度为 $1 \sim 15$ 字节不等(操作码最多为 3 字节),大部分指令在 5 字节以下。从 Pentium Pro CPU 开始,Intel 公司将长度不同的 x86 指令,在 CPU 内部译码成长度固定的 RISC 指令,这种方法称为微指令,如图 4-4 所示。

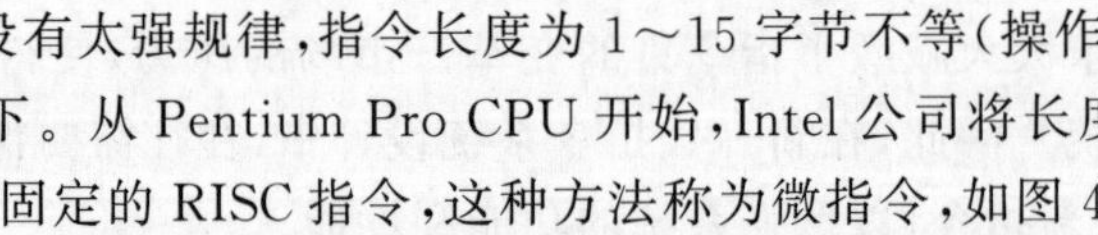

图 4-4 x86 系统指令长度的变化

4. 指令集的授权

设计一个指令集并没有太大的技术难度,但是实现这个指令集就需要研究人员付出巨大的努力。如果完全自主开发一套全新的指令集,这就需要设计一个全新的 CPU 结构与之匹配,而且开发工具,中间件,系统软件(如编译器、数据库等),应用软件等都只能自己开发。如果这个指令集使用的人很少,设计一个全新的指令集就没有意义。

目前应用范围最广泛的指令集是 Intel 公司的 x86 指令集,如果某个开发商需要设计一个有自主知识产权的兼容 x86 指令集的 CPU,就需要 Intel 公司进行 x86 指令集授权。而 Intel 公司推出 x86 架构之后,Intel 公司只将这一架构授权给 AMD 和 VIA 等几个芯片公司,在 VIA 退出 x86 架构处理器竞争之后,Intel 公司便不再给任何公司的 x86 架构和指令集授权。

龙芯 CPU 购买了 MIPS 公司的商标授权(注意,不是 MIPS 架构专利授权),这意味着以前为 MIPS 开发的软件都可以直接在龙芯上应用。没有商标授权就意味着没有兼容性,没有指令集的兼容性软件开发人员就不敢使用龙芯。龙芯购买了 MIPS 商标授权后,就可以利用市场已有的开发工具、系统软件,以及大量成熟的应用软件来推广龙芯 CPU。

IBM 公司对 POWER 处理器实行了全面开源策略,任何拥有技术能力的企业都可以设计和生产基于 POWER 架构的 CPU 芯片,并对其进行改进,这一授权模式类似于 ARM 公司的方法,IBM 公司希望借此提升与 Intel 公司在服务器 CPU 市场的竞争优势。

4.1.2　CISC 指令系统

1. CISC 指令系统的形成

随着计算机系统的复杂化,要求计算机的整体性能更快、更稳定。于是专家们通过优化方法设置一些功能复杂的指令,把一些原来由软件实现的功能改用复杂的硬件逻辑电路实现,这样一条复杂指令就可以执行一系列复杂的操作,这种设计思想导致了 CISC(复杂指令集计算机)的流行。CISC 指令系统的形成有以下一些原因。

(1) 早期计算机部件比较昂贵,主频低,运算速度慢。为了提高运算速度,系统设计专家不得不将越来越多的复杂指令加入到指令系统中,以提高计算机的处理效率,这就逐步形成了 CISC 指令系统。x86 系列 CPU 就是典型的 CISC 指令系统。

(2) 为了支持目标程序的优化,支持高级语言和编译程序,在 CISC 中增加了许多复杂的指令,用一条指令来替代一串指令。这些复杂指令简化了目标程序,缩小了高级语言与机器指令之间的语义差距。

(3) 从 8086 到目前的 Core i8 系列 CPU,每个新一代 CPU 都会有自己的新指令。为了兼容以前硬件平台上的软件,旧的指令集又必须保留,这就使得指令系统越来越复杂。

(4) 在 CISC 中,通过增强指令系统的功能,简化了软件,但是增加了硬件的复杂性。由于指令复杂了,指令的执行时间必然加长,从而有可能使整个程序的执行时间反而增加,因此,在计算机体系结构设计中,软硬件功能划分必须核实。

2. CISC 指令系统的缺点

(1) 指令使用不均。在 x86 程序代码中,大约有 50% 的指令是存储器访问指令,如 MOV(传送)、PUSH(入栈)等,其中存储器读指令大约是写指令的 2 倍。其次,大约有 15%～20% 的指令是分支指令,如 JMP(跳转,如 if、for 等)、CALL(调用)等。其余指令大部分是 ADD(加)、MUL(乘)等简单计算指令。像 DIV(除)、SQRT(开方)这些复杂指令,在指令执行中只占很少一部分。75% 的 x86 指令小于 4 字节,但是这些短指令占代码大小的 53%。在 x86 指令系统中,大约 20% 的指令占据了 80% 的 CPU 执行时间。

(2) 可变指令长度。CISC 指令长度是不定的,而且有几种不同的格式,结果造成了

CPU 译码非常复杂。为了提高 CPU 的工作频率,不得不延长 CPU 的流水线,而过长的流水线在分支预测出错时,又会带来 CPU 工作停滞时间较长的弊端。

(3) 寄存器贫乏。例如,x86 指令集架构只有 8 个通用寄存器,这与现代流行的超标量 CPU 极不适应,虽然专家们采用寄存器重命名技术来弥补这个缺陷,但造成了 CPU 过于复杂,流水线过长的局面。

(4) 内存访问。CISC 指令可访问内存地址,而 RISC 处理器则使用 Load/Store 模式,只有 Load 和 Store 指令才能从内存中读取数据到寄存器,所有其他指令只对寄存器中的操作数计算。在 CPU 速度大大高于内存速度的情况下,多寄存器模式更有效率。

(5) 浮点堆栈。x86 的 FPU 是目前最慢的 FPU,主要原因之在于 x86 指令使用一个操作数堆栈。如果没有足够多的寄存器进行计算,这就不得不使用堆栈来存放数据,这会浪费大量的时间来使用 FXCH 指令(即把数据放到堆栈的顶部)。

(6) 芯片面积较大。所有提高 x86 CPU 性能的方法,如寄存器重命名、巨大的缓存、乱序执行、分支预测等,都会使 CPU 芯片面积变得更大,也限制了工作频率的提高。

(7) 制造工艺困难。20 世纪 80 年代后,VLSI(超大规模集成电路)技术的发展非常迅速,往往 3~4 年集成度就提高了一个数量级。VLSI 工艺要求逻辑电路规整,而 CISC 处理器中,为了实现大量复杂的指令,逻辑电路极不规整,这给 VLSI 工艺造成了困难。

(8) 增加系统复杂性。复杂指令系统必然带来计算机结构的复杂性,这不但增加了设计时间与成本,还容易造成设计失误。在 CISC 中,许多复杂指令需要复杂的操作,这类指令多数是某种高级语言的直接翻版,因而通用性差。

4.1.3　RISC 指令系统

RISC(精简指令集计算机)是一种 20 世纪 80 年代出现的一种 CPU 设计思想,它的特点是通过简化指令系统,使计算机的结构更加简单合理,从而提高运算速度。目前 ARM、POWER、MIPS 等处理器,都采用 RISC 指令系统。

1. RISC 指令集的特征

RISC 的设计风格是强调计算机结构的简单性和高效性。RISC 从不可缺少的指令集开始设计,具有较短的开发周期。RISC 指令集具有以下特点。

(1) 单周期执行。RISC 统一采用单周期指令,克服了 CISC 指令周期数有长有短,造成运行中偶发性不确定,致使运行失常的问题。

(2) 采用高效流水线。指令在流水线中并行操作,提高处理数据和指令的速度。

(3) 无微代码控制。RISC 指令都用硬件逻辑电路实现,而不采用微代码实现方式,因为微代码的使用会增加每条指令的执行周期。

(4) 指令格式的规格化和简单化。为了提高流水线的执行效率,指令格式必须趋于简单和采用固定的规式。例如,指令采用 16 位或 32 位的固定长度,并且指令中的操作码字段、操作数字段都尽可能具有统一的格式。此外,尽量减少寻址方式,从而使硬件逻辑电路简化,并且缩短译码时间,同时也提高了机器执行效率和可靠性。

(5) 采用面向寄存器堆的指令。RISC 结构采用大量的通用寄存器和寄存器操作指令,除 Load/Store(载入/存储)指令外,所有其他指令只与寄存器打交道。这样使指令系统更为精简,控制部件更为简化,指令执行速度大大提高。

(6) 采用 Load/Store 指令结构。在 CISC 结构中,大量的存储器操作指令,频繁地访问内存,会使执行速度降低。RISC 指令系统中,只有 Load/Store 指令可以访问内存,其他指令均在寄存器之间对数据进行处理。

(7) 注重编译的优化。力求有效地支持高级语言程序。

2. CISC 与 RISC 计算机的比较

RISC 和 CISC 是设计制造 CPU 的两种典型技术,虽然它们都是试图在体系结构、操作运行、软件、硬件、编译时间和运行时间等诸多因素中做出某种平衡,以求达到高效的目的,但采用的方法不同,因此,在很多方面差异很大,它们之间的主要差异如下。

(1) 指令系统。RISC 设计者将主要精力放在那些经常使用的指令上,尽量使它们具有简单高效的特色。对不常用的功能,常通过组合指令来完成。因此,在 RISC 实现特殊功能时,运算效率较低。CISC 的指令比较丰富,有专用指令来完成特定的功能,因此处理特殊任务时效率较高。

(2) 内存操作。RISC 简化了指令控制功能,对内存操作有限制;而 CISC 的内存操作指令较多,操作直接。

(3) 程序特征。RISC 汇编语言程序需要较大的内存空间,实现特殊功能时程序复杂,不易设计;而 CISC 汇编语言程序编程相对简单,程序运行效率较高。

(4) 中断。RISC 指令较短(1 个时钟周期),因此可以随时响应中断;而 CISC 必须在一条指令执行结束后,才能响应中断,所以中断响应时间较长。

(5) CPU 功耗。RISC 设计的 CPU 单元电路较少,因而面积小、功耗低;而 CISC 设计的 CPU 有丰富的电路单元,因而功能强、面积大、功耗大。

(6) 设计周期。RISC 处理器结构简单,设计周期短,易于采用最新技术;而 CISC 处理器结构复杂,设计周期长。

(7) 应用范围。RISC 指令系统与特定的应用领域有关,因此适合于专用计算机,例如智能手机和平板计算机;而 CISC 指令系统更适合于通用计算机,例如台式计算机均采用 CISC 指令系统。

技术上一直存在 CISC 与 RISC 谁更优秀的争论。实际上目前双方都在融合对方的优点,克服自身的缺陷。如 CISC 采用微指令技术保证指令格式的一致,并采用了 RISC 指令流水线技术;同样,RISC 指令集也越来越庞大,越来越不精简。从系统设计的角度看,既要高性能又要低功耗,就像"又要马儿跑,又要马儿不吃草"一样难。

4.2 CPU 组成

4.2.1 CPU 基本组成

CPU(中央处理单元)也称为微处理器(Microprocessor)或处理器(Processor),它是计算机的核心部件。CPU 性能的高低直接反映了计算机的基本性能。

1. CPU 基本部件

大部分 CPU 采用 FC-PGA 或 LGA 封装形式。FC-PGA 封装是将 CPU 内核封装在基板上,这样可以缩短连线,并有利于散热。LGA 封装采用无针脚触点封装形式。如图 4-5 所示,CPU 由基板、针脚或无针脚触点、导热材料等部件组成。

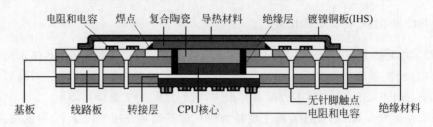

图 4-5　Intel Core CPU 基本组成剖面图

(1) 外壳(IHS)。CPU 金属外壳采用镀镍铜板,它的作用是保护 CPU 内核不受外力的损坏。外壳表面非常平整光滑,这有利于与 CPU 散热片的良好接触。

(2) 导热材料(TIM)。在金属外壳内部与复合陶瓷之间,填充了一层导热材料。导热材料一般采用导热膏,它具有良好的绝缘性和极佳的导热性能。它的功能是将 CPU 内核发出的热量传导到金属外壳上。

(3) CPU 核心(Die)。CPU 核心也叫 CPU 内核,是一个薄薄的硅晶片,尺寸一般为 12mm×12mm×1mm 左右。CPU 内核中有多个(2/4/6/8 个)内核,8 内核的 Intel Xeon CPU 集成的晶体管数达到了 24 亿个。

(4) 转接层。CPU 内核与基板之间有一个转接层,它的作用有三个:一是将细小的 CPU 内核信号线转接到 CPU 针脚上;二是保护脆弱的 CPU 内核不受损伤;三是将 CPU 内核固定在基板上。转接层采用复合材料制造,有良好的绝缘性能和导热性能。在转接层上,采用光刻电路与 CPU 内核的电路直接相连。在转接层下面,采用焊点与基板上的线路相连。

(5) 基板。金属封装壳周围是 CPU 基板。基板的功能:一是连接转接层与 CPU 针脚;二是设计一些电路,防止 CPU 内核的高频信号对主板产生干扰。

(6) 电阻和电容。基板底部中间的电阻和电容,主要用于消除 CPU 对外部电路的干扰,以及与主板电路进行阻抗匹配。

(7) 针脚。基板下面的镀金无针脚触点,是 CPU 与外部电路连接的通道。

2. CPU 内核组成

Core i7 系列 CPU 内核如图 4-6 所示,Core i7 CPU 一共有 4 个物理内核,内核面积为 $18.9mm×13mm≈246mm^2$。每个 CPU 内核可以同时支持 2 个线程运行。每个内核都具有单独的 L1 与 L2 级高速缓存,同时 4 个内核使用共享的 L3 级高速缓存。在 Core i7 CPU 内部首次引入了 IMC(集成内存控制器)和 QPI(快速路径互连)总线。

Core i7 CPU 内核分为核心(Core)与非核心(UnCore)两大部分。核心部分包括 CPU 执行流水线和 L1、L2 级高速缓存。非核心部分为 L3 级高速缓存(Cache)、集成内存控制器(IMC)、快速路径互连总线(QPI),以及功耗与时钟控制单元等。

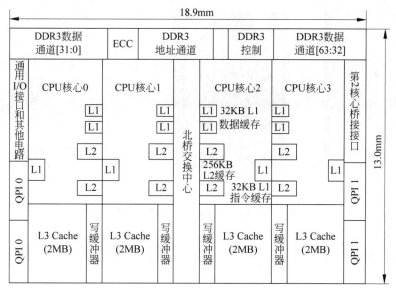

图 4-6　Core i7 系列 CPU 内核示意图

3. CPU 接口形式

CPU 是一个独立的产品，它需要通过接口与主板连接后才能工作。CPU 接口经过多年的发展，采用的插座形式有 DIP（双列直插）插座、Socket 零插拔力插座、LGA（触点阵列封装）无针脚插座、BGA（球栅阵列封装）表面贴装等形式。不同类型的 CPU 接口，它们的插孔数量和形状都不相同，工作电压也不相同，不能互相混用，因此插座一般采用防呆设计。

从 80486 开始，CPU 开始使用一种 Socket 的 ZIF（零插拔力）插座，它通过插座旁边杠杆的开合，可以将 CPU 很轻松地放入插座中，然后将压杆压回原处，利用插座本身结构产生的挤压力，将 CPU 的引脚与插座牢牢地接触，以消除 CPU 引脚与主板插座接触不良的问题。拆卸 CPU 时，只需要将压杆轻轻抬起，则压力解除，CPU 即可轻松取出，Socket 插座即使多次使用也不会造成磨损。Socket 插座大多根据 CPU 引脚的多少进行编号，如 Intel 公司使用的 Socket 1155、Socket 1156、Socket 1366 等 CPU 插座；AMD 公司使用的 AM2（Socket 940）、AM3（Socket 938）、AM4（Socket 1331）等插座。

Intel 公司 LGA 封装的 CPU 插座没有针脚，只有一排排整齐排列的金属圆点，因此 CPU 不能利用针脚进行固定，而需要一个安装扣架固定，使 CPU 可以正确压在 LGA 插座上的弹性触须上。LGA 封装原理与 BGA 相同，只不过 BGA 是用锡焊在主板上，而 LGA 插座可以随时解开扣架，更换芯片，如图 4-7 所示。

AMD 公司的 CPU 产品采用了短针脚设计，Intel 公司则取消了 CPU 针脚。因为针脚有一定的电容性，会产生噪声干扰，加上针脚形同天线，非常容易接收干扰。而且针脚越长，噪声信号越大。虽然减短针脚可以降低噪声，但针脚太短又可能出现接触不良，而且增加了生产成本。LGA 无针脚封装技术虽然成本较高，但能解决干扰问题。

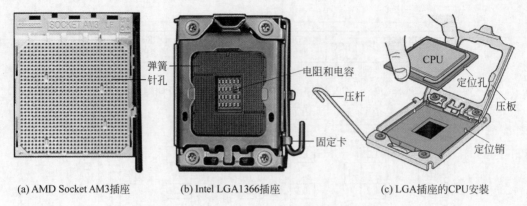

(a) AMD Socket AM3插座   (b) Intel LGA1366插座   (c) LGA插座的CPU安装

图 4-7 主板上的 CPU 插座形式与安装方法

4.2.2 CPU 制程工艺

1. 门电路与集成电路

能实现基本逻辑运算功能的电路称为逻辑门电路(简称门电路)。门电路的功能可以由半导体元件实现。集成电路中的核心器件是 MOS(金属-氧化物-半导体)晶体管,这些MOS 晶体管通过内部电路互连在一起,并且制作在一小块半导体硅晶片上,然后封装成一个芯片,成为一个具有强大逻辑功能的微型集成电路芯片。

1965 年,戈登·摩尔(Gordon Moore)指出:集成电路中晶体管的数量将在 18 个月内增加一倍,这个规律被称为摩尔定律。摩尔定律成功地预测了 IT 产业的超高速发展。

2. MOS 晶体管工作原理

1) MOS 晶体管结构

如图 4-8 所示,每个 MOS 晶体管有三个接口端:源极(Source)、栅极(Gate)、漏极(Drain),由栅极控制漏极与源极之间的电流流动。MOS 晶体管隔离层采用二氧化硅(SiO_2)作为绝缘体材料,它的作用是保证栅极与 P 型硅衬底之间的绝缘,阻止栅极电流的产生。栅极往往采用多晶硅材料,它起着控制开关的作用,使MOS 晶体管在"开"和"关"两种状态中进行切换。源极 S 和漏极 D 往往采用 N 型高浓度掺杂半导体材料。CPU 中的 MOS 晶体管采用 P 型硅作为衬底材料。

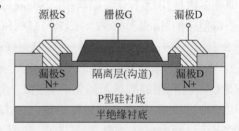

图 4-8 MOS 晶体管结构

2) MOS 晶体管的导通状态

如图 4-9 所示,在栅极 G 施加相对于源极 S 的正电压 V_{GS} 时,栅极会感应出负电荷。当电子积累到一定程度时,源极 S 的电子就会经过沟道区到达漏极 D 区域,形成由源极流向漏极的电流。这时 MOS 晶体管处于导通状态(相当于电子开关"打开"),将这种状态定义为逻辑"1"。

3) MOS 晶体管的截止状态

如图 4-10 所示，如果改变漏极 D 与源极 S 之间的电压，当 $V_{DS} = V_{GS}$ 时，MOS 晶体管处于饱和状态，电流无法从源极 S 流向漏极 D，MOS 晶体管处于"截止"状态（相当于电子开关"关闭"），将这种状态定义为逻辑"0"。

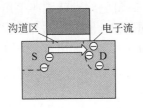

图 4-9　MOS 晶体管导通状态

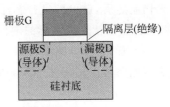

图 4-10　MOS 晶体管截止状态

3. 芯片逻辑电路设计

IC（集成电路）设计生产流程中，首先由专业 IC 公司进行规划和设计，如 Intel、AMD、ARM、高通、联发科、海思、展讯、中兴微等大企业，它们都能够自行设计各自的 IC 芯片，提供不同规格和性能的芯片给下游厂商选用。IC 芯片的设计非常仰赖 IC 工程师的技术，工程师的素质影响着一个企业的价值。IC 芯片的设计流程如图 4-11 所示。

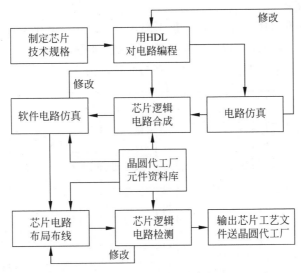

图 4-11　IC 芯片的设计流程

1) 制定设计目标

IC 芯片设计中，最重要的步骤就是制定芯片技术规格。确定好芯片功能后再进行设计，这样才不会再花额外的时间进行后续修改。制定技术规格的第一步是确定 IC 设计目的，如芯片主要功能是用于通用计算（如通用 CPU）？或用于专用计算（如 GPU）？或是嵌入式计算（如低功耗手机）？第二步是检查需要遵守哪些协议和规范，如 CPU 设计需要遵守规定的指令集，无线网卡芯片需要遵守 IEEE 802.11 等规范等。不遵守设计规范的芯片将无法与市场中的产品兼容，它们无法与其他设备互连。第三步是回避知识产权壁垒。在 IC 芯片设计中，有太多的专利壁垒被 Intel、IBM、ARM 等大公司控制，因此芯片设计工程师必须避开专利壁垒,研究自主创新的设计方案。第四步是将 IC 芯片划分成不同的功能单元,并确定不同功能单元之间的连接方法(接口),这样做的目的是降低 IC 芯片的设计和测试难度,也便于芯片今后的升级发展。

2) 设计逻辑电路

技术规格制定后,就可以进行芯片细节设计了。芯片逻辑电路设计主要采用硬件描述语言(HDL)编程,也就是将实际的硬件电路功能通过 HDL 描述出来,形成 RTL(寄存器传输级)代码。常用的逻辑电路编程语言有 VerilogHDL、VHDL 等。如图 4-12 所示,一颗 IC 芯片的加法器电路可以用程序代码简单地进行表达。

```verilog
module adder(x, y, carry, out);
input [31:0] x, y;
output reg carry;
output reg [31:0] out;
always@( * ) begin
    { carry, out[31:0] } = x + y;
end
endmodule
```

图 4-12　32 位加法器的 VerilogHDL 程序片段

3) 生成逻辑电路

将设计好的 VerilogHDL 或 VHDL 程序调入电子设计自动化工具软件(如 QuartusⅡ、PSPICE 等),让计算机将 HDL 程序转换成逻辑电路,如图 4-13 所示。然后反复检查确定逻辑电路设计图是否符合规格,并不断修改到功能正确为止。

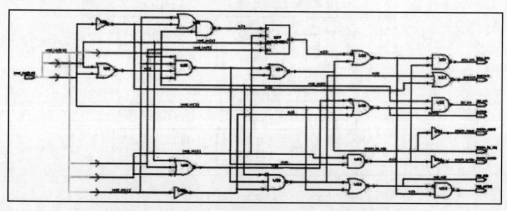

图 4-13　电子设计自动化软件(EDA)生成的逻辑电路图

4) 生成光刻掩模图

将以上工具软件生成的程序代码再调入另一套电子设计自动化工具软件(如 Cadence Spectra、Gate Ensemble 等),工具软件会自动进行电路布局和生成光刻掩模图(后续的芯片制程工艺需要使用)。生成的光刻掩模图如图 4-14 所示。

5) 制作掩模

在集成电路芯片制造中,一个芯片由多层堆叠工艺制造而成,而每一层的逻辑电路也不能一次制作完成,需要经过多次掩模和光刻工艺,因此一颗芯片需要很多张掩模。这些掩模

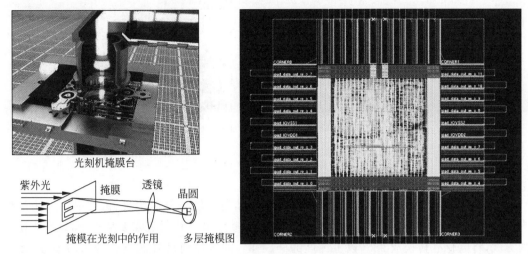

图 4-14　工具软件生成的芯片电路光刻掩模图

有不同的层次，每层都有各自的逻辑电路，不能混用。图 4-15 所示是一个简单的 CMOS 电路（CMOS 电路由 NMOS 晶体管和 PMOS 晶体管结合而成）掩模图。芯片制作过程是由下层电路开始，依次逐层向上层电路制作，最后产生期望的芯片。

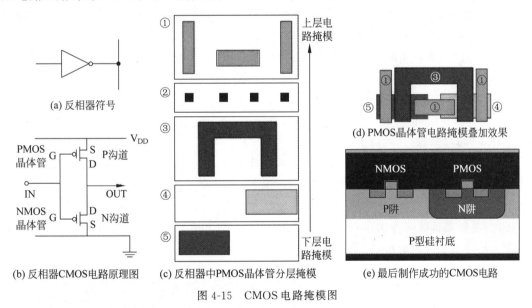

图 4-15　CMOS 电路掩模图

至此，对于 IC 芯片的设计应该有初步的了解。整体来看，IC 设计是非常复杂的，每个步骤都有非常专业的知识，都可以独立成多门专业课程。

4. 生产晶圆材料

晶圆是制造集成电路芯片最基础的材料。晶圆采用由石英石提炼出的单晶硅材料，单晶硅有特殊的晶体结构，它的硅原子一个接一个紧密排列在一起，可以形成一个平整的原子表层，如图 4-16 所示。采用单晶硅做成晶圆，可以满足 IC 芯片的需求。

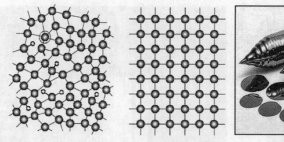

(a) 单晶硅(石英石)原子结构　　(b) 单晶硅原子结构　　　(c) 单晶硅柱和晶圆

图 4-16　单晶硅

（1）纯化。生产单晶硅分为纯化和拉晶两个步骤。纯化分两步进行，其中第一步是将多晶硅原材料(石英石或石英砂)进行冶金级纯化，多晶硅冶炼过程需要加入碳，以氧化还原的方式，将氧化硅转换成 98% 以上纯度的硅。98% 的纯度对芯片制造来说依旧不够，多晶硅中的微量杂质会影响其导电性，因此需要进一步提纯，以获得高纯度的多晶硅。

（2）拉晶。将获得的高纯度多晶硅融化，形成液态硅，然后以单晶的硅种(Seed)与融化的多晶硅液体表面接触，一边旋转一边缓慢向上拉起。为什么需要单晶的硅种呢？因为硅原子排列就像人们排队一样，需要排在前面的人让后来的人知道如何正确地排队。而硅种便是重要的排头兵，它让后来的硅原子知道如何排队。最后，待离开液面的硅原子冷却凝固后，原子排列整齐的单晶硅柱便完成了。

（3）切割晶圆。单晶硅柱无法做成芯片的基板，为了产生一片一片的硅晶圆，接下来需要用钻石刀将硅晶柱横向切成圆片，圆片经过抛光就成为了芯片制造所需的晶圆。

5. 芯片制程工艺

1）IC 芯片结构

IC 芯片是将设计好的电路，一层一层以堆叠的方式组合起来，这样可以减少连接电路时所耗费的面积。图 4-17 为芯片电路的 3D 图形，可以看出芯片的结构就像房子的梁和柱，一层一层堆叠。IC 芯片采用多层堆叠，一是因为有太多的 CMOS 晶体管(如 CPU 中有 10 多亿个)需要通过线路连接在一起，在单层中无法容纳下所有线路；二是 IC 芯片的多层堆叠大大提高了芯片集成度，提高了芯片性能，降低了芯片成本。

(a) 集成电路芯片的3D示意图

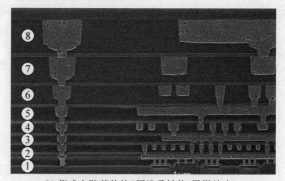

(b) 集成电路芯片的8层堆叠结构(显微放大)

图 4-17　IC 芯片结构

2) 芯片制程工艺

如图 4-18 所示,芯片制程工艺可以简单地分为以下循环步骤:金属溅镀→涂光阻胶→掩模曝光→显影清洗→刻蚀硅片→离子注入→清除光阻胶。

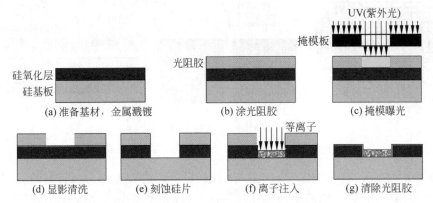

图 4-18　集成电路芯片制程工艺过程示意图

步骤 1:金属溅镀是在晶圆基板上溅镀一层硅氧化绝缘层。

步骤 2:涂光阻胶是将光阻材料涂覆在晶圆片上。

步骤 3:掩模曝光是用紫外光通过掩模将光束打在晶圆片上,破坏光阻胶材料结构。

步骤 4:显影清洗是用化学药剂清除掩模照射部分的光阻胶。

步骤 5:刻蚀硅片是用化学药剂刻蚀掩模暴露部分,形成芯片电路结构。

步骤 6:离子注入是在半导体中注入相应的杂质原子(如注入硼、磷、砷等),用于改变硅片电路的电导率和形成 MOS 晶体管。

步骤 7:用化学药剂清除光阻胶涂层。

这样就完成了一次基本工艺流程。

不断循环执行步骤 1～步骤 7,直到一层电路完成后,再循环进行其他各层电路的制程工艺,最后到芯片的所有电路完成。以上仅仅说明了一个 CMOS 电路的制程工艺过程,一个 CPU 有数亿个 CMOS 电路,因此芯片制程工艺是一个精密和烦琐的过程。

6. 芯片的经典封装

经过漫长的工艺流程,在晶圆上获得了很多颗芯片的内核,如图 4-19 所示。然而高精度的芯片内核很小而且很薄(0.8mm～1mm),很容易被刮伤损坏。此外,芯片内核尺寸太小,不便于接出引脚,需要用一个较大尺寸的外壳,将芯片内核封装起来。

芯片的封装技术已经历了好几代的变迁,从 DIP、QFP、PGA、BGA 到 CSP 再到 MCM,技术指标一代比一代先进,包括芯片面积与封装面积之比越来越接近于 1,适用频率越来越高,耐温性能越来越好;引脚数增多,引脚间距减小,重量减小,可靠性提高,使用更加方便等。封装对 CPU 和其他集成电路都起着重要的作用,新一代 CPU 的出现常常伴随着新的封装形式的使用。

7. 芯片 SoC 和 SiP 芯片封装

目前智能手机、穿戴式计算机都需要多种芯片元件,如果各个芯片都独立封装,组合起

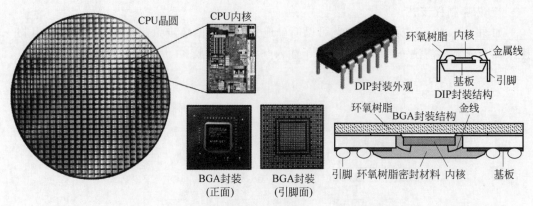

图 4-19　晶圆中的 CPU 内核和芯片经典封装结构

来将耗费很大的空间,这不符合电子产品"短、小、轻、薄"的设计理念。目前的 SoC(片上系统)和 SiP(系统级封装)可以将多种芯片封装在一起,大大缩小芯片体积。SoC 和 SiP 都是将不同功能的 IC 芯片整合在一颗芯片中。这不但可以缩小芯片体积,还可以缩小不同芯片之间的连接距离,提升芯片的运行速度。

1) SoC 芯片

SoC 一般在芯片设计时,就将各个不同功能的 IC 放在一起,再通过前面介绍的设计流程,将各种芯片整合在一起进行设计和制造。SoC 技术存在以下缺点:一是设计 SoC 芯片需要相当多的技术配合,这增加了芯片工程师的设计难度;二是所有 IC 芯片整合在一起时,会发生芯片之间的相互干扰;三是 SoC 设计需要获得其他厂商的 IP(知识产权)授权,才能将别人设计好的元件电路放到 SoC 芯片中。因为制作 SoC 芯片需要获得整颗 IC 的设计细节,才能做成完整的掩模,这大大增加了 SoC 芯片的成本,况且其他公司出于商业保密的目的,也不一定会进行芯片 IP 授权。

2) SiP 芯片

与 SoC 设计不同,SiP 是购买各家的 IC 芯片,最后将所有 IC 一次封装在一个芯片中。这样就不需要进行 IP 授权了,这大幅减少了设计成本。此外,芯片内部是各自独立的 IC,彼此之间的干扰大幅下降。SiP 封装结构如图 4-20 所示。

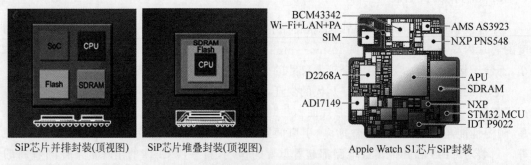

图 4-20　SiP 封装结构

采用 SiP 技术最典型的的代表是苹果智能手表 Watch,因为 Watch 内部空间太小,无法采用传统封装技术,如果采用 SoC 设计成本又太高,因此 SiP 封装就成了首要之选。SiP

技术不仅可缩小芯片体积,还可拉近各个 IC 之间的距离,成为可行的折中方案。如图 4-20 所示,在 Apple Watch S1 芯片结构图中,可以看到相当多的 IC 芯片包含其中。

8. 集成电路芯片的制程线宽

如图 4-21 示,沟道长度是源极 S 与漏极 D 之间的距离。MOS 晶体管的沟道长度越小,晶体管的工作频率越高。当然,改变栅极隔离层材料(如采用高 k 值氧化物)和提高沟道电荷迁移率(如采用低 k 值硅衬底材料),都可以提高 MOS 晶体管工作频率。提高 MOS 晶体管"栅-源"电压也可以提高工作频率,这是一些 CPU 超频爱好者经常采用的方法。

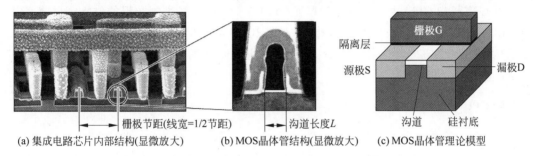

图 4-21 集成电路中 MOS 晶体管的沟道长度和栅极节距

如图 4-21 所示,栅极节距是集成电路内第一层两个平行栅极之间的距离,半节距为节距的一半。集成电路工艺通常所指的"制程线宽"(简称为线宽)是指栅极半节距。如 22nm 线宽的 CPU,栅极节距为 44nm,半节距(线宽)为 22nm。

制程线宽越小,集成电路芯片可以在同样的面积里集成更多的晶体管。2012 年,英特尔公司采用 22nm 工艺制造的 CPU 测试芯片,集成了 290 亿个 MOS 晶体管。每当芯片上可以集成更多的晶体管时,CPU 设计师总是利用它们来加快实现流水线的运算速度和设计更多的 CPU 内核,而内存设计师则利用更多的晶体管来提高芯片的存储容量。内存工程师完全可以设计出与 CPU 一样快的内存,之所以没有这样做,主要是出于经济上的考虑。

4.2.3 CPU 技术参数

CPU 始终围绕着速度与兼容两个目标进行设计。CPU 技术指标很多,如系统结构、指令系统、内核数量、工作频率、制程线宽等主要参数。

1. 多核 CPU

多核 CPU 是在一个 CPU 芯片内部,集成多个 CPU 处理内核。多核 CPU 具有更强大的运算能力,但是增加了 CPU 发热功耗。目前 CPU 产品中,4~8 核 CPU 占据了市场主流地位。Intel 公司表示,理论上 CPU 可以扩展到 1000 核。多核 CPU 使计算机设计变得更加复杂。运行在不同内核的程序为了互相访问、相互协作,需要进行独特设计,如高效进程之间的通信机制,共享内存数据结构等。程序代码迁移也是问题。多核 CPU 需要软件支持,只有基于线程化设计的程序,多核 CPU 才能发挥应有性能。

2. CPU 工作频率

提高 CPU 工作频率可以提高 CPU 的性能。目前大部分 CPU 最高工作频率在 4.0GHz 以下,继续提高 CPU 工作频率受到了产品发热的限制。由于 CPU 在半导体硅片上制造,硅片上元件之间需要导线进行连接,在高频状态下要求导线越细越短越好(制程线宽小),这样才能减小导线分布电容等杂散信号干扰,以保证 CPU 运算正确。

3. CPU 字长

CPU 字长指 CPU 内部算术逻辑单元(ALU)一次处理二进制数据的位数。目前 CPU 的 ALU 有 32 位和 64 位两种类型,x86 系列 CPU 字长为 64 位,大多数平板计算机和智能手机 CPU 字长为 32 或 64 位。由于 x86 系列 CPU 向下兼容,因此 16 位、32 位的软件,可以运行在 64 位 CPU 中。

4. CPU 制程线宽

制程线宽指集成电路芯片两个相邻晶体管之间距离(节距)的一半(制程线宽=1/2 节距),以 nm(纳米)为单位。制程线宽越小,集成电路生产工艺越先进;同一面积下晶体管数量越多,芯片功耗和发热量越小。目前 CPU 生产工艺达到了 7nm 制程线宽。

5. CPU 高速缓存

高速缓存(Cache)是采用 SRAM 结构的内部存储单元。它利用数据存储的局部性原理,极大地改善了 CPU 性能,目前 CPU 的 Cache 容量为 1~10MB,甚至更高。Cache 结构也从一级发展到三级(L1 Cache~L3 Cache)。

4.2.4　CPU 设计技术

1. 流水线技术

1) 流水线的基本设计方法

流水线的设计思想是:将一条指令的执行过程分解成为若干个子过程,每个子过程都可以在专门设计的功能段上与其他子过程同时执行。每个子过程称为流水线的"级"或"段"。"级"的数量称为流水线的"深度"。各个功能段所需的时间应尽量相等,否则,时间长的功能段将成为流水线的瓶颈,造成流水线的"堵塞",功能段的时间一般为一个时钟周期。

在 CPU 中,一条指令的执行过程可以分解为:取指令(IF)→指令译码(DEC)→取操作数(MEM)→执行(EXE)→写回(WB)。当指令获取单元读取了第 1 条指令后,马上进行第 2 条指令的获取操作,并不需要等待指令执行完成后再进行。CPU 的译码、执行等单元也是这样,这就形成了一条流水线作业系统。虽然流水线使指令的执行周期延长了,但能使 CPU 在每个时钟周期都有指令输出。流水线的不同结构如图 4-22 所示。早期在 Pentium CPU 内部设计过多条流水线(见图 4-22(e)),但由于制造复杂,目前很少采用这种设计方案。目前大部分 CPU 设计方案是采用 1 条流水线,但是设计为细分的流水线(见图 4-22(d))或多发射流水线(见图 4-22(f))。

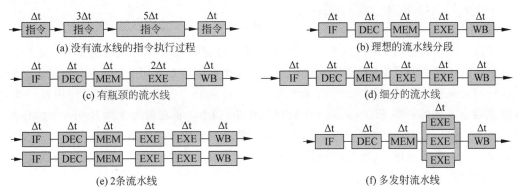

图 4-22　流水线的不同结构

2）理想的流水线

流水线设计的关键在于时序的合理安排，如果前级的操作时间恰好等于后级的操作时间，设计最为简单，前级的输出直接汇入后级的输入即可。如果前级的操作时间大于后级的操作时间，则需要对前级输出的数据做适当缓存，才能汇入到后级输入端。如果前级的操作时间恰好小于后级的操作时间，则必须通过复制逻辑，将数据流分流，或者对前级数据采用存储后处理的方式，否则会造成后级数据溢出。理想的流水线必须具备以下条件：

（1）所有指令都必须通过相同的流水段顺序流出；

（2）两个流水段之间不共享任何资源；

（3）通过所有流水段的操作和传输延时都相等；

（4）调度一个指令进入流水线后，不会对流水段中其他部件造成影响。

理想的流水线工作过程如图 4-23 所示。

时钟周期	1	2	3	4	5	6	7	8
指令1	IF	DEC	MEM	EXE	WB			
指令2		IF	DEC	MEM	EXE	WB		
指令3			IF	DEC	MEM	EXE	WB	
指令4				IF	DEC	MEM	EXE	WB

IF：取指令
DEC：译码
MEM：取操作数
EXE：执行
WB：写回

指令4的流水线执行流程

图 4-23　理想状态下的 CPU 流水线指令执行流程

流水段的时间是由最慢的流水段来决定的，因此，可以将几个操作合并成一个流水段，也可以将一个操作拆分成几个流水段，而不会影响流水线的性能。

3）流水线中的相关性

相关性是指一条指令的运行依赖于另一条指令的运行。流水线的性能会受到流水线中指令之间相关性的影响。流水线的相关性包括数据相关、资源相关和控制相关。

（1）数据相关。流水线中的一条指令计算产生的结果，可能将在后面的指令中使用，这种情况称为数据相关。

【例 4-2】　某个程序指令队列如下：

A = 100　　　（指令 1）

```
B = 200      (指令 2)
C = A + B     (指令 3)
```

从以上程序可见,指令 1、指令 2 与指令 3 存在数据相关。在极端情况下,一条指令可以决定下一条指令的执行(如转移,中断等)。消除相关性的方法如下:一是保证在 $i+1$ 阶段执行的指令和 $1\sim i$ 阶段执行的指令无关;二是根据前一流水段的反馈来使用暂停指令或终止指令。如图 4-24 所示,在第 5 个时钟周期中,指令 2 正在取操作数 B=200 时,指令 3 同时进入了执行阶段,这时将产生错误的运算结果。因此指令 3 和指令 4 在第 5 个周期中,必须插入一个暂停周期(气泡),以消除数据相关性。暂停周期可以在程序编译时插入空操作指令(NOP)进行处理。

时钟周期(t)	1	2	3	4	5	6	7	8	9	
指令1: 取A	IF	DEC	MEM	EXE	WB					IF: 取指
指令2: 取B		IF	DEC	MEM	EXE	WB				DEC: 译码
指令3: C=A+B			IF	DEC	气泡	MEM	EXE	WB		EXE: 执行
指令4: 保存结果				IF	气泡	DEC	MEM	EXE	WB	MEM: 取操作数
										WB: 写回

图 4-24　程序代码 C＝A＋B 在流水线中执行的时空图

(2) 资源相关。流水线中的一条指令可能需要另一条指令正在使用的资源,这种情况称为资源相关。两条指令使用相同的寄存器或内存单元时,它们之间就会存在资源相关。例如,不能要求一个 ALU 既做地址计算,又做加法操作。

【例 4-3】　某个程序指令队列如下:

```
FOR   A≤100  (指令 1)
A = A + 1      (指令 2)
B = B + A      (指令 3)
END
```

从以上程序可见,指令 2 与指令 3 存在资源相关。消除资源相关的方法有:插入暂停周期(气泡)、重定向技术、设置相互独立的指令 Cache 和数据 Cache 等。

(3) 控制相关。分支指令会引起指令的控制相关性。如果一条指令是否执行依赖于另外一条分支指令,则称它与该分支指令存在控制相关。

【例 4-4】　某个程序指令队列如下:

```
IF p1 {
      s1
   };
```

从以上程序可见,p1 与 s1 存在控制相关。解决控制相关的基本方法是:与控制相关的指令不能移到分支指令之前,与控制无关的指令不能移到分支指令之后。减少或消除控制相关的方法是减少或消除分支指令。

4) 数据冒险

在流水线的实际操作中,不可避免地会出现数据冒险问题。数据冒险是指在流水线中的数据尚未准备好之前,就对它进行访问操作。因此在硬件电路上,可以采用旁路技术消除这一问题。另外流水线在运行中,可能会发生数据多取或漏取的现象,当发生这些异常情况时,需要有专门的异常检测处理电路。

2. 多内核技术

1) 多内核技术概述

现在多核 CPU 已经成为市场主流,多核处理器继承了单处理器的一些成果,如多线程、宽发射指令、低功耗技术等。多核技术的研究在不断深入,如多核结构设计、片上互连技术、热功耗设计、下一代众核技术等。

多核处理器极大地提升了处理器的并行性能。多个内核集成在片内,极大地缩短了内核之间的互连线,内核之间的通信延迟变低,提高了通信效率,数据传输带宽也得到提高。再者,多核结构有效共享资源,功耗也随着器件的减少得到了降低。最后,多核结构简单,易于优化设计,扩展性强。这些优势推动了多核处理器成为主流。

多核的出现让计算机系统设计变得更加复杂。例如,运行在不同内核上的应用程序为了互相访问、相互协作,需要进行一些独特的设计。例如,高效进程之间的通信机制、共享内存的数据结构等。程序代码的迁移也存在问题,大多数软件开发商对单核 CPU 结构的程序设计进行了大量投资,如何使这些代码最大限度地利用多核资源,也是一个急需解决的问题。目前应用程序正在从单核环境向多核系统的迁移过程中。

多核处理器的设计大致有三种类型:总线互连型多核处理器(如 Hydra)、异构型多核处理器(如 Cell)和网络互联型多核处理器(如 Tile)。

2) Hydra 多核处理器

最初多核处理器集成的内核数量较少,典型特点是互连方式是以总线和交换开关为主,而每个内核结构相似。这种设计可以看作是一个主板上多处理器的集成。斯坦福大学的 Hydra 处理器是最早提出的片上多核处理器(1996 年)。现在 Intel 公司的多核处理器也采用了和 Hydra 类似的结构。Hydra 处理器是将多个处理器内核集成在一个芯片上,互连方式是最简单的总线互连,每个内核通过总线广播的方式发送信息,每个内核也通过总线侦听来接收来自其他内核的消息。这种方法设计简单、有效。图 4-25 是 Hydra 处理器示意图,可以看到这其实就是一个集成在片上的总线带动的多个内核。这种结构在不同的阶段也有不同的变体,最初只有处理器内核、总线和缓存集成在芯片;后来高速缓存、内存控制器、I/O 控制器也集成到了芯片里。芯片内与芯片外的连接也不一定是处理器与存储器的接口,而可以成为两个或多个多核处理器的接口。目前 Intel、AMD 公司的 CPU 都采用这种设计方案。

这种结构的缺点是总线或者交换开关容易成为系统瓶颈,这个瓶颈体现在系统性能和功耗两个方面。从系统性能上来看,总线或者交换开关仍旧采用金属互连线,它们的性能并不能随着半导体技术进步而提高。这种互连要求所有的通信都汇聚到同一个地方然后又再传播出去,其效率之低可想而知。从延迟上讲,电信号需要给金属线充电,电阻和电容会很大,充电时间很长,因此信号延迟很大。从数据吞吐率来看,所有信号都要通过总线或者交换开关,其带宽无法适应处理器内核数量的增长。功耗问题也同样不容乐观,随着多个内核的增加,芯片内部的功率也在不断增加,由此引起的芯片发热问题非常棘手。

3) Cell 多核处理器

多核处理器设计有一个令人困惑的问题:设计中用少数几个性能强大的单核,还是用

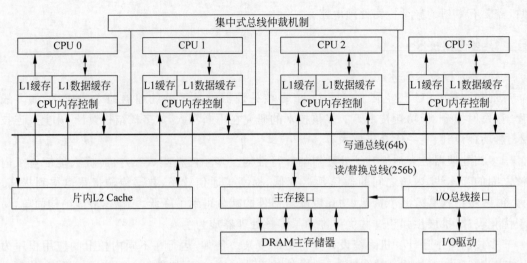

图 4-25　Hydra 总线互连型多核处理器结构

很多个简单的单核呢？如果每个 CPU 内核性能都很强大，那么 CPU 的面积和功耗就会线性提高；如果每个内核都很简单，那么单线程的性能就会很低。问题的简单答案是取决于程序的并行性：如果一个程序大部分都是串行执行，那么少数几个性能强大的单核是理想的设计方案；如果程序串行执行部分很少，程序并行执行部分很多，那么倾向于使用更多较简单的内核（如 GPU）。因此理想的方案是设计一个异构多核的 CPU，这样程序串行部分能使用性能强大的单核处理，而程序并行部分则通过很多很小的内核来提速。

2011 年 Intel 公司推出的 Sandy Bridge 8 内核处理器（Core i5/i7）的内部就采用了异构设计和环形总线，CPU 中既有性能强大的处理器内核，又有类似 GPU 的处理器。处理器中的图形处理单元（GPU）与内存控制器（MC）是独立的内核，它们与其他 8 个 Sandy Bridge内核都通过环形总线进行连接。其中，8 个处理器内核的工作频率为 3GHz，一个 GPU 内核的工作频率为 1.4GHz，处理器的热功率为 85W。

2001 年，IBM 与 SONY、Toshiba 合作，开发了一种全新的微处理器结构 Cell 处理器。如图 4-26 所示，Cell 处理器包含 9 个内核、一个存储器控制器和一个 I/O 控制器，这些处理单元通过一个环形网络互联，环网带宽达到了 200GB/s。内核之间的通信和访问外部端口均通过内部环网总线进行，为了便于内核之间的通信，整个 Cell 内部采用统一编址。这 9个内核由一个 POWER 通用处理器（PPE）和 8 个协处理器（SPE）组成。PPE 是一个有二级缓存结构的 64 位 POWER 处理核心。SPE 是一个使用本地存储器的 32 位微处理器，它没有采用缓存结构。PPE 与 SPE 除了在结构上不同外，它们的功能也有差别：PPE 主要功能是负责运行基本程序和协调 SPE 之间任务的运行；SPE 则结构较简单，只用来做浮点运算。

Cell 是一种典型的异构多核结构处理器，不幸的是这个处理器太难编程了。每个 SPE协处理器有一个私有的局部存储器（256KB），这个私有存储器几乎完全需要程序员进行手动调度，如果要协调好 PPE 与 SPE 的工作，对普通程序员来说，很难理解如此繁杂的体系结构。这样的后果就是处理器理论性能很高，但是实际程序优化起来并不容易，没有多少程序员愿意在上面做开发。

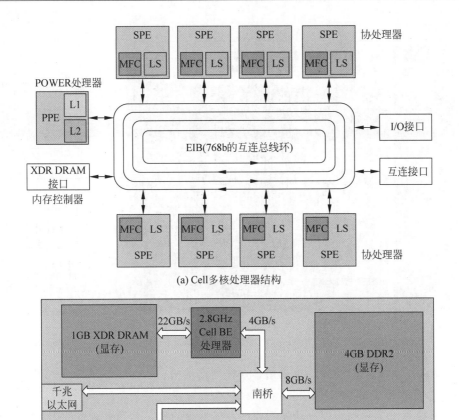

(a) Cell多核处理器结构

(b) Cell处理器在显卡中的应用

图 4-26　Cell 多核处理器

4）Tile 众核处理器

2004 年,麻省理工学院(MIT)阿南特·阿加瓦尔(Anant Agarwal)教授推出了一款 Tile 多核处理器。2013 年,众核处理器厂商 Tilera 发布了 Tile-Gx8072 产品,如图 4-27 所示。Gx8072 处理器的每个核心都是 3 发射 64 位架构,每个内核有 32KB 一级指令缓存、32KB 一级数据缓存,芯片总计一级缓存为 4.5((32＋32)×72÷1024)MB;每个内核具有 256KB 二级缓存,整个芯片的二级缓存为 18(256×72÷1024)MB;所有 72 个内核共享 18MB 三级缓存。内存接口有 4 个 72 位 DDR3 控制器,支持 ECC(错误校验)和高级请求记录,最高频率 1.8GHz,支持内存最大容量为 1TB,内存带宽超过 60GB/s。6 个 PCI-E 2.0 控制器,24 条通道,最高带宽为 96Gb/s。8 个 10G 以太网端口,可配置为 32 个 1000M 以太网端口。

Tile 处理器结构主要由多个 Tile 单元和片上网络构成,片上的每个 Tile 单元是一个完整的计算核心,负责处理各种运算,它包含了处理器、浮点运算单元、指令和数据缓存、静态和动态路由结构。片上网络由可编程的、高度集成的互连结构构成。互连结构中的同步网络端口让 Tile 的通信延迟很小,性能接近于寄存器的访问存取。Tile 单元还能通过片上网络和芯片边缘的逻辑通道,高速简单地连接到外部存储器资源和各种 I/O 设备,可直接执行存储器存取。由于 Tile 处理器结构简单,功耗小,可扩展,而且片上网络通信效率高,因此 Tile 结构被认为是片上网络多核结构的典型代表。2017 年,Intel 公司推出的 Intel Xeon

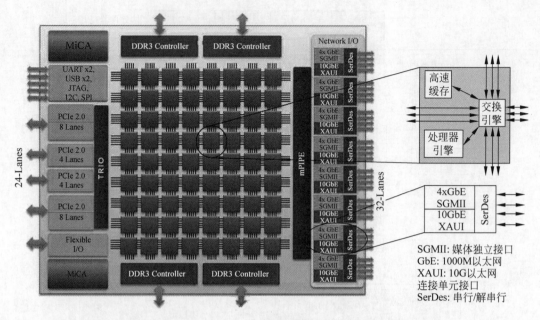

图 4-27 Tile-Gx8072 众核通用处理器(64 位 72 内核)

Platinum 8180(铂金)28 核 CPU 也采用了众核网格结构。

5) 多核处理器发展趋势

束缚多核技术发展的原因有功耗和程序并行性等问题。多核处理器的内核结构不能过于复杂,随着内核数量的增多,往往会带来线路延迟增加和功耗变大等问题。

异构多核是一个重要的方向。研究表明,将结构、功能、功耗、运算性能各不相同的多个内核集成在异构芯片上,并通过任务分配算法将不同任务分配给不同的内核,让每个内核处理自己擅长的任务,这种异构方式比同构多核处理器执行任务更有效率,实现了资源的最佳化配置,而且降低了整体功耗。

将 FPGA(现场可编程门阵列)等可重构技术应用到多核处理器中,让多核处理器具备可重构性和可编程性。这种思路大大提高了多核的通用性和运算性能,使多核处理器既有通用微处理器的通用性,又有专用集成电路的高性能等优点。

3. 高速缓存技术

根据存储器局部性原理,可以在内存与 CPU 寄存器之间设置一个高速(与计算单元速度同步)的和容量相对较小的存储器,将一部分马上需要执行的指令或数据,从内存复制到这个存储器中,供 CPU 在一段时间内使用。这个介于内存与 CPU 之间的高速存储器称为 Cache(高速缓冲存储器,来自法语 cacher,原意是隐藏,发音[cash])。CPU 中 Cache 的全部操作由硬件进行控制,对软件和程序员都是透明的。

4. 能耗控制技术

1) CPU 动态功耗与静态功耗

CPU 中的功耗有两种:来自晶体管开关的动态功耗和来自漏电流的静态功耗。动态功耗有电容的充放电过程,MOS 晶体管中 PN 结同时打开时形成的瞬间短路电流等;静态功耗有 MOS 晶体管扩散区和衬底形成的反偏电流,关断晶体管时通过栅极的电流等。MOS 晶体管的漏电流会随温度而变化,所以 CPU 芯片发热时,静态功耗会上升。

在 130nm 制程工艺以前,CPU 的功耗主要是动态功耗,静态功耗所占比例很小。在 90nm 制程工艺以后,由于线宽变小,漏电流问题严重。近几年,静态功耗问题逐渐被重视。Intel 公司发布的 45nm 的 Penryn 微结构 CPU,通过使用高 k 值电介质和金属栅极,来减轻静态功耗。也可以在 CPU 芯片空闲时,降低 CPU 频率和工作电压,来削弱漏电流的影响。但这种方式仍然无法完全解决漏电流引起的问题。尤其在芯片处于空闲时,大量的逻辑单元和复杂的时钟电路仍然需要消耗一定的电能。

2) CPU 节能设计的基本方法

减少 CPU 功耗的理想方案是不同工作模式下采用不同的工作电压,但这会造成 CPU 设计过于复杂。例如,这种方案需要考虑不同电压区域的隔离、开关及电压的恢复、触发器的状态、存储器中数据的恢复等问题。简单的设计方法是:按照高性能高电压、低性能低电压的原则进行设计,即采用多种时钟频率来降低芯片中部分单元的工作频率。

4.3　CPU 流水线结构

4.3.1　CPU 结构

1. 指令执行过程

计算机中所有指令都由 CPU 执行。如图 4-28 所示,一条机器指令的执行过程主要由"取指令""译码""执行""写回"四种基本操作构成。

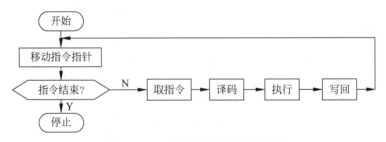

图 4-28　一条机器指令的执行过程

指令执行过程大致如下:指令和数据在执行前,首先要加载到内存或 CPU 内核的高速缓存(L1/L2/L3 Cache)中,这个过程称为缓存。CPU 根据指令指针(PC)寄存器指示的地址,从高速缓存或内存中获取指令;然后对分支指令进行预测工作,这个过程称为取指令(IF)。CPU 取到指令后,需要判断这条指令是什么类型的指令,需要执行什么操作,并负责把取出的指令译码为微操作(μOP)指令,这个过程称为译码(DEC)。指令译码后可以得到操作码和操作数地址,然后根据地址取操作数,接着需要对多条微操作指令分配计算所需要的资源(如寄存器、加法器等),这个过程称为指令控制(ICU)或指令分派。当操作数被取出来以后,计算单元(如 ALU)根据操作码的指示,就可以对操作数进行正确的计算了,指令的计算过程称为执行(EXE)。执行结束后,计算结果被写回到 CPU 内部的寄存器堆中,有时需要将计算结果写回到缓存和内存中,这个过程称为退出(Retire)或写回。到此为止,一条指令的整个执行过程就完成了。

2. Core i7 CPU 系统结构

CPU 系统结构始终围绕速度与兼容两个目标设计。改变 CPU 的系统结构有很多困难,主要是受到兼容性问题的困扰。一个全新的结构虽然有利于提高计算性能,但是简化 CPU 结构必然会造成硬件和软件之间的不兼容现象。另外,新的结构必然导致 CPU 加工工艺的重大改变,这将造成制造成本大幅增加。因此,在 CPU 设计中,往往在保证与以前指令系统兼容的基础上,改进 CPU 的系统结构。这种设计思想导致了 CPU 的结构越来越复杂。

Core i7 CPU 包括了几十个系统单元。从体系结构层次看,CPU 的内部结构主要有缓存单元(Cache)、取指单元(IF)、译码单元(DEC)、控制单元(ICU)、执行单元(EXE)、退出单元(RU)等。

3. Core i7 CPU 指令执行速度

如图 4-29 所示,Core i7 CPU 每个单核有 5 个 64 位整数算术逻辑单元(ALU)和 3 个 128 位的浮点处理单元(FPU)。CPU 中每个内核在最好的情况下,理论上每个时钟周期可以进行以下操作:取指令或数据 128 位/周期;译码 4 条 x86 指令(1 个复杂指令,3 个简单指令)/周期;发送 7 条微指令/周期;重排序和重命名 4 条微指令/周期;发送 6 条微指令到执行单元/周期;执行 5×64 位=320 位整数运算/周期;或执行 3×128 位=384 位浮点运算/周期;完成并退出 4 条微指令(128 位)/周期。CPU 在 3.2GHz 频率下的峰值浮点性能为 51GFLOPS(双精度)或者 102GFLOPS(单精度)。

4.3.2　取指单元

Core i7 CPU 有 4 个物理内核,以下讨论单核下的基本结构和工作原理。

1. TLB 的基本功能

x86 CPU 的寻址方式非常复杂,Pentium 及以后的 CPU 采用虚拟地址寻址,虚拟地址=虚页号+页内偏移量。虚拟地址中的虚页号对应于物理内存中存放的"页表",如图 4-30 所示。页表存放在内存中,页表的数量与内存大小有关。CPU 每次获取数据都需要对内存进行 2 次访问。第 1 次是根据虚拟地址访问内存页表,获得访问数据的实页号;第 2 次是根据虚拟地址中的页内偏移访问数据的物理地址,这种访问模式对 CPU 性能影响很大。

为了减少 CPU 访问内存的次数,CPU 内部设计了 TLB(转换检测缓冲区,或页表缓冲区,或快表)。TLB 是将虚拟内存地址转换成物理内存地址的硬件单元。如图 4-31 所示,ITLB(指令 TLB)是一个专用的指令高速缓存,用于存放近期经常使用的页表项,内容是内存中页表部分内容的副本。这样,CPU 进行地址转换时,可以在 TLB 中直接进行。只有偶尔在 TLB 不命中时,才需要访问内存中的页表。TLB 与 L1、L2、L3 缓存没有本质的区别,只不过 TLB 缓存的是页表数据,而 L1、L2、L3 缓存的是数据和指令。

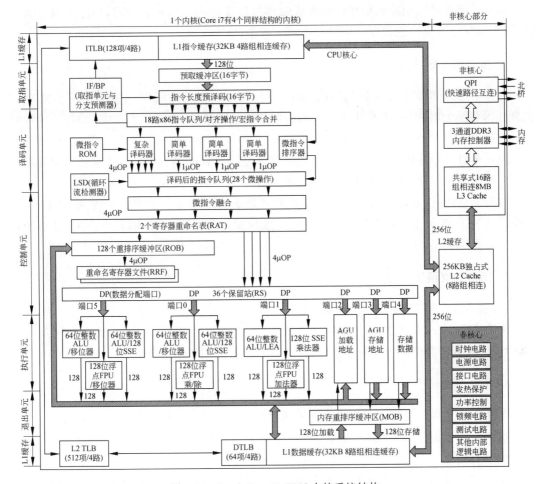

图 4-29　Intel Core i7 CPU 内核系统结构

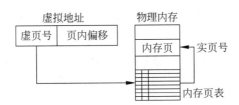

图 4-30　虚拟地址与物理地址的映像

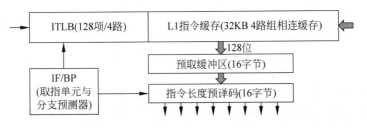

图 4-31　Intel Core i7 CPU 取指令单元结构

每一条记录虚拟地址和物理地址对应关系的记录称为一个页表条目(Entry)或称为一路,同样,在 TLB 里边也缓存了同样大小的页表条目。

2. 指令预取缓冲区

Core i7 处理器在每个时钟周期内,可以从 L1 I-Cache(指令缓存)中取回一个长度为 16 字节(128 位)的指令块。如果指令的平均长度不超过 4 字节,那么 Core i7 平均每个时钟周期可以处理 4 条指令。如果指令的平均长度为 5 字节,那么 Core i7 平均每个时钟周期最多能处理 3 条指令。这样,当指令长度过大时,就无法满足译码器的需求。如果指令预取单元一次能取回 32 字节的代码块,那么译码器就能保证每个时钟周期译码 5 条指令。

需要注意的是,处理器的很多指令长度有可能大于 5 字节。在 SSE 扩展指令集中,一个简单的 SSE 指令可以在 2 个寄存器之间完成数据传输。在 64 位模式中,SSE 指令的长度经常会高达 7~9 字节。

3. 指令长度预译码器

x86 指令的长度是可变的,因此很难确定这些指令的长度。为了使指令长度不影响指令的执行速度,Core i7 处理器在正式译码前,会对指令长度进行预译码。指令长度预译码后,就可以区分出简单指令和复杂指令,并且将它们分派到不同的译码器。

4. 指令分支预测器

在进行分支指令处理时,CPU 需要对执行指令进行预测,以避免出现译码中断。x86 分支指令包括无条件分支(如 CALL 语句)和有条件分支(如 IF 语句)。无条件分支总是改变程序的流程。有条件分支则分为两种情况:当条件成立时,改变程序流程;当条件不成立时,则按原有顺序执行下一条指令。应用程序中约有 10% 的语句是无条件分支,约 10%~20% 的语句是有条件分支。如果 CPU 中没有分支指令预测单元,当遇到 IF-THEN-EISE 这样的语句,就必须等待条件判断成立之后,才能继续执行计算,这会浪费不少时间。

分支指令预测的基本设计思想是:设立一个分支目标缓冲区(BTB),其中存放最近一次运行时分支判断成功的信息(如指令地址、分支目标、指令指针等)。如果当前指令与分支目标缓冲区中某一条指令的地址相同,则确定该指令是分支指令,并预测成功,从分支目标缓冲区直接获得目标指令指针。反之,则顺序取指令。

分支指令预测技术在不改变指令系统的情况下,大幅度提高了 CPU 流水线的计算性能,缺点是实现技术复杂。

4.3.3　译码单元

由于 x86 指令集的指令长度、格式与寻址模式相当复杂,为了简化数据通道的设计,x86 处理器采用了将 x86 指令译码成一个或多个长度相同、格式固定、类似 RISC 指令形式的微指令(Micro-OP 或 μOP)。所以,目前 x86 处理器计算单元真正执行的指令是译码后的微指令,而不是编译后的 x86 指令。

1. 译码单元结构

x86 指令译码单元的设计非常困难,增加译码虽然会大大增强处理器的译码能力,但是译码单元电路复杂,会提高 CPU 内核的复杂度和功耗。如图 4-32 所示,Core i7 处理器的译码单元设计有 4 个译码器,其中有 3 个简单指令译码器和 1 个复杂指令译码器,每个时钟周期可以生成 7 条微指令(μOP)。

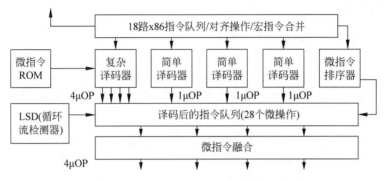

图 4-32　Intel Core i7 CPU 译码单元结构

指令译码分为硬件电路译码和微指令译码。从运算速度上看,硬件电路译码的速度比微指令码译要快,但是硬件译码电路复杂,而且扩展指令时,需要重新设计硬件译码电路。微指令译码速度慢,但是指令扩展容易实现。

2. 简单译码器

简单译码器(SD)可以用来处理对应 1 条微指令的简单 x86 指令,例如所有的 SSE 指令都可以用简单译码器处理,生成一条微指令。在实际应用中,往往采用硬件电路实现简单 x86 指令的译码。

3. 复杂译码器

对于复杂的 x86 指令,往往采用微指令进行译码器设计,复杂译码器(CD)用来处理对应 4 条微指令的复杂 x86 指令。如果遇到非常复杂的指令,还可以借助旁边的微指令 ROM 取得微指令序列。例如,向量指令是一种复杂的 x86 指令,它需要微指令 ROM 和复杂译码器共同完成译码工作。由于应用程序很少使用复杂的 x86 指令,因此复杂指令译码器对 CPU 的整体性能影响不大。

4. 循环流检测器

译码器将 x86 指令译码成微指令后,就将微指令放入译码后的指令队列(微指令缓冲区),这时循环流检测器(LSD)就会对微指令进行循环预测。循环流检测器用于正确预测循环的结束,它记录下每个循环结束前所有的详细分支地址,当下一次同样的循环程序运行时,CPU 内核的 ROB(重排序缓冲区)和 RS(保留站)就可以准确、快速地完成任务。

5. 微指令 ROM

复杂译码器能将 x86 指令译码为 1~4 个微指令长度,而比这还要复杂的指令(如开方指令、15 个字节长度的指令)就需要由微代码 ROM 来处理。微代码控制的基本思想是:将复杂的 x86 指令编制成多条微指令,以简化控制操作;然后由若干微指令组成一段微程序,解释执行一条 x86 指令;微代码编制好后,事先存放在 ROM 控制存储器(CM)中,执行复杂 x86 指令(多于 4 条微指令)译码时,由微指令 ROM 和复杂译码器共同译码。由于微指令译码速度慢于硬件译码,因此对不常使用或复杂的指令才调用微指令译码。

4.3.4　控制单元

1. 指令控制单元基本结构

Core 处理器的指令控制单元(ICU)采用乱序执行技术,如图 4-33 所示,主要部件包括寄存器重命名表(RAT)、重排序缓冲区(ROB)、重命名寄存器文件(RRF)和保留站(RS)等。

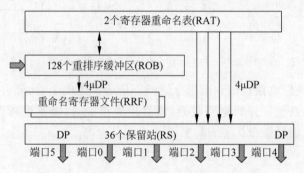

图 4-33　Intel Core i7 CPU 指令控制单元结构

2. 乱序执行技术

乱序执行指 CPU 允许多条指令不按程序规定的顺序,分开发送给各相应电路单元进行处理,然后将处理结果重新排序。

例如,某一程序片段有 5 条指令,这时 CPU 乱序执行引擎将检查这些指令能否提前执行(相关性检查);如果没有指令和数据相关,就根据各单元电路的空闲状态,将能够提前执行的指令立即发送给相应电路执行。各单元乱序执行完指令后,乱序执行引擎再将运算结果重新按原来程序指定的顺序排列。

在按序执行中,一旦遇到指令依赖的情况,流水线就会停滞,如果采用乱序执行,就可以跳到下一个非依赖指令并发布它。这样,执行单元就可以总是处于工作状态,把时间浪费减到最少。采用乱序执行技术的目的是使 CPU 内部电路满负荷运转,提高 CPU 运行程序指令的速度。

3. 寄存器重命名表

在具有多个执行单元(如 ALU)的 CPU 设计中,多个执行单元可以同时计算一些没有数据关联性的指令,从而总体提升计算效率。在乱序执行技术中,不同的指令可能会需要用到相同的通用寄存器(GPR),特别是指令需要改写该通用寄存器的情况下,为了让这些指令能并行计算,解决方法是对一些寄存器进行重命名,不同的指令可以通过具有相同名字但实际不同的寄存器来解决。

Core i7 的寄存器重命名表指明每一个寄存器要么进入重排序缓冲区,要么进入重命名寄存器文件,并且重排序缓冲区保存绝大多数最近的推测执行状态,而重命名寄存器文件则保存绝大多数最近执行的非推测状态。寄存器重命名表分配给每一个微操作在重排序缓冲区中一个目的寄存器,微指令读取它们重排序缓冲区中的源操作数,并发送到保留站。

4. 重排序缓冲区

经过寄存器重命名后,微指令将分发到重排序缓冲区(ROB)中,同时发送到保留站,这个阶段称为分发。ROB 的职责就是始终保持跟踪微指令的运行,并且控制它们的退出。ROB 将乱序执行完毕的微指令,按照原始顺序重新排序,以保证所有的微指令在逻辑上实现正确的因果关系。

5. 保留站

保留站(RS)保存了所有等待执行的微指令,保留站中的微指令和数据可以直接进入 ALU。RS 的另一个作用是监听内部总线,保留站内是否有需要读取 L1 或 L2 缓存乃至内存的指令,或者需要等待其他指令结果的指令。

4.3.5　执行单元

1. 执行单元结构

如图 4-34 所示,执行单元包括 5 个 64 位的整数 ALU、3 个 128 位的浮点处理单元(FPU)和 3 个 128 位的 SSE 向量处理单元(其中 2 个与 ALU 共用)。其中,3 个浮点单元和 3 个 SSE 单元共享某些硬件资源。

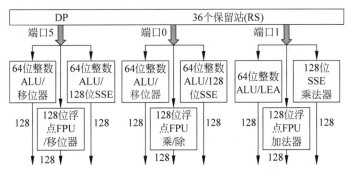

图 4-34　Intel Core i7 CPU 执行单元结构

2. 数据分配端口

为了配合 Core i7 的 36 个保留站(RS),Core i7 设计了 6 个数据分配端口(DP),每个端口有多个不同的单元,以执行不同的任务。然而在同一时间内,一个数据分配端口只能由一条微指令进入。因此也可以认为,Core i7 处理器有 6 个执行单元,在每个时钟周期内可以执行最多 6 个操作(或者说 6 条微指令)。

3. 整数执行单元

Core i7 处理器的单核有 3 个 64 位 IEU(复杂整数执行单元,即 ALU),每个执行单元可以独立处理一个 64 位的整数数据;另外,Core i7 还有 2 个 SIU(简单整数处理单元,即 ALU)来快速运算较简单的任务。

对 x86 CPU 来说,Core CPU 首次实现了在一个时钟周期内,并行完成 5 条 64 位的整数运算。但是,由于 3 组整数执行单元使用了各自独立的数据分配端口,因此 Core i7 处理器的单核可以在一个时钟周期内同时执行 3 组 64 位的整数运算。

4. 浮点处理执行单元

Core 处理器内核中包含了兼容 IEEE 754 和 IEEE 854 标准的浮点处理单元,用于加速 x86 浮点运算。浮点运算需要很高的精度,计算量大,结构也异常复杂。在处理器中,浮点运算与整数运算的指令调度是完全分离的,并且它们的处理方式也完全不同。

Core i7 处理器的单核具有 3 个并行工作的浮点处理执行单元(FPEU),可以同时处理向量和标量的浮点数据,位于端口 1 的 FPEU-1 负责加减等简单的运算,而端口 0 的 FPEU-2 则负责乘除等运算,端口 5 的 FPEU-5 则负责移位等运算。这样 Core i7 具备了在一周期内完成 3 条浮点指令的能力。

5. 向量执行单元

向量计算是一种新型的浮点指令,MMX(64 位),3DNow!(64 位),SSE(128 位)都是向量指令集,向量指令也称为 SIMD(单指令多数据流)。

Core 处理器单核能够在单循环内完成 128 位向量运算,这样 Core 处理器可以将 128 位的大量 MUL(乘法)、ADD(加法)、Load(加载)、Store(存储)、COM(比较)、JMP(跳转)等指令,集成在一个周期中全部完成,使运算性能得到大幅提高。

4.3.6　退出单元

1. 载入/存储(Load/Store)单元结构

运算需要用到数据,同样也会生成数据,这些数据的存取操作由 Load/Store(载入/存储)单元来完成,如图 4-35 所示。Load(载入)单元的主要功能是将数据从存储器(内存或缓存)加载到运算单元的寄存器中(内存中的数据不变);Store(存储)单元主要功能是将计算结果从寄存器写回存储器中(内存中的数据可能改变)。在 Core i7 处理器中,一个 Store 操作可分解成为了两个微操作:一个用于计算地址;另外一个用于数据存储。这种方式可以提前预知 Store 操作的地址,初步解决了数据相关性问题。

在 CPU 中,Load/Store 操作(如 MOV、PUSH 等)十分频繁,约占所有指令的 1/3,因此它对系统性能的影响很大,特别是 x86 这样通用寄存器较少的

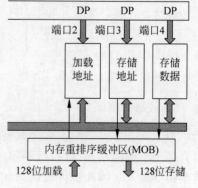

图 4-35　Core i7 CPU 退出单元结构

CPU。Load 操作的发生频率比 Store 操作高,并且,Store 操作并不是影响系统性能的关键因素。因为在数据开始写入后,CPU 可以马上开始进行下面的工作,而不必等到写入操作完成。"缓存-内存"控制系统会负责将数据的整个部分写入到缓存,并复制到内存。

2. 内存重排序缓冲区

内存重排序缓冲区(MOB)的主要功能是对指令乱序执行的结果,重新按原指令顺序进行排序。从 MOB 中移出一条指令就意味着这条指令执行完毕了,这个阶段称为 Retire(退出),相应地 MOB 往往也称为退出单元。

在一些超标量 CPU 设计中,退出阶段会将 MOB 的数据写入 L1 D-Cache(1 级数据缓存),而在另一些设计里,写入 L1 D-Cache 由另外的队列完成。例如,Core i7 处理器的这个操作就由 MOB 来完成。

4.4　国内外主流 CPU

CPU 按产品市场可分为 x86 系列和非 x86 系列。目前 x86 系列 CPU 生产厂商主要有 Intel、AMD 公司,x86 系列 CPU 在操作系统一级相互兼容,产品覆盖了 90% 以上的桌面计算机市场。非 x86 系列 CPU 生产厂商有 IBM、Sun、HP、MIPS、ARM、日立、三星、现代、中国科学院计算技术研究所、龙芯中科、天津飞腾、上海兆芯等企业和单位。非 x86 系列 CPU 主要用于大型服务器和嵌入式系统,这些产品大多互不兼容,在桌面计算机市场中占有份额极小。Intel 公司 CPU 技术发展如表 4-1 所示。

表 4-1　Intel 公司 CPU 技术发展

CPU 系列	微结构代码	典 型 型 号	工作频率	制程线宽	晶体管数	首次发布日期
4004	—	—	740kHz	$10\mu m$	2250	1971 年 11 月
8086	—	—	4.77MHz	$3\mu m$	2.9 万	1979 年 6 月
80286	—	—	6MHz	$1.5\mu m$	13.4 万	1982 年 2 月
80386	—	—	16MHz	$1.5\mu m$	27.5 万	1985 年 10 月
80486	—	—	33MHz	$1.0\mu m$	120 万	1989 年 6 月
Pentium	P5	—	60MHz	$0.8\mu m$	310 万	1993 年 3 月
Pentium Pro	P6	—	150MHz	$0.50\mu m$	550 万	1995 年 11 月
Pentium Ⅱ	P6	—	233MHz	$0.35\mu m$	750 万	1997 年 5 月
Pentium Ⅲ	P6	Pentium Ⅲ 450	450MHz	$0.25\mu m$	950 万	2000 年 2 月
Pentium 4	Netburst	Pentium 4 1.5GHz	1.5GHz	$0.18\mu m$	4200 万	2000 年 11 月
Pentium 4	Netburst	Pentium 4 2.0GHz	2.0GHz	$0.13\mu m$	5500 万	2002 年 1 月
Pentium 4	Netburst	Pentium 4 3.8GHz	3.8GHz	90nm	1.25 亿	2004 年 2 月
Pentium D	Netburst	Pentium D 820	2.8GHz	90nm	1.1 亿	2005 年 5 月
Pentium EE	Netburst	Pentium D 840EE	3.2GHz	90nm	2.3 亿	2005 年 11 月
Core Duo	Core	Core Duo T2700	2.33 GHz	65nm	1.51 亿	2006 年 1 月
Core 2 Duo	Penryn	Core2 Duo T9500	2.6GHz	45nm	4.1 亿	2008 年 1 月
Core i	Nehalem	Core i7-960	3.2GHz	45nm	7.31 亿	2009 年 11 月
第一代 Core	Westmere	Core i5-655K	3.20GHz	32nm	3.81 亿	2010 年 7 月
第二代 Core	Sandy Bridge	Core i7-2600K	3.40GHz	32nm	11.6 亿	2011 年 1 月
第三代 Core	Ivy Bridge	Core i7-3770K	3.50GHz	22nm	14 亿	2012 年 4 月

续表

CPU 系列	微结构代码	典 型 型 号	工作频率	制程线宽	晶体管数	首次发布日期
第四代 Core	Haswell	Core i7-4770K	3.50GHz	22nm	14 亿	2013 年 6 月
第五代 Core	Broadwell	Core i7-5775C	3.30GHz	14nm	14 亿	2015 年 1 月
第六代 Core	Skylake	Core i7-6700K	4.00GHz	14nm	17.5 亿	2015 年 8 月
第七代 Core	Kabylake	Core i7-7700K	4.20GHz	14nm＋	17.5 亿	2017 年 1 月
第八代 Core	Coffeelake	Core i7-8700K	3.70GHz	14nm＋＋	22 亿	2017 年 10 月
第九代 Core	Coffeelake Refresh	Core i9-9900K	3.60GHz	14nm＋＋	22 亿	2018 年 10 月
第十代 Core	CometLake	Core i9-10900K	3.70GHz	14nm＋＋＋	27 亿(预估)	2019 年 10 月

4.4.1　x86 系列 CPU

1. Intel 公司 CPU 产品类型

Intel 公司的 CPU 产品按照应用可分为桌面型、移动型、服务器型和嵌入式型四大类型,每个类型又分为不同的大系列和子系列。如桌面型 CPU 产品有 Core(酷睿)系列、Pentium(奔腾)系列、Celeron(赛扬)系列等,酷睿处理器替代了曾经是中高端的奔腾处理器,将奔腾处理器移至入门级,并将赛扬处理器推向低端。酷睿系列 CPU 是 Intel 公司目前主推的产品系列。酷睿系列分为桌面型和移动型两类产品,并经历了 Core、Core 2、Core M、Core i3、Core i5、Core i7 几代产品的发展。不同系列的 CPU 在外观上没有太大差别,但是设计技术和生产工艺各不相同。除嵌入式系列外,Intel 公司其他系列的 CPU 在软件上相互兼容。Intel 公司的 CPU 产品有 10 多个大系列,几百个子系列,上千个型号。Intel 公司目前典型的 CPU 产品如表 4-2 所示。

表 4-2　Intel 公司目前典型的 CPU 产品

产品系列	产品型号	桌面型	移动型	服务器型	嵌入式型
酷睿	Core i9	■	■		
	Core i7	■	■		■
	Core i5	■	■		■
	Core i3	■	■		■
	Core M		■		
奔腾	Pentium Gold	■			
	Pentium Silver	■	■		
	Pentium D			■	
	Pentium G	■			
	Pentium J	■			
	Pentium N		■		
	Pentium 4000		■		
	Pentium 3000		■		
	Pentium 2000		■		
	Pentium 1000				■

续表

产品系列	产品型号	桌面型	移动型	服务器型	嵌入式型
赛扬	Celeron G	■			■
	Celeron J	■			
	Celeron N		■		
	Celeron 3000		■		
	Celeron 2000				■
	Celeron 1000		■		
至强	Xeon Scalable			■	
	Xeon E7			■	
	Xeon E5			■	
	Xeon E3			■	■
	Xeon E		■		
	Xeon D			■	
	Xeon W			■	
安腾	Itanium			■	
凌动	Atom C			■	■
	Atom D	■			
	Atom E				■
	Atom N		■		
	Atom S			■	
	Atom X		■		■
	Atom Z		■		■
夸克	Quark SoC				■

注: 表中有颜色部分表示该系列有产品, 无颜色表示这个系列没有产品。

桌面型 CPU 是 Intel 公司的主推产品, 很多新设计和新工艺都是在桌面型 CPU 上取得成功后, 再推广到其他系列产品中。桌面型 CPU 主要用于商业 PC。

移动型 CPU 主要用于笔记本计算机和平板计算机。移动型 CPU 的性能要低于桌面型 CPU, 移动型 CPU 的主要特点是低功耗和低发热。

服务器型 CPU 的性能高于桌面型产品, 但是价格远高于桌面型产品。服务器型 CPU 产品的特点是可以利用多个 CPU 组成多处理器系统。

嵌入式型 CPU 主要用于工业控制计算机和智能手机。

2. AMD 公司 CPU 产品类型

Intel 与 AMD 公司的 CPU 虽然在性能和软件兼容性方面不相上下, 但配套的硬件平台并不能相互完全兼容。例如, 它们需要不同的主板进行产品配套。AMD 公司目前典型的 CPU 产品如表 4-3 所示。

表 4-3　AMD 公司目前典型的 CPU 产品

产品系列	产品型号	桌面型	移动型	服务器型	嵌入式型
Ryzen(锐龙)	Ryzen Theadripper	■			
	Ryzen Pro	■	■		
	Ryzen	■	■		■
FX	FX-9500/9300/8300/6300/4300	■			
	FX-8100/6200/6100/4200/4100	■			
APU	Pro A 系列	■	■		
	A 系列	■	■		■
	G 系列	■			■
	R 系列				■
Athlon(速龙)	Athlon Pro	■			
	Athlon 64	■	■		
	Athlon X2	■	■	■	
	Athlon Ⅱ	■			
	Athlon X4	■			
EPYC(骁龙)	EPYC			■	■
Opteron(皓龙)	Opteron			■	

注：表中有颜色部分表示该系列有产品，无颜色表示这个系列没有产品。

AMD Ryzen 系列，其 Ryzen3、5 和 7 分别对标 Intel 的同类产品 Core i3、i5 和 i7。

AMD FX 是 AMD 开发的 x86 桌面型处理器，于 2011 年 9 月 19 日正式上市，2017 年由 AMD Zen 微架构的 AMD Ryzen 系列取代。

AMD APU 和 Intel 的集成高清显卡的 CPU 在架构上非常相似，但 APU 的性价比远远高出 Intel 同类产品。

AMD Athlon 系列，中文商标为"速龙"，与 Intel 的 Pentium 系列竞争。

AMD EPYC 系列，中文商标为"骁龙"，主要用于多路服务器和嵌入式服务器产品。

AMD Opteron 系列，中文商标为"皓龙"，主要用于服务器产品。

3. x86 处理器技术特点

1）高速缓存技术

Intel 公司从 80486 开始采用 Cache 技术来改善 CPU 的性能，其他存储器与 Cache 之间的关系如图 4-36 所示。

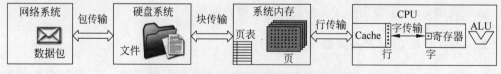

图 4-36　其他存储器与 Cache 之间的关系

Core i7 CPU 高速缓存结构如图 4-37 所示。Intel 公司将 CPU 中的缓存分为一级缓存（L1 Cache）、二级缓存（L2 Cache）和三级缓存（L3 Cache）。在 L1 Cache 中，分为数据缓存（D-Cache）和指令缓存（I-Cache），两者可以同时被 CPU 访问，减少了争用缓存造成的冲突，提高了处理器效能。L1 Cache 容量一般为 32KB（AMD L1 Cache 为 64KB）；L2 Cache 容量为 128KB～2MB；L3 Cache 容量一般为 2～12MB。Cache 容量是提高 CPU 性能的关键技术。

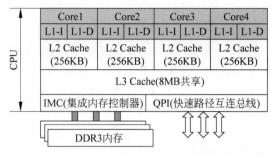

图 4-37　Intel Core i7 CPU 高速缓存结构

　　Core i7 CPU 中 80% 的数据申请都可以在 L1 Cache 中命中，只有 20% 的数据申请需要另外查找；而这 20% 的数据申请中的 80%，又可以在 L2 Cache 中找到；在拥有 L3 Cache 的 CPU 中，只有大约 5% 左右的数据申请需要从内存中调用。可见，3 级缓存结构大大提高了 CPU 的运行效率。

　　2）流水线技术

　　Core i7 和 Core 2 CPU 都采用 14 级流水线设计，而此前 Pentium 4 CPU（Northwood 内核）的流水线为 20 级，Pentium D CPU（Prescott 内核）流水线为 31 级。从技术方面看，流水线越长，CPU 工作频率提升潜力越大；负面影响是一旦产生分支预测失败或者高速缓存取指令不能命中，CPU 就需要到内存中取指令，这时流水线必须清空（见图 4-38），并重新执行流水线操作，因此耽误的延迟时间就会增加。例如，Pentium D CPU 发生分支预测失败或者缓存没有命中时，就会产生 39 个时钟周期的延迟。流水线越长，相关性和指令转移两大问题也越严重。因此，流水线并不是越长越好，找到一个速度与效率的平衡点才是最重要的。

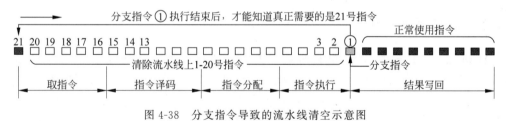

图 4-38　分支指令导致的流水线清空示意图

　　Intel 公司没有公布 Core i7 CPU 的流水线结构，可以参考 Intel Atom CPU 16 级流水线（见图 4-39），大致了解 Core i7 CPU 的流水线结构。

时钟周期:	1	2	3	4	5	6	7	8	9	10	11	12	13	14	15	16
流水线:	IF1	IF2	IF3	ID1	ID2	ID3	SC	IS	IRF	AG	DC1	DC2	EX1	FT1	FT2	IWB/DC1
	取指令			译码			分发		读寄存器	存取数据缓存			执行	多线程处理		写回

图 4-39　Intel Atom CPU 16 级流水线执行流程

3）超标量技术

超标量技术是集成了多条流水线的 CPU，并且每个时钟周期可以完成一条以上的指令。80486 以下的 CPU 都属于单流水线结构，Pentium 及以上的 CPU 都具有超标量结构。流水线和超标量虽然可以提高指令运算速度，但是要想 10 倍、100 倍地提高运算速度，唯一解决的方法是设计多核 CPU，以及采用多 CPU 系统结构（如集群）。

4）同步多线程技术

超线程（HT）是 Intel 公司在市场营销时使用的名称，在学术界和工业界称为同步多线程（SMT）。2002 年，Intel 公司在 Pentium 4 Xeon CPU 中首次采用了超线程技术，超线程技术可以使 1 个物理 CPU 内核作为 2 个逻辑 CPU 来使用。超线程技术无须改动 CPU 的针脚、部件或外观，主板硬件也保持不变，但 BIOS 必须做出相应修改，以决定由哪个逻辑 CPU 进行系统引导过程，而应用软件则根据不同的 CPUID 来识别各个逻辑 CPU。

但当时的超线程技术在应用中的表现不尽如人意。一方面原因是超线程需要 CPU、芯片组、操作系统、驱动程序、应用软件等多方面的支持，而当时各方面对超线程技术并没有做好足够的准备，多线程应用程序相对匮乏；另一方面原因是 Pentium 4 当初的超线程技术不够完善，对一些单线程的多媒体程序以及游戏软件而言，CPU 在打开超线程后的性能提升微乎其微，甚至性能下降。由于 Pentium 4 的超线程技术并没有带来性能的提升，因此 Intel 公司在 Core 2 CPU 中没有采用超线程技术。

在 Core i7 CPU 中，Intel 公司又重新启用了 SMT，这是因为 Core i7 CPU 集成了更多的执行部件，如果不采用多线程技术，就会有很多硬件资源得不到利用而空闲。Intel 公司表示，多线程技术使 CPU 增加了 5% 左右的核心面积，而换来了 15%～30% 的性能提高。

SMT 技术需要软件和硬件的配合。CPU 本身要支持 SMT，芯片组也要支持。SMT 还需要操作系统的配合，例如 Windows 2000 对 SMT 的支持不好，而 Windows XP/Vista/7 能够较好地支持 SMT。除 Windows 外，Linux kernel 2.4.x 也开始支持 SMT。目前大部分图形或视频处理软件都支持 SMT 技术。对某些没有对多线程进行编译的程序而言，多线程反而会降低效能。

4.4.2 ARM 系列 CPU

ARM 是一个公司的名字，也是对某一类微处理器的通称，它还是一种技术的名字。ARM（高级精简指令集机器）是英国 ARM 公司设计的 32/64 位 RISC 处理器内核。由于节能的特点，ARM 内核广泛应用于许多嵌入式系统，目前 95% 的智能手机核心处理器使用的都是 ARM 内核的芯片，这是一个非常惊人的比例。据专家估计，ARM 系列产品占领了 32 位嵌入式处理器 70% 左右的市场。

1. ARM 公司的商业模式

ARM 公司的成功除了卓越的芯片设计技术外，还源于创新的商业模式。ARM 公司本身并不依靠自有的设计技术制造或出售 CPU，而是将 CPU 结构授权给有兴趣的二次开发商。或者说，市场上并没有 ARM 品牌的 CPU 产品，但是大部分嵌入式 CPU 产品都采用了 ARM 的 CPU 内核（如高通的"骁龙"，华为的"麒麟"等芯片）。

ARM 提供多种授权模式，对授权方来说，ARM 提供 CPU 内核的整合硬件叙述，完整的软件开发工具(编译器、调试工具、SDK 等),以及对 CPU 芯片的销售权。对于没有硅芯片生产能力的授权用户,ARM 会给出用户选定 CPU 的核心版图、抽象模型和测试程序,以协助用户设计、整合和验证。对于需求更多的客户(如整合元件制造商和晶圆厂家),可以选择可合成的 RTL(寄存器传输级,即芯片逻辑电路设计)形式来取得 CPU 的知识产权(IP)。授权用户可以任意出售 ARM 产品(如芯片元件、评估板、完整系统等),但是 ARM 公司并不授权用户再次出售 ARM 结构,并且也不允许用户对内核结构进行修改。

ARM 公司按使用价值决定 IP 核售价。以结构而言,低效能的 ARM 内核比更高效能的内核有较低的授权费。以硅芯片制作而言,一颗可进行整合设计的内核要比一颗硬件宏内核要贵。对具有芯片设计技术的半导体晶圆厂,如果它们持有 ARM 授权,则终端用户可以以更低的 ARM 授权费来取得 ARM 内核。对于不具备自有设计技术的专门半导体晶圆厂(如台积电等),芯片终端用户的授权费用更高一些。

全球有超过 700 家软件和硬件系统公司加入了 ARM 产业链。许多半导体公司持有 ARM 授权,如苹果、高通、三星、华为、Atmel(爱特梅尔)、Broadcom(博通)、Cirrus Logic、Freescale(飞思卡尔)、富士通、英特尔、IBM、英飞凌、任天堂、ST(意法半导体)、TI(德州仪器)等,这些公司拥有不同形式的 ARM 授权。在知识产权工业领域,ARM 的 CPU 内核授权费非常昂贵,一个基本的 ARM 内核授权费可能需要 20 万美元,如果牵涉大量结构上的修改,授权费可能超过千万美元。

2. ARM 开发模式的优点

ARM 公司的合作伙伴包括半导体制造商、开发工具商、应用软件设计商以及培训商等。ARM 公司统一了 CPU 内核设计标准,使 SoC(片上系统)芯片具有统一的接口,这为开发提供了很大的方便,工具商专门开发基于 ARM 芯片的仿真器和开发工具,应用软件设计商开发基于 ARM 芯片的系统和应用程序,培训商则提供与 ARM 相关的培训服务。这一套完整的产业链使得 ARM 芯片的开放性和通用性很好,因为软件和硬件开发都有比较成熟的方案,相关人才也多,这就可以缩短产品开发周期,使得产品能够尽快上市。目前支持 ARM 内核的 IDE(集成开发环境)、编译器、RTOS(实时操作系统)、软件仿真器、启动/驱动代码等产品层出不穷,可以说 ARM 的开发已经进入了一种良性循环。

ARM 将芯片设计技术(内核、体系扩展、系统芯片方案)授权给二次开发商(如苹果、三星、高通、华为等)后,这些二次开发商拿到 ARM 内核后,再设计外围的各种控制器,然后与 ARM 内核整合成一块 SoC 芯片。由于二次开发商的 CPU 内核都采用了通用的 ARM 处理器结构,所以开发的软件可以在所有 ARM 产品中运行,这有效缩短了应用程序的开发与测试时间,也降低了研发费用。

3. ARM 处理器内核系列

从 ARM v7 开始,ARM 公司开始将产品扩展到移动设备之外的其他领域,因此 ARM v7 将产品划分为 Cortex-A(Application,应用)结构系列、Cortex-R(Real-time,实时)结构系列和 Cortex-M(Microcontroller,微控制器)结构系列,分别简称为 A 系列、R 系列和 M 系列。

(1) A 系列。A 系列内核主要针对性能要求较高的应用。A 系列内核支持 ARM 32/64

位指令集,向下兼容早期的 ARM 处理器。从命名上看,A5/A7/A9/A15/A53/A57/A72/A73/A76 基本上可以看成是按数字大小性能依次提高。

(2) R 系列。R 系列内核主要面向高性能实时应用,它是 ARM 产品中体积最小的处理器,产品有 Cortex-R7、Cortex-R8、Cortex-R52 等。R 系列内核设计有低功耗、良好的中断行为、卓越性能等特点。R 系列产品主要针对高性能实时应用,如硬盘控制器(或固态硬盘驱动控制器)、企业中的网络设备和打印机、消费电子设备(如蓝光播放器)、汽车应用(如安全气囊、制动系统、发动机管理)等。

(3) M 系列。M 系列内核是低功耗、高性价比 32 位微控制器。M 系列内核经过了优化,主要用于低端控制。与单片机相比,它的处理能力更强,功耗更低,而且价格低廉。M 系列产品有 Cortex-M4、Cortex-M7、Cortex-M23、Cortex-M33 等。

4. ARM 处理器技术特点

(1) 指令集设计技术。ARM 坚持精简和快速的设计思想,在内核设计中,采用了整体逻辑电路化设计,不采用微代码设计,加快指令执行速度;指令中采用固定的 32 位操作码长度,减轻解码和流水线的负担;大量的 16×32 位寄存器阵列,使大多数数据操作都可以在寄存器中完成;数据传输上采用载入/存储结构,用简单的寻址方式加快数据存取速度;在指令设计中,大多数指令为一个 CPU 时钟周期,加快了流水线处理速度。内核采用 AMBA(高级微控制器总线结构)互连总线协议,可以有效地将各个 IP(知识产权)组件融合在一起;ARM 内核大部分设计采用了 RISC 思想,当然它也综合一些 CISC 的设计理念(如乱序执行等)以求达到最佳性能。

(2) big.LTTILE 大小核技术。ARM 引入了大小核的概念,例如可以将 Cortex-A73 和 Cortex-A53 做成大小核,也可以将 Cortex-A73 和 Cortex-A35 做成大小核。在 big.LITTLE 结构中,big 是性能强大的处理器内核(如 Cortex-A73),它主要处理具有挑战性的任务(如 3D 图形处理);LITTLE 是性能弱小的处理器内核(如 Cortex-A53),主要负责小任务的处理;当手机不工作时,Big 内核和 LITTLE 内核都可以停下来休息。例如,当智能手机打开一个网页时,手机就可以用一个大内核来处理该任务,而小内核则同时处理其他小任务,如查看电子邮件、拨打电话等。采用 big.LITTLE 结构和软件的设备,能够节省 75% 的 CPU 功耗,延长手机的续航时间,同时在线程负载方面提升 40% 的性能。

(3) NEON 技术。NEON 是多媒体处理引擎,是 SIMD(单指令多数据流)的延伸。它是一个结合了 64 位和 128 位的 SIMD 指令集,它的功能是加速多媒体信号的处理能力。NEON 有一组功能广泛的指令集,以及独自的寄存器阵列和独立执行的硬件。NEON 支持 8/16/32/64b 的整数及单精度浮点数据,并以 SIMD 的方式进行运算,它可以加速执行图形和游戏中语音和视频的数据。NEON 技术可使复杂视频编解码器(如 MPEG-4、H.264 等)的性能提升 60%～150%,NEON 技术能够简化软件开发过程,如通过对齐和非对齐数据访问,可对 SIMD 操作进行有效的矢量化。

(4) VFP 技术。VFP 提供低成本的单精度和双精度浮点运算能力,并完全兼容 ANSI/IEEE 754—1985 二进制浮点数标准。VFP 提供的浮点运算功能在平板计算机、智能手机、语音压缩与解压、3D 图像、数字音频、打印机、机顶盒、汽车等中应用。VFP 结构也支持 SIMD 指令,这有助于降低 3D 图形和视频编码大小并增加输出效率。

（5）Thumb-2。Thumb-2 是 16 位/32 位混合指令集，它是为了更好地兼容 16/32 位器件。Thumb 指令具有更短的操作码，能更有效地利用内存带宽。在嵌入式硬件的寻址范围小于 32 位时，可以将程序编译成 Thumb 指令码。

（6）TrustZone 技术。TrustZone 提供了一种低成本的安全方案，它在系统单芯片（SoC）内加入了专属的安全核心，它以硬件控制方式支持两颗虚拟处理器；可以使应用程序能够在两个状态之间切换，这种结构可以避免信息从可信的核心区泄漏到不安全的区域。

5. Cortex-A76 前端架构

ARM 的处理器架构从早期的 Cortex-A15 到 Cortex-A57，再到 Cortex-A72、Cortex-A73 以及 Cortex-A75，ARM 最近数年内不断通过发布全新架构，推动了移动计算性能的不断前行。2018 年 5 月，ARM 又发布了全新的 Cortex-A76 架构，相比现在的 Cortex-A75 核心，使用 7nm 工艺制造，频率可达 3GHz，CPU 综合性能提升 35%，能效提升 40%。

如图 4-40 所示，Cortex-A76 前端架构为：超标量乱序结构、4 个解码前端（4 发射）、8 个执行端口、总流水线 13 级、执行延迟 11 级。在前端，ARM 设计了一个新的预测/获取单元（称为基于预测的获取），这意味着分支预测单元将介入指令获取单元的工作，这和之前所有的 ARM 微架构有所不同，能够实现更高的性能和更低的功耗。

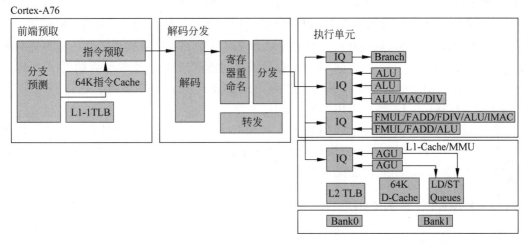

图 4-40　Cortex-A76 前端架构

在分支预测单元方面，ARM 首次采用了混合间接预测器。预测器和读取单元分离，其支持的大型结构独立于机器其余部分运行。独立结构意味着可以使用时钟门控技术控制功耗，这对分支预测单元而言是能效比上的积极改进。分支预测器方面，ARM 设计了 3 级 BTB（分支目标高速缓存）、一个 16 通路的 nanoBTB、一个 64 通路的 microBTB 和一个 6000 通路的主 BTB。

流水线方面，Cortex-A76 拥有 13 级流水线和 11 级核心的延迟。在这个过程中，指令等待的关键路径和阶段可以重叠，如发生在分支预测过程的第二个循环和指令提取过程的第一个循环之间。在最理想的情况下，核心延迟可以缩短 3 个周期。

Cortex-A76 的取指单元提供最多 16 个 32b 的指令解码队列。流水线由 2 个指令对齐和解码循环组成。另外，在处理 ASIMD/FP 管线指令时，之前的索菲亚内核在解码阶段依旧需要一个辅助周期,但是 ARM 采用了其他的优化方法,使得 Cortex-A76 的微架构能满足设计的需求。

解码阶段每个周期采用 4 条指令,并且以每条指令 1.06Mops 的平均速率输出宏操作。ARM 同样在寄存器重命名阶段进行了功耗优化,做法和之前的分支预测单元类似,都是为功能模块加入时钟门控。Cortex-A76 中的重命名单元是独立的,通过时钟门控控制整数、ASMID 和标志操作等。

6. Cortex-A76 的后端架构

Cortex-A76 的整数核心包含了 6 个执行单元,其中有 4 个单元分别是 1 个分支、2 个 ALU、1 个 ALU/MAC/DIV 单元,再加上一个加载/存储单元。3 个整数执行流水线中的 2 个 ALU 进行简单算术操作,1 个复杂流水线执行乘法和 CRC 操作。3 个整数管道由一个深度为 16 的指令队列提供指令服务,2 个载入/存储单元则由深度为 12 的指令队列负责。

浮点结构方面,ARM 设计了 2 个执行单元,其中一个执行 MUL、FADD、FDIV、ALU、IMAC 等,功能较为强大;另一个比较简单,只执行 FMUL、FADD、ALU 操作,ASMID 浮点核心由 2 个深度为 16 的队列提供指令服务。

Cortex-A76 的数据缓存固定为 64KB,并且是 4 路关联的设计方案,负载延迟保持在 4 周期,数据标签和查找所需要的 DTLB 运行在一个单独的管道中。ARM 的设计目标是最大限度地提高 MLP、内存级并行性,以便能够支持更多的内核。此外,Cortex-A76 还设计了 4 个不同的预取引擎,这些并行运行的预取引擎可以查看各种数据模式并将数据加载到缓存中。64KB L1 指令缓存和 64KB L1 数据缓存的读取速度高达 32B/周期。L2 高速缓存可配置为 256KB 或者 512KB,并且使用了第二代 DSU 设计,D 端包括了一个 2×32B/周期写入和读取接口。L3 缓存采用了独占设计。

综合以上架构改进,ARM 称 Cortex-A76 比 Cortex-A75 每周期整数性能和浮点性能可分别增长 25% 和 35%,再加上高达 90% 的缓存带宽提升,Cortex-A76 的 GeekBench4 跑分提升了 28%,JavaScript 性能提升了约 35%。

4.4.3　PowerPC 系列 CPU

1. PowerPC 概述

PowerPC 是一种精简指令集(RISC)架构的 CPU,设计源自 IBM 公司的 POWER(增强RISC 性能优化)架构。POWER 是 1991 年由 Apple、IBM、Motorola 组成的 AIM 联盟所发展出的微处理器架构。PowerPC 是整个 AIM 联盟平台的一部分,并且是到目前为止唯一的一部分。但 Apple 公司自 2005 年起,将旗下计算机产品转用 Intel CPU。

PowerPC 处理器有 32 个 GPR(通用寄存器,2 位或 64 位)以及 PC(程序计数器)、LR(链接寄存器)、CR(条件寄存器)等其他寄存器。有些 PowerPC CPU 还有 32 个 64 位 FPR(浮点寄存器)。PowerPC 采用 RISC 体系结构,因此所有 PowerPC(包括 64 位)都采用定长的 32 位指令。PowerPC 处理器从内存检索数据,在寄存器中对数据进行操作,然后将它们存储回内存。几乎所有指令(除了装入和存储)都是直接进行内存操作。

2. PowerPC 处理器系列

NXP(原生产厂商为 Freescale,即飞思卡尔)公司提供了数量众多的含集成化外设的 PowerPC 处理器,在网络设备市场取得了非常可观的成功。目前 NXP 公司将 PowerPC 产品划分成 3 个主要市场:网络设备、汽车电子(PC5xx 系列)和工业控制。

NXP PowerPC 在通信领域的成功要归功于 Power QUICC 产品。1993 年,摩托罗拉半导体事业部(飞思卡尔半导体前身)生产了第一颗包含 QUICC(4 路综合通信控制器)的芯片 MC68360。1994 年,摩托罗拉的工程师把 QUICC 和 PowerPC 内核结合,将集成了 QUICC 的 PowerPC 处理器称为 PowerQUICC,并将其中的 QUICC 处理模块称为 CPM。1995 年,MPC860 芯片面市,它采用了 PowerPC 处理器(控制通路)和 CPM(数据通路)分开的设计思想。此后 PowerQUICC 芯片通过一系列升级,从 PowerQUICC Ⅰ 发展到 PowerQUICC Ⅱ、PowerQUICC Ⅱ pro、PowerQUICC Ⅲ。目前,NXP 公司将 CPM 升级为 QE(QUICC 引擎)。伴随 PowerQUICC 的升级,NXP PowerPC 内核也进行了升级,主要产品系列如下。

(1) 603 系列产品。603 内核包含了 PowerQUICC I,产品有 MPC850、MPC860、MPC875、MPC885 等,它们是最低端的 NXP PowerPC 处理器。这类 PowerPC 处理器没有 SDRAM 接口,用户必须使用 MPC860 提供的 UPM(用户可编程控制器)配置成 SDRAM 接口。

(2) 603E 系列产品。603E 内核包含了 PowerQUICC Ⅱ,产品有 MPC8250、MPC8260、MPC8272 等。603E 升级了 MMU,此外包含了 SDRAM 控制器。

(3) E300 系列产品。E300 内核包含了 PowerQUICC Ⅱ pro,产品有 MPC8349、MPC8347、MPC8360 等。E300 与 603E 结构基本相同,在处理器内核上的修改不多。最先在 MPC8360 上实现,此外支持 DDR SDRAM 接口。

(4) E500 系列产品。E500 内核包含了 PowerQUICC Ⅲ,产品有 MPC8540、MPC8560、MPC8548 等。E500 内核有 v1 和 v2 两个版本,v1 版本和 v2 版本的最大区别在于 MMU。E500 内核模块与 603E 有很大的不同,但它们的指令系统兼容。E500 内核支持 DDR SDRAM、RapidIO 和千兆以太网接口。

(5) E600 系列产品。这个系列的产品也称为 G4,产品包括 MPC7410、MPC7447、MPC7448、MPC8641 等。G4 系列支持 AltiVec 结构,它主要用于 Apple Mac。

飞思卡尔公司的 QorIQ 通信平台是采用 PowerQUICC 处理器的下一代产品,它包含一个或更多个内核。按照产品功能和性能,它们分为 P1、P2、P3、P4、P5,它们与老 PowerPC 产品保持软件兼容。所有 QorIQ 处理器都基于 E500 或 E5500 核心。P10xx 和 P20xx 系列基于 E500 v2 核心,P340xx 和 P40xx 系列基于 E500mc 核心,P50xx 基于 E5500 核心。

3. PowerPC 处理器功能特点

(1) 超标量处理器。PowerPC 具有高频率超标量处理内核,在一个时钟周期内可以利用 8 个独立的执行单元执行 3 条指令,即在一个时钟周期内最多可以执行 8 次计算,极大地提高了计算速度。

(2) 内存总线结构。PowerPC 具有双总线结构,其中一条是基于摩托罗拉 60×64 位的 MPX 总线,总线时钟频率达 133MHz,另一条总线为容量为 2MB 的 L2 缓存提供一个专用接口,高速数据总线有效降低了传输延迟,使系统性能大大提高。

(3) AltiVec 技术。AltiVec 技术是 NXP 公司开发的并行向量处理引擎,该引擎为摩托罗拉第四代 PowerPC 提供了卓越的处理性能,使数据处理能力有了数量级提升。

(4) 开发环境。PowerPC 是一种通用 CPU,开发商提供了良好的图形化编程、程序编译、系统配置和调试环境。同时对底层结构实现了模块化和屏蔽化,使用户在程序开发时完全不用了解 CPU 底层的内部结构。

4. Layerscape 架构介绍

Layerscape 架构是下一代 QorIQLS 系列片上系统(SoC)的底层系统架构。Layerscape 架构可以让程序员轻松地释放每一块芯片的性能。该架构继承了多核芯片设计的发展趋势(包含同构和异构),以获得性能最大化。同时,提供了高性能的硬件设计,使软件开发变得高效、可维护、灵活、快速和简洁。简言之,Layerscape 架构既可以实现汇编语言的高性能和高效率,也可以实现高级程序语言的易用性。

Layerscape 架构可以视为 QorIQ 的 P 和 T 系列产品的演进,它具有多个 CPU 内核和加速器,提供了网络接口和加速器接口。Layerscape 架构如图 4-41 所示。

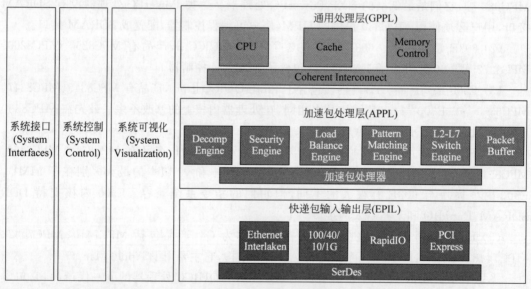

图 4-41   Layerscape 架构

所有 LS 系列芯片划分为三个层次。最高层包括任意类型的处理器,例如基于 Power Architecture 或者 ARM 技术的处理器,它们通过缓冲区、队列和 API 访问。

如图 4-41 所示,在 QorIQ LS 系列中,每一个通信处理器按照逻辑方式分为三层,它们是:通用处理层(GPPL)、加速包处理层(APPL)和快递包输入输出层(EPIL)。

GPPL 具有通用处理功能,它面向用户和开发人员,用于软件开发和提供最终用户的其他附加功能。GPPL 同时支持 Power Architecture 和 ARM 内核,Power Architecture 技术通常采用二进制字节顺序数据存储,而 ARM 技术通常采用小端字节顺序数据存储,然而 Layerscape 架构可以轻松地支持这两种不同的数据存储技术。

APPL 提供数据包处理功能,它们是硬件加速器和可编程引擎的组合。APPL 提供客户定义的附加值功能,这个功能可以通过嵌入式 C 语言编程实现。APPL 还可以通过定义明确的接口与通用处理器进行通信,并且提供执行过程的详细信息。

EPIL 支持所有网络接口的加速,如 Ethernet、Interlaken、Serial RapidIO、HiGig、PCI-E 等。其他接口(如 USB、SATA、PCI-E)不属于 EPIL 的组成部分,但是芯片的系统接口模块会提供这些接口(如 PCI-E 接口等)。

模块化硬件架构适用于众多不同的芯片配置,提供了独立的扩展性,可以实现 QorIQ 产品组合的性能和电源效率优化。

4.4.4　国产化 CPU

1. 自主可控计算机概述

在十九大报告中,习近平总书记强调要加快推进国家自主可控和军民融合战略,构建安全可控的信息技术体系,在若干关键领域必须实现安全可靠和自主可控。抗恶劣环境计算技术与国民经济关键领域尤其密切相关,其技术发展和应用将在某种程度上体现基础研究水平和综合集成能力,该领域科研人员同时担负着国家责任和历史使命。

世界各国都十分重视自主可控基础设施对国家安全的战略意义,各国都非常重视研制自主可控的基础软硬件。自主可控基础软硬件技术是指依靠国内自身的研究力量,全面掌握基础软件和基础硬件产品的核心技术。卢锡城院士从安全可控的角度间接地对自主可控的内涵进行了阐述:一是产品制造安全可控,即产品设计生产全过程不存在被人为植入安全"陷阱"的可能;二是产品供给安全可控,即无论平时或战时,都能做到产品货源充足、价格合理;三是技术发展安全可控,不存在受制于人的技术"命门",能自主修补产品缺陷和进行产品升级换代。

2. 自主化研发 CPU 的三条技术路线

国内 CPU 的自主化研发大致有三条不同的路线:第一条是以龙芯和申威为代表,走独立自主的路线,构建自己的技术体系;第二条是依附于 ARM 的技术路线,购买 ARM 的 IP 授权,设计自己的 SoC 芯片,快速实现商业化,典型代表是华为海思和天津飞腾;第三条是完全依赖于境外技术路线,以兆芯、宏芯为代表,与 VIA、IBM 等公司合作,走 ODM(原始设计制造商)路线,如兆芯的 ZX-A 是 VIA 产品的 ODM 版、宏芯的 CPU 完全采用 IBM Power 8 结构。目前国产 CPU 主要产品如表 4-4 所示。

表 4-4　国产 CPU 体系架构和指令集

CPU 产品	龙芯	申威	兆芯	海光	飞腾	宏芯	海思
研发单位	中科院计算所	江南计算所	上海兆芯	天津海光	天津飞腾	中晟宏芯	华为海思
指令体系	MIPS	Alpha	x86/ARM	x86(AMD)	SPARC/ARM	POWER	ARM
CPU 产品	龙芯	申威	兆芯	海光	飞腾	宏芯	海思
知识产权	自研+授权	自研+授权	授权	授权	自研+授权	授权	授权
代表产品	龙芯 1/2/3	SW1600/2600	ZX-C/D		FT-1500/2000		麒麟 970
产品应用	桌面 PC	太湖之光			天河 1/2	服务器	荣耀手机

3. 国产化处理器发展

1）飞腾处理器平台

20 世纪 90 年代末,飞腾团队开启了"中国芯"的研发。2006 年,飞腾团队研制成功了两代国产 CPU,在关键领域实现了规模化应用。"十一五"期间,在国家"核高基"科技重大专项的支持下,以 FT-1000、FT-1000A 和 FT1500 为代表的第三代飞腾 CPU 走向商业应用。第三代飞腾 CPU 使用 SPARC 指令集架构,但 SPARC 孱弱的生态系统无法支撑飞腾 CPU 的大规模商用,飞腾的跨越式发展开始于第四代飞腾 CPU,即兼容 ARM 指令集研发的 FT-1500A 和 FT-2000 系列 CPU。

天津飞腾信息技术有限公司成立于 2014 年 8 月,由中国电子信息产业集团、滨海新区、国家超级计算中心三家合作建立,旗下的飞腾 1500A 和飞腾 2000 系列涵盖桌面终端、中低端服务器、高端服务器等多个领域。飞腾 1500A 芯片主要定位于桌面终端及中低端服务器,与上一代飞腾 1500 及上上一代飞腾 1000 差别显著。飞腾 2000 主要定位于高端服务器,采用 64 核处理器,性能优越。飞腾上两代产品的架构是 SPARC,而飞腾 1500A 与 2000 则是基于 ARM 架构的自主可控国产芯片。

飞腾高性能服务器 CPU 主流产品是 2017 年量产的 FT-2000+/64,集成 64 个飞腾自研 FTC-662 核,16nm 工艺,主频 2.0～2.3GHz,典型功耗 100W,峰值性能 588.8GFlops,可以胜任大规模科学计算、云数据中心应用,性能与 Intel Xeon E5-2695V3 系列芯片相当。飞腾上一代产品为 2014 年量产的 FT-1500A/16,集成 16 个飞腾自研 FTC-660 核,28nm 工艺,主频 1.5GHz,典型功耗 35W,应用于办公业务系统服务器、云计算中低端服务器,能够胜任事务处理、Web 服务、数据中心存储等业务,性能与 Intel Xeon E3 系列芯片相当。

飞腾高效能桌面 CPU 主打产品是 2019 年量产的 FT-2000/4,集成 4 个飞腾自主研发的 FTC-663 核,16nm 工艺,主频 2.6～3.0GHz,提供了丰富的接口,安全机制更健全,支持待机和休眠,典型功耗仅有 10W,且可以通过"减核""降频"的方式用于嵌入式系统。整体性能与 Intel Core I5 系列芯片相当。飞腾上一代芯片为 2014 年量产的 FT-1500A/4,集成 4 个飞腾自主研发的 FTC-660 核,28nm 工艺,主频 1.5～2.0GHz,典型功耗 15W,主要应用于办公业务系统桌面终端,可以胜任日常办公、图形图像处理、音视频处理等业务,性能和应用体验与 Intel Core I3 系列芯片相当。

飞腾高端嵌入式 CPU 是 FT-2000A/2,集成 2 个飞腾自研 FTC-661 核,主频 1.0GHz,典型功耗 3W,主要应用于嵌入式工业控制领域,也用于瘦客户机等设备,性能显著优于 PowerPC 8640 等国际主流嵌入式 CPU。

2）龙芯处理器平台

中科院计算所于 2001 年开始研制龙芯系列 CPU,经过十多年积累,龙芯系列 CPU 达到了世界先进水平,可以基本满足我国信息化需求。2010 年中科院和北京市共同牵头投资龙芯中科技术有限公司(以下简称龙芯中科),从事龙芯系列芯片的研发和产业化工作。

龙芯中科致力于自主研发龙芯 CPU 产品,为下游企业开发基于龙芯 CPU 的解决方案。龙芯 CPU 产品已应用于特种行业、工业控制、行业终端、笔记本、桌面计算机、服务器、数字电视、数控机床、电力铁路、多种嵌入式设备等领域,下游合作伙伴几百家。龙芯系列通用处理器包括龙芯 1 号小 CPU、龙芯 2 号中 CPU 和龙芯 3 号大 CPU 三个系列。

表 4-5　飞腾平台发展过程

　（1）龙芯 1 号小 CPU（以下简称"龙芯 1 号"）系列 32 位处理器，采用 GS132 或 GS232 处理器核，集成各种外围接口，形成面向特定应用的单片解决方案，主要应用于云终端、工业控制、数据采集、手持终端、网络安全、消费电子等领域。2011 年推出的龙芯 1A 和龙芯 1B CPU 具有接口功能丰富、功耗低、性价比高、应用面广等特点。龙芯 1A 还可以作为 PCI 南桥使用。2013 年和 2014 年相继推出的龙芯 1C 和龙芯 1D 分别针对指纹生物识别和超声波计量领域定制，具有成本低、功耗低、功能丰富、性能突出的特点。2015 年研发的龙芯 1H 芯片针对石油钻探领域随钻测井应用设计，目标工作温度为 175℃。2018 年推出的龙芯 1E300 和龙芯 1J 芯片是面向航天专用领域的最新芯片。

　（2）龙芯 2 号中 CPU（以下简称"龙芯 2 号"）系列处理器，采用 GS464 或 GS264 高性能处理器核，集成各种外围接口，形成面向嵌入式计算机、工业控制、移动信息终端、汽车电子等 64 位高性能低功耗 SoC 芯片。2008 年推出的龙芯 2F 经过近几年的产业化推广，目前已经实现规模应用。集成度更高的龙芯 2H 于 2013 年推出，可作为独立 SoC 芯片，也可作为龙芯 3 号的桥片使用。目标为安全、移动领域的龙芯 2K1000 处理器于 2017 年推出，功能有极大提高。

　（3）龙芯 3 号大 CPU（以下简称"龙芯 3 号"）系列处理器，片内集成多个 GS464 或 GS464E 高性能处理器核以及必要的存储和 I/O 接口，面向高端嵌入式计算机、桌面计算机、服务器、高性能计算机等应用。2009 年年底推出四核龙芯 3A，2011 年推出 65nm 的八核龙芯 3B1000，2012 年推出了采用 32nm 工艺设计的性能更高的八核龙芯 3B1500，其最高主频可达 1.5GHz，支持向量运算加速，最高峰值计算能力达到 192GFLOPS。2015 年新一代龙芯 3A2000、3B2000 研制成功（其中 3B2000 为面向服务器版本），在基本功耗与 3A1000 相当的情况下，综合性能提升 2～4 倍。2016 年使用 28nm 工艺的龙芯 3A3000、3B3000 芯片流片成功，主频 1.5GHz，除了频率带来的性能提升外，微结构对定点流水线进行了调整，增加了共享 Cache 容量，芯片性能大幅提升。2019 年推出龙芯第三代产品的首题芯片龙芯 3A4000，主频 1.5-2.0GHz，性能比龙芯 3A3000 提高约一倍。

　龙芯平台的发展如图 4-42 所示。

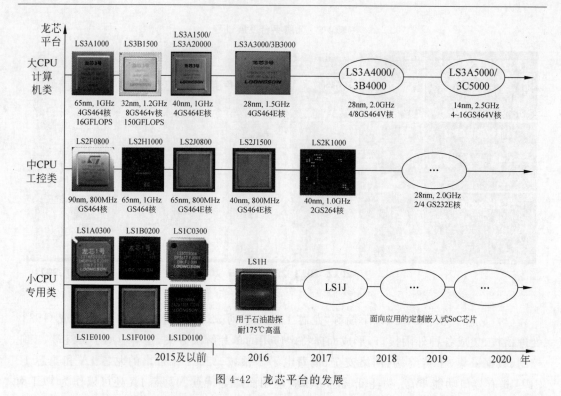

图 4-42　龙芯平台的发展

龙芯是中科院计算所龙芯项目组研发,兼容 MIPS 指令集,具备完全自主知识产权的 CPU 系列,基于 GS464E 架构的龙芯 3A2000、3B2000 在架构设计上比 GS464 有了质的提升,各项指标远远超过 GS464,并且绝大多数参数都已经接近 Ivy Bridge,甚至在分支误预测率、浮点程序性能上有些有所超越。再通过与市场主流 CPU 架构设计进行直观的比较,可以看出,GS464E 已经接近 Intel、AMD 现在市场上的主流架构性能,与 Intel Core i3-550 和 AMD FX-8320 基本相当,与 Intel Core i5-2300 略有差距,同时明显强于 Intel Atom、VIA Nano、ARM Cortex-A57 等低功耗架构。

CPU 不同微结构在每吉赫兹的 SPEC CPU2000 分值如图 4-43 所示。

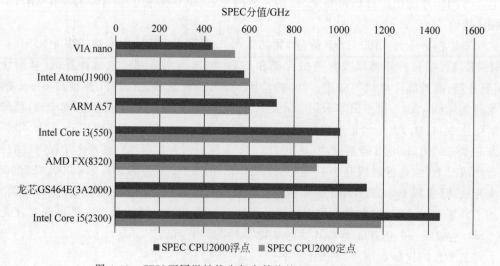

图 4-43　CPU 不同微结构在每吉赫兹的 SPEC CPU2000 分值

4. 基于国产化平台的软件开发

国家在基础软件生态建设方面积极投入,联合国内自主软件品牌厂商及国际开源社区共同建设软件生态。基于生态建设的成果,国产化 CPU 已在桌面办公自动化、个人桌面计算机、数据库及应用服务器、三维图形显控等诸多复杂系统领域中得到规模应用。国产化 CPU 的软件生态建设围绕 Linux 通用信息化系统和工控嵌入式系统两大平台展开。

1) 操作系统

目前整机市场上有几种主流操作系统,主要包括 Windows 操作系统和 Linux 操作系统。Windows 系统是微软公司研发的一款窗口化操作系统,也是目前市场上绝对主流的操作系统。Linux 是目前全球最大的一个开源软件,其本身是一个功能可与 UNIX 和 Windows 相媲美的操作系统,但也相对小众,吸引的用户大多为程序员。

在国家政策鼓励和行业发展大潮推动下,国产操作系统领域,产品多为以 Linux 为基础二次开发的操作系统。经过几年的发展和沉淀,国内主要操作系统形成了北上广三足鼎立的局面。其中北京以中科系为代表,中科红旗 Linux 是由北京中科红旗软件技术有限公司开发的一系列 Linux 发行版,中科红旗 Linux 包括桌面版、工作站版和红旗嵌入式 Linux 等产品。上海以中标系为代表,中标 Linux 操作系统和银河麒麟操作系统合并,以“中标麒麟”的新品牌统一出现在市场上。广东省以新支点操作系统为代表,新支点操作系统分为服务器版、嵌入式版和桌面版三款产品。该操作系统由广东新支点技术服务有限公司发布,公司成立于 2004 年,是广东省 Linux 公共服务技术支持中心运营的单位。

2) 中间件

中间件是一种应用于分布式系统的基础软件,位于应用与操作系统、数据库之间,主要用于解决分布式环境下数据传输、数据访问、应用调度、系统构建和系统集成、流程管理等问题,是分布式环境下支撑应用开发、运行和集成的平台。中间件是整个软件行业中属于基础软件板块,与操作系统、数据库并重的基础软件之一。在整个软件产业中,中间件的占比比较低,但作用类似于桥梁,在需要共享信息的不同软件应用中起重要的连接作用,让企业实现信息的整合。

中间件是基础软件领域国内外技术水平差距较小的领域,目前国产中间件厂商在产品、技术、服务等方面与国外的差距已经越来越小,东方通、金蝶、中创等国产中间件厂商市场占有率逐渐提升,未来国产化趋势有望持续。东方通在传统金融、电信、交通和政府等领域不断拓展的基础上,逐步向新兴市场开拓,如医疗卫生、教育、互联网等领域,在中间件市场中排在第三位,并且稳居国产中间件厂商中的首位。

3) 数据库

数据库是一个单位或是一个应用领域的通用数据处理系统,它存储的是属于企业和事业部门、团体和个人的有关数据的集合。数据库是基础软件里技术壁垒最大的环节,也是国内外差距最大的领域。数据库中的数据是从全局观点出发建立的,按一定的数据模型进行组织、描述和存储。其结构基于数据间的自然联系,从而可提供一切必要的存取路径,且数据不再针对某一应用,而是面向全组织,具有整体的结构化特征。在数据逐渐云化的趋势下,数据库未来的发展方向也在发生变化,主要解决问题是如何为企业级数据中心提供基于同样技术、同样架构和能够平滑移动的私有云、混合云、公有云产品方案。

　　武汉达梦公司(DM)为中国电子信息产业集团旗下的基础软件企业,专业提供集大数据平台架构咨询、国产数据库产品开发。达梦数据库管理系统 7.0 版本(简称 DM7)是具有完全自主知识产权的大型通用关系型数据库管理系统。DM7 采用了类似 Java 虚拟机的技术,在保证大型通用的基础上,DM7 针对可靠性、高性能、海量数据处理和安全性等方面,做了大量的研发和改进工作。DM 数据库产品采用国际流行的行列混合式存储架构,支持 DSC(数据共享集群)、MPP(大规模并行处理)集群,同时满足 OLTP(联机事务处理)和 OLAP(联机分析处理),安全等级达到了国标安全四级、军 B＋级、EAL4 级,并且兼容 Oracle 数据库。在不中断现有业务的情况下,可以实现秒级实时同步复制数据,数据保护与读写分离等集群性能,对复杂查询的高度智能性能远超同行。

　　4) 基础软件存在的问题

　　目前,我国基础软件总体上处于薄弱环节,但最薄弱的环节是 API(应用程序接口)。整机系统性能的瓶颈也在于 API 相关软件研发不足。我国在 API 的差距比 CPU 的差距大得多,中国写 Java 的程序员有上百万人,写 JavaScript 的程序员也有上百万人,写 QT 的也很多,但从事 Java 虚拟机、JavaScript 引擎、QT 库工程师有限,要尽快实现基础软件与系统硬件的对接。

5. 自主可控计算机发展路线

　　(1)"国际兼容,自主可控"是我国发展 CPU 的可行途径。国际兼容是指获得指令集的架构授权,可利用成熟商用 CPU 的生态系统;自主可控是指 CPU 内核完全自主设计、自主掌控。

　　(2)"指令包含,扩展创新"是过渡到完全自主的发展策略。现阶段可以策略性地发展包含国际主流架构的自主指令集作为过渡,即在自己指令集的基础上,完整地包含另外一个主流架构的指令集。

　　(3)积极争取 ARM 架构授权。目前我国 CPU 企事业单位已经获得了 x86、MIPS 和 PowerPC 架构的授权,相关兼容产品已经或正在实现产业化应用,证明我国企业获得这三种 CPU 的架构授权在技术和商业操作上是可行的。但是唯一没有获得的是最有前途希望的未来可能成为主流 CPU 架构 ARM 的授权。ARM 架构的生态系统更加完善,我国企业在 ARM 处理器的应用开发上取得了大量成果,因此取得 ARM CPU 的架构授权是较为理想的方案,应成为下一步积极争取的重点。

　　(4)加强对前瞻性技术的研究与开发,跟踪具有突破性、颠覆性的新的处理器设计理论方法和技术,并适时给予支持,抢占新一代技术制高点和发展先机。

习题 4

　　4-1　简述摩尔定律。

　　4-2　简述制定集成电路芯片技术规格的步骤。

　　4-3　CPU 技术指标有哪些?

　　4-4　画出一条机器指令的执行过程。

　　4-5　简述国产化飞腾、龙芯平台的产品系列。

第 5 章　GPU 原理与应用开发

计算机中的图形由点、线、面、体等几何要素和明暗、灰度(亮度)、色彩等非几何要素构成,而图形的生成由图形处理单元(Graphics Processing Unit,GPU)完成。GPU 又称显示核心、视觉处理器、显示芯片,是一种专门在个人计算机、工作站、游戏机和一些移动设备(如平板电脑、智能手机等)上做图像和图形相关运算工作的微处理器。GPU 的主要任务是对系统输入的视频信息进行构建和渲染,使显卡减少对 CPU 的依赖。

5.1　GPU 图形显示体系结构

5.1.1　GPU 发展过程

1. GPU 的起源及发展

nVIDIA 公司 1999 年发布 GeForce 256 图形处理芯片时提出了 GPU(图形处理单元)的概念。GPU 可以进行与计算机图形有关的数据运算,而这些功能过去由 CPU 实现。

随着计算机图形处理技术的不断发展,人们对图形处理的质量和速度要求不断提高。原来单纯依靠 CPU 计算能力来渲染 3D 图形的方法已经很难满足要求,用图形处理器 GPU 来加速图形渲染性能,可以使 CPU 更专注于通用运算,从而提高系统整体性能。随着 Windows 等图形界面操作系统的发展,GPU 也从最初的简单图形加速发展到图形渲染管线架构,之后又发展为可编程渲染管线,直到目前的统一着色器架构。GPU 的发展和图形操作系统及图形应用软件的发展可以说是相辅相成的。

2. GPU 的市场及现状

GPU 概念提出之前,图形渲染和显示主要依靠图形加速芯片。图形处理器出现之后,国外图形处理器市场先后涌现出很多设计和生产 GPU 的公司,其中有 3dfk、S3、Matrox、SIS、ATI、nVIDIA 等。

经过多年的市场激烈竞争和收购兼并,主流桌面级 GPU 市场基本上被 nVIDIA 和 AMD(AMD 收购了 GPU 巨头 ATI)这两家公司垄断,GPU 核心技术也被它们控制。

近年来,随着移动互联网的迅猛发展,人们对嵌入式移动设备的要求也越来越高,智能手机、笔记本计算机、便携式数字设备、车载导航系统以及游戏机等设备,对高性能 3D 图形处理能力的要求也越来越高。为了满足实时高分辨 3D 图形绘制的需求,嵌入式图形处理器的应用和发展越来越受到重视。

目前嵌入式 GPU 市场主要有英国 Imagination Technologies,英国 ARM,美国 nVIDIA、Qualcomm、Vivante 等公司的产品,这些公司在图形处理器架构设计和研发上都有十分雄厚的技术积累。有代表性的移动图形处理器为 nVIDIA 公司的 Tegra 系列、Imagination Technologies 公司的 PowerVR SGX 系列、ARM 公司的 Mali 系列、图芯科技的 Vivante GCCORE 系列等。

与国外 GPU 研究相比,国内对 GPU 的研究起步较晚,技术还处于研发阶段。国内研究 GPU 的单位有北大众志微处理器研究中心、中国科技大学、电子科技大学、华东师范大学等。国内的 GPU 有"萤火虫 1 号"图形处理器、JM5400 图形处理器、GP101 图形处理器等,性能虽然相对落后,但中国的 GPU 在崛起,逐步打破国外垄断。

5.1.2　GPU 硬件结构

1. GPU 硬件结构概述

GPU 体系结构的变化是一个从简单到复杂的过程。最初,图形显示只是作为一种计算机的输出手段,图形适配器只是其物理实现的媒介。随着图形处理功能在 GPU 上不断得到增强,图形处理的多种高级功能,如纹理映射等逐渐向 GPU 转移,CPU 图形处理部分得到释放。在现代计算机系统中,CPU 通过图形连接器(如 PCI/PCI-E、AGP 插槽等)与 GPU 进行通信,图形连接器的主要工作就是负责将所有的命令、纹理和顶点数据从 CPU 传送到 GPU。经典 GPU 硬件架构如图 5-1 所示。

一般情况下 GPU 应该包括以下功能模块:2D 引擎、3D 引擎、显示引擎以及总线接口与存储控制接口。

1) 2D 引擎

2D 引擎主要完成 2D 图形的渲染工作。与 2D 图形处理相关的操作大致可以分为以下几类。

(1) 与位块、画线、多边形及矩形填充相关的操作。

(2) 在一定的时钟周期内处理像素。

(3) 与字体和文本相关的处理。

(4) 实现对硬件光标的加速支持。

2) 3D 引擎

3D 引擎是图形处理芯片的核心模块,主要用于完成三维图形的渲染,为点、线、三角形、四边形等图元的处理提供 3D 硬件加速支持,同时支持 3D 纹理和 3D 环境映射。这一模块又可以分为两个子模块:顶点处理模块和像素处理模块。顶点处理模块负责对顶点缓存中的顶点数据进行处理,主要包括对顶点进行平移、旋转、缩放等几何变换以及对图元进行裁剪等操作。

像素处理模块主要完成对图元的逐像素操作。该子模块通常以若干条像素处理管道并行执行的方式来完成这一操作,这样在一个时钟周期内可以同时完成对多组像素的处理。这一子模块可以直接存取像素缓存中的纹理,因此纹理映射也主要在这个子模块中完成。

3) 显示引擎

显示引擎用于完成各种视频格式以及输出接口之间的转换,如常见的最小化传输差分

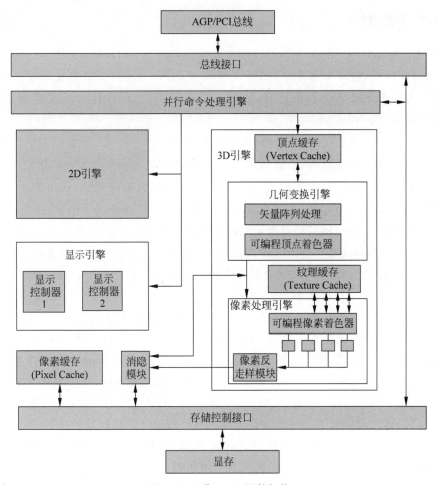

图 5-1　经典 GPU 硬件架构

信号、低摆幅差分信号等,同时还支持标准的模拟信号输出,用于支持阴极射线管显示。

4)总线接口与存储控制接口

总线接口与存储控制接口是图形处理芯片与系统总线(如 PCI、PCI-E、AGP 等)数据交换的中转站。同时,此模块也包括了帧缓冲区接口。

5)其他功能模块

除上述四个模块之外,GPU 中一般还有并行命令处理引擎和消隐模块等。

并行命令处理引擎负责解释 CPU 发送过来的命令,并根据这些命令选择相应的处理模块。如果是与二维图形处理相关的命令,数据将进入 2D 引擎进行处理,完成之后进入像素缓存,最后进入帧缓冲区进行显示;如果是与三维图形处理相关的命令,数据会进入 3D 引擎进行处理。3D 引擎的处理流程相对来说复杂一点:顶点数据首先进入顶点缓存,然后进入顶点处理模块完成几何变换、裁剪。经过几何处理的图元数据再进入像素处理模块,实现纹理贴图处理以及像素反走样,及消隐处理,最后经像素缓存进入帧缓冲区用以显示。

2. GPU 处理器结构

在 nVIDIA 的 GPU 里,最基本的处理单元是所谓的 SP(Streaming Processor),而一颗 nVIDIA 的 GPU 里,会有非常多的 SP 可以同时做计算;而数个 SP 会在附加一些其他单元,一起组成一个 SM(Streaming Multiprocessor)。几个 SM 则会再组成所谓的 TPC(Texture Processing Clusters)。

而在 CUDA 中,没有 TPC 的架构,而是根据 GPU 的 SM、SP 的数量和资源来综合调整。CUDA 处理器实际执行时,会以 block(块)为单位,把一个个的 block 分配给 SM 进行运算;而 block 中的 thread(线程),又会以 warp(线程束)为单位,把 thread 来做分组计算。目前 CUDA 的 warp 大小都是 32,也就是 32 个 thread 会被群组成一个 warp 来一起执行;同一个 warp 里的 thread,执行的指令相同,处理的数据不同。

基本上 warp 分组的动作是由 SM 自动进行的,会以连续的方式来做分组。例如,如果有一个 block 里有 128 个 thread,就会被分成四组 warp,第 0~31 个 thread 会是 warp 1,第 32~63 个 thread 是 warp 2,第 64~95 个 thread 是 warp 3、第 96~127 个 thread 是 warp 4。而如果 block 里面的 thread 数量不是 32 的倍数,那它会把剩下的 thread 独立成一个 warp;假如 thread 数目是 66,就会有三个 warp:0~31、32~63、64~65。由于最后一个 warp 里只剩下两个 thread,所以其实在计算时,就相当于浪费了 30 个 thread 的计算能力。

一个 SM 一次只会执行一个 block 里的一个 warp,但是 SM 不见得会一次就把这个 warp 的所有指令都执行完;当遇到正在执行的 warp 需要等待的时候,就切换到别的 warp 来继续做运算,借此避免为了等待而浪费时间。所以理论上效率最好的状况,就是在 SM 中有足够多的 warp 可以切换,这样在执行的时候,不会有"所有 warp 都要等待"的情形发生,因为当所有的 warp 都要等待时,SM 就进入空闲状态。

实际上,warp 也是 CUDA 中每一个 SM 执行的最小单位。如果 GPU 有 16 组 SM,也就代表真正在执行的 thread 数目会是 32×16 个。不过由于 CUDA 是要透过 warp 的切换来隐藏 thread 的延迟、等待来达到大量平行化的目的,所以会用所谓的 active thread 这个名词来代表一个 SM 里同时可以处理的 thread 数目。

而在 block 方面,一个 SM 可以同时处理多个 thread block,当其中有 block 的所有 thread 都处理完后,就会再去找其他还没处理的 block 来处理。假设有 16 个 SM、64 个 block,每个 SM 可以同时处理 3 个 block,那一开始执行时,device 就会同时处理 48 个 block;而剩下的 16 个 block 则会等 SM 处理完 block 后,再进到 SM 中处理,直到所有 block 都处理结束。

kepler 架构的 GK110 流处理器簇结构如图 5-2 所示,GK110 的一个 SM 有 192 个 Core,因此一次可以同时执行 192 个线程。SFU(特殊函数单元)用来进行 log()、exp()、sin()、cos()等函数运算。LD/ST(Load/Store)用于线程的全局内存或局部内存读写操作。一个 SM 有 192 个 Core,8 个 SM 就有 1536 个 Core,这么多 Core 的线程并行执行时需要进行统一管理。GPU 每次在 1536 个 Core 上执行相同的线程时,就需要知道哪些 Core 是空闲的。为了能对所有 Core 做统一调度,从而设计了 warp(线程束)调度器。32 个线程作为一组(称为线程束)执行相同的指令。一个线程束接收同一个指令,其中 32 个线程同时执行。不同的线程束可执行不同指令,将不会出现大量 Core 空闲情况。

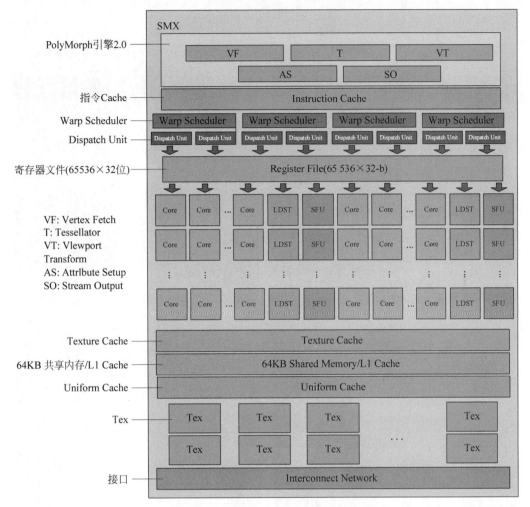

图 5-2　GK110 流处理器簇结构

3. nVIDIA 图形处理器硬件架构的改进

2017 年,nVIDIA 公司发布了 Volta V100 架构加速器,相比于上一代 nVIDIA Maxwell 和 kepler 架构,新架构具备更好的工艺性和更高的运算性能。Tesla V100 GPU 一共包含 640 个 Tensor 核心:每个 SM 有 8 个核心,SM 内的每个处理块有 2 个核心。在 Volta V100 中,每个 Tensor 核心每时钟执行 64 次 FMA(Fused Multiply-Add,乘法及加法融合指令)运算,一个 SM 中的 8 个 Tensor 核心每时钟周期内共执行 512 次 FMA 运算(或 1024 次单个浮点运算)。

Volta V100 流处理器结构如图 5-3 所示。

新一代的 nVIDIA Tesla V100 图形处理器硬件架构,相比于 5 年来的 NVIDIA Tesla 其他处理器在性能提升如表 5-1 所示。

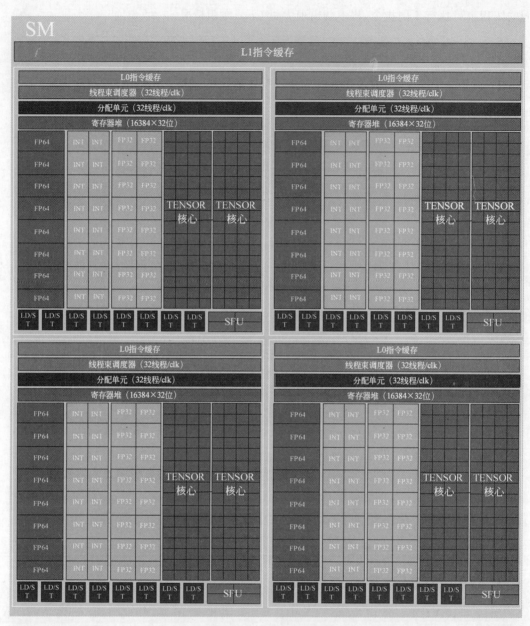

图 5-3　Volta V100 流处理器结构

表 5-1　nVIDIA Tesla 图形处理器性能对比

Tesla 产品	Tesla K40	Tesla M40	Tesla P100	Tesla V100
GPU 型号	GK180(kepler)	GM200(Maxwell)	GP100(Pascal)	GV100(Volta)
SM 数量	15	24	56	80
TPC 数量	15	24	28	40
FP32 核心数/SM	192	128	64	64
FP32 核心数/GPU	2880	3072	3584	5120
FP64 核心数/SM	64	4	32	32

续表

FP60 核心数/GPU	960	96	1792	2560
Tensor 核心数/SM	NA	NA	NA	8
Tensor 核心数/GPU	NA	NA	NA	640
GPU 加速频率/MHz	810/875	1114	1480	1530
FP32/TFLOPS 峰值	5	6.8	10.6	15.7
FP64/TFLOPS 峰值	1.7	0.21	5.3	7.8
Tensor/TFLOPS 峰值	NA	NA	NA	125
纹理单元数量	240	192	224	320
显存位宽/位	384/GDDRS	384/GDDRS	4096/HBM2	4096/HBM2
显存容量/GB	最大 12	最大 24	16	16
L2 缓存大小/KB	1536	3072	4096	6144
共享内存大小/KB	16/32/48	96	64	最大 96
寄存器文件大小/KB	256	256	256	256
寄存器文件大小/KB	3840	6144	14336	20480
TDP(热设计功耗)/W	235	250	300	300
晶体管数量/亿	71	80	153	211
GPU 芯片大小/ mm²	551	601	610	815
制造工艺/nm	28	28	16FinFET＋	12FN

5.2　基于 GPU 图形显示技术

计算机图形显示(Computer Graphics Display)是计算机绘图术语,指计算机所绘图样在屏幕上的显示。计算机绘图一般指在计算机的控制下,从绘图机上输出永久性的图形,适用于静态绘图。如果图形输出设备不是绘图机,而是显示器,则称为计算机图形显示,简称CGD。它既适用于静态绘图,也适用于动态绘图,输出的是供临时观察或实时监视的屏幕图形。

随着计算机科学技术的迅猛发展,借助于计算机的图形显示技术、图像处理技术和模式识别技术均取得了重大进展。在电视节目制作系统中,就有电视字幕机、三维动画工作站和非线性编辑系统等几大应用领域。而在这几大应用领域中,都离不开计算机图形显示技术。

计算机图形显示系统完成平面投影的二维图形或立体三维图形的生成、变换和信息的传送,这些处理功能需要计算机图形显示系统具备强有力的系统硬件和软件方面的支持。

5.2.1　GPU 加速渲染管线技术

1. 图形与图像的区别

在计算机图形学领域,图形(Graphic)和图像(Image)是两种不同的表达方式,在处理技术上有很大的区别。图形使用点、线、面来表达物体形状;图像采用像素点阵构成位图。图形中三角形的顶点与顶点之间是有联系的,它们决定了物体的形状;图像的像素点之间没有必然的联系。图形的复杂度与物体大小无关,与物体的细节程度有关;图像的复杂度与物体的内容无关,只与图像的像素点有关。图形放大时不会失真;图像放大时会产生马赛克现象。图形学主要研究物体的建模、动画、渲染等;图像学主要研究图像的编辑、恢复与重建、内容识别、图像编码等。

2. 三维图形的处理过程

三维图形的生成与处理过程非常复杂。如图 5-4 所示,处理需要经过几何建模→渲染→后期合成等步骤,其中最重要的工作是几何建模和渲染。

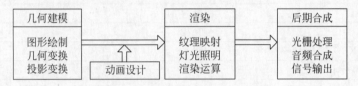

图 5-4　3D 图形的生成与处理过程

3. 什么是渲染

渲染(Render)是将 3D 模型和场景转变成一帧帧静止图像的过程。渲染时,计算机根据场景的设置、物体的材质和贴图、场景的灯光等要求,由程序绘制出一幅完整的画面。3D模型的渲染效果如图 5-5 所示。

(a) 3D模型　　　　　　　　　　　　　　　(b) 渲染效果

图 5-5　3D 模型的渲染效果

实时渲染就是图形数据的实时计算和输出。典型的图形数据源是顶点,顶点包括了位置、法向、颜色、纹理坐标、顶点权重等。实时渲染技术广泛用于各个领域,如大型游戏画面、3D 实景仿真等,往往采用高性能计算机进行实时渲染。随着 GPU 处理能力越来越强大,一些实时渲染的图形效果也做得更加逼真与贴切,得到不错的视觉效果。

4. 渲染管线技术

GPU 的发展经历了固定渲染管线、可编程渲染管线和统一渲染架构三个时期。

(1) 固定渲染管线也称为渲染流水线。传统的渲染管线由像素着色单元(PSU)、纹理贴图单元(TMU)、光栅化引擎(ROP)三部分组成。从功能上来讲,PSU 负责像素处理,TMU 负责纹理渲染,ROP 完成像素的最终输出。

（2）可编程渲染管线是用着色器替代固定渲染管线，通过对着色器编程，可以完成以前固定管线无法实现的特效。着色器又可分为顶点着色器（Vertex Shader）和像素着色器（Pixel Shader）。通过对顶点着色器编程可以进行顶点变换、光照处理等操作；通过对像素着色器编程可以控制像素颜色和纹理采样。GPU 在渲染 3D 图形时，实际上就是对顶点和像素的操作和计算，程序中顶点的数据格式为 (x,y,z,w)，其中 x、y、z 为三维空间坐标轴，w 也称为 RHW，一般情况下 $w=1$，它是为了使处理矩阵的工作变得容易一些；像素信息为 (R,G,B,A)，其中 R、G、B 为红、绿、蓝三色分量，A 为 Alpha 色彩空间，也就是图形的透明度，它是 RGB 色彩模型的附加信息。着色器编程的目的是改变每一个像素的顶点信息和像素信息，通过大量的渲染工作构建出 3D 画面和各种特效。

（3）统一渲染架构的设计思想将顶点着色器和像素着色器合并为一个具有完整执行能力的统一渲染单元（US）。微软公司在 DirectX 10 中首次提出了统一渲染架构，在统一渲染架构中，指令可以直接对 ALU（算术逻辑单元）进行控制，而非过去的特定单元。

5. 渲染管线工作原理

图形适配器的核心部件主要有显示芯片、显示存储器（简称显存）以及 RAMDAC（Random Access Memory Digital/Analog Converter），如图 5-6 所示。显示芯片处理完的资料会全部传送到显存，然后进入极为关键的 RAMDAC 单元。RAMDAC 单元所需要完成的任务便是数-模转换，因为图形适配器芯片处理的是数字信息，而普通的 CRT 显示器接收的都是模拟信息，所以这一步是必不可少的。RAMDAC 的转换速率决定了刷新频率的高低，其转换速率越大，频带越宽，高分辨率时的画面质量越好。

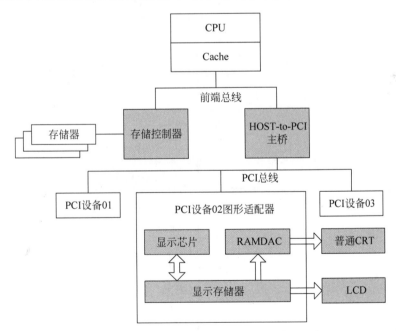

图 5-6　图形适配器及相关体系结构

事实上，图形适配器技术发展初期的重点并非是显示芯片，也不是 RAMDAC，而是显存。显示芯片与 RAMDAC 是两个非常忙碌的高速设备，而显存必须随时能够供这两个设备使用。每一次显示屏画面发生改变时,显示芯片就必须更改显存里面的资料,而且这一动作是连续进行的。同样地,RAMDAC 也不断地读取显存上的资料,以维持画面的刷新。分辨率越高,从芯片到显存的资料也就越多,而 RAMDAC 从显存读取数据的速度要更快才行,为此显存必须在容量以及速度方面达到一定的要求。

GPU 三维加速图形处理是采用流水线结构来完成的,由顶点着色单元和像素着色单元两部分组成,而像素着色单元更受用户重视。如果从绘画角度来形容两者在加速图形处理过程中所起的作用,顶点着色阶段是在绘画前对整个结构或框架的构思,即将所画的图像轮廓或外框先画出来,到像素着色阶段则对整个框架进行着色,构成完整的三维图像。

几何顶点是 GPU 流水线处理的最基本的输入数据。而 GPU 流水线的输出则是存在帧缓存里,输出可以通过数据传输读回内存,也可以通过 RAMDAC 接口直接在显示屏上得到图像的输出。流水线的第一阶段主要是把顶点由三维的物体坐标转换为屏幕坐标。随后通过光栅化的处理得到很多像素片段从而传入像素处理器并得到最终的图像输出结果。如图 5-7 所示,在绘制图像时,GPU 首先接收主系统以三角顶点形式发送的几何数据。这些顶点数据由一个可编程的顶点着色器进行处理,该着色器可以完成几何变换、亮度运算等任何三角形运算。接下来,这些三角形由一个固定功能的光栅器转换成显示在屏幕上的单独片元。在屏幕显示之前,每个片元流通过一个可编程的片段处理器运算最终颜色值。

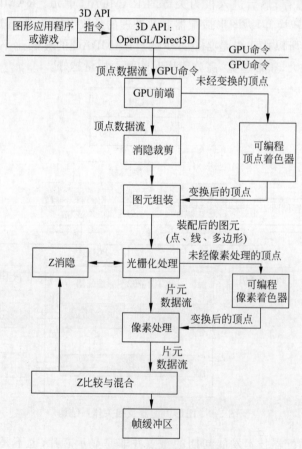

图 5-7　GPU 渲染管道示意图

6. GPU 与 CPU 的渲染性能对比

1) GPU 与 CPU 的相同点

GPU 专用于图形数据的并行计算，对海量图形数据进行并行处理，有极高的计算密度；而 CPU 主要专注于通用数据的处理。GPU 与 CPU 有下面共同点。

（1）它们都是计算机体系结构中的重要组成部分。

（2）它们都采用超大规模集成电路元件。

（3）它们都能够完成浮点运算功能。

2) GPU 与 CPU 的不同之处

（1）它们的设计目的不同。CPU 按照"指令并行执行"和"数据并行运算"的思路设计，大部分晶体管主要用于构建控制电路和高速缓存，内部电路复杂；而 GPU 的控制电路相对简单，对高速缓存需求较小，可以把大部分晶体管用于计算。

（2）显存与内存的数据传输延迟不同，显存延迟是内存延迟的 1/10。

（3）显存与内存的带宽不同，显存带宽比内存带宽高出一个数量级。

（4）线程粒度不同。当 CPU 线程被中断或者由就绪状态变为等待状态时，系统需要把当前线程的上下文保存下来，并开始读取下一个线程的上下文。这种处理方式使得 CPU 切换线程所需要执行的时间较长，通常需要数百个时钟周期。而 GPU 线程是硬件管理的细粒度轻线程，可以实现无延迟的线程切换。

（5）CPU 采用多核结构，GPU 采用众核结构。CPU 每个内核基于 MIMD（多指令流多数据流）而设计，每个 CPU 内核在同一时刻执行自己的指令，与其他内核没有关系。这种设计思想增加了芯片的面积，限制了 CPU 集成内核的数量。GPU 的每个流处理器可以看作类似于 CPU 的单个内核，每个流处理器以单指令流多线程方式工作，只能执行相同的程序。尽管 GPU 运行频率低于 CPU，但由于流处理器数远多于 CPU 的内核数（众核），因此 GPU 的单精度浮点处理能力高于 CPU 一个数量级。

简单地看，GPU 用大量线程实现数据的并行计算，在处理计算量大、线程多、逻辑分支简单的任务时性能出众；而 CPU 在处理较为复杂的逻辑运算时有一定优势。

5.2.2　GPU 图形抗锯齿技术

在提高图像显示性能的同时，提升画面质量也是非常重要的工作。在遇到倾斜的物体表面、弯曲的表面或者是远近景过渡时，很容易出现锯齿现象。抗锯齿的基本方法有：一是提高图形分辨率，使图形像素尽可能小，但是高分辨率图形增加了显卡的处理负担；二是采用雾化渲染方法消除锯齿现象，但是这种方法会牺牲图形的清晰效果，或者降低图形的显示速度；三是将图形边缘像素的前景色和背景色进行混合计算，用第 3 种颜色来填充该像素（如抖动技术）。

1. 抖动抗锯齿技术

抖动算法是一种应用广泛的图形处理技术，如本书中所有图片的印刷都采用了这种技术，它使用一种颜色（如黑色）的油墨，印刷了多种灰度等级的图片。利用抖动技术进行图形抗锯齿处理时，它通过改变像素的灰度等级排列，得到一种过渡色调，使曲线边缘看起来更加平滑一些。采用抖动技术显示的字符和图像效果如图 5-8 所示。

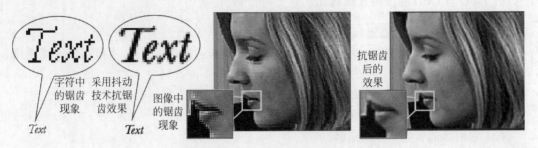

图 5-8　文字和图像采用抖动技术进行抗锯齿处理的对比图

　　抖动抗锯齿技术的基本工作原理如图 5-9 所示。假设我们需要在屏幕上显示一根斜线，根据算法生成的理论直线必须以像素点的方式显示在屏幕上。屏幕的最小显示单位是 1 个像素，如果我们以黑白两种颜色来填充这些像素点（如图 5-9 所示），就会在图形边缘产生锯齿现象，使图形边缘看起来非常粗糙。抖动抗锯齿技术的基本原理是利用不同灰度等级的颜色来填充图形边缘，形成图形边缘的过渡色，减小锯齿现象。

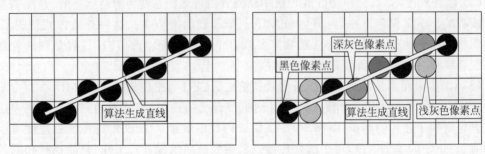

图 5-9　未采用抖动技术的直线和采用抖动技术后的直线

2. 全屏抗锯齿技术

　　在利用抖动技术抗锯齿时，我们讨论了利用灰度等级进行锯齿消除。但是灰度等级如何界定、在什么位置采用哪种灰度等级，不同的显卡厂商有不同的实现方法。

　　目前大部分显卡厂商采用了多级采样抗锯齿（MSAA）技术。MSAA 在进行抗锯齿处理之前，首先对于像素的位置进行检测，看图形像素是否位于对象的边缘。MSAA 仅处理对象边缘的像素，对于内部像素则不进行处理，从而大大减少了所需要处理的数据量，并且还能保证抗锯齿质量。MSAA 根据每个像素中子取样的位置可分为 OGSS（顺序栅格超级采样）和 RGSS（旋转栅格超级采样）等方法。

　　OGSS 是一种最常使用的抗锯齿取样技术，OGSS 是将原来的画面放大，并且在放大的画面中进行 $2\times$、$4\times$、$16\times$ 等采样，然后根据采用点与理论直线的关系决定图形边缘灰度等级的着色操作，然后再将画面还原到原来的大小显示出来，如图 5-10 所示。

3. 子采样点排列方式

　　像素内部子采样点的排列方式对物体边缘部分着色效果有很大关系。如图 5-10 所示，我们以 $6\times$（每个像素 6 个子采样点）抗锯齿为例进行说明。当一条接近水平的分界线穿过

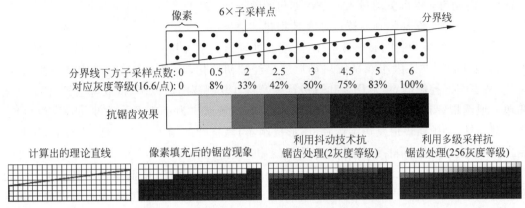

图 5-10　多级采样＋OGSS 的抗锯齿技术工作原理

这一行像素时,假设分界线下方为黑色(100％灰度),而上方为白色(0 灰度)。如果分界线下方没有子采样点则像素的灰度为 0,如果所有采样点都在分界线下方则像素灰度为 100％,这样每个子采样点占大约 16.6％的灰度。如图 5-10 所示,随着分界线的上升,可以看到每个像素的灰度等级在发生变化,达到了图形边缘抗锯齿的效果。

全屏抗锯齿(FSAA)就是采用多级采样(MSAA)技术,然后在子采样点排列位置上采用不同方法(如图 5-11 所示),实现全屏幕图形的抗锯齿效果。

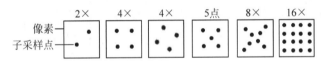

图 5-11　不同子采样点的排列方式

FSAA 技术不会给 3D 画面的色彩或者色阶过渡带来好处,而且对于传统的 2D 图形显示也没有太大的作用,但是在 3D 图形应用程序(尤其是 3D 游戏)中,使用 FSAA 技术对提高 3D 画面分辨率非常有效。

5.2.3　GPU 缓冲区管理

1. 环缓冲区管理机制

图形显示系统中的数据处理采用环形缓冲管理机制,当图形控制器设置在总线主控模式下工作时,主机驱动程序,必须分配一块系统内存作为命令数据包的缓冲区,用于给图形控制器发送命令。这些命令数据包指示图形控制器来完成各种操作,例如在屏幕上绘制对象。这块内存区逻辑上像一个环,它允许数据包以循环的方式被置入或取走,因而命名这个内存块为环形缓冲区。

环形缓冲区是 CPU 和 GPU 两个处理器之间协同工作的共享内存空间,被用来实现从主机处理器(写者)到图形控制器(读者)的单向通信。每个处理器都必须保持环形缓冲区的工作状态。这些状态包括如下几种。

(1) 缓冲区基地址:缓冲区开始的地址。

(2) 缓冲大小:缓冲区的大小。

（3）写指针：主机驱动写入命令数据包的地址。

（4）读指针：图形控制器读取命令数据包的地址。

为了使环形缓冲区能够正常工作，两端的处理器必须保持这种状态的一致性视图。缓冲区基地址和缓冲区大小在系统启动后就已经被初始化，从这个点之后就很少发生改变。主机（或者图形控制器）初始化读和写指针以及将其复制到图形控制器（或者主机）相对比较简单。但读指针和写指针在环形缓冲区的操作相当频繁。为了达成一致性，当写者（主机）更新写指针，必须将该值发送给读者（图形控制器）写指针的副本。类似地，当读者（图形控制器）更新读指针，必须将该值发送给写者（主机）读指针的副本。

命令数据包被放入缓冲区中，从起始地址到结束地址，例如，从低地址到高地址。一旦数据放置到结束地址，再一次从头开始放置。与此同时，命令数据包从队列的头部开始执行，其调取方式与它们的放置方式类似。

图 5-12 说明了环形缓冲区是如何操作运行的。在该图中，数据包以逆时针的顺序被放入缓冲区，形成一个数据包的队列。在队列中的第一个数据包被标识为 P_1，最后一个被标识为 P_n。两端的读指针指向 P_1。没有被数据包占用的存储器部分，被称为空闲区域，两端的写指针指向该区域。

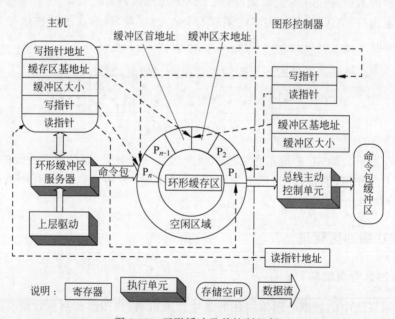

图 5-12　环形缓冲及其控制机制

最初，读写指针可以同时指向环形缓冲器中相同的位置，例如缓冲区的开始地址。两个指针指向环形缓冲区中的同一位置，通常意味着两种情况之一。其中一种情况是，缓冲区是空的，而另一种情况则是缓冲区已满。为解决两个指针相等的二义性，主机采用环形缓冲区总是保持一个存储单元处于空闲未用状态，避免缓冲区被填满的情况出现。

在主机端，驱动程序将命令数据包写入空闲的环形缓冲区，并通过直接写入到图形控制器写指针寄存器，通知图形控制器有关写指针的任何变动。主机通过比较读写指针来跟踪缓冲区中空闲空间，如果缓冲区（几乎）填满则挂起写入操作。

在图形控制器端,从读指针指向的地址开始,通过 PCI/PCI-E 总线控制器,命令数据包被一个接一个的从队列头部取走,并放置到命令数据包缓冲区。当图形控制器更新其读指针的副本时,它使用一个总线主控写操作来更新主机端读指针的副本,这个副本驻留在一个内存共享的位置。图形控制器有一个寄存器,用来存放主机的读指针所在的内存地址,并使用该地址完成总线主控模式下的写操作。通过比对读写指针,图形控制器同样来跟踪缓冲区中的空闲空间,如果缓冲区为空(即读指针等于写指针),则暂停读操作。

为了减少系统总线上的通信流量,图形控制器不应该在图形控制器端每一次发生变化时都更新主机端读指针的副本。为了方便起见,在数据包队列中,采用了一个双字块的概念。当图形控制器每次都消耗了一个块大小相当的环形缓冲区数据时,将更新主机的读指针副本。除此之外,当图形控制器认为数据包队列为空时会更新读指针的副本。块的大小是可编程的,这允许程序员权衡这两个开销,分别是花费在系统总线上读写指针更新所耗费的通信开销和做实际数据传输的时间量。更大的块大小往往减少通信开销,但是降低了在队列中块的数目,从而降低了主机和图形控制器之间的交互量粒度(或去耦)。

为了减少系统内存总线上的通信流量,驱动程序应该需要尽可能减低访问的频率,以减少对读指针和写指针的复制。为了尽量减少读取读指针,可以检查一次,计算出可用的空间量,而且添加数据包到队列后,可用空间量正在递减。当它看到的自由空间很小(队列几乎全满)时,就可以再次启动这个程序(因为它最后一次读了数据,其副本可能会有所改变)。主机也可以选择,不是每次对数据包队列进行写操作的时候,而是在频率较低的基础上,可能在一个基于块的基础上更新的图形控制器写指针。然而,如果缓冲区为空,更新图形控制器写指针的任何延迟,可能会增加图形控制器响应该命令包的延迟。此外,如果想要图形控制器从队列中读取命令数据包,主机必须小心地更新图形控制器写指针副本,直到队列为空。

当队列几乎被填满时,主机将要轮询读指针,直到有空间可用。在某些系统中,此轮询将驻留在处理器的高速缓存中,从而避免系统总线上的冲突,同时,当图形控制器在总线主控模式下执行读指针的写操作后,主机 CPU 端的侦听逻辑单元会维持主存和处理器高速缓存之间的一致性。值得注意的是,读指针必须驻留在 PCI 空间,因为只有这样,该侦听部件才能正常工作。

2. 数据包格式

在命令包模式下编程时,并不需要直接对寄存器进行写操作来进行屏幕绘图。相反,需要做的是在系统内存中准备命令数据包格式的数据,并让固件(微引擎)来完成其余的工作。

目前定义了四种类型的命令数据包。它们是类型 0,1,2 和 3,这里仅列举 0 型数据包,如图 5-13 所示,一个命令包由数据包头和信息主体组成,信息主体紧跟在数据包头的后面。数据包头定义微引擎要进行的操作,信息主体中包含了微引擎中进行的操作所需要使用的数据。

类型 0 数据包的功能是:在信息体中写入 N 个双字,用于写入 N 个连续的寄存器或特定的寄存器中。

包头字段包含多个控制位:①寄存器地址索引,相当于字节地址位的[14:2]。因此,它是双字的内存映射地址。字段宽度支持双字地址达到 0x7FFF。②保留位,保留供未来扩展的地址空间。③连续标识符，0 定义为写入数据到 N 个连续的寄存器；1 写入所有数据到相同的寄存器。④包体数据数量：信息体中双字的数目。如果信息体中有 N 个双字，其值应为 N－1。⑤分组标识符：类型 0 命令为零。包体主要包含数据。

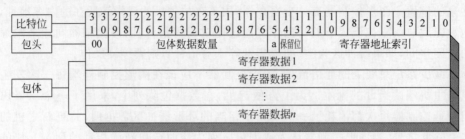

图 5-13　0 型数据包

5.2.4　VxWorks 下图形驱动的实现

1. WindML 基本结构

WindML(Wind Media Library，媒体库)是风河公司 VxWorks 操作系统中的图形支持库，主要用来提供基本的图形、视频和声频技术，以及提供一个设备驱动程序框架。

WindML API 提供了一个统一的图形硬件接口和设备事件处理能力。

WindML 包含软件开发包(SDK)和驱动程序开发包(DDK)两个组件。

SDK 组件用来开发应用程序，它提供了一个全面的 API(应用程序接口)，其负责图形、输入输出、多媒体、字体和内存等方面的处理。

DDK 组件用来实现驱动程序，它提供了一个完整的驱动程序参考集，其中包括硬件配置和 API，它使得开发者能够迅速地开发自己的驱动程序。

WindML 基本结构如图 5-14 所示。

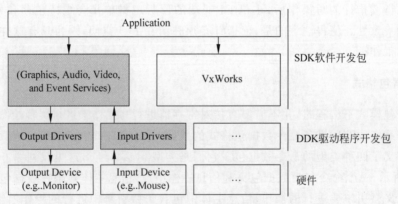

图 5-14　WindML 基本结构

2. UGL 图形接口(UGI)API

WindML 提供以下三种普通驱动程序，可以根据所用的显卡来选择合适的驱动程序。

(1) 16 位线性帧缓冲驱动程序。

（2）8 位线性帧缓冲驱动程序。

（3）基于帧缓冲的普通像素驱动程序。

WindML 提供的三种驱动程序只执行了最简单的硬件驱动，如果要发挥显卡的性能，则需要有针对性地编写显卡驱动程序。

开发人员可以通过 UGI API 来访问图形驱动程序例程，UGI 主要接口是一个包含函数指针和不同的数据项的数据结构。函数指针允许访问图形驱动程序。核心 ugl_ugi_driver 数据结构如下。

```
typedef struct ugl_ugi_driver
{
/* Data Members */
UGL_MODE * pMode; /* display mode */
UGL_PAGE * pPageZero; /* First Page */
void * extension; /* optional driver extensions */
/* UGI function pointers */
/* General */
UGL_STATUS ( * info) (struct ugl_ugi_driver * pDriver,
UGL_INFO_REQ infoRequest, void * info);
UGL_STATUS ( * destroy) (struct ugl_ugi_driver * pDriver);
/* Mode support */
UGL_STATUS ( * modeAvailGet) (struct ugl_ugi_driver * pDriver,
UGL_UINT32 * pNumModes, const UGL_MODE * * pModeArray);
UGL_STATUS ( * modeSet) (struct ugl_ugi_driver * pDriver,
UGL_MODE * pMode);
/* Color Support */
UGL_STATUS ( * colorAlloc ) (struct ugl_ugi_driver * pDriver,
UGL_ARGB * pAllocColors, UGL_ORD * pIndex,
UGL_ARGB * pActualColors, UGL_COLOR * pUglColors,
UGL_SIZE numColors);
UGL_STATUS ( * colorFree) (UGL_DEVICE_ID devId, UGL_COLOR * pColors,
UGL_SIZE numColors);
UGL_STATUS ( * clutGet) (struct ugl_ugi_driver * pDriver,
UGL_ORD startIndex, UGL_ARGB * pColors, UGL_SIZE numColors);
UGL_STATUS ( * clutSet) (struct ugl_ugi_driver * pDriver,
UGL_ORD startIndex, UGL_ARGB * pCcolors, UGL_SIZE numCOlors);
UGL_STATUS ( * colorConvert) (struct ugl_ugi_driver * pDriver,
void * sourceArray, UGL_COLOR_FORMAT sourceFormat,
void * destArray, UGL_COLOR_FORMAT destFormat,
UGL_SIZE arraySize);
...
} UGL_UGI_DRIVER;
```

ugl_ugi_driver 结构必须为图形设备提供所有的全局数据和函数指针。如果图形设备需要额外的数据项，则需要将此数据项添加到 ugl_ugi_driver 结构中。程序开发者可以通过写 ugl_ugi_driver 结构中定义的接口函数来完成图形设备驱动程序的开发。

另一个通用驱动程序结构为 ugl_generic_driver，它包含指向普通驱动程序函数的指针和全局数据。

```
typedef struct ugl_generic_driver
{
UGL_UGI_DRIVER ugi; /* UGI structure (required) */
/* Device Data */
void * fbAddress; /* Fixed Frame Buffer Address *
UGL_MEM_POOL_ID videoMemPoolId; /* ID of video memory pool */
UGL_PAGE * pDrawPage; /* page to which rendering occurs */
UGL_PAGE * pVisiblePage; /* page visble on display */
/* Generic Driver Data */
UGL_GC_ID gc; /* Active graphics context */
UGL_GEN_DDB * scratchBitmap; /* used for transparent Blts */
UGL_ORD transBitmapCount; /* used for transparent Blts */
UGL_CLUT_STRUCT * pClutStruct; /* color lookup table */
void * pCursorData; /* used for cursor support */
void * extension; /* optional driver extensions */
UGL_BOOL gpBusy; /* GP wait */
/* Generic Driver Routines */
UGL_STATUS (* fbPixelSet) (struct ugl_generic_driver * pDriver,
UGL_POINT * pPoint,UGL_COLOR color);
UGL_STATUS (* fbPixelGet) (struct ugl_generic_driver * pDriver,
UGL_POINT * pPoint,UGL_COLOR * pColor);
UGL_STATUS (* hLine) (struct ugl_generic_driver * pDriver,UGL_POS y,
UGL_POS x1,UGL_POS x2,UGL_COLOR color);
...
```

驱动程序中核心函数如下：nxxxDevCreate（）、xxxDevDestroy（）、xxxInfo（）、nxxxModeSet()和 xxxModeAvailGet()。

此外，普通 8 位线性帧缓冲设备需要以下函数：nxxxClutEntrySet()和 xxxClutEntryGet()。

基于帧缓冲像素设备，除了上述所有函数之外，还需要以下函数：nxxxFbPixelGet（）和 xxxFbPixelSet()。

3. 显卡设备驱动设计

驱动程序的设计包括以下两部分工作。

第一部分是标准的 UGL 接口程序，该部分可以从 WindML 自带的一些驱动程序案例修改而成（如 target/src/ugl/driver/graphics 目录下的 chips 或 igs 等）。

第二部分是显卡的核心驱动程序，这部分通常要处理以下工作。

（1）查找 PCI 设备并获取该设备的资源，如帧缓冲区地址、显卡寄存器基地址等。

（2）初始化时钟、获取内存大小。

（3）设置相关色度，如 8 位、16 位等。

（4）获取显示模式（如分辨率、刷新频率等），并检查其有效性。

（5）配置相关寄存器，设置显示模式及 DAC 控制器。

（6）初始化 3D 引擎，以支持 3D 功能。

以上工作根据不同显卡设备有所区别，但是处理流程相同。

4. WindML 库生成及驱动程序的使用

完成驱动程序开发后，需要进行 WindML 库及驱动程序的编译工作。

1）WindML 编译

WindML 库编译的步骤跟通常的编译是相同的，有两种编译方法，即命令行编译和图形编译。下面主要介绍图形模式下的编译过程，如图 5-15 所示。

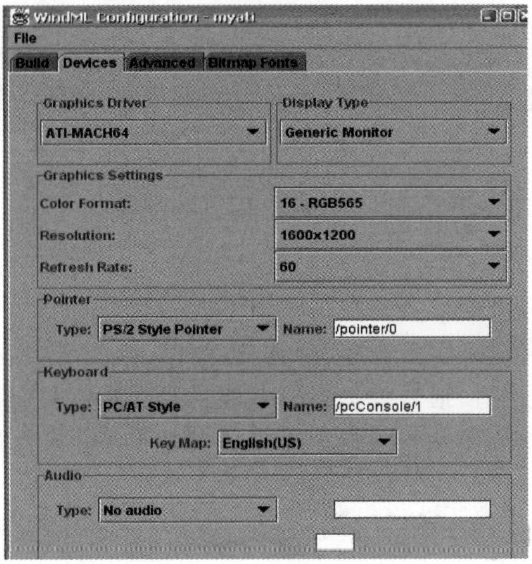

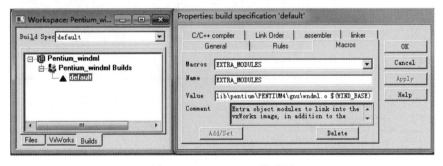

图 5-15　WindML 配置图

配置主要包括 CPU 类型选择、颜色模式选择、分辨率设置、键鼠配置以及字体配置等工作。在配置完成后，保存后进行 Build 编译。编译完成后，在 target → lib → pentium → PENTIUM4gnu 目录下，会生成两个文件：wndml. o 和 libwndml. a，将其中一个文件编译到 VxWorks 工程中即可。

在 Tornado2. 2 开发工具的"Builds"选项中，设置添加库文件到 VxWorks 工程中，并将 wndml. o 库文件也添加到 VxWorks 工程中，如图 5-16 所示，然后编译生成 VxWorks。

图 5-16　Tornado2. 2 的配置

2）驱动程序使用

利用 WindML 自带的 example 目录下的 ugldemo 例子程序来测试 ugldemo 程序首先调用 sysAtiPciInit（M1600 × 1200 × 60）来初始化 ATI 显卡，并在文件中包含头文件 atiMach64User. h，即＃include "atiMach64User. h"。

sysAtiPciInit 是核心驱动初始化函数，atiMach64User. h 头文件主要是提供给用户的一些接口函数及常数的定义。

以上简要叙述了显卡在 VxWorks 操作系统 WindML 下的开发过程,新的显卡驱动需要按 WindML 架构配置好关键结构体、数据库文件、驱动文件,实现图形驱动的几大要素后,逐步调试完成。

5.2.5 Linux 下图形驱动的实现

1. Linux 下 GPU 驱动组成

Linux 图形子系统由四大部分构成:一是硬件图形加速设备(GPU)和输入输出设备(如键盘、鼠标、显示器);二是窗口系统(如 X-Window 或 Wayland);三是图形加速渲染函数库(如 OpenGL 或者 Direct3D);四是图形应用程序(如 Firefox3D 游戏),这些组件共同构成一个计算机图形子系统。

Linux 图形子系统的典型构成是将 X-Window/Wayland 作为窗口系统,Mesa 3D 提供高级图形加速渲染编程接口,通常以动态链接库的形式出现。Linux 内核的渲染管理器(DRM)提供管理 GPU 的图形硬件接口。图 5-17 描述了 Linux 图形子系统的组成与各模块之间的关系。

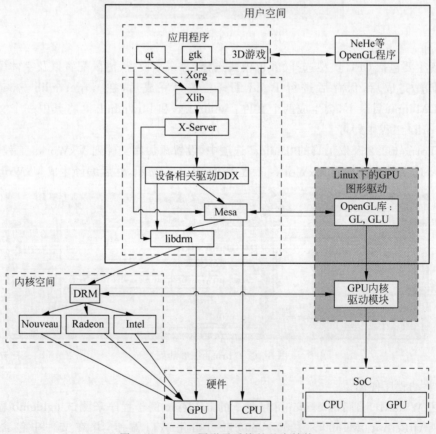

图 5-17　Linux 图形子系统的基本结构

Linux 下的图形驱动不只是一个单独的程序,它包含了从用户态到内核态的多个软件模块,通常由 Mesa 3D 库为图形开发人员提供 OpenGL 编程接口,完成驱动用户空间的功能,由内核态的直接渲染管理器负责控制 GPU 的硬件加速功能。用户态的 OpenGL 库相当于是基于 GPU 的一个 Mesa 3D 库的实现。GPU 内核驱动模块相当于内核态的直接渲染管理器。

2. Mesa 3D

Mesa 3D 是根据 OpenGL 规范实现的开源图形软件库,它由 VMware 和 Intel 等公司共同开发完成。Mesa 3D 与 OpenGL 有相同的应用程序接口,Mesa 3D 用软件模拟的方式实现了所有的 OpenGL API 函数,即使在没有图形硬件加速的系统中,用户也能通过使用 Mesa 3D 软件库来完成 3D 图形的渲染过程。Mesa 3D 已经被广泛应用在各种平台和图形系统中。Linux 下的图形驱动软件不仅仅是一个简单的可执行程序,它是由多个组件相互协作,共同组成的。虽然图形硬件厂商提供的显卡驱动是一个独立的程序,但它本身还是由多个功能组件封装而成,而且通常是几十兆甚至上百兆的庞大程序。Mesa 3D 是开源代码库,可以免费获取其源代码来研究和分析,为 OpenGL 软件库设计提供借鉴。

3. X-Window 图形系统

Linux 下最多的图形用户界面(GUI)是 X 窗口系统。X-Window 是一个图形工业标准,它有多种不同的实现方式,目前大多数 Linux 发行版中使用的是 Xorg。X-Window 采用客户/服务器(Client/Server)模式。无论是本地图形界面,还是远程图形界面,都以同样的流程工作。因此 X-Window 包含 X-Server 和 X-Client 两部分,其中 X-Server 是 X-Window 系统的服务器端,X-Client 是 X-Window 系统的客户端,X-Client 通过 X 协议实现与 X-Server 的交互。

X-Server 诞生时,UNIX 系统还没有共享库的概念,为了减少多个客户端使用同样的库而造成的内存消耗,UNIX 系统把大多数与图形相关的代码都放到了 X-Server 中,X-Server 也被设计成通过网络为客户端提供服务,因此 X-Window 就成为了 Client/Server 模式。

X-Server 只提供创建 GUI 的基本框架,而把桌面外观的任务留给了桌面管理器,安装不同的 Linux 发行版(如 Fedora 和 Ubuntu),就会有风格迥异的桌面环境。X-Server 在处理 3D 客户程序时比 2D 程序效率明显降低,因为 3D 图形应用通常会向 GPU 传输大量的图形模型信息,而与 X-Server 的通信会造成更大的延迟。为了解决这个问题,DRI(直接渲染结构)技术就应运而生了。

4. DRI/DRM 架构

在 Linux 刚开始支持图形硬件加速的阶段,只有唯一的一个程序可以直接访问显卡,它就是 XFree86 Server。XFree86 Server 被赋予了超级用户的权限,可以从用户空间直接访问硬件,实现 2D 加速而不需要内核的支持。这样设计的优点是简单,因为不需要内核组件的支持,XFree86 Server 可以很容易地从一个操作系统移植到另一个操作系统。后来,第一个与硬件无关的 3D 加速技术 Utah-GLX(基于 OpenGL 的 X-Window)被引入到 Linux 中,Utah-GLX 最基本的组件是新增加的一个运行在用户空间的 3D 驱动,GLX 能以 XFree86 Server 相似的方式,直接从用户空间访问图形硬件。与硬件无关的 3D 加速设计如图 5-18 所示。

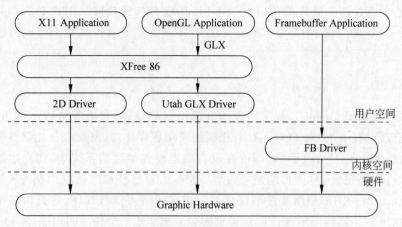

图 5-18　与硬件无关的 3D 加速设计

显然 Utah-GLX 模型也有一些弊端：一是为了完成 3D 图形加速，它要求没有授权的用户空间程序能够访问图形硬件，这对系统来说并不安全；二是所有的 OpenGL 3D 图形绘制都需要间接地由 X-Server 传递大量数据，这会严重影响图形的渲染效率。

为了解决 Utah-GLX 模型的安全性和效率问题，专家们提出了直接渲染模型（DRI）。DRI 模型的策略是依靠一个额外的内核模块 DRM（直接渲染管理器）来直接访问硬件，并负责检查 3D 渲染命令流的正确性和安全性。而且 3D 渲染数据不再需要通过 X-Server，这样就提高了 3D 渲染的速度，但是 2D 渲染命令仍然由 X-Server 交给 GPU。这意味着 X-Server 仍然需要运行在超级用户权限下，所以系统安全性仍然存在隐患。其次，这种 2D 驱动和 3D DRI 驱动同时访问同一个硬件的设计会带来一些问题，如静态冲突等。为了能解决这些问题，Linux 内核开发者又将内核的帧缓冲功能合并到 DRM 模块，同时让 X.Org 通过 DRM 模块访问 GPU，这样 X-Server 就可以完全运行在非特级权限下，保证了系统的安全性，并形成了 DRM 模块中的一个新功能 KMS（内核模式设置）。图 5-19 说明了 Linux 的图形驱动栈组织结构。

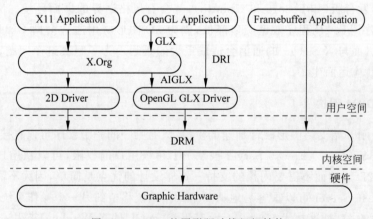

图 5-19　Linux 的图形驱动栈组织结构

Linux 图形驱动栈中最重要的三个组成部分是 X-Window 窗口系统、OpenGL 实现的 Mesa 3D 和内核 DRM。它们中有的为用户提供图形界面，有的为应用程序提供图形操作接口,有的负责管理图形硬件,这三者共同支持着 Linux 下的图形子系统。

5. OpenGL 图形库架构

OpenGL 是一个独立于硬件的程序接口规范。这个接口包含的函数超过 700 个
(OpenGL 3.0 函数大约有 670 个,另外 50 个函数位于 OpenGL 工具库中),这些函数可用
于指定物体和操作,创建交互式的三维应用程序。在 Linux 系统中,OpenGL 是以一个动态
链接库的形式存在的。一般用户可以在系统的/usr/lib(64 位系统是/usr/lib64)目录下找
到 OpenGL 核心库文件和它的符号链接:libGL. So. 1. 2. 0、libGL. So. 1、libGL. So。这里
OpenGL 动态库的来源有两种,一种是由 Linux 发行版自带
的开源 OpenGL 实现,如 Mesa 3D 提供的 OpenGL 动态库;
另一种是由显卡生产商提供的专门显卡驱动。这两种动态库
的 OpenGL 接口都是标准的 OpenGL API,但后者的驱动能
力更加强大,性能要优于开源的驱动。

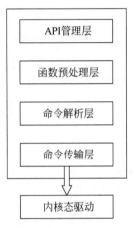

OpenGL 核心库是 OpenGL 标准中的基本函数库,它用
于实现最基本的、最核心的图形处理功能。它的主要功能有
基本图元绘制、矩阵操作、光照材质、显示列表、渲染上下文管
理、错误状态的管理与返回、GPU 命令的翻译和命令缓冲区
管理、用户态驱动与内核态驱动的接口,以及求值器和显示列
表等函数的实现。

图 5-20　Opengl 核心库的
　　　　总体结构图

如图 5-20 所示,OpenGL 核心库的结构为四层:API 管
理层、函数预处理层和命令解析层。

6. API 管理层的设计和实现

API 管理层重要的数据结构是 struct dd_ftinction_table,这个结构体称为设备驱动函
数表。OpenGL 中所有函数都通过这个结构体中的函数指针来访问。这种通过函数表来访
问设备驱动的方式有两个主要目的:一是可以在多个不同的设备驱动之间切换;二是可以
使用渲染状态或帧缓冲配置的优化的函数。在 dd_ftinction_table 中注册的函数分为强制
的和可选的两种类型。强制的函数是指每个设备驱动都必须实现的函数;可选的函数是指
提供特殊硬件和优化算法的方法的函数,它们的实现是驱动程序可选的。

图 5-21 是 OpenGL 核心库初始化阶段的执行流程。首先应用程序在 main()主函数中
调用 glutInit(),glutInit()主要完成窗口属性的设置和初始化操作,最后它调用 xuptInit()
完成 OpenGL 上下文所有的初始化操作。xuptInit()完成的初始化操作包括:创建并初始
化 FlyContext OpenGL 上下文结构、初始化显示列表 ctx->DisplayList、初始化"使能标
记"数组 enable_flag_array[]、初始化光照和纹理的状态等。

7. 函数预处理层的设计和实现

OpenGL 渲染的上下文结构体 gl_context 是一个核心的数据结构,这个结构体十分庞
大,它几乎包含了所有与 OpenGL 状态和渲染有关的项目。OpenGL 函数的第一个参数都
是 struct gl_context * ctx。事实上,在 gllib. h 头文件中声明了一个全局变量 struct gl_

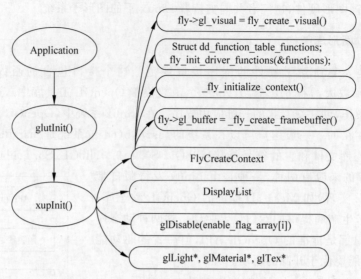

图 5-21　OpenGL 核心库初始化阶段的执行流程

context * ctx,它也是传入 xupt_gl * 这些函数的第一个参
数。gl_context 可被看作是各种具体设备驱动继承的基类,
从它可衍生出面向具体设备的渲染上下文子类。在 libflygl
库中,自定义的"子类"上下文结构是 fly_context。

在 OpenGL 中,大部分函数都是通过 GPU 硬件加速实现
的。这类函数的预处理层都有以下相似的实现流程。

(1) 获取上下文。

(2) 检查由标准 OpenGLAPIgl * ()传入的参数是否合
法,如果不合法,则进行错误记录、错误报告以及相应的错误
处理。

(3) 如果参数合法,就记录或更新上下文对应的状态
参数。

(4) 通过驱动函数表,调用命令解析层实现 OpenGL 功
能函数,如"ctx—> Driver. Begin(ctx,GL_LINE_STRIP);"
这里的 ctx—> Driver. Begin 指向的就是命令解析层的 xupt_
glBegin(struct gl_context * ctx,GLenummode)。

函数预处理层流程如图 5-22 所示。

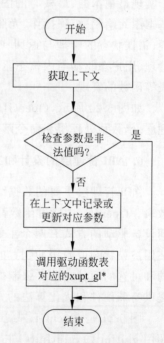

图 5-22　函数预处理层流程

8. 命令解析层的设计和实现

命令解析层主要是完成对硬件加速处理的 GL 命令解析,将命令转换成指定格式的硬
件指令,并对这些指令进行管理,同时完成与 GPU 的数据交互,读写 GPU 内部寄存器。

在 GPU 内部,所有命令通过对应的指令实现,所有指令都是以二进制形式表示,根据
规定格式实现相对应的功能。SoC GPU 内部通过一个二进制数表示一条指令,一条指令根
据作用可以分成五个部分,分别是:命令码、控制字、参数 1、参数 2、参数 3 和参数 4。其中

命令码是一条命令区别于其他命令的标志；控制字完成对该条命令的扩充和说明，用来指示该命令中参数的格式与个数及该命令是否有后继命令；其他 4 个参数为该函数所带的参数。一条 GL 函数根据参数个数不同，可能由 1 条或 1 条以上的指令实现，但在同一条 GL 函数的几条指令中，命令码完全相同。表 5-2 是一条指令的具体格式，命令码和控制字分别由 10 位二进制数表示，最高 12 位为预留位，没有任何意义，4 个参数则分别由 32 位的二进制数表示。为了简化软件的编程和管理，在软件设计时，命令码和控制字及保留的高 12 位共同组成一个 32 位字。事实上，命令码和控制字对驱动程序是透明的。命令解析层将一条指令按照字节数拆成 5 个 32 位的字，在命令解析层通过无符号整型来表示和管理。

表 5-2　GPU 指令的格式

D4			D3	D2	D1	D0
159-148	147-138	137-128	127-96	95-64	63-32	31-0
预留位	命令码	控制字	参数 4	参数 3	参数 2	参数 1

如图 5-23 所示，命令解析层对每一条函数的处理方式大致如下。

（1）检查上下文状态标志，更新相应的计数器。

（2）对函数中所有参数都进行解析。如果参数类型为枚举类型，则根据 GPU 的命令编码表对每个参数进行编码翻译；如果参数不是枚举类型，则将参数值转换成无符号整型值。

（3）将翻译好的参数值存入指令数组对应位置，如果参数小于 4 个，则将其余位置设置为零。

（4）获取函数对应的 GPU 命令码（包括命令码和控制字），存入指令数组指定位置。

（5）将指令数组中解析成功的命令存入命令缓存区中。

9. 命令传输层的设计和实现

命令解析层完成检查参数、翻译函数、合成命令的工作后，由命令传输层将命令缓冲区的 GPU 命令发送给内核层，交给内核驱动，再由内核驱动直接写入 GPU 硬件的命令处理器 FIFO（先入先出）队列。

在 Linux 操作系统中，运行在用户态的程序不允许直接访问和操作硬件。在 Linux 操作系统环境下，必须由运行在内核态的内核驱动程序完成最后的命令传输任务。用户空间的命令传输层与内核的数据交换是通过操作系统提供的接口进行系统调用的。这里主要调用了三个系统功能：

```
int open(const char * pathname, int flags);
int ioctl(int fd, int cmd, ...);
int close(int fd);
```

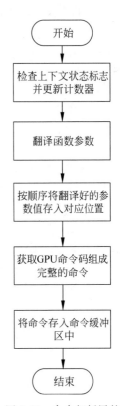

图 5-23　命令解析层的命令解析过程

　　打开内核驱动创建的设备文件/dev/fly,在完成所有对设备的操作后,程序退出前调用 close()关闭设备文件,释放打开的文件描述符。命令传输任务主要由 ioctl 完成。

　　OpenGL 函数按照是否带有额外的数据可以分为两类,大部分函数经过命令解析层的翻译只会生成 1 到 2 条独立命令,只有一小部分函数的参数里带有数据指针。这类函数包括 glVertexPointer、glColorPointer、glDrawPixels、glTexSublmageID、glTexSubImage2D、glTexImageID、glTexImage2D、glBitmap、gLBufferData。对于该类函数首先将函数参数里的数据指针封装在一个结构体中,这个结构体在后面的内核驱动中同样被使用,用来保存其复制到内核空间的副本。这个结构体的定义如下:

```
struct fly_data{
    unsigned int addr_in;
    unsigned int addr_out;
    unsigned int size;
    void * private_data;
    };                              / * Reserved, used later * /
```

　　然后再将这个结构体通过 ioctl 复制到内核空间,由内核驱动根据结构体中数据的指针 addr_in 将附带数据由用户空间复制到内核空间,完成这个函数的命令传输过程。以 glBufferData 这个函数为例,这个函数的作用是在绑定了一个缓冲区对象后,保留内存空间以存储数据。它在库中的驱动函数原型如下:

```
void xupt_glBufferData(struct gl_context * ctx, GLenum targer, GLsizeippr size,
        const GLvoid * data, GL_enum usage);
```

　　其含义是分配 size 字节的内存用于存储顶点数据或索引。data 可以是一个指向用户空间的内存指针,也可以是 NULL。如果它传输的是一个有效的指针,size 字节的存储空间就从用户空间复制到内核空间。具体的实现代码如下:

```
wtruct flu_data arg;
arg. size = size;
arg. addr_in = data;
ioctl(ctx - > driverfd, FLY_WRITE_IOCRL, (unsigned long)&arg);
COMBINE_GLCODE(n, DATA2BIT(size), (GLuint)arg_addr_out, m, BUFFERDATA);
```

5.3　GPU 异构并行计算技术

5.3.1　GPU 计算体系结构

1. GPU 计算概述

　　GPU 最初用于完成图形图像处理。现在 GPU 已经从由若干专用的固定功能单元组成的专用并行处理器,发展成以 GPU 内部的通用计算资源为主,固定功能单元为辅的架构,这一架构的出现奠定了 GPU 计算的发展基础。

　　GPU 主要由流处理器和显存控制器组成。流处理器作为 GPU 的基本计算单元,与通用 GPU 的内核相比逻辑电路大大简化。同时,根据应用需求,GPU 指令集主要保留了基本算术运算指令,舍弃了复杂的控制逻辑以及多媒体处理指令。

GPU 的处理器内核数远高于 CPU,如 nVIDIA 公司的早期 GPU 产品 G80 有 128 个流处理器,而最新 Volta 架构的 nVIDIA Tesla V100 拥有 5120 CUDA、640 个 Tensor 内核,相对于目前的多核 CPU(最多 16 个内核),GPU 可以称为是“众核”结构。

GPU 中处理器的数量决定了运算能力;随着技术的发展,处理器数量还将不断增加,GPU 的计算能力将不断增强。GPU 通过简化处理逻辑和增加处理单元实现了高效、高性能的并行计算,结构决定了 GPU 适合于并行计算,其流处理器能够用于大规模并行处理。

为了能使 GPU 在图形处理功能之外发挥强大的通用计算能力,开发人员提出通用 GPU 的计算解决方案。GPU 利用 API 接口,将通用计算问题强制转化为图形运算后在图形处理芯片进行计算,这种方法无法使用 C、C++ 等高级语言进行程序开发,编程难度较大,不利于快速掌握开发技术,所以使用范围有限。为此,nVIDIA 公司推出了全新的基于 GPU 的并行计算架构 CUDA(Compute Unified Device Architecture,统一计算设备架构),这种架构可以使用 C 语言进行程序开发,能够直接访问 GPU 硬件资源。当程序代码需要 CPU 执行时,由 CUDA 集成的 C 语言编译器编译后提交给 CPU 执行;程序代码需要在 GPU 中运行时,由 CUDA 编译成机器码交由 GPU 执行。此外,AMD 公司也推出基于 ATI 显卡的 GPU 计算开发工具 Stream。为支持 GPU 上的程序设计,研究人员已经开发了多种基于 GPU 的数学函数库,如 Matlab 等数学工具箱推出了利用 GPU 加速计算的工具模块。

2. GPU 计算的特点和优势

与传统 CPU 相比,GPU 在高性能计算方面有以下特点和优势。

(1) 基于 GPU 的高性能计算机一般体积较小,可以实现桌面高性能计算,能够满足实验室及野外场地的高性能计算需求,避免了在公共高性能计算机计算时的任务排队。

(2) CPU 结构复杂,主要完成控制和缓存功能,运算单元较少。而 GPU 结构简单,缓存需求少,运算单元丰富,浮点运算能力非常强大,GPU 的计算能力远远高于相同数目的 CPU。最初 CPU 和 GPU 计算能力的差距不是很大。但是在 2009 年之后,当 GPU 的性能最终突破了每秒 1 万亿次大关后,它们的差距就越来越大了。

传统 CPU 的目标是执行串行代码,这方面它们还是做得非常好。它们包含了一些特殊硬件,如分支预测单元、多级缓存等,所有这些都是针对串行代码的执行而设计的。但 GPU 并不是为执行串行代码而设计,只有完全按照并行模式运行时才能发挥它的峰值性能。

(3) CPU 计算的线程粒度较粗,在并行计算的时间同步阶段需要缓存大量的计算数据,而 GPU 计算的线程粒度较细,用于并行计算的线程数远大于 CPU,在时间同步时 GPU 的线程通过重复计算来避免缓存数据(缓存速度较慢,影响计算速度)。

(4) 基于 GPU 的高性能计算机价格相对低廉,维护费用低。

3. 基于 GPU 架构计算模式

目前,基于 GPU 的高性能计算主要采用异构架构,即 CPU＋GPU 模式。异构运算能够“使用合适的工具做合适的事情”。CPU 在分支处理以及随机内存读取方面有优势,处理串行工作的能力较强。GPU 由于特殊的核心设计,在处理大量有浮点运算的并行计算时能力较强。所以异构设计使 CPU 做串行运算,GPU 做并行运算,CPU 控制主程序的复杂流程,而将需要批量处理的向量数据通过高速总线传输给 GPU,由 GPU 实现快速并行计算。

通过 GPU 和 CPU 的配合使用,可以充分发挥计算机的硬件性能。目前主流的 GPU 计算开发软件都是采用 CPU+GPU 的计算模式,目前可以用于异构并行计算的编程环境主要是 CUDA、OpenCL 和 OpenMP,其中 CUDA 由 nVIDIA 开发,经过多年发展已经比较稳定,是在 nVIDIA 硬件平台上进行异构计算的首选。OpenCL 是一个开放的标准,已经获得了包括 nVIDIA、AMD、Intel 和 ARM 在内的许多硬件厂商的支持。为了支持更广泛的处理器,OpenCL 编程相比 CUDA 要烦琐一些。OpenCL 和 CUDA 的许多概念非常类似,一些完全可以互换使用,因此在两者之间转换并不难,一些公司也开发了源到源的编译器以支持将 CUDA 代码转化成 OpenCL 代码。最新的 OpenMP 4 标准已经加入了异构并行计算的支持,一些编译器厂商正在试图使编译器满足 OpenMP 4 标准,相信不久之后,GCC 等开源编译器都会加入 OpenMP 4 的支持,这样异构并行计算代码就可以同时在 Intel、AMD 和 nVIDIA 的处理器上编译运行。虽然 OpenMP 不能在某些异构处理器获得高性能,但是 OpenCL 和 OpenMP 混合使用能够解决这个问题。

5.3.2 GPU 并行计算实现原理

1. GPU 并行计算架构

GPU 内部有大量并行处理单元,这种特殊的设计,在处理大量有浮点运算的并行处理时有天然的优势,这也使得人们开始采用 GPU 进行通用计算。一个 GPU 内有许多流处理器簇(SM),它们类似于 CPU 的内核。这些 SM 与共享存储(一级缓存)连接在一起,然后又与 SM 之间的二级缓存相连。数据先是存储在全局存储中,然后被主机取出并使用。除留一部分自己处理外,主机将剩余的数据通过 PCI-E 总线直接送往另一个 GPU 的存储空间。PCI-E 总线的传输速度非常快。如图 5-24 所示,结点可以在集群中重复设置,通过在一个可控的环境下,重复设置结点就可以构造一个集群。在结点内,多个 GPU 计算时可能需要相互传输数据,这需要通过 PCI-E 总线进行数据传输,nVIDIA GPU 支持 GPUDirect P2P 技术,通过这种技术在两个 GPU 之间传输数据时,无须 CPU 参与,GPU 之间的数据交换也无须通过内存中转。GPUDirect P2P 技术需要主板的支持,因此各个 GPU 如何连接到主板上也非常重要。在多个 GPU 之间进行计算的同时,通过 PCI-E 总线进行数据传输,如果数据传输时间远小于计算时间,那么数据传输时间就可以忽略。

在单个 GPU 内,如何合理地安排计算和存储器访问,以最大限度地发挥计算单元和存储器访问单元的效率? 如何满足全局存储器的合并访问要求? 如何使用共享存储器访问减少全局存储器访问次数? 如何合理安排指令顺序,以减少寄存器延迟的影响? 在单个 GPU 内,也需要在计算前通过 PCI-E 总线将数据传到 GPU 上,在计算完成后将数据传回 CPU。一些 GPU 具备多个数据复制引擎,能够同时进行从 CPU 到 GPU 的数据传输,以及从 GPU 到 CPU 的数据传输。在 GPU 内的单个流处理器内,如何使得流处理器上具有足够的线程同时在执行,重叠访存和计算,以计算掩盖访存带来的延迟?

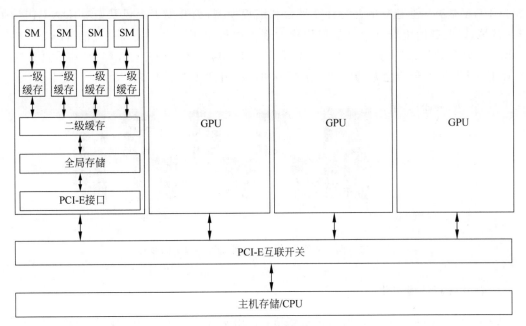

图 5-24　集群设计分布图

以前 GPU 计算是通过把通用计算问题转换成为图形计算送到 GPU 中完成，这使得程序员需要了解 OpenGL 编程或者 DirectX 编程，对程序员的要求较高，难以广泛应用。2007年，英伟达的员工发现了一个能使 GPU 进入主流的契机，他们为 GPU 增加了一个易用的编程接口，这就是统一计算架构（CUDA）。这样无须学习复杂的着色语言或者图形处理原语，就能进行 GPU 编程。CUDA 将问题分解成线程块的网格，每块包含多个线程。块可以按任意顺序执行。不过在某个时间点上，只有一部分块处于执行状态中。一旦在被调度 GPU 包含的 n 个"流处理器簇"（SM）中的一个被执行，一个块必须从开始执行到结束。网格中的块可以被分配到任意一个有空闲槽的 SM 上。每个线程块内部有很多线程，这些线程以批处理的方式运行，称为线程束（Warp）。而某种意义上来说，CUDA 就像指挥官一样，通过使用 CUDA，这些程序能够被有效、高效地使用。实际上在并行运算当中，数据是被分为一块一块的同时执行的。运算的结果也是按照一种并行的方式进行表达的。

基于 GPU 的线程视图如图 5-25 所示。

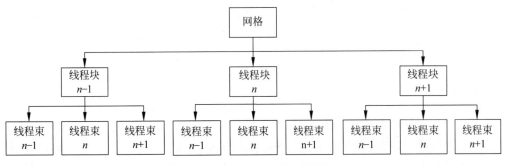

图 5-25　基于 GPU 的线程视图

CUDA 是英伟达建立的并行计算平台和编程模型,为开发者提供基于英伟达 GPU 的开发环境,以便其使用 C 和 C++扩展构建大规模并行应用程序。最新一代的 Tensor 核心 Volta V100 加速器架构的改进,进一步增强了 CUDA 应用程序中并行线程的功能,如图 5-26 所示,使 CUDA 平台的能力、灵活性、生产力和可移植性实现了提高。

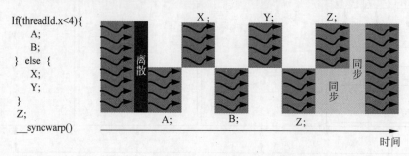

图 5-26　程序采用显示同步重新收敛线程中的线程

2. 独立线程调度优化

Volta 独立线程具有调度功能,可交错执行离散分支中的语句,执行精细的并行计算。

Volta GV100 是首款支持独立线程调度的 GPU,允许 GPU 执行任何线程,使程序中的并行线程之间实现更精细的同步与协作。Pascal 和早期英伟达 GPU 均以 SIMT 形式执行含 32 个线程的线程组,虽然减少跟踪线程状态所需的资源数量,重收敛线程以最大化并行性,但离散去相同线程束或不同执行状态的线程无法互相发送信号或交换数据,从而产生不一致性。

Volta 调度优化器通过在所有线程之间实现等效并发,通过无饥饿现象算法,确保所有线程对争用资源拥有相应的访问权限,将同一线程束中的活动线程一并分组到 SIMT 单元,以子线程数粒度进行离散和重新收敛,执行相同的代码,避免了上述问题。

3. 多进程服务

Pascal 中的基于软件的 MPS 服务和 Volta 中硬件加速 MPS 服务对比如图 5-27 所示。

多进程服务(MPS)是 Volta GV100 架构的一项新功能(Pascal 的 CUDA MPS 是一个 CPU 进程),专门用于在单一用户的应用程序中共享 GPU。

Volta MPS 可为 MPS 服务器的关键组件实现硬件加速,使 MPS 客户端将工作直接提交至 GPU 中的工作队列,降低提交延迟并增加总吞吐量(特别是用于高效推理部署),从而提升性能并改进隔离(服务质量和独立地址空间),增加 MPS 客户端的最大数量,将其从 Pascal 上的 16 个增加为 Volta 上的 48 个。

4. 协作组

协作组在粒子模拟中的应用如图 5-28 所示。

并行算法中,线程通常需要通过协作来执行集群计算。构建这些协作代码需要对协作线程进行分组和同步。因此,CUDA 9 引入了协作组,用于组织线程组的全新编程模式。协作组编程由以下元素组成。

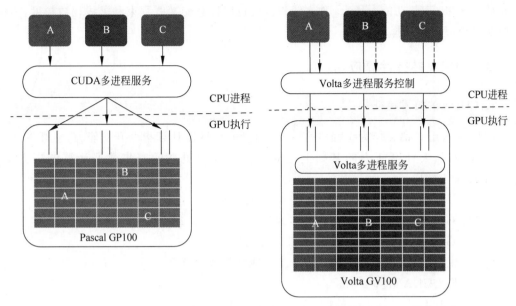

图 5-27　Pascal 中的基于软件的 MPS 服务和 Volta 中硬件加速 MPS 服务对比

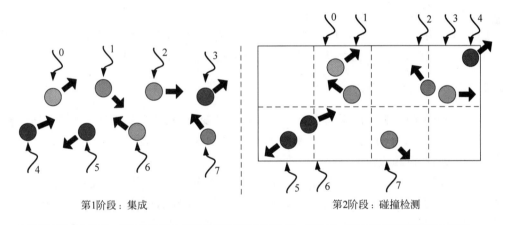

第1阶段：集成　　　　　　　　　　　　第2阶段：碰撞检测

粒子模拟的两个阶段，带编号的箭头表示并行线程映射至粒子。请注意，集成并构建常规网格数据后，内存粒子和线程映射顺序会改变，并且需要在两个阶段之间同步

图 5-28　协作组在粒子模拟中的应用

（1）为深度学习矩阵算法构建的全新混合精度 FP16/FP32 Tensor 核心。

（2）表示协作线程组的数据类型。

（3）CUDA 启动 API 定义的默认组（如线程块和网格）。

（4）将现有组划分为新组的运算。

（5）同步组中所有线程的障碍运算。

（6）检查群组属性以及特定于组的集合运算。

　　协作组以子线程块和多线程块粒度显示定义线程组，并且可以执行集合运算，让开发者以安全、可支持的方式通过灵活同步功能针对硬件快速进行各种优化。协作组还实现了抽象化，让开发者能够编写灵活、可扩展的代码，该代码可在不同的 GPU 架构中安全运行，包括扩展至未来 GPU 功能。Volta 独立线程调度也以任意交叉线程束和子线程数粒度,为线程组实现更灵活的选择和划分。

5.3.3 CUDA 并行计算应用

1. CUDA 的技术特征

CUDA 采用 C 语言作为编程语言,提供大量的高性能计算指令开发能力,使开发者能够在 GPU 的强大计算能力的基础上建立起一种效率更高的密集数据计算解决方案。CUDA 的特点如下。

(1) 为并行计算设计的硬件提供统一的软件架构。

(2) 在 GPU 内部实现数据缓存和多线程管理。

(3) 在 GPU 上可以使用标准 C 语言进行编写。

(4) 提供标准离散 FFT 库和 BLAS 基本线性代数计算库。

(5) 提供 CUDA 计算驱动。

(6) 提供从 CPU 到 GPU 的加速数据上传性能。

(7) CUDA 驱动可以和 OpenGL DirectX 驱动交互操作。

(8) 能够与 SLI 配合实现多硬件核心并行计算。

CUDA C 在 2007 年出现以来,许多程序员都尝试以 CUDA C 为基础构建应用程序。基于 CUDA C 编写的代码比之前的代码在性能上提升了多个数量级。

2. CUDA 并行计算应用

当前各种领域图像采集、处理及解释过程越来越复杂,并且需要通过大量的数据运算进行过程推演,CUDA 并行处理功能越来越重要,应用也越来越广泛。

1) 油气勘探地震成像处理

近年来,随着勘探地质目标的逐步复杂化(例如深海勘探)以及高密度全方位采集技术的逐步普及,从野外采集的原始地震数据规模产生了爆炸性的增长,地震勘探正在迈入 PB 级的"大数据时代"。高速增长的地震数据规模导致地震数据的处理周期越来越长,其中叠前时间偏移是常规处理中最为费时的环节,占据处理周期 40% 左右的时间。而过长的处理周期难以满足地震资料处理的时限要求,因此提升叠前时间偏移的计算效率迫在眉睫。

图 5-29 是采用 CPU/GPU 架构的异构高性能集群的体系结构。集群中每个计算结点配置了两个 CPU,两块 GPU 加速卡,结点间使用高速网络互联。对叠前时间偏移的并行成像算法进行优化,使之能够充分地利用每个结点的 GPU 资源以及高速网络。KPSTM 并行算法设计的关键是处理好三个并行层次:①结点间的进程级并行;②CPU 内的线程级并行;③GPU 内的数据级并行。并行计算任务的划分要保证并行层次间的数据局部性以及层次内的可扩展性。同时,不同处理器间的协同计算要尽量保持异步性并充分考虑负载均衡。

KPSTM 的目标是在大规模异构集群上实现高性能,高扩展。因此,算法的关键是做到负载均衡和通信局部性。在并行算法实现上,KPSTM 采用了两级 Master/Worker 架构以调度任务,即将参与计算的结点分为若干组,如图 5-30 所示。整个作业只有一个主结点,主

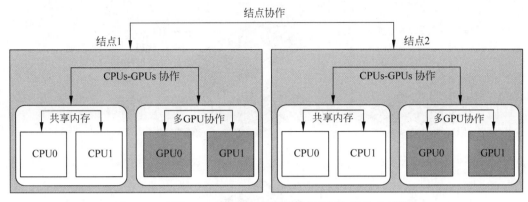

图 5-29　采用 CPU/GPU 架构的异构高性能集群的体系结构

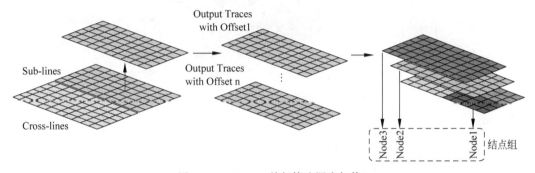

图 5-30　KPSTM 并行算法调度架构

结点负责向各个组的主结点分配炮检距成像任务,组长协调组员共同完成该成像任务。在组内采用动态的数据分发方法,即根据结点的计算能力,按需分配输入数据,消除结点间同步操作,最大限度发挥结点的计算性能,实现结点间的负载均衡。

在结点层次上,需要充分处理好 CPU 和 GPU 之间的协同计算。如图 5-31 所示,CPU 与协处理器之间的任务调度与计算结点间类似,CPU 与协处理器做同样的炮检距成像任务,地震数据在两类处理器之间动态分发,最后将结果叠加输出。

具体实现上,多个 GPU 协处理器间均分成像面元。在每个 GPU 处理器内部,对任务粒度进行进一步细分:每一个线程块分配一部分成像面元,每个面元内的输出地震道由一个线程束的 32 个线程配合完成,每个线程计算一部分输出样点。GPU 内部采用这种任务划分方法,一方面可以产生足够多的任务,另一方面可有利于全局内存(Global Memory)合并访问。通过将输出地震道载入纹理内存(Texture Memory)可进一步加速数据访问性能,这是最为关键的优化策略之一。在实现 KPSTM 在 GPU 协处理器的并行算法的过程中,其他的有效优化方法还包括减少每个线程使用的寄存器数量以提高效率、用 CUDA 流隐藏内存到显存的数据传输延迟等。

图 5-32 给出了 KPSTM 的 CPU-GPU 协同计算加速效果。在该图中,以 CPU 的单个核的计算性能作为基准。当采用一个 GPU 协处理器时,加速比达到了 36 倍多,效率相当于提升了 35 倍多。而采用两块 GPU 加速卡时,加速比达到了 71 倍,计算效率相当于提升了 70 倍。

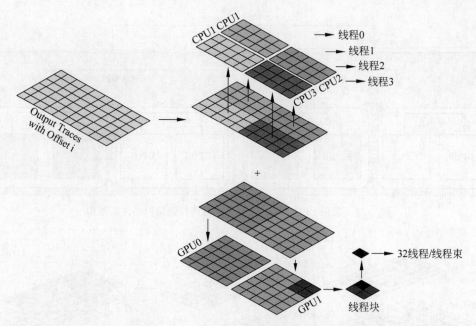

图 5-31　CPU 和 GPU 之间的协同计算

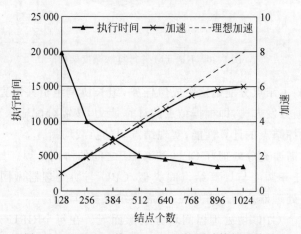

图 5-32　KPSTM 的 CPU-GPU 协同计算加速效果

基于 GPU/IB 实现的 CPU-GPU 协同计算版本的基尔霍夫叠前时间偏移算法已部署到实际生产环境中。由于其具备良好的可扩展性和强大的计算效率,目前已在中石油油田和地震资料处理基地得到了广泛的使用,并获得了用户的一致好评。

2) 神经网络训练

使用神经网络训练的最大问题是训练速度,特别是对深度学习而言,过多的参数会消耗很多时间。在神经网络训练过程中,运算最多的是矩阵运算,这时正好用到了 GPU。采用 CUDA 构架的 GPU 以及 CUDA 编程语言提供基础平台,利用 GPU 在处理矩阵计算的高效性来实现训练过程的加速。试验证明,在 nVIDIA 的低端显卡 GT720 上,通过 CUDA 构架优化的训练程序,时间可以缩短到 7.5ms,比采用 Core i7 CPU 的运算加速 40 倍之多,所以 GPU 对训练过程的加速效果非常明显。

nVIDIA 的 CUDA C 是实现并行计算最成功的编程语言之一。英伟达 2017 年发布了基于最新 Volta 架构的 nVIDIA Tesla V100,新增了专为深度学习矩阵算法构建的 Tensor核心,它是支持大型神经网络训练的关键部件。随着深度学习、大数据和 GPU 计算的结合,CUDA 在并行计算领域的应用前景非常广阔。

5.3.4　OpenCL 异构并行计算应用

OpenCL(开放式计算语言)先由 Apple 设计,后来交由 Khronos Group 维护,是异构平台并行编程的开放的标准,也是一个编程框架。与 CUDA 只能运行在 nVIDIA GPU 上相比,OpenCL 是一种针对通用并行计算的开放行业标准和跨厂商解决方案,可以实现“一次编写,多环境运行”,大大提高开发效率。OpenCL 的设计借鉴了 CUDA 的成功经验,并尽可能地支持多核 CPU、GPU 或其他加速器。OpenCL 不但支持数据并行,还支持任务并行,同时 OpenCL 内建了多 GPU 并行的支持,这使得 OpenCL 的应用范围比 CUDA 广泛。

OpenCL 包含两个部分:一是 OpenCL C 语言(OpenCL 2.1 将开始使用 OpenCL C++作为内核编程语言)和主机端 API;二是硬件架构的抽象。为了使 C 程序员能够方便、简单地学习 OpenCL,OpenCL 只是给 C11 进行了非常小的扩展,以提供控制并行计算设备的API 以及一些声明计算内核的能力。软件开发人员可以利用 OpenCL 开发并行程序,并且可获得比较好的在多种设备上运行的可移植性。

为了使得 OpenCL 程序能够在各种硬件平台上运行,OpenCL 提供了一个硬件平台层。由于各种不同设备上的存储器并不相同,OpenCL 同时提供了一个存储器抽象模型。与CUDA 相似,OpenCL 还提供了执行模型和编程模型。OpenCL 不但包括一门编程语言,还包括一个完整的并行编程框架,通过编程语言、API 以及良好的框架结构来支持软件在整个平台上的运行。OpenCL 覆盖的领域不但包括 GPU,还包括其他的多种处理器芯片。到现在为止,支持 OpenCL 的硬件主要分布在 CPU、GPU、DSP 和 FPGA 上。目前在桌面端和服务器端提供 OpenCL 开发环境的主要有 Apple、nVIDIA、AMD、ARM 和 Intel,其中Apple 提供了一个独立的 OpenCL 框架并与自家的 OSX 系统完整地融合在一起;nVIDIA和 AMD 都提供了基于自家 GPU 的 OpenCL 在 Windows 和 Linux 上的实现,而 AMD 和Intel 提供了基于各自 CPU 在 Windows 和 Linux 上的 OpenCL 实现。

异构并行计算已经走出实验室,正在产业界得到越来越广泛的应用,在油气勘探、图像处理、大数据处理和深度学习领域获得重视,并且还在越来越多的新领域生根发芽。

图像处理是 GPU 的传统优势领域,由于大多数图像处理算法具有数据并行的特征,因此非常适合向量处理器进行向量处理。基于 GPU 硬件平台,采用 OpenCL 的异构并行计算已经广泛应用在图像处理领域。

1) 公安视频侦查系统

视频侦查技术已成为新的破案增长点,它已成为了继刑事技术、行动技术、网侦技术之后的侦查破案的第四大技术支撑。随着视频监控系统规模的不断扩大,产生的海量视频数据给视频数据的有效管理和使用带来了新的挑战。如何从海量视频数据中快速检索目标,进行目标特征自动比对,对模糊图像进行清晰化已成为亟需解决的问题。

随着视频监控的发展,视频监控也在不断完善,高清视频已经普及化。高清视频带来了丰富的信息,同时也带来了巨大的数据量,高清视频的编解码也就成了智能化系统的一个瓶颈。由于 CPU 的流水线工作方式天生不适合并行化和视频数据的处理,如何从海量的高清视频中快速检索目标、自动比对检测对象、快速找出嫌疑目标信息成为一个亟须解决的问题。另外,对于大的视频监控系统中需要并发智能分析处理的视频路数很多,若服务器数量太多布置是个大问题,所以如何在提供尽可能少的服务器的情况下提供更高的处理能力也是关键问题。

通过使用配置了 NVIDIA Tesla GPU 的 Windows 服务器,视频侦查系统可以有效地提高视频的解码能力以及视频检索的计算能力。视频侦查系统采用了视频图像处理技术和计算机图形识别技术,运用了运动目标检测、视频浓缩、视频增强、图像清晰化等特定的应用算法。它通过对监控录像的视频图像,进行数字化处理,依据分析检测区域的图像变化,确实视频中的运动目标;同时对视频进行浓缩和增强。利用 OpenCL 编程,对运动目标检测、视频浓缩、视频增强和图像清晰化等算法进行优化,并将并行类算法移植到 GPU 上,可以有效提高整个算法的运行效率,在相同的场景下可以达到 10～12 倍的速度提升。

视频侦查系统通过使用 OpenCL 和 nVIDIA Tesla GPU 实现了大并发量视频的处理,并可以随着系统负载的增加无缝扩展,可快速方便地部署到现有的公安视频监控系统中,快速检索视频中嫌疑目标,提高案件的侦破效率。

2) 三维医学图像处理

CUDA 在医学图像三维可视化、三维医学图像配准、三维分割等方面都有广泛的应用。三维分割是医学图像分析和可视化中的重要组成部分,也是医学图像分割的一个难点。水平集方法在三维医学图像分割中有很广阔的应用前景,但是该算法的计算量大,不能达到实时处理的要求。采用 nVIDIA 公司的 GPU 和 OpenCL 编程基础平台,利用图像像素的独立性和偏微分方程求解的并发性,提高水平集算法的分割速度,在保证分割效果的前提下,具有更快的分割速度,实现了快速的三维医学图像分割,满足实时处理的要求。

3) 智慧交通应用

当前交通智能视频处理系统中,当多路视频流传输进搭载 Jetson TX2 的图形工作站时,深度学习算法可以实时解读视频信息,识别车辆、行人、路牌等信息,甚至还能识别出车辆颜色和品牌型号以及行人的性别、年龄以及手上是否提有物品等信息。整个数据处理过程遵循视频流输入-视频流解码-深度学习算法等手段识别目标(如车牌、人脸等),并利用 OpenCL 并行处理完成框选、编码、本地处理等工作,快速存储到云端或显示在监控屏幕上。如果发现可疑车辆或人口,能自动匹配报警,已成为现有高效的安防手段。

大数据处理中需要从海量数据中寻找特殊的模式,这也是异构并行计算的用武之地。许多大数据创业公司使用 GPU 来分析数据,从中找出有用的信息。

习题 5

5-1 简述 GPU 硬件架构包括的主要模块及功能。

5-2 简述 GPU 基本的处理器结构组成。

5-3 简述图形与图像的区别。

5-4 简述三维图形的处理过程。

5-5 什么是渲染?

第 6 章 台式计算机

台式计算机硬件系统包括 CPU 系统、主板系统、内存系统、外存系统、BIOS、显示系统、网络系统、辅助系统等。

6.1 主板主要技术规格

6.1.1 主板主要组成部件

1. 计算机控制中心结构

台式计算机采用以 CPU 为核心的控制中心分层结构。例如,Intel Z370 Chipset 台式计算机的控制中心系统结构如图 6-1 所示。计算机系统结构可以用"1-2-3 规则"简要说明,即 1 个 CPU,2 大芯片,3 级结构。

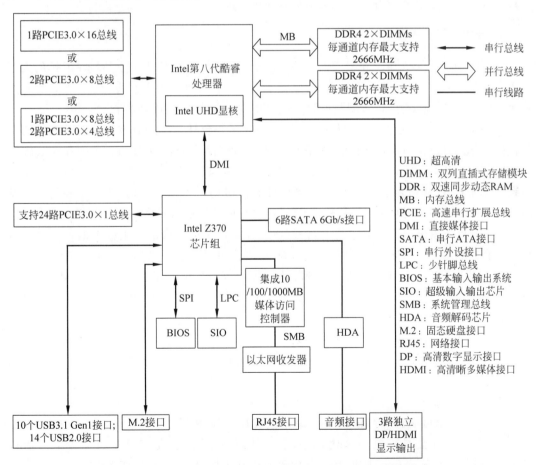

图 6-1 Intel Z370 Chipest 台式计算机的控制中心系统结构

1) 1 个 CPU

CPU 在系统结构顶层(第 1 级),控制系统运行状态,下面的数据必须逐级上传到 CPU 进行处理。从系统性能来看,CPU 运行速度大大高于其他设备,以下各个总线上的设备越往下走,性能越低。从系统组成来看,CPU 的更新换代将导致南桥芯片的改变、内存类型的改变等。从指令系统来看,指令系统进行改变时,必然引起 CPU 结构的变化,而内存系统不一定改变。目前计算机系统仍然以 CPU 为中心进行设计。

2) 2 大芯片

2 大芯片是 PCH(南桥)芯片和 BIOS(基本输入输出系统)芯片。在 2 大芯片中,南桥芯片负责数据的上传与下送。南桥芯片连接着多种外部设备,它提供的接口越多,计算机的功能扩展性越强。BIOS 芯片则主要解决硬件系统与软件系统的兼容性。

3) 3 级结构

控制中心结构分为 3 级,有以下特点:从速度来看,第 1 级工作频率最高,然后速度逐级降低;从 CPU 访问频率来看,第 3 级最低,然后逐级升高;从系统性能来看,前端总线和南桥芯片容易成为系统瓶颈,然后逐级次之;从连接设备多少来看,第 1 级的 CPU 最少,然后逐级增加,在计算机系统结构中,上层设备较少,但是速度很快。CPU 和南桥芯片一旦出现问题(如发热),必然导致致命性故障。下层接口和设备较多,发生故障的概率也较大(如接触性故障),但是这些设备一般不会造成致命性故障。

2. 台式计算机主要部件

不同类型的计算机在硬件组成上有一些区别,例如大型计算机往往安装在成排的大型机柜中,网络服务器往往不需要显示器,笔记本计算机将大部分外设都集成在一起。台式计算机主要由主机、显示器、键盘、鼠标等组成,其中主机包含以下主要部件:

(1) CPU。CPU 是计算机的核心部件,它决定了一台计算机的基本规格与性能。CPU 工作频率越高,CPU 的计算性能就越强大。CPU 按产品市场可分为 x86 系列和非 x86 系列。目前 x86 系列 CPU 生产厂商只有 Intel、AMD 两家公司。x86 系列 CPU 在操作系统一级相互兼容,产品覆盖了 90% 以上的桌面计算机市场。非 x86 系列 CPU 主要用于大型服务器和嵌入式系统,这些产品大多互不兼容,在桌面计算机市场中占有份额极小。

(2) 主板。主板为长方形印制电路板(PCB),安装在机箱内部。主板上的核心集成电路芯片有南桥芯片(PCH)和 BIOS(基本输入输出系统)芯片,以及一些接口处理芯片(SIO)、音频处理芯片(HDA)、网络处理芯片(LAN)等。主板上还有 CPU 插座、内存插座、PCI-E 总线插座、直流电源插座、I/O(输入输出)接口等。不同类型的 CPU,主板的规格也不同。

(3) 内存条。目前内存条的规格主要是 DDR4,内存容量越大,计算机性能也越高。内存条安装在主板的内存插座上,对 DDR 内存条来说,可以安装在其中任何一个内存插座上。

(4) 显卡。显卡的主要功能是加速图形处理性能。显卡安装在主板上的 PCI-E 插座上,有些机箱内部可能看不到显卡,因为它们集成在 CPU 内部了。

(5) 硬盘。硬盘是机电一体化设备,在工作时不能震动,尤其是主机面板上硬盘灯(HDD)在闪烁时,不要震动主机,因为此时硬盘正在工作,震动容易损坏硬盘。

（6）电源。计算机采用符合 ATX 标准的开关电源,它的功能是将 220V 的交流市电转换成为计算机工作需要的＋3.3V、±5V、±12V 直流电压,电源功率在 200～450W,电源的散热风扇是计算机噪声的发生地。

6.1.2　ATX 主板技术规格

主板是计算机重要的部件,计算机性能是否能充分发挥、硬件功能是否足够、硬件兼容性如何等,都取决于主板的设计。主板质量的高低,也决定了硬件系统的稳定性。主板与 CPU 关系密切,每次 CPU 的重大升级都必然导致主板的换代。

1. 主板技术规格类型

计算机主板的发展经历了 XT、AT、ATX 等阶段,每次主板技术规格的改变,都会带来一次重大的技术革新,这也造成了主板之间的不兼容现象。在目前主流的主板规格中,ATX(1996 年发布)主板规格使用时间最长。目前计算机主板技术规格如表 6-1 所示。

表 6-1　目前计算机主板技术规格

主 要 部 件	技 术 规 格	市 场 主 流
主板规格	ATX、mini-ITX、SSI、EPIC、CPCI、VPX 等	ATX、SSI
外设总线和接口	PCI-E、PCI、USB、SATA、SAS、M.2、VGA、DVI 等	USB
芯片组厂商	Intel、AMD、VIA、nVIDIA 等	Intel、AMD
Intel 芯片组	300 系列、200 系列、100 系列、9 系列、8 系列等	300 系列

ATX 是 Intel 公司等计算机厂商制定的主板技术标准,ATX 技术标准对主板、电源和机箱做出了一系列的基本技术要求。其他板卡、机箱、电源等设备生产厂商可以按照规定的技术标准设计产品,以保证这些设备能够相互兼容和正确连接。

主板厂商为了降低生产成本,往往在基本规格上进行面积缩小,发展出一些其他规格的主板,如 Micro ATX、mini-ITX、EPIC 等。

虽然主板厂商都遵循 ATX 标准,但是这并不意味着所有 ATX 主板都是完全兼容的。一是 Intel 和 AMD 两大系列 CPU 的电气和机械参数不同,因此主板 CPU 插座不能相互兼容,但是其他设备(如内存、电源、机箱等)可以相互兼容;二是 Intel 和 AMD 两大系列主板的芯片组不同,因此在性能和兼容性方面有所差异;三是同一公司的主板,由于芯片组不同,它们之间也互不兼容。例如,采用 Intel 100 系列芯片组的主板,无法安装 Intel 8 系列的 CPU,只有 Intel 300 系列芯片组的主板才能支持该系列的 CPU。

2. ATX 主板

ATX 是 1995 年 Intel 公司推出的主板、电源和机箱技术规格,如图 6-2 所示。ATX 标准有:ATX(标准板/大板),主要用于高性能主机,如小型 PC 服务器;Micro ATX(微型板/小板),主要用于中低档台式机;Flex ATX(超小型板),主要用于工业控制。

为了避免计算机部件在空间上的重叠现象,ATX 标准规定了主板上各个部件的高度限制;ATX 标准还对机箱位置进行了定义,如机箱顶部右上角电源预留空间和右下角驱动器预留空间也做了相应规定。为了保持设计上的灵活性,ATX 主板在机箱后部定义了一个

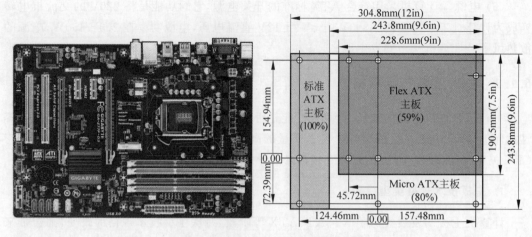

图 6-2　标准 ATX 主板和不同规格 ATX 主板的基本尺寸

I/O 接口区(长 158mm,高 44.5mm)。ATX 标准还规定了机箱电源的散热风扇将空气向外排出,这样减少了将空气向内抽入所发生的积尘现象。

3. Micro ATX 主板

Micro ATX(简称 mATX)主板是 ATX 的简化版,推出 mATX 规格的目的是降低系统成本,减少系统对电源的需求。mATX 主板的尺寸和电源都更小,而且主板上外部设备总线插座也减少为 4 个。如图 6-2 所示,主板尺寸约为 244mm×244mm。

mATX 主板可以使用普通 ATX 机箱,也可以使用特制的 mATX 小型机箱。mATX 主板可使用 ATX 电源,也可以使用专用的 SFX 电源(极少用),SFX 电源是从 ATX 电源修改而来,只是减少了电源功率与部分供电线路。

6.1.3　mini-ITX 主板规格

mini-ITX 是由 VIA(威盛电子,中国台湾)定义的一种结构紧凑的微型化主板设计标准,它有 mini-ITX、Nano-ITX、Pico-ITX 和 Mobile-ITX 等技术规格。它主要用于小尺寸空间的专业计算机设计,如汽车、家庭影院、网络设备中的计算机等。mini-ITX 向下兼容 Micro-ATX 主板。mini-ITX 主板的技术规格如图 6-3 和表 6-2 所示。

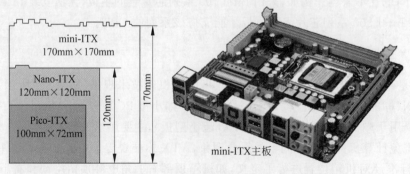

图 6-3　mini-ITX 系列主板尺寸

表 6-2　mini-ITX 主板技术规格

技术规格	主板尺寸	CPU 散热	显卡类型	内存插座	最大功率	推出日期/年
mini-ITX	170mm×170mm	小风扇/热管	独立/集成	Un-DIMM	100W	2001
Nano-ITX	120mm×120mm	无风扇	集成	SO-DIMM	70W	2004
Pico-ITX	100mm×72mm	无风扇	集成	SO-DIMM	30W	2007
Mobile-ITX	60mm×60mm	无风扇	集成	BGA	12W	2009

　　mini-ITX 系列主板由于空间狭小,因此采用超低功率的 x86 处理器(如双核 Atom),CPU 散热器一般采用固定在主板上,很少采用散热器加风扇冷却,部分产品采用热管散热。mini-ITX 主板将显卡、声卡和网卡连接都集成在主板上。它具有与普通 PC 相同的输出接口,如 USB 端口、音频输入和输出接口、DVI/VGA 显示接口、网络接口等。I/O 总线插座仅保留了一个,内存条插座也只有 1 个或 2 个。

6.1.4　主板部件与芯片组

1. 主板上的主要部件和接口

　　主板一般为长方形印制电路板(PCB),安装在机箱内部。ATX 主板主要部件如图 6-4 所示。ATX 主板主要部件和接口如表 6-3 所示。

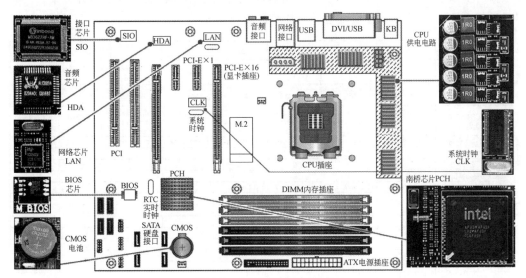

图 6-4　ATX 主板主要部件

表 6-3　ATX 主板主要部件和接口一览表

部 件 类 型	主 要 部 件
集成电路	南桥、BIOS、系统时钟、SIO、音频、网络、电源、稳压、桥接等芯片
电子元件	电阻、电容、电感、晶振、二极管、三极管、场效应管、电池等元件
主板线路	信号线(数据、地址、控制),电源线,地线(信号地、电源地)等线路
总线插座	Socket CPU、DIMM 内存、PCI-E×16、PCI-E×1、PCI、USB 等插座
I/O 接口	SATA、M.2、KB、MS、音频、LAN、DVI、VGA、Wi-Fi 等接口
其他插座	24 脚 ATX 电源、8 脚 CPU_12V 电源、前置面板按键和指示灯、前置音频、CMOS 电池清除、CPU 风扇、机箱风扇等

2. 芯片组的功能

从 IBM PC/ATX(286 微机)开始,计算机将主板上的大部分控制电路都集成在 2 个集成电路芯片(IC)中,这 2 个芯片称为主板芯片组(Chipset),它们由北桥芯片和南桥芯片组成。对于主板而言,芯片组几乎决定了主板的功能和性能,它会影响到整个计算机系统性能的发挥。芯片组性能的优劣,决定了主板性能的发挥。北桥芯片主要负责内存数据传输,南桥芯片主要负责与外部设备的通信。因此,主板性能的强弱与北桥芯片有关,主板功能的多少与南桥芯片有关。

(1)北桥芯片功能。一是支持各种类型规格的内存(如 DDR4),主板支持内存的最大容量等;二是支持显卡总线接口(如 PCI-E),部分北桥芯片内部还内置了图形处理芯片;三是负责北桥芯片与 CPU 之间的信号传输;四是负责南北桥芯片之间信号的上传下达。

(2)南桥芯片功能。主要负责 SATA 硬盘接口管理、ACPI(高级电源管理)、PCI 总线管理、USB 接口通信等;另外南桥芯片还需要与 BIOS 芯片、SIO 芯片、HDA 音频芯片、LAN 网络芯片等进行通信和数据交换。

随着多核 CPU 的出现,CPU 性能越来越强大,从 Intel Core CPU 开始,Intel、AMD 等公司在台式计算机中将北桥芯片的功能集成到了 CPU 内部,因此目前台式计算机主板设计只保留了南桥芯片,服务器和部分工业计算机则保留了南北桥芯片组的设计方案。

近年来 LGA 115X 平台顶级主板芯片组规格如图 6-5 所示。

芯片组	Z370	Z270	Z170	Z97	Z87	Z77	Z68	P55
支持的处理器	Coffeelake	Kaby lake Skylake	Kaby lake Skylake	Haswell Broadwell	Haswell	Sandy Bridge Ivy Bridge	Sandy Bridge Ivy Bridge	Lynnfield Clarkale
封装	LGA-1151	LGA-1151	LGA-1151	LGA-1150	LGA-1150	LGA-1155	LGA-1155	LGA-1156
处理器支持的PCI-E端口配置	x16/x8+x8/ x8+x4+x4 PCI-E 3.0	x16/x8+x8/ x8+x4+x4 PCI-E 3.0	x16/x8+x8/ x8+x4+x4 PCI-E 3.0	x16/x8+x8/ x8+x4+x4 PCI-E 3.0	x16/x8+x8/ x8+x4+x4 PCI-E 3.0	x16/x8+x8/ x8+x4+x4 PCI-E 3.0	x16/x8+x8 PCI-E 2.0	x16/x8+x8 PCI-E 2.0
最大PCI-E通道数	PCI-E 3.0*24	PCI-E 3.0*24	PCI-E 3.0*20	PCI-E 2.0*8	PCI-E 2.0*8	PCI-E 2.0*8	PCI-E 2.0*8	PCI-E 2.0*8
DMI总线数量	3	3	3	2	2	2	2	1
支持显示的数量	3	3	3	3	3	2	2	N/A
SATA 6Gbps接口	6	6	6	6	6	2	2	N/A
SATA 3Gbps接口	N/A	N/A	N/A	N/A	N/A	4	4	6
USB 3.0接口	Up to 10	Up to 10	Up to 10	6	6	N/A	N/A	N/A
USB 2.0接口	Up to 14	Up to 14	Up to 14	8	8	10	14	14
RAID 0/1/5/10	√	√	√	√	√	√	√	√
PCI总线	x	x	x	x	x	x	x	√
M.2接口	3	3	3	1	N/A	N/A	N/A	N/A
PCI-E NVMe接口	√	√	√	√	x	x	x	x
Inter Optane磁盘技术	√	√	x	x	x	x	x	x
Intel CNVi无线网卡	√	x	x	x	x	x	x	x

图 6-5 近年来 LGA 115X 平台顶级主板芯片组规格

3. Intel 芯片组系列

设计和生产芯片组的厂商很多,但是芯片组的设计与 CPU 密切相关,而 Intel 公司是 CPU 市场的领导者,自然 Intel 公司设计和制造的芯片组很快占据了市场主流。Intel 芯片组与 CPU 一样,分为台式机、服务器、移动设备三大类,目前台式机芯片组主要有 B(入门级,中端小主板)、H(入门级,中端大主板)、Z(商业级,高端大主板)、X(发烧级,高端大主板)等系列。Intel 公司的主板芯片组按"字母＋数字"的形式命名,字母表示芯片组的产品类型,数字表示芯片组产品系列,数字越大芯片组性能越高,如 B170、B100 都属于 100 系列,但是 B170 性能高于 B100。主板技术规格往往以芯片组命名,例如采用 Intel X79 芯片组的主板也称为 X79 主板。在台式机中,北桥芯片的主要功能和内存控制器目前已经集成到 CPU 内部,因此,目前芯片组实际上仅仅是指南桥芯片而已。

4. 南桥芯片技术特征

Intel 公司将南桥芯片称为 PCH(输入输出控制中心)。南桥芯片在 PCI-E 总线插槽附近。这种布局是考虑到南桥芯片连接的 I/O 总线较多,离 CPU 远一些有利于布线。南桥芯片的数据处理量不大,一般不需要安装散热片。南桥芯片通过局部总线(如 Intel DMI)与 CPU 直接相连。Intel 300 系列南桥芯片的主要接口和功能如图 6-6 所示。

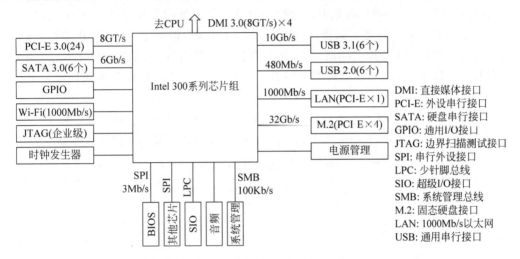

图 6-6　Intel 300 系列南桥芯片的主要接口和功能

南桥芯片负责 I/O 总线之间的通信,如 PCI、USB、LAN、SATA、音频、键盘、实时时钟、高级电源管理等,这些功能一般较稳定。南桥芯片的发展方向主要是集成更多功能,如 RAID、SAS、M.2、Wi-Fi、蓝牙等。

6.2　主板电路结构分析

6.2.1　主板供电电路

CPU 核心电压越来越低的趋势,使 ATX 电源供给主板的 12V 和 5V 直流电不能直接给 CPU、南桥芯片、内存等设备供电,需要在主板上另外设计供电电路(DC-DC),进行高直流电压到低直流电压的转换。

1. 主板供电电路的要求

目前 CPU 功耗非常大(70～150W),从低负荷到满负荷运行时,电流变化也非常大。为了保证 CPU 能够在快速的负载变化中,不会因为电流供应不足而无法工作,因此 CPU 供电电路要求具有非常快速的大电流响应能力。另外,CPU供电电路也是主板上信号强度最大的地方,处理不好会产生串扰效应,从而影响到主板的其他电路。

2. VRD 电源标准

VRD(电压调节标准)是 Intel 公司在 2006 年发布的 CPU 供电标准,VRD 标准在主板中增加了一个信号通道,将检测到的温度信号传送给 CPU 的 FORCEPR♯引脚,由 CPU 对 DC-DC 电源模块进行保护。一旦电源模块过热,FORCEPR♯信号就会启动,自动降低 CPU 倍频系数,并且降低 CPU 核心电压,以减少电能消耗。

VRD 11.1 标准主要用于 Intel Croe 系列处理器,它支持 PSI(电源状态检测)功能,允许 CPU 处于空负载或轻度负载状态时,主板 DC-DC 电路可以关闭部分供电回路(自动变相),同时对 CPU 工作频率进行调节,达到 CPU 在轻负载下的节能效果。APS(自动变相)功能需要主板的 PWM(脉宽调制器)芯片(如 ISL6336)和 BIOS 支持,另外还需要 CPU 的支持。支持 VRD 11.1 标准的主板,在 BIOS 设置中一般有"C2/C2E"和"C4/C4E"两个选项。它取代了早期 Pentium 4 处理器常用的 C1 挂起状态,C1 挂起状态由操作系统发出的 HLT(停机)命令触发,然后 CPU 就会进入到低功耗的待机状态。

VRD 11.1 规定的 VID(电压标识符)和 VCC(CPU 核心电压值)如表 6-4 所示。VCC_MAX 电压分为 256 级,最高电压从 1.600 00V 开始,以下每个级别减少 0.006 25V。

表 6-4　　VRD 11.1 规定的 VID 和 VCC_MAX 值

VID7	VID6	VID5	VID4	VID3	VID2	VID1	VID0	VCC_MAX
0	0	0	0	0	0	0	0	OFF
0	0	0	0	0	0	0	1	OFF
0	0	0	0	0	0	1	0	1.600 00
0	0	0	0	0	0	1	1	1.593 75
...	...	...	...	...	...	...	...	...
1	0	1	1	0	0	0	1	0.506 25
1	0	1	1	0	0	1	0	0.500 00
1	1	1	1	1	1	1	0	OFF
1	1	1	1	1	1	1	1	OFF

3. 主板单相供电电路工作原理

主板 DC-DC 供电电路广泛采用开关电源供电方式,供电电路通常由 PWM 芯片、MOSFET(场效应开关管)、电容、电感线圈等组成。图 6-7 是主板 CPU 多相供电电路中,一相 DC-DC 供电电路的简单示意图,这个电路是一个简单的开关电源。+12V 直流电压来自 ATX 电源的输入(8 脚 CPU_12V 插座),通过一个电感线圈(L_1)和电容(C_1)对输入电流进行滤波后,输入到由两个(Q_1、Q_2)MOSFET 管组成的开关电路。PWM 芯片发出脉冲信号,控制开关管 Q_1 与 Q_2 轮流导通,从而输出高频脉冲电压。高频脉冲电压经过 L_2 和 C_2 组成的滤波电路后,得到平滑稳定的 CPU 核心电压(V_{core})。DC-DC 供电电路除了为 CPU 提供更加纯净稳定的电流外,还起到了降压限流的作用。在供电电路中,电容和电感线圈的规格越高,以及场效应管的数量越多,供电的品质就越好。

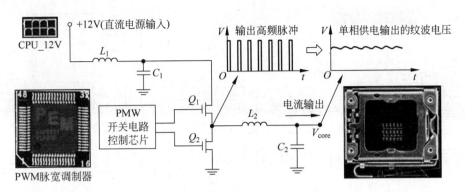

图 6-7 主板 CPU 一相供电电路示意图

主板除 CPU 需要 DC-DC 供电电路外,显卡、内存等部件都需要单独设计 DC-DC 供电电路。单独设计的优点是,每个电源模块都单独对相应部件进行电压过载保护,不会因为某个稳压器的故障使整个系统崩溃。这种设计方案提高了供电系统的可靠性,也有助于电源电路的散热。更重要的是 CPU 电路上的电压变化,不会影响到内存和显卡的电压。

4. 主板多相 DC-DC 供电电路

供电电路在实际应用中存在电源转换效率的问题,电能不会 100% 转换,一部分消耗的电能会转化为热量散发出来,所以供电电路总是存在发热问题。值得注意的是,温度越高说明电能转换效率越低。如果电源电路转换效率不高,那么采用一相供电就无法满足 CPU 的需要,所以出现了 3 相或多相供电电路。多相供电电路带来了主板布线的复杂化,如果布线设计不合理,会影响 CPU 工作的稳定性。

一般单相供电电路能提供 30～60A 的电流,2 相电路能提供 60～120A 的电流,如此累加,供电相数越多,能提供的电流就越大,工作状态越稳定。目前 CPU 满载功耗往往达到 100W 以上,为了满足 CPU 的供电需求,除了使用更好的电子元件来提升每相供电电流外,增加供电相数更容易达到目的。

主板供电电路有多种设计方案。例如,主板 CPU 供电电路采用 3 相供电时,设计方案有 3×2、3×4 等,这里的 3×4 指 3 相供电,每一相采用 4 个 MOSFET。3×4 设计的优点是在电感线圈释放能量时,供电电路会有大电流通过(特别高功耗较 CPU 的电流会更大),采用多个 MOSFET 并联,可以降低 MOSFET 内阻,有效减少发热量。

典型的 CPU 3 相 DC-DC 供电电路,有一个 PMW 芯片(如 ISL6312)、3 相×4 个 MOSFET、3 个屏蔽电感线圈以及若干个电容。

ATX 主板系统的电源分配如图 6-8 所示。

6.2.2 主板时钟电路

1. 主板时钟信号

计算机中时钟信号的主要作用是同步。在数据传送过程中,对时序有严格的要求,只有这样才能保证数据在传输过程不出现差错。时钟信号设定了一个基准,可以用它来确定其

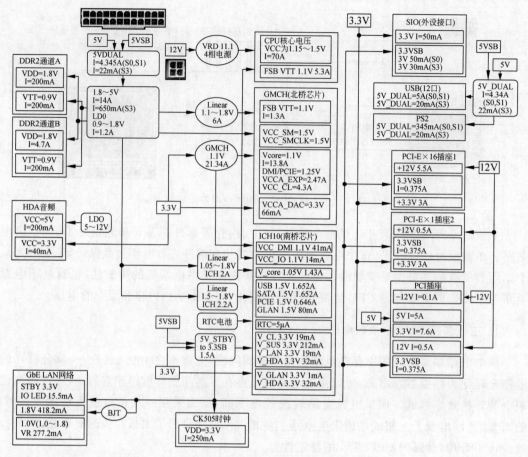

图 6-8　主板系统电源分配示意图

他信号的时间宽度,另外时钟信号能保证通信双方的数据同步。

　　计算机中的时钟频率信号一般标记为 CLK。频率为 1kHz 的时钟周期为 1ms,1MHz 的时钟周期为 $1\mu s$,1GHz 的时钟周期为 1ns。时钟信号发生电路由晶振和时钟信号发生器芯片组成。如图 6-9 所示,系统时钟信号发生器产生的脉冲信号(CLK),不仅直接提供了 CPU 所需的外部工作频率,而且还提供了其他外设和总线所需要的多种时钟信号。

2. 主板时钟频率的类型

　　主板上往往有多个晶振,一方面是主板中每个集成电路芯片的工作频率不同,因此需要不同晶振。其次是主板中有各种不同速率的总线,每条总线有自己独立的传输协议和标准,它们的时钟频率也有所不同。另外一个重要的原因是,晶振产生的时钟信号是高频脉冲信号,如果传输距离过长,会导致信号衰减,而且会受到其他电路的干扰。因此,大部分时钟信号统一由系统时钟信号发生器芯片提供,而另外一些信号(实时时钟、网络时钟、音频时钟等)则由单独的晶振提供。主板时钟系统如图 6-9 所示。

　　(1)系统时钟(CLK)。系统时钟的晶振频率为 14.318MHz,工作电压为 $1.1\sim1.6V$, 晶振往往与时钟信号发生器芯片相连,给主板电路提供同步时钟信号。自从 IBM 公司推出第一台 PC 以来,主板一直使用频率为 14.318MHz 的晶振作为基准时钟频率源。这是因为

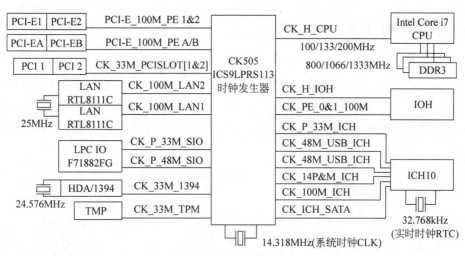

图 6-9 主板时钟系统

8088 CPU 工作频率为 4.77MHz,而 14.318MHz 经过 3 分频后,输出频率为 4.77MHz 左右。

(2) 实时时钟(RTC)。实时时钟的晶振频率为 32.768kHz,工作电压为 0.4V 左右,RTC 与南桥芯片连接。RTC 主要用于显示精确的时间和日期。RTC 之所以采用 32.768kHz 的频率,是因为时钟需要比较准确的 1s 定时,而 32.768k 表示为二进制为: [1000 0000 0000 0000]$_2$。这样只需要检测二进制最高位的变化,就可以知道 1s 的时间了,不需要检查每个二进制位,这样电路设计较为简单。由于实时时钟(RTC)与系统时钟 (CLK)采用了不同的晶振器件,因此它们之间不会相互影响。

(3) 声卡时钟。时钟频率为 24.576MHz。

(4) 网卡时钟。时钟频率为 25.000MHz。

主板中的时钟电路和供电电路如图 6-10 所示。

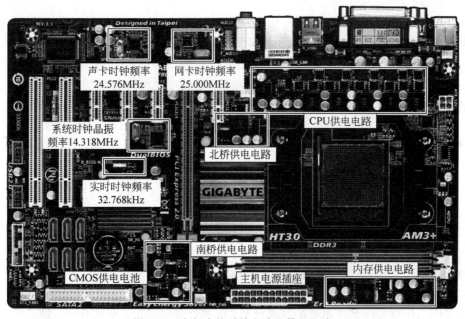

图 6-10 主板中的时钟电路和供电电路

3. 系统时钟设计标准

为了标准系统时钟信号的设计和应用，Intel 公司制定了频率合成器设计指南，如 CK97、CK410、CK505 等。符合 CK410 标准的系统时钟信号发生器电路和芯片实物如图 6-11 所示。

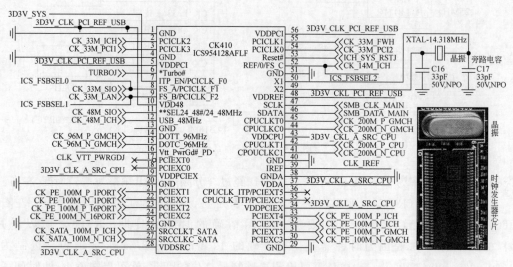

图 6-11 符合 CK410 标准的系统时钟信号发生器电路和芯片实物

时钟发生器芯片输出的频率非常有限，它远远不能直接提供 CPU 所需要的工作频率。系统时钟发生器只能给 CPU 提供外部工作频率（外频），在 CPU 内部还有倍频电路，外频信号通过 CPU 内部的倍频电路，进行频率提升后给 CPU 使用。因为倍频电路集成在 CPU 内部，所以只要处理器厂商彻底封锁 CPU 的倍频系数，用户就无法调整倍频系数。但是，CPU 生产厂商没有封锁外频。

在工作频率较低的系统总线或芯片中，有一个分频电路。它以系统时钟为基准，通过分频电路降低总线时钟频率，以满足工作频率较低的总线或芯片的需求。

主板中常见的时钟信号发生器芯片有 ICS、Cypress、IDT、Realtek 和 Winbond 等品牌，如 ICS954128AFLF、RTM880N-790 等。在少数主板中，时钟信号发生器的功能已经集成在北桥芯片中了。

6.2.3 主板开机电路

1. 开/关机电路设计方案

主板设计不同，开机电路会有所不同，但基本电路原理是相同的。即经过开机按键触发主板开机电路工作，开机电路将触发信号进行处理，最终向 24 孔的 ATX 电源插座的第 16 脚（PS_ON）发出低电平信号，将电源第 16 脚的高电平拉低，触发 ATX 电源工作，使电源各引脚输出相应的电压，为计算机内部设备供电。

主板开机电路的设计方案有：由门电路组成的开机电路；由南桥芯片组成的开机电路；由南桥芯片和 SIO 芯片组成的开机电路；由开机复位芯片组成的开机电路等。

2．开机电路工作条件

为开机电路提供电源、时钟信号和复位信号，具备这三个条件后，开机电路就可以工作了。其中电源由 ATX 电源的第 9 脚(5VSB)提供，时钟信号由实时时钟(RTC)电路提供，复位信号由电源开关、南桥芯片内部的触发电路提供。

由南桥芯片和 SIO 芯片组成的开机电路原理如图 6-12 所示。

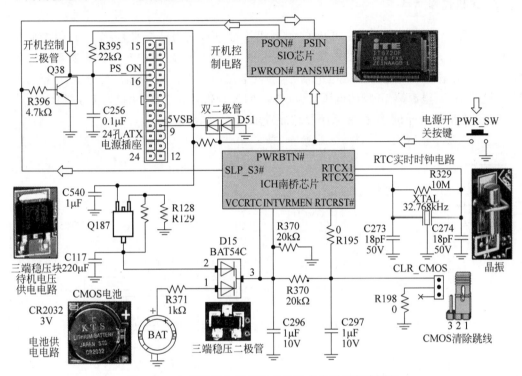

图 6-12　由南桥芯片和 SIO 芯片组成的开机电路原理

3．关机状态

市电开关打开通电后(未开计算机)，ATX 电源的第 16 脚(PS_ON)输出 +5V 电压，ATX 电源的第 16 脚通过控制三极管连接到 SIO 芯片的触发电路中。SIO 芯片内部的开机触发电路没有触发时，SIO 不向三极管 Q38 输出高电平，因此三极管 Q38 为低电平，三极管 Q38 处于截止状态，电源的其他针脚没有电压输出。

ATX 电源的第 9 脚输出 +5V 待机电压(5VSB)。+5V 待机电压通过稳压三极管 Q187 后，产生 +3.3V 电压，这个电压分为两路：一路通向南桥芯片内部，为南桥芯片供电；而另一路通过 COMS 清除跳线(必须插上跳线帽将它们连接起来)进入南桥，为 CMOS 电路供电，南桥外的实时时钟(RTC)晶振向南桥提供时钟频率信号。

4．开机启动过程

用户按下主机电源开关时，开机按键的电压变为低电平，这时 SIO 芯片内的触发电路没有触发，输出端保持原状态不变(输出高电平)，南桥芯片也没有工作。当用户松开开机按

键时,这时开机电压由低变高,向 SIO 芯片的 PANSSW♯引脚发送一个上升沿触发信号,
SIO 芯片内部电路被触发,SIO 芯片输出端引脚 PWRON♯向南桥芯片输出低电平信号。
南桥芯片收到触发信号后,向三极管 Q38 输出高电平,三极管 Q38 导通,由于三极管的 e 极
接地,因此 ATX 电源第 16 脚的电压由高电平变为低电平,ATX 电源开始工作,电源分别
向主板输送相应电压,主板处于启动状态。

5. 关机过程

在主机工作状态下,按下主机开关时,开机按键再次变为低电平,各个电路保持原状态
不变。在松开开关时,开机键的电压变为高电平,此时 SIO 芯片内部电路再次触发。触发
器输出端向南桥芯片发送一个高电平信号,触发电路向三极管 Q38 输出低电平,三极管 Q38
截止,这时 ATX 电源第 16 脚的电压变为+5V,ATX 电源停止工作,主板处于停机状态。

计算机系统的开机、关机和系统复位原理如图 6-13 所示。

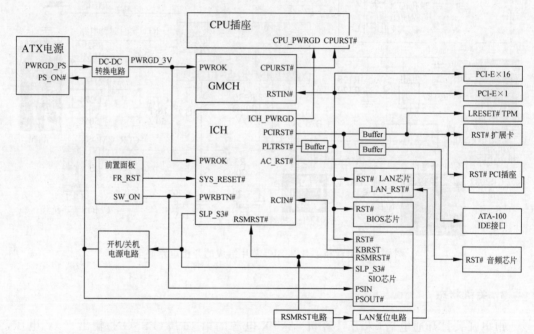

图 6-13　计算机系统的开机、关机和系统复位原理

6.2.4　主板保护元件

1. 异常过电压

在计算机系统和网络线路上,经常会受到外界和内部瞬时异常过电压的干扰。这种过
电压(或过电流)也称为浪涌电压(或浪涌电流)。为了避免浪涌电压损害电子设备,一般采
用分流防御措施,即将浪涌电压在非常短的时间内与大地短接,使浪涌电流分流入地,达到
削弱和消除过电压、过电流的目的,从而起到保护电子设备安全运行的作用。

异常过电压可能来自计算机系统外部,也可能是计算机内部设备或电路自生的。外部
过电压的侵入途径可以通过导线、电路、管道传导进入;也可以通过静电感应和电磁感应侵

入。过电压的出现可能有规律性和周期性,但更多情况下呈现随机状态。异常过电压形成的原因有以下几种情况:雷击过电压、开关过电压、瞬态过电压、静电过电压等。

异常过电压成因复杂,持续时间和电压、电流的强度差异很大,因此防护异常过电压有时是个复杂的任务。大部分情况下,硬件设计工程师采用 SPD(电涌保护器)防护雷击过电压和瞬态过电压;采用压敏电阻器防护持续时间较短的瞬态过电压,对于持续时间较长的瞬态过电压只能用熔断器、断路器等器件防护。对于静电过电压和操作过电压,往往采用保险电阻和 TVS(瞬态电压抑制器)进行防护。

2. 电路保护元件

电路保护元件按功能可以分为过电流保护(热敏电阻)、过电压保护(压敏电阻)、ESD(静电释放)保护、防雷保护(电涌保护器)等器件。目前 CPU 插座、内存插座、显卡供电等大电流供电回路中,都串接了电路保护器件。在键盘接口、鼠标接口、USB 接口的供电回路中,往往也设计有保护器件。

高分子聚合物 PTC 热敏电阻是近年出现的过流过温保护元件。它的特点是当温度达到某个设定值时,其电阻值会显著增加,呈高阻状态,相当于断开回路。而当温度降低后,它自动复位导通,恢复至低阻状态。因此高分子 PTC 电阻又称为自恢复保险丝。这种“断开-自动恢复”的过程可重复数千次,主要用于小功率电路的过载保护。

主板和显卡使用的高分子 PTC 电阻,通常是绿色或黄色贴片元件,体积比贴片电容稍微大些。一般在芯片上标记为字母 P,在 PCB 上标记为 F。

用户经常会对键盘、鼠标、USB 等接口进行热插拔。热插拔操作时,由于瞬间接触不良,很容易产生点与点之间的高电压。例如,I/O 接口的工作电压为 3.3V,一旦产生高电势差,输入的电压就会比正常电压高出很多倍,导致 I/O 接口或 USB 接口控制芯片烧毁。为了防止这种现象发生,一些主板在 I/O 接口和 USB 接口中安装了高分子 PTC 电阻,以保护主板上的接口控制芯片。

3. TVS 保护器件

目前大多数集成电路芯片内部设计了有限的 ESD(静电释放)保护功能,允许承受人体携带 $1\sim2kV$ 的静电脉冲。虽然这在电路板装配时足以保护集成电路芯片,但无法在交付给最终用户时起到足够的保护作用。

TVS(瞬态电压抑制器)二极管是在稳压二极管(齐纳二极管)工艺基础上发展起来的一种新产品,其电路符号和普通稳压二极管相同,外形上与普通二极管没有差异,如图 6-14 所示。TVS 二极管在电路中一般工作于反向截止状态,这时它不影响电路的任何功能。当电路中由于雷电、各种电器干扰出现大幅度的瞬态干扰电压或脉冲电流时,TVS 二极管能在极短的时间(最高达 1×10^{-12} s)内迅速转入反向导通状态,使阻抗骤然降低,同时吸收大电流,并将电路的电压箝位在所要求的安全数值上,从而确保后面的电路元件免受瞬态高压冲击而损坏。干扰脉冲过去后,TVS 二极管又转入反向截止状态。

如图 6-15 所示,笔记本计算机、USB 接口、IEEE 1394 接口、音频接口、LCD、键盘、鼠标、耳机、充电器、手机等,由于频繁与人体接触,极易受到静电释放(ESD)的冲击,通常接入 TVS 二极管保护器件。

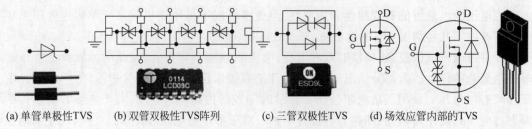

(a) 单管单极性TVS   (b) 双管双极性TVS阵列   (c) 三管双极性TVS   (d) 场效应管内部的TVS

图 6-14   TVS 二极管元件和电路结构

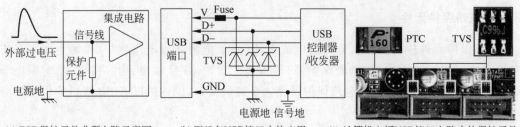

(a) ESD保护元件典型电路示意图   (b) TVS在USB接口中的应用   (c) 计算机主板USB接口电路中的保护元件

图 6-15   TVS 二极管在 USB 接口中的应用

6.2.5   BIOS 工作原理

BIOS(基本输入输出系统)主要为计算机启动提供开机自检程序,以及在引导时进行设备初始化工作。BIOS 是固化在集成电路芯片内部的程序代码,也称为"固件"。存放 BIOS 的地址是固定的,这部分地址不能被其他程序占用。

1. BIOS 的基本功能

BIOS 是计算机系统中重要的底层系统软件,它的基本功能是:开机时检测计算机硬件设备是否存在和工作正常;对硬件设备进行初始化工作,使硬件设备进入可用状态;启动操作系统加载程序等。

Windows 操作系统对硬件设备提供了统一的硬件抽象接口层(HAL),HAL 实际上就是操作系统与 BIOS 之间的接口标准。这些接口标准是保密的,Microsoft 公司只对少数 BIOS 设计商提供接口参数,而且收取授权费用。因此,小型厂商很难自行设计 BIOS 程序。目前市场上的 BIOS 设计厂商主要有 Phoenix 公司和 AMI 公司。

对不同的主板生产厂商来说,保持硬件兼容的最好方法是所有主板的设计和生产工艺都保持一致,但这是不可能的,因为它涉及知识产权、生产工艺、产生成本、特色设计等问题。硬件不兼容造成的问题,都需要通过 BIOS 进行解决。BIOS 就像一种中间件,它解决了不同硬件与操作系统之间的兼容性问题。每一种规格主板的 BIOS 互相不兼容,这也导致了不同规格主板的 BIOS 固件不能互换。

2. BIOS 芯片

目前主板广泛采用闪存芯片来存储 BIOS 固件。闪存芯片的优点是读写速度快,而且可用单电压进行读写和擦除操作。BIOS 芯片如图 6-16 所示。

图 6-16　老式 BIOS 芯片(左)和新式双 BIOS 芯片(中、右)

3. BIOS 与 CMOS 之间的关系

固件程序一旦写入 BIOS 闪存芯片后,修改起来非常麻烦,而不同计算机的硬件配置又往往不同,因此 BIOS 设计时,对一些用户需要经常更改的基本参数,保存在一个称为 CMOS 的芯片中。CMOS 芯片是主板上一块带有电池的 SRAM 芯片,它的存储容量为 128 字节。它主要存储了系统时钟和基本硬件配置数据。系统上电自检时,BIOS 程序需要读取 CMOS 芯片中的数据,用来初始化计算机硬件设备。CMOS 芯片依靠主板中的后备电池(CR2032)供电,因此 CMOS 芯片中的数据不会丢失。

4. EFI 可扩展固件接口

从 2000 年开始,Intel 公司开始计划用 EFI(可扩展固件接口)取代传统的 BIOS,2005 年 Intel 公司将 EFI 交由 UEFI Forum 负责推广和开发,并改名为 UEFI(统一可扩展固件接口),目前已推出了 UEFI 2.1 版标准。

1) EFI 基本结构

EFI 不是一个具体的软件,而是操作系统与固件之间的一套完整接口标准。EFI 定义了许多重要的数据结构以及系统服务。安装 EFI 必须获得主板和操作系统的支持,EFI 以小型磁盘分区的形式存放在硬盘的独立空间上,使用光驱引导系统进行安装。EFI 的存储空间为 50~100MB,具体大小视驱动文件多少而定。EFI 系统结构如图 6-17 所示,它包含以下几部分: EFI 初始化模块、EFI 驱动执行环境、EFI 固件/平台驱动、兼容性支持模块(CSM)等。

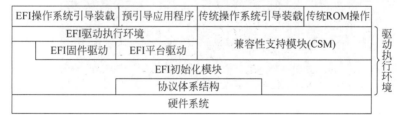

图 6-17　EFI 系统结构

EFI 初始化模块和驱动执行环境通常被集成在闪存芯片中。EFI 初始化程序在系统开机时最先执行,EFI 负责计算机上电自检(POST)和硬件设备初始化工作,紧接着装载 EFI 驱动程序,当 EFI 驱动程序加载运行后,EFI 系统便具备了控制所有硬件的能力。

EFI 抛弃了传统的 MBR(主引导记录)引导方式,它自带了文件系统,所以系统区(如 MBR、OBR、FAT、DIR)数据不再要求存储在硬盘的特定区域(如硬盘起始扇区)。

EFI 非常类似于一个低级操作系统,它具有操控所有硬件资源的能力。有人感觉它的不断发展将有可能替代现有的操作系统。事实上，设计者将 EFI 的能力限制在不足以威胁现有操作系统的地位。第一，EFI 只是硬件和操作系统之间的接口标准；第二，EFI 不提供中断访问机制，使用轮询方式来检查硬件状态，较操作系统的效率低得多；第三，EFI 不提供复杂的存储器保护功能，它只具备简单的存储器管理机制。

2）EFI 的功能

EFI 采用类似于 Windows 的图形操作界面（如图 6-18 所示），可以利用鼠标进行操作，用户无须进入操作系统就能进行最基本的操作。在传统 BIOS 环境下，操作系统必须面对所有的硬件，大到主板和显卡，小到鼠标和键盘，每次重装系统或者系统升级，都必须手动安装新的驱动程序，否则硬件很可能无法正常工作。而采用 EFI 的主板则方便很多，因为 EFI 结构使用基于 EFI Byte Code 的驱动。EFI Byte Code 有些类似于 Java 的中间代码，它需要 EFI 层进行翻译后，再由 CPU 执行操作。对于不同的操作系统，EFI 将硬件层很好地保护了起来。操作系统看到的只是 EFI Byte Code 的程序接口，而 EFI Byte Code 又直接和 Windows 的 API 联系，这就意味着无论操作系统是 Windows 还是 Linux，只要有 EFI Byte Code 支持，只需要一份驱动程序就能适应所有操作系统平台。

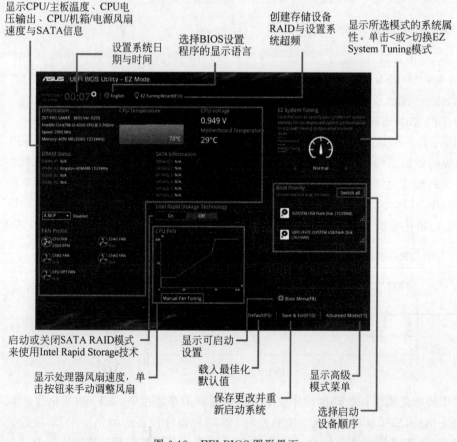

图 6-18　EFI BIOS 图形界面

EFI 能够驱动所有硬件，网络当然也不例外，所以在 EFI 操作环境中，用户可以直接连通互联网，向外界求助操作系统的维修信息或者在线升级驱动程序。

EFI 目前仍在不断开发完善中,相信最终的产品将会解决很多目前技术上的限制。最关键的是,EFI 的成功将会为 Intel 和 Microsoft 公司带来巨大的市场和利润。

6.2.6 系统引导过程

计算机从开机到进入正常工作状态的过程称为引导。早期计算机依靠硬件引导机器,由程序(操作系统)控制计算机后,带来了一个悖论:没有程序的控制计算机不能启动,而计算机不启动则无法运行程序。即使用硬件的方法启动了计算机,接下来也会有更加麻烦的问题:谁进行系统管理?如内存分配、进程调度、设备初始化、操作系统装载、程序执行等操作由谁控制?

以上问题的解决方案是:将一个很小的引导程序(128KB)固化在 BIOS(基本输入输出系统)半导体芯片内(称为固件),并将 BIOS 芯片安装在主机内部。开机电压正常后,计算机内部的 ATX 电源发送 PWR_OK(电源好)信号,激活 CPU 执行第一条指令,这条指令就是跳转到 BIOS 芯片,执行 BIOS 芯片中的引导程序,然后逐步扩大引导范围。

在嵌入式系统中,通常没有像 BIOS 这样的固件程序,因此整个系统的加载启动任务由保存在闪存中的 BootLoader 程序来完成。BootLoader 是嵌入式系统加电后执行的第一段代码,它完成 CPU 和相关硬件设备的初始化之后,将操作系统映像或固化的嵌入式应用程序装载到内存中,然后跳转到操作系统所在空间,启动操作系统运行。

不论计算机硬件配置如何,计算机引导都必须经过开机上电→POST(上电自检)→运行主引导记录→装载操作系统→运行操作系统→进入桌面等步骤,如图 6-19 所示。不同的操作系统,前两个步骤都是相同的,即"开机上电"与"POST"过程与操作系统无关。而"运行主引导记录""装载操作系统"等过程则因操作系统的不同而异。

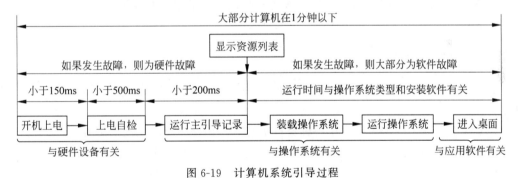

图 6-19 计算机系统引导过程

前面三个过程执行时间很短(小于 1s),如果计算机硬件没有致命性故障(电源、主板、CPU、内存等)就会显示资源列表,如果显示资源列表后计算机发生故障,大部分都是软件和外设故障(因为 POST 不检测硬盘、显示器等外设和网络)。

6.3 计算机总线与接口

1964 年,DEC 公司的 PDP-8 计算机首先采用了总线结构,这种结构具有高度的灵活性,允许将各种功能模块插入总线,目前总线结构几乎已被所有计算机所采用。

6.3.1　系统总线技术性能

1. 总线的基本功能

总线是多个部件之间的公共信号通道,用于在各个部件之间传输信息。总线是模块之间或者设备之间传送信息、相互通信的一组公用信号线的集合,是系统在主控设备的控制下,将发送设备发送的信息准确地传送给某个接收设备的信号载体或公共通路。总线的特点是公用性,即它可以同时连接多个模块或设备。在计算机系统中,利用总线可以实现芯片内部、印制电路板各模块之间、机箱内各插件板之间、主机与外部设备之间或系统与系统之间的连接与通信。

总线设计的好坏会直接影响整个计算机系统的性能、可靠性、可扩展性和可升级性。由于总线公用性的特点,必须解决物理连接技术和信号连接技术。物理连接包括电线的选择与连接,用于缓冲的驱动器、接收器的选择与连接,以及传输线的屏蔽、接地和抗干扰等技术。信号连接包括信号相互间的时序匹配和总线控制逻辑等问题。

总线还具有分时性。在同一时刻总线上只能允许一对功能部件或设备进行信息交换。当有多个功能部件或设备都要使用总线进行数据传输时,只能采用分时使用总线的方式。完成一次数据交换的总线时间,通常称为一个传输周期或一个总线操作周期。由于总线分时性的特点,在实现上,计算机系统必须设置对总线使用权进行仲裁管理的功能模块,以解决谁先谁后使用总线的问题,包括总线判决和中断控制技术。

按照总线标准设计制造的设备,都能工作在按同一标准设计制造的设备中。例如,提供USB总线接口的手机,可以连接到计算机的USB接口,双方进行数据传输。总线的类型也很少改变,以防造成不兼容问题。例如,从486微机开始采用的PCI总线(1992年),目前部分嵌入式计算机还在应用。

2. 总线的基本类型

总线按用途可以分为内部总线、系统总线和外设总线;按通信方式可以分为并行总线和串行总线。

(1) 内部总线。内部总线用于各种集成电路芯片内部多个单元之间的互连。内部总线一般不开放,对内部总线的名称、功能和电气参数,芯片设计公司很少公布。

(2) 系统总线。系统总线用于主板中多个集成电路芯片之间的互连。系统总线的开放情况较复杂,主板或其他设备上使用的系统总线,是部分开放的。例如,主板中的FSB(前端总线)、QPI(快速链路接口)、HT(超级传输总线)等,芯片设计厂商会公布部分接口的技术参数,但是设备生产厂商使用这些总线时,采用有偿授权使用方式。

(3) 外设总线。外设总线用于计算机与外部设备之间的互连。PC中的外设总线基本上是开放的(其他计算机不一定开放),大部分没有专利限制。如PCI、PCI-E、USB等总线。因此,其他设备厂商可以遵循总线标准进行产品设计。

3. 总线的带宽

数字通信中,带宽指数据传输速率。计算机中除极少数外部接口(如VGA接口、音频接口)使用模拟信号外,计算机内部和大部分外部接口都使用数字通信方式。模拟通信的带宽单位为 Hz(赫兹);而数字通信的带宽单位较为混乱,有 B/s(字节/秒)、b/s(位/秒)、T/s(传输次数/秒)、Hz(赫兹)等,造成这种混乱局面有多方面的原因。

【例 6-1】　DDR3-1333 内存总线带宽为 10.7GB/s;USB 2.0 总线带宽为 480Mb/s;QPI 总线传输频率为 6.4GT/s;FSB 总线带宽为 1600Hz(数据传输频率)等。

4. 并行总线组成

并行总线分为 5 个功能组:数据总线、地址总线、控制总线、电源线和地线。数据总线用于设备或者部件之间数据和指令的传输。为了减少线路数量,数据总线一般采用半双工传输。地址总线用于指定数据总线上数据的来源与去向,一般采用单工传输。控制总线用来控制对数据总线和地址总线的访问与使用,它们大部分是双工传输。在原理性教材中,为了简化总线分析,往往省略了电源线和地线。不是所有并行总线都有以上 5 个功能组,一些并行总线将数据总线和地址总线进行复用,以简化设计,降低产品成本。目前计算机中的并行总线已经不多了,仅有内存总线、PCI 总线等。

5. 并行总线带宽

并行总线的主要技术参数有总线位宽、总线频率、总线仲裁和总线操作。

总线位宽指总线一次可以传输数据的比特位数量,如 64 位总线带宽是指数据总线一次可以传输 8 个字节的数据。在并行总线中,总线位宽越大,总线带宽越高。但是大总线位宽需要占用更大的主板物理空间,而且连接器也会更大。为了减少数据总线占用太大的物理空间,大部分数据总线与地址总线按重复使用设计(复用)。

总线数据传输的频率称为总线频率,单位为 Hz。总线频率与总线时钟频率是两个不同的概念,在 Pentium Ⅲ 以前的计算机中,总线时钟频率与总线频率是一致的,随着技术的发展,目前在一个时钟周期内可以传输多次数据。在内存总线中,甚至出现了多通道传输结构,这造成了总线频率与总线时钟频率的不一致。

总线带宽是每秒总线上传输数据的总量。在并行总线中,带宽单位为 B/s,并行总线带宽按下式计算:

$$并行总线带宽(B/s) = 总线位宽(b) \times 总线频率(Hz) \div 8(b) \tag{6-1}$$

【例 6-2】　PCI 总线位宽为 32b,总线时钟频率为 33MHz,每个时钟周期内传输一次数据。因此,PCI 总线带宽=32b×33MHz÷8b=132MB/s。

计算机中各类并行总线性能如表 6-5 所示。

表 6-5　计算机并行总线性能

总线类型	时钟频率/MHz	总线位宽/b	总线频率/MHz	总线带宽/Bs^{-1}
DDR3-1600 内存总线	200	64	1600	12.8G
PCI	33	32	33	132M

说明:表中总线带宽为最大理论值。

6. 串行总线组成

近年来,串行总线在计算机中的应用方兴未艾,如 PCI-E、SATA、eSATA、QPI、DMI、

SPI、SMBus、USB、IEEE 1394 等,都属于串行总线。串行总线的线路非常简单,理论上可以通过 2 根线路进行双向信号传输,但是目前高速串行总线采用低压差分信号传输,因此单向传输就需要 2 根信号线。例如,USB 2.0 总线采用 2 根数据线,1 根地线和 1 根电源线,但是只能进行半双工信号传输。

串行总线在设计时需要考虑以下问题:数据的传输速率;数据位传输顺序(先传最高位或最低位);通信协议和通信电平;通过何种方式选择某个外设(通过硬件片选还是软件协议选择);外设如何与集成电路芯片保持同步(采用单独的硬件时钟线或借助于内嵌于数据包中的时钟信号);数据是在单根线路上传输(在"高电平"和"低电平"之间传输),还是在一对差分线路上传输(2 根线路按相反电平方向同时同方向传输)等。除以上问题外,应用中还有更多问题需要解决,如供电方式、噪声抑制、主机与外设之间的最大传输距离、电缆连接方式、接口形式等。所有这些问题的解决方式都由通信协议进行规定。

7. 串行总线带宽

串行总线采用一个或多个通道(信道)的方法实现更高的传输速度,通道之间各自独立,通道与通道之间不需要同步。在串行通信中,不存在总线位宽的概念,因为一个通道的收/发端之间可以采用同步或异步传输;但是多个串行通道之间并无密切的时序同步关系。例如,PCI-E×16 总线利用 16 条 PCI-E×1 通道进行传输,这 16 个串行通道分别进行数据传输,并不是 16 位宽的总线。

串行总线的带宽与数据传输频率、数据编码方式、通信协议开销,以及传输通道数等因素有关。总之,串行总线带宽是指总线的传输速率,单位为 b/s。值得注意的是,串行总线的带宽往往包含了协议开销在内。串行总线带宽可按下式计算:

$$总线有效带宽(b/s)=传输频率(Hz)×数据包大小(b)×$$
$$每个时钟周期传输的数据包数(T/s)×$$
$$总线通道数×数据编码开销\%×协议开销\% \qquad (6-2)$$

由式(6-2)可见,串行总线有效带宽的计算较为复杂。串行总线性能如表 6-6 所示。

表 6-6　计算机串行总线性能

总线类型	总线带宽	总线类型	总线带宽	总线类型	总线带宽
QPI	12.8GB/s	USB 1.1	12Mb/s	SPI	3Mb/s
PCI-E 1.0 x1	2.5Gb/s	USB 2.0	480Mb/s	SST	1Mb/s
PCI-E 2.0 x1	5Gb/s	USB 3.0	5.0Gb/s	SMBus	100kb/s
PCI-E 3.0 x1	8Gb/s	DMI 3.0	8GT/s	IEEE 1394b	800Mb/s

说明:总线带宽为单工传输模式下的最大理论值,其中包含了编码和通信协议开销。

6.3.2　PCI 总线技术性能

1992 年,Intel 公司发布了 PCI(外部设备互连)总线,随后免费公开了 PCI 总线设计标准,这使得 PCI 总线迅速成为了计算机的一种标准总线。PCI 总线不但应用在 PC 上,在苹果公司的 iMAC 计算机、工业控制计算机中,也得到了广泛的应用。

1. PCI 总线的优点

PCI 具有以下特点:一是 PCI 总线支持突发数据传输,即传输一个地址信号后,可以传输若干个数据信号,这减少了地址操作,加快了传输速度;二是支持多主控制器(主设备),PCI 总线可以有多个总线主控制器,各主控制器通过总线占用请求信号和允许信号竞争总线的控制权;三是支持即插即用,在新板卡插入 PCI 总线插槽时,系统能自动识别并装入相应的设备驱动程序;四是 PCI 总线不依附于某个具体类型的处理器,这使它具有良好的兼容性;五是 PCI 总线提供了奇偶校验功能,保证了数据的完整性和准确性。

2. PCI 总线插座形式

PCI 地址总线与数据总线采用时分复用方式。这样一方面可以节省总线接口的引脚数,另一方面便于实现突发数据传输,缺点是只能进行单工或半双工数据传输。

PCI 总线插座有 5V 和 3.3V 两种规格,3.3V 规格在台式计算机中应用较少。PCI 总线插座如图 6-20 所示。

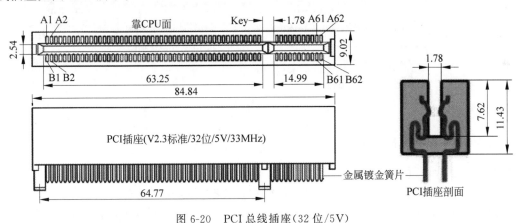

图 6-20　PCI 总线插座(32 位/5V)

3. PCI 总线信号定义

32 位 PCI 总线引脚为 124 条(包含电源、地、保留引脚等)。信号分为必备和可选两部分,主设备的必备信号为 49 条,从设备的必备信号是 47 条。可选信号为 51 条,主要用于 64 位扩展、中断请求和高速缓存支持等。利用这些信号线,可以对数据和地址信息进行控制、仲裁,以实现系统功能。

4. PCI 总线技术性能

PCI 总线的最高版本是 PCI v3.0(2004 年),但市场上广泛使用的标准是 PCI v2.3(2001 年)。PCI 总线位宽有 32 位和 64 位两种类型,目前台式计算机常用的是 32 位 PCI 总线。32 位 PCI 总线工作电压为 5V,信号时钟周期为 30ns,时钟频率为 33MHz,每个时钟周期传输一次数据。如果按十进制计算,最大数据传输带宽为:33MHz×4B×1 次/周期=132MB/s;如果按二进制计算,PCI 总线带宽为:(1 000 000 000/30ns)×4B×1 次/周期=127.2MB/s。这对声卡、网卡等输入输出设备绰绰有余,但对显卡则无法满足需求。

6.3.3 PCI-E 总线技术性能

2002 年,Intel 等公司发布了 PCI Express(以下简称 PCI-E)总线。PCI-E 总线采用点对点低电压差分信号进行数据的串行异步传输。

1. PCI-E 总线插座形式

在 PCI-E 1.0 标准下,基本的 PCI-E ×1 总线为 1 个传输通道,它由 4 条传输线组成,2 条(1 个差分对)为输入,另外 2 条(1 个差分对)为输出;总线传输频率为 2.5GHz,总线带宽为 2.5Gb/s(单工)。PCI-E 总线将时钟信号嵌入在数据包中,并且采用 8B-10B(对 8 位数据进行 10 位编码)编码技术,使信号的串扰问题明显降低。PCI-E 总线采用 4 层 PCB 板和标准接口设计时,设备连接距离达 20cm 以上。PCI-E 总线插座如图 6-21 所示。

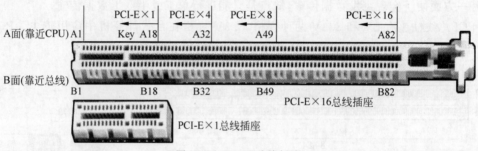

图 6-21　PCI-E 总线插座

2. PCI-E 总线基本性能

PCI-E 总线进行数据传输时,数据包除了传输的数据外,还有数据编码(如 8B-10B),协议(地址、时钟、控制信息等)等方面开销,使得有效数据仅有 70% 左右。

【例 6-3】　在 PCI-E 2.0 标准下,PCI-E×32 总线传输频率为 5GHz,传输通道为 32 条,单工每个时钟周期传输 1 位数据,编码方式为 8B-10B。

PCI-E×32 单工总带宽 =5GHz×32 通道×1b=160Gb/s

PCI-E×32 单工有效带宽 = 单工总带宽 ×8/10(编码效率)=128Gb/s

PCI-E 总线性能如表 6-7 所示。

表 6-7　PCI-E 总线性能

标准版本	总线模式	传输频率	编码方式	通道数	单工带宽
PCI-E 1.0	PCI-E ×1	2.5GHz	8B-10B	1	2.5Gb/s
PCI-E 2.0	PCI-E ×1	5.0GHz	8B-10B	1	5.0Gb/s
PCI-E 3.0	PCI-E ×1	8.0GHz	128B-130B	1	8.0Gb/s
PCI-E 1.0	PCI-E ×16	2.5GHz	8B-10B	16	40Gb/s
PCI-E 1.0	PCI-E ×32	2.5GHz	8B-10B	32	80Gb/s
PCI-E 2.0	PCI-E ×16	5.0GHz	8B-10B	16	80Gb/s
PCI-E 2.0	PCI-E ×32	5.0GHz	8B-10B	32	160Gb/s
PCI-E 3.0	PCI-E ×16	8.0GHz	128B-130B	16	128Gb/s

说明:单工带宽指理论传输带宽,包含编码开销和协议开销。

3．PCI-E 总线的特点

（1）PCI-E 的特点是可以根据不同设备的传输能力分配不同的传输带宽。×1、×4、×8、×16（×2 模式用于内部接口而非插槽模式）相当于多条串行总线同时传输。

（2）较短的 PCI-E 卡可以插入较长的 PCI-E 插槽中使用。

（3）PCI-E 总线支持＋3.3V、3.3Vaux 以及＋12V 三种电压。PCI-E 1.0 总线最高能提供 75W 的功率，PCI-E 2.0 版本提高到了 200W。

（4）PCI-E 总线与 PCI 总线相比，导线数量减少了将近 75％。

（5）PCI-E 总线支持不同的通信协议，采用先进的电源管理技术，支持热插拔功能，可以对所有接入设备进行实时监控，同时采用独特的纠错机制，保证总线的稳定运行。

（6）PCI-E 总线在软件层面上兼容 PCI 总线。在硬件上，PCI-E 3.0 总线向下兼容，也就是说 PCI-E 1.0 接口的板卡，可以在 PCI-E 2.0 或 3.0 插槽上使用。

4．mini-PCI-E 总线

mini-PCI-E 是基于 PCI-E 总线的接口，mini-PCI 是基于 PCI 总线的接口，两种接口在电气性能上不同，外形不同，不可混用，并且它们的定位卡不同，弄错了是插不上的。

mini-PCI-E 插槽为 52 针脚（Pin），mini-PCI-E 连接器广泛用于笔记本计算机主板，如数字设备（PDA）、无线网卡、固态硬盘、蓝牙等设备。

mini-PCI-E 的最大带宽为 2.5Gb/s，电路板有 50mm×30mm×5mm（全尺寸），以及 27mm×30mm×5mm（半尺寸）两种规格。mini-PCI-E 总线插座与电路板如图 6-22 所示。

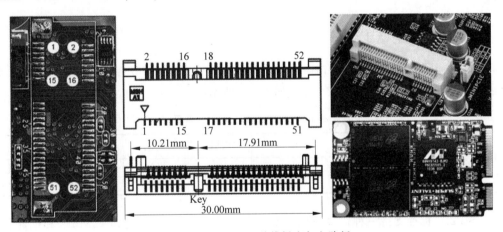

图 6-22　mini-PCI-E 总线插座与电路板

6.3.4　USB 总线技术性能

1．USB 总线的多层结构

如图 6-23 所示，USB（通用串行总线）总线采用 4 根电缆（传输线），其中 2 根（D＋和 D－，1 个差分线对）用于数据传送，另外 1 根是＋5V 电源，以及地线。使用时需要注意，千万不要把正负极弄反了，否则会烧坏 USB 设备或计算机南桥芯片。

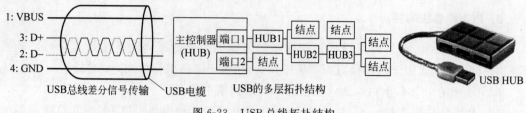

图 6-23　USB 总线拓扑结构

多个 USB 总线可以通过 HUB(集线器)进行星形连接,USB 总线每个电缆段最大传输长度为 5m,USB 最多支持 5 层 HUB,最多可连接 127 个外设。

2. USB 主从通信模式

USB 总线采用令牌通信模式。USB 的任何操作都从主设备(Host)开始,主设备广播令牌数据包(内容为操作类型、外设地址及端口号等)。总线上的外设(从设备)检测令牌中的地址是否与自身相符,如果相符,则外设向主设备发确认包作为响应,表明传输成功,或者指出自身没有数据进行传输。

在 USB 标准中,USB 接口两端的设备分为主设备(Host)和从设备(Slave),只有当主设备(也称为 A 设备)与从设备(也称为 B 设备)相互连接时,才能实现数据通信。而 OTG 设备既能充当主设备,也能充当从设备。"主设备"或"从设备"的概念用于两个设备通信时,确定通信的主从关系,与设备具体采用 A 型接口还是 B 型接口无关。例如,USB-A 型接口既可以作为主设备,也可以作为从设备,USB-B 型接口也同样如此,这是两个很容易混淆的概念。

3. USB 2.0 串行总线

USB 2.0 总线的接口形式有标准 A 型、标准 B 型、mini-A 型、mini-B 型、mini-AB 型、Micro-B 型等接口。USB 1.1/2.0 接口如表 6-8 所示。

表 6-8　USB 1.1/2.0 接口信号

引脚	线色	信号	说明	引脚	线色	信号	说明
1	红线	VCC	+5V 电源	3	绿线	DATA+	2.0 数据正
2	白线	DATA-	2.0 数据负	4	黑色	GND	地线

USB 2.0 标准支持三种传输速度:高速传输 480Mb/s、全速传输 12Mb/s 和低速传输 1.5Mb/s。USB 标准要求在任何情形下,电压不能超过 5.25V;在最坏情形下电压不能低于 4.375V。USB 2.0 接口的最大电流为 500mA,USB 3.0 接口的最大电流为 900mA。

4. USB 3.0 串行总线

USB 2.0 总线采用半双工通信模式,数据只能单向传输。USB 3.0 标准中,USB 总线可以实现数据的全双工传输,主设备和从设备可以同时发送和接收数据。USB 3.0 总线在接口中新增了 5 个信号:2 个数据输出(差分线对)、2 个数据输入(差分线对)和 1 个 ID 标识,USB 3.0 还支持光纤数据传输。USB 3.0 使用的线缆与 USB 2.0 有很大差异,但是它们的接口规格相同,因此 USB 3.0 接口具有良好的兼容性。USB 3.0 为了向下兼容 USB 2.0,在一根线缆里专门设置了两套数据传输机制:一套便于 USB 2.0 接口;另外一套是专用的发送接收高速传输信道。USB 接口类型如图 6-24 所示,USB 3.0 接口信号如表 6-9 所示。

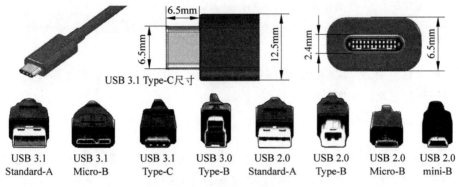

图 6-24　USB 3.0 接口类型

表 6-9　USB 3.0 接口信号一览表

引脚	线色	信号	说明	引脚	信号	说明
1	红线	VCC	+5V 电源	6	DATA-	发送负
2	白线	DATA-	数据负	7	DATA+	发送正
3	绿线	DATA+	数据正	8	GND	地线
4	—	ID	标识	9	DATA-	接收负
5	黑色	GND	地线	10	DATA+	接收正

USB 3.0 的理论传输速度为 5.0Gb/s,USB 3.0 物理层采用 8B-10B 编码方式,这样算下来实际带宽为 4Gb/s,另外如果扣除协议开销,在 4Gb/s 基础上要再少点。

5. USB 3.1 串行总线

USB 3.1 Gen2 是目前最新的 USB 规范,它的数据传输带宽提升到了 10Gb/s。USB 3.1 向下兼容现有的 USB 连接器、线缆、软件和设备协议等。

(1) USB 3.1 Gen2 技术特征。USB 3.1 Gen2 采用 128B-132B 编码,在 132b 的数据中,只需使用 4b 做检查码,编码损耗大幅下降到 3%(4/132),这使 USB 3.1 的传输效率增加。接口引脚数有 9 针(Type-A/Type-B)/12 针(Type-C)两种类型;USB 2.0 为白色接口,USB 3.0(即 USB 3.1 Gen1)为蓝色接口,USB 3.1 Gen2 为红色接口。

(2) USB 3.1 接口界面。USB 3.1 有三种连接界面,分别为:Type-A(标准)、Type-B(Micro-B)以及 Type-C。Type-A 是目前应用最广泛的界面方式,Micro-B 主要用于智能手机和平板计算机等设备,而新定义的 Type-C 主要面向更轻薄的设备,Type-C 将取代 Micro-AB 型连接器,Type-C 正反连接均可正常使用。另外,Type-C 还加强了抗电磁干扰的特性。

(3) USB 3.1 电力供应。人们希望 USB 能够提供更强大的供电能力,USB 3.1 Gen2 的供电电压有 5V/12V/20V;供电电流为 1.5A/2A/3A/5A 几种类型。采用 Type-C 接口的 USB 3.1 最高供电为 20V/5A,也就是 100W 的功率,并且设计上兼容现有的 USB 2.0 和 USB 3.0 的线材和连接器。

(4) 通用性。智能手机、平板计算机等小型设备需要一个万能的通用接口。从目前来看,USB 3.1 中的 Type-C 接口最有可能成为未来的接口标准,提供数据传输、外设连接、显示输出等一体化的连接方案。

6.3.5 常用接口技术性能

在计算机系统中,外设与 CPU 之间的信息交换通过接口来实现,因此接口是计算机系统与外设进行信息交换的中转站。

1. SATA 接口

SATA(串行 ATA)接口是 Intel 公司 2001 年发布的接口标准。SATA 比传统的并行 ATA(PATA)接口传输效率高,在 SATA 1.0 标准中,接口带宽为 1.5Gb/s;SATA 3.0 接口带宽为 6Gb/s。SATA 接口多用于硬盘接口,SATA 接口线缆和插座如图 6-25 所示。

SATA 接口只有 4 根通信线路,第 1 针供电,第 2 针接地,第 3 针发送数据,第 4 针接收数据。由于 SATA 采用点对点传输协议,因此不存在硬盘设备的主从问题,并且每个驱动器独享接口带宽,SATA 接口支持设备热插拔。

图 6-25　SATA 接口线缆和插座

2. M.2 接口

M.2 最初是 Intel 为超级本打造的新一代存储接口标准,目前的台式计算机主板也开始支持 M.2 接口。M.2 接口比 mSATA 接口更小、规范更多样化,尤其是 M.2 同时支持 SATA、PCI-E 两种传输通道(后者更容易提高速度),这为今后 M.2 接口提速提供了基础。

(1) 遵循 M.2 标准接口的 SSD(如图 6-26 所示),同 mSATA 接口一样可以进行单面 NAND 闪存颗粒布置,也可以进行闪存颗粒的双面布置。单面布置的总厚度为 2.75mm,双面布置的厚度仅为 3.85mm,而 mSATA 接口单面布置厚度比 M.2 显得厚太多。

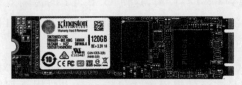

(a) M.2接口固态硬盘　　　　　　(b) 主板M.2接口插座

图 6-26　M.2 接口固态硬盘和主板 M.2 接口插座

(2) M.2 接口有两种类型:Socket 2 和 Socket 3,其中 Socket2 支持 SATA、PCI-E X2 接口。如果采用 PCI-E×2 接口标准,最大读取速度可以达到 700MB/s,写入速度也能达到 550MB/s。Socket 3 支持 PCI-E×4 接口,理论带宽可达 4GB/s。

例如,某品牌 SSD 采用 M.2 接口规格,SSD 尺寸为 $80\text{mm} \times 22\text{mm} \times 3.8\text{mm}$,双面闪存颗粒设计,SSD 采用 Marvel 88SS9183-BNP2 做主控芯片,容量为 512GB,搭配 512MB 缓存,M.2 接口支持 SATA 6Gb/s 和 PCI-E 2.0×2 两种传输通道。根据基准测试,SSD 的读取速度为 640MB/s 左右,写入速度为 620Mb 左右。

3. SIO 接口

计算机早期的 COM(串行通信)接口、LPT(打印终端)接口、MIDI(乐器数字接口)等,目前已经被淘汰,大部分主板取消了这些接口。

如图 6-27 所示,目前主板后部的常见外部 SIO 接口主要有 PS/2 键盘或鼠标接口,USB(通用串行总线)设备接口,HDMI(高清数字多媒体接口),SPDIF(SONY、PHILIPS 数字音频接口),DVI(数字视频接口),VGA(视频图形阵列)模拟显示器接口,IEEE 1394 接口,eSATA(扩展 SATA)外部硬盘接口,RJ-45 以太网接口,音频接口,SD(安全数字)存储卡接口等。

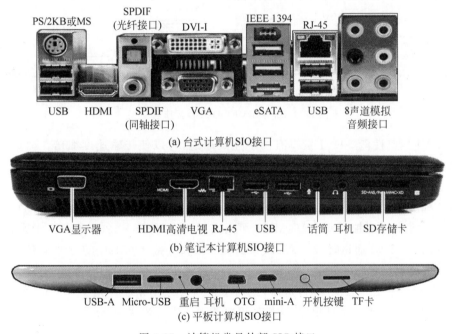

图 6-27　计算机常见外部 SIO 接口

4. VGA 接口

显卡上各种输入输出接口如图 6-28 所示。CRT(阴极射线管)显示器因为早期设计上的原因,只能接收模拟信号输入。VGA 接口是显卡上输出模拟信号的接口,VGA 接口也称为 D-Sub 接口。虽然 LCD(液晶显示器)可以直接接收数字信号,但很多 LCD 产品为了与 VGA 接口的显卡相匹配,采用了 VGA 和 DVI 双接口。通过实测,采用 VGA 接口或 DVI 接口的 LCD,图形和文字显示效果差别不大。VGA 接口是一种 D 型 15 针接口,VGA 接口是显卡上应用最为广泛的接口类型。

图 6-28　显卡上各种信号输入输出接口

5. DVI 接口结构与性能

随着 LCD 等数字显示设备的流行,目前大部分显卡都提供了 DVI(数字视频接口)数字信号接口。

(1) DVI 接口形式。如图 6-29 所示,DVI 接口定义了 DVI-I 和 DVI-D 两种接口形式。DVI-I 接口有 24+5 个针脚,它兼容数字信号和模拟信号,兼容模拟信号并不意味着模拟信号的 D-Sub 接口可以直接连接在 DVI-I 接口上,而必须通过一个转换接头才能使用,一般采用这种接口的显卡都带有相关的转换接头。

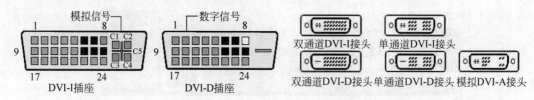

图 6-29　显卡 DVI-I、DVI-D 插座和接头

(2) DVI 接口性能。DVI 接口有两个连接通道,可以使传输速度加倍。根据 DVI 标准,一条 TMDS 通道可以达到 165MHz 的时钟频率和 10 位接口,也就是可以提供 1.65Gb/s 的带宽,这可以满足 1920 像素×1080 像素分辨率 60Hz 刷新频率的显示要求。为了扩充兼容性,DVI 标准还可以使用第二条 TMDS 通道,不过工作频率必须与另一条同步。DVI 1.0 标准规定,最大单通道时钟频率为 165MHz,可以实现 1600 像素×1200 像素的分辨率的数据传输。使用两个 DVI 通道时,双 DVI 接口的显卡最大支持 330MHz 的时钟频率,这样可以实现每个像素 8 位色彩深度,2048 像素×1536 像素分辨率(QXGA 模式)。一块有两个 DVI 接口的显卡有 2 个 TMDS 传送器,这两个接口可以用来驱动两个不同的数字显示器(LCD),也可以只驱动一个显示器,这样就可以获得更高分辨率的画面。

习题 6

6-1　计算机控制中心结构发生硬件故障有哪些特点?

6-2　简述南桥芯片的主要功能。

6-3　简述 BIOS 的基本功能。

6-4　简要说明计算机引导步骤。

6-5　在 PCI-E 3.0 标准下,PCI-E×16 传输频率为 8GHz,试计算总线单工带宽。

第7章 服　务　器

　　服务器是计算机的一种,它是在网络操作系统的控制下为网络环境里的客户机(如 PC)提供共享资源(如查询、存储、计算等)的高性能计算机,它的高性能主要体现在高速度的 CPU 运算能力、长时间的可靠运行、强大的 I/O 外部数据吞吐能力等方面。简单地说,服务器是在网络中为其他客户机提供服务的计算机。

　　服务器主要为客户机提供 Web 应用、数据库、文件、打印服务。服务器采用与台式计算机相同的技术和部件,软件也与台式计算机兼容,因此称为 PC 服务器。但是 PC 服务器在应用环境、计算机结构、器件工艺要求等方面与台式计算机有很大的区别。

7.1　服务器基本类型

　　PC 服务器按外形可分为机箱式(塔式)服务器、机架式服务器、刀片式服务器。

7.1.1　机箱式服务器

　　目前大部分服务器采用与 PC 相同的 x86 指令系统,因此将这些服务器称为 PC 服务器,如戴尔 POWEREdge 系列、浪潮英信 NF 系列、联想 System 系列等。

　　大部分单 CPU 机箱式服务器采用 ATX 规格(如图 7-1 所示),双 CPU 机箱式服务器采用 SSI-EEB 规格(如图 7-2 所示)。机箱式服务器外形和结构与台式 PC 相差不多,只是机箱尺寸稍大一些。机箱式服务器对放置空间没有太多的要求,尤其适合入门级服务器应用,而且成本较低,性能能满足大部分中小企业用户的要求。但机箱式服务器也有不少局限性,在需要用多台服务器同时工作以满足较高的性能时,由于机箱尺寸较大,占用空间较多,就会很不适合数据中心等部门的需求。

图 7-1　按 ATX 标准设计的机箱式服务器

与台式 PC 比较,机箱式服务器对主要部件有如下技术要求。

(1) 主板。服务器主板扩展性较强,内存插槽较多;而且机箱前部会预留很多空间,以便进行硬盘、电源等设备的扩展。为了更好地支持网络服务,大部分服务器主板提供 3 个或更多的 1000Mb/s 以太网接口。服务器 USB 接口大大少于台式 PC,但是 SATA 或 SAS 接口多于台式 PC。由于服务器对显示、音频、无线网络等功能,几乎没有要求,因此大部分服务器采用主板集成显卡,并且不带音频接口。

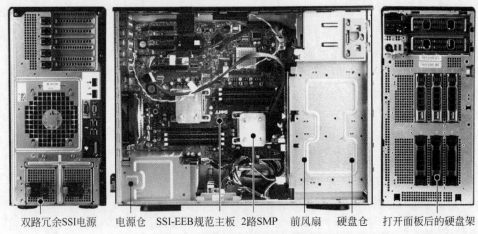

双路冗余SSI电源　电源仓　SSI-EEB规范主板　2路SMP　前风扇　硬盘仓　打开面板后的硬盘架

图 7-2　按 SSI 标准设计的机箱式服务器

(2) CPU。高性能服务器往往采用 Intel Xeon CPU,服务器主板一般支持多路 CPU,大部分服务器主板支持 2 路或更多的 CPU。例如,IBM 公司服务器的 SMP(对称多处理器)扩展模块,允许 CPU 从 4 路扩展到 8 路、12 路,甚至 32 路。不过由于多核 CPU 的发展,以及主板电源功率的限制,大部分机箱服务器采用 2 路 CPU。SMP 扩展模块包括CPU、内存、I/O 模块、缓存等设备,它可以像其他服务器一样单独运行。理论上每个模块可以运行一个不同于其他模块的操作系统,实践中往往采用统一的操作系统。

(3) 内存。服务器一般使用大容量内存(大于 4GB),由于服务器中大量的数据需要放在内存里,所以网络访问量大时,内存的占用量非常大。当内存容量不够时,虚拟内存的工作压力就非常大,其实就是硬盘的工作压力会很大,宕机的概率就增加了很多。大容量内存需要主板芯片组和操作系统的支持,因此主板的内存插槽比台式 PC 多。高端服务器往往采用带 ECC(差错校验)的 Reg-DIMM 内存条或 FB-DIMM 内存条。

(4) 硬盘。服务器硬盘具有高稳定性,服务器一般采用容量大、发热小、转速高(10 000rpm 以上)、缓存大的硬盘,硬盘接口大多为 SAS(串行 SCSI)。为了支持 RAID 磁盘阵列,大多服务器带有 RAID 卡或者主板芯片组支持 RAID。对数据存储量大的服务器,硬盘的读写性能就更加重要。带有 SSD 固态硬盘的服务器一般用于系统盘,这样有助于提高服务器的整机读写性能。

(5) 电源。服务器电源有 ATX 电源和 SSI 电源两种。ATX 电源主要用于台式机和机箱式服务器,而 SSI 标准适用于各种档次的服务器。为了保证服务器的可靠性,大部分服务器采用符合 SSI 标准的冗余电源。

(6) 散热。服务器通常是 24 小时全天候开机,产生的热量非常大,如果主板布局不好,对散热会有很大影响。一些散热系统没有噪声控制,运行起来噪声巨大,让人在机房里很不舒服。噪声控制系统可以根据机器的运行负载来调整风扇转速,当机器温度较低时,可以降低风扇转速,从而达到降低噪声的目的。

7.1.2 机架式服务器

虽然机箱式和刀片式服务器的市场前景被看好,然而目前市场的主流依然是机架式服务器。在中国服务器市场关注度调查中,机架式服务器的关注度达到了 70%,机箱式服务器分得了 28% 的市场份额,刀片式服务器仅有 2% 的关注度。

如图 7-3 所示,机架式服务器按标准进行设计,配合标准机柜使用。可以将多台机架式服务器安装在一个机架里,这样不仅可以减小占用空间,而且也便于统一管理。

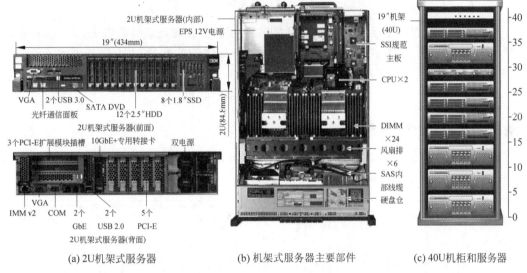

(a) 2U机架式服务器　　　　(b) 机架式服务器主要部件　　　　(c) 40U机柜和服务器

图 7-3　机架式服务器

为了便于安装,机架式服务器的高度往往小于标准高度 2mm 左右。1U 服务器由于机箱内部空间的限制,扩充性受到了很大的限制,例如服务器总线扩充卡受到了机箱高度的限制。此外,散热性能也是一个需要注意的问题。

机架式服务器多用于服务器数量较多的计算中心,也有不少企业采用这种类型的服务器,将服务器交付给专门的服务器托管机构来管理,尤其是很多网站的服务器都采用 ISP(因特网服务提供商)托管方式。

7.1.3 刀片式服务器

1. 刀片式服务器概述

如图 7-4 所示,刀片式服务器是指在机箱内可插装多个服务器模块(称为刀片),实现高密度低成本的计算平台。机箱内的每一块刀片实际上就是一个系统主机。它们通过本地硬盘启动自己的操作系统,如 Linux、Windows Server 等,类似于一个个独立的服务器。在这种模式下,每一块主板都运行自己的系统,服务于不同的用户群,相互之间没有关联。不过,系统管理员可以通过集群软件将这些主板集合成一个服务器集群。在集群模式下,所有刀片通过机箱内的高速网络环境连接起来,提供高速计算,共享资源,为相同用户群服务。在集群中插入新刀片可以提高整体性能,由于每块刀片都可以热插拔,因此系统可以轻松地进行升级,并且将维护时间减到最少。

图 7-4　刀片式服务器外观和计算刀片

　　刀片式服务器已经成为高性能计算机集群的主流,在全球超级计算机中,许多集群系统都采用了刀片结构。刀片式服务器极大地减少了外部线缆的数量,大大降低了由于线缆连接带来的故障隐患,提高了系统可靠性。刀片式服务器大多用于数据中心或者需要大规模计算的领域,如银行、电信、金融行业以及互联网数据中心等。

2. 刀片式服务器的基本模块

　　如图 7-5 所示,刀片式服务器一般包括计算模块、交换模块、存储模块、管理模块、电源模块、散热模块等。

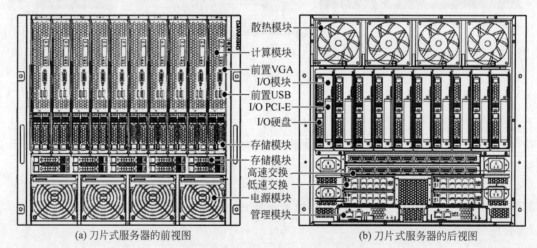

(a) 刀片式服务器的前视图　　　　　　　　　　(b) 刀片式服务器的后视图

图 7-5　刀片式服务器的前视图和后视图

　　1) 标准

　　2001 年由 RLX 公司(HP 子公司)提出刀片式服务器后,IBM、HP、Dell 等,都有不同的刀片标准,厂商与厂商之间的产品互不兼容。2007 年,Intel 主持下的 SSI(服务器系统结构)组织推出了 MSS(模块式服务器规范),为刀片式服务器提供了一个开放的、模块化的标准。同时,SSI 还允许成员进行创新设计,从而确保不同厂商产品之间的差异化。MSS 规定的刀片式服务器基本尺寸如图 7-6 所示。

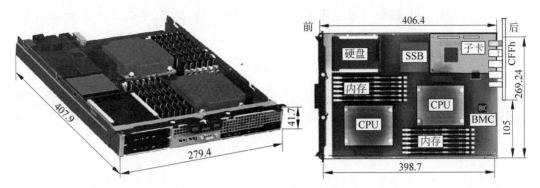

图 7-6　MMS 规定的刀片式服务器基本尺寸

如图 7-7 所示,MSS 规定了两种机箱结构形式,计算模块采用 SSI 规定的服务器主板技术规格。MSS 对刀片式服务器机箱内部进行了区域划分,区域划分的目的首先是为机箱设计提供依据;其次是考虑到机箱风道的散热效果;另外也保证了 I/O 接口位置的一致性。

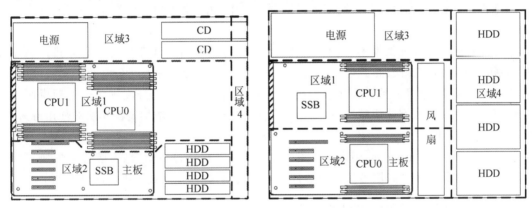

图 7-7　MSS 规定的刀片式服务器机箱区域

2) 计算模块

计算模块俗称刀片,从外观上看,刀片很像一个 1U 高度的机架式服务器,不过稍窄一些。从主板布局上看,刀片与 1U 机架式服务器也很像,不过刀片式服务器的存储模块、管理模块等,需要通过机箱背板实现模块互连,这点与机架式服务器不同。计算模块大多采用 x86 处理器的 SMP 结构,也有少量基于 IBM POWER 7 处理器的计算模块。IBM 刀片式服务器支持不同 CPU 的刀片混插,并且支持刀片服务器的热插拔。计算模块前方一般有 USB 接口和 VGA 接口,此外还有电源开关和指示灯。例如,IBM Flex System x222 刀片式服务器采用 x86 的 SMP 结构,在一套 10U 高度的 IBM Flex System 机箱中,可支持 28 个计算结点(刀片),每个结点支持 2 路 Intel Xeon E5-2400 处理器,并支持 12 个 DDR3 DIMM 内存插槽,标配 2 个 10G 以太网口,可选 8Gb/s、16Gb/s 的光纤通道连接,每主板支持 1 个 2.5in 的硬盘或者 2 块 1.8in 的硬盘。

3) 交换模块

交换模块也称为网络模块,刀片式服务器与机架式服务器最大的区别在于内置了交换模块。机箱内的所有计算刀片通过网络接口连接到交换模块,通过交换模块实现机箱内部的数据交换,而且通过交换模块实现与外部网络的数据交换。交换模块一般采用带宽为

10Gb/s 的以太交换机,部分产品采用 InfiniBand DDR 交换模块(单端口带宽为 20Gb/s)。例如,IBM Flex System 服务器支持 8 个 10Gb/s 以太网端口,交换带宽达 80Gb/s,并且交换模块支持软件定义网络(SDN)功能。

4) 存储模块

存储模块实质上是一个 SAS 接口的阵列卡,所有计算模块通过 SAS 控制卡,连接到 RAID 磁盘阵列。值得注意的是,在大部分刀片式服务器中,计算刀片上的硬盘、I/O 扩展刀片上的硬盘与存储模块上的硬盘,三者不能同时使用。

5) 管理模块

管理模块提供刀片系统各个模块的状态监控和系统管理,同时用户可以通过管理模块进行基于 IPMI(智能平台管理接口)的远程 KVM(键盘、显示器和鼠标)操作。刀片式服务器可以只配置一个管理模块,也支持两个管理模块实现主从冗余配置。管理模块一般提供 9 针串口或 100Mb/s 以太网端口,只要将网线插在管理模块的 RJ-45 端口中,就可以方便地使用浏览器登录管理模块,进行本地或远程管理。管理模块会根据刀片及电源的情况判断机箱是否供电充足,如果电源模块不足以给所有刀片供电,则管理模块不允许机箱上电。

6) 电源模块

刀片式服务器往往根据不同的计算刀片配置,提供不同的电源模块冗余方式。例如,IBM Flex System 机箱配备了 6 个 2.5kW 的电源,并且支持 $N+1$ 冗余电源。电源模块具有智能调节功能,会根据系统实际功耗状况进行调节,将功耗动态分配到各个电源模块,保证电源模块工作在效率曲线的高点,减少不必要的功耗损失,并增加电源模块的使用寿命。

7) 散热模块

在散热模块(机箱)内部,用户可以根据业务需求对模块进行组合,安装计算模块、存储模块和扩展模块。刀片式服务器的散热问题非常突出,往往要安装强力风扇来散热。

3. 刀片式服务器的优点与缺点

刀片式服务器的优点有:高密度计算环境,节省了空间和占地;可靠性设计减少了宕机时间;电缆连接点大大减少,增加了系统的可靠性等。

刀片式服务器也存在以下缺点:刀片式数据中心的前期成本较高;无论刀片式服务器模块的冗余是多少,都存在刀片式服务器宕机和故障的可能性;大多数刀片中心有特殊的供电需求,这意味着需要特殊电缆和增加前期成本;刀片中心通常采用专用网卡和 KVM 设备,这需要特殊电缆;多数刀片式服务器采用 2.5in 硬盘,它比 3.5in 硬盘故障率要高;一旦采用刀片中心,再次购买刀片式服务器时就会受到原厂商设备兼容性的限制。

7.2　服务器基本结构

7.2.1　大型计算机结构

大型计算机体系结构有 SMP(对称多路处理)结构、MPP(大规模并行处理)结构和计算机集群结构。

1. SMP 结构

在 SMP 结构中,使用单一操作系统引导多个处理器(P),所有处理器共享内存和数据总线。如图 7-8 所示,这种设计可以使系统更为简单地对处理器进行调度,平衡所有处理器的工作量。

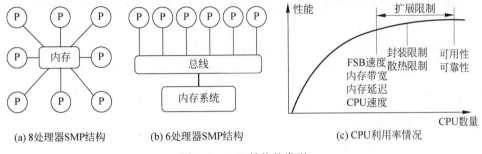

(a) 8处理器SMP结构　　(b) 6处理器SMP结构　　(c) CPU利用率情况

图 7-8　SMP 结构的类型

SMP 结构中,所有资源(如 CPU、内存、I/O 等)都是共享的,这个特征导致了 SMP 结构的扩展能力非常有限。SMP 结构的每一个共享环节,都可能造成计算机扩展时的瓶颈,而受限制最大的是内存。由于每个 CPU 都通过相同的内存总线访问相同的内存资源,因此随着 CPU 数量的增加,内存访问冲突将迅速加剧,最终造成 CPU 资源的有效性大大降低(如图 7-8(c)所示)。实验证明,SMP 服务器中 CPU 利用率最好的情况是 2～4 个 CPU,一般最多是 8 路处理器系统。

2. MPP 结构

MPP 结构由多个 SMP 计算机(称为结点)通过网络进行连接,协同完成任务。如图 7-9(a)所示,MPP 结构采用分布式存储器模式,每个处理器都有自己的内存区和操作系统,每个结点只访问自己的本地资源(内存、I/O 等),这是一种无共享结构,因而扩展能力最好。理论上 MPP 结构没有扩展限制,目前的技术可实现数千个结点和数万个 CPU 的互连。这种结构对处理器之间的数据传输链路要求较高,既要求有很高的数据吞吐量,又要求数据传输链路稳定可靠,这样才能确保每一个处理器都能及时得到它们所需要的数据。

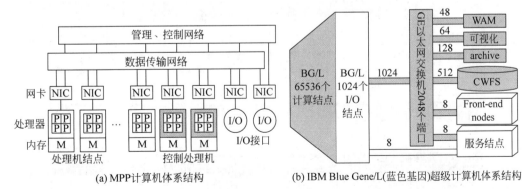

(a) MPP计算机体系结构　　(b) IBM Blue Gene/L(蓝色基因)超级计算机体系结构

图 7-9　MPP 结构

IBM Blue Gene/L(蓝色基因)是典型的 MPP 结构计算机,它的设计指标是:万亿次浮点计算/美元(TFLOPS/\$)、万亿次浮点运算/瓦(TFLOPS/W)、万亿次浮点运算/立方米(TFLOPS·m^{-3})、10 天无故障工作时间。IBM 公司为 Blue Gene/L 设计了一种特制的计算卡,在每个计算卡上有 2 个 CPU 芯片和 1GB 内存(可扩展到 4GB),每个 CPU 使用各自的 512MB 内存,不能共享内存;每个主板可以安装 16 块计算卡;每个机柜可以安装 32 块主板(1024 个 CPU,512GB 内存)。目前已有 64 个机柜,系统还在不断扩展之中。2008 年 Blue Gene/L 的配置为:65 535 个 POWER 处理器(计算结点)、49.1TB 内存、硬盘容量 1.89PB,系统有 1024 个 I/O 结点,系统采用多个 GE(千兆以太网)连接,计算结点采用定制操作系统,I/O 结点采用 Linux 操作系统。系统每个时钟周期最多可以执行 786 432 条指令,峰值计算速度为 596TFLOP/s。

7.2.2　PC 服务器结构

1. 服务器至强 CPU 性能

2017 年,Intel 推出了第 6 代酷睿 Skylake(天空之湖)架构 CPU。Xeon Skylake 家族分为 Platinum(铂金)、Gold(黄金)、Silver(白银)、Bronze(黄铜)四大系列,其中顶级旗舰型号为 Xeon Platinum 8180,它采用 14nm 制程工艺,具有 28 内核 56 线程,工作主频为 2.5～3.8GHz,三级缓存为 38.5MB,集成了 3 条 UPI 互连总线,内存支持 6 通道 DDR4-2666 ECC(最大为 768GB),热设计功耗(TDP)为 205W,如图 7-10 所示。该处理器官方批发价为 10 009 美元。Xeon Platinum CPU 采用了全新的网格互联架构。

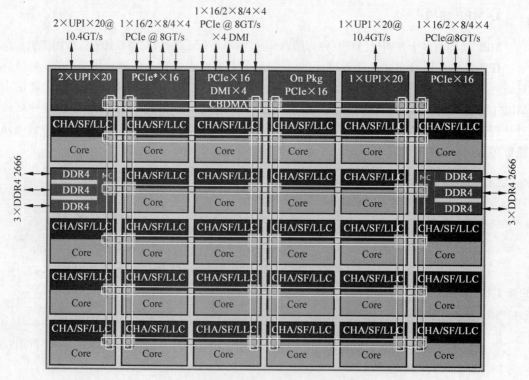

图 7-10　Intel Xeon Platinum 8180(铂金)28 核 CPU 网格结构

Intel Xeon Platinum 8180(铂金)CPU 采用 6×6 的网格结构,I/O 接口位于顶部,内存通道在两侧的位置。

Intel Xeon Platinum 8180 基准频率为 2.50GHz,封装尺寸为 76mm×51mm,与一张信用卡大小相仿,面积比 2.20GHz 的 Xeon E5-2699 大 50%以上。

2. 服务器基本系统结构

Skylake 服务器平台分为 Skylake-EX、Skylake-EP、Skylake-F 等版本,CPU 采用新的 Socket P0 封装接口,有 3467 个触点。

在 Skylake 服务器平台中,Intel 推出了 UPI(超级路径互连)总线来取代原来的 QPI 总线,UPI 总线数据传输率可达 10.4GT/s,每条消息可以发送多个请求。可以采用 2 条或 3 条 UPI 总线连接服务器中的多路处理器。

此外,Skylake 服务器平台还支持 DMI 3.0、PCI-E 3.0(最多 48 条通道)。

Skylake-EX(4800/8800)支持 2 路、4 路、8 路处理器系统,4 条 UPI 总线,支持新的 RAS(可靠性、可用性、可扩展性)特性,包括指令重试、高级 ECC、适应性双设备数据矫正。Skylake 服务器平台典型结构如图 7-11 所示。

Intel Xeon Skylake 架构服务器如果采用 Intel Xeon Platinum 8180(28 内核)CPU,则系统 CPU 内核高达 112(28×4)个,CPU 最高热设计功耗达 820(205×4)W。

Skylake-EX 搭配 Lewisburg C620 芯片组,它可提供最多 10 个 USB 3.0、4 个 USB 2.0、14 个 SATA 接口,并支持最多 20 条 PCI-E 3.0 通道。

部分型号支持 QuickAssist 技术,用于数据加解密、解压缩等任务的加速,Intel 称解密最多加速 2.5 倍,压缩最多加速 4 倍。

7.2.3　服务器主板规格 SSI

PC 服务器主板的技术规格有 ATX 和 SSI(服务器系统结构)系列。SSI 系列主板有 SSI-EEB(也称为 EATX)、SSI-CEB、SSI-TEB 和 SSI-MEB 规格,其中 SSI-EEB 规格服务器主板应用最为广泛。如图 7-12 和图 7-13 所示,SSI 主板长度与 ATX 相同(305mm),但是宽度大于 ATX 主板(366mm)。SSI 主板后部(靠近 I/O 区和总线区部分)与 ATX 基本相同,但是主板上的部件布局与 ATX 主板有很大不同。例如,内存位置改变了,转移到了主板后部位置;主板左边前面预留了很大的空间,便于用户安装和扩充多个硬盘;机箱散热风扇安装位置也与 ATX 不同,散热风扇的风能够导流吹到内存,有利于整个系统的散热。

7.2.4　服务器常用技术

服务器是为网络客户端计算机提供各种服务的高性能计算机,它在网络操作系统的控制下,为网络用户提供集中计算、信息发表及数据存储等服务。服务器的主要技术要求是高速度的运算能力和长时间不间断运行的可靠性。

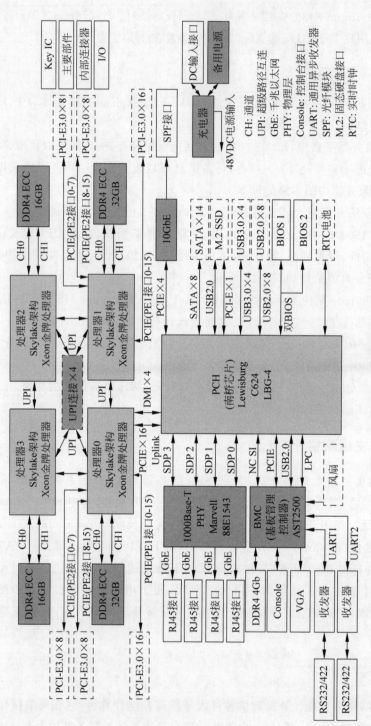

图 7-11 Skylake 服务器平台典型结构

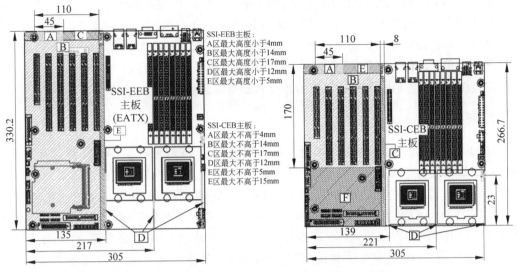

图 7-12　SSI-EEB 和 SSI-CEB 服务器主板技术规格(单位: mm)

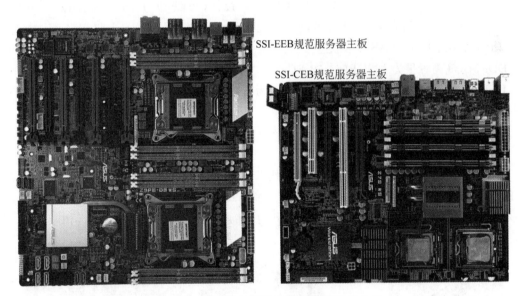

图 7-13　SSI-EEB 和 SSI-CEB 规范服务器主板

1. 服务器的可靠性设计技术

服务器对稳定性的要求是压倒一切的。服务器如果不能保证足够的稳定,那么再高的性能,再大的吞吐量,再高的性价比都显得徒劳无益。服务器存储着非常重要的数据,或者维持着整个公司网络系统的运行。硬盘中数据的价值比服务器本身的价值高很多。

为了满足服务器系统 7×24 小时不间断运行的苛刻要求,服务器一般从防止内存数据错误、降低系统功耗、增加冗余电源、加强系统散热等方面进行可靠性设计。

为了避免内存错误导致的突发故障,IBM 公司提出了 MemoryProteXion 技术,用来减少服务器宕机次数。它的工作原理是将内存数据写到硬盘的备用扇区,达到保护数据的目的。MemoryProteXion 技术最初用于大型机，近年来逐步用于服务器。

防止内存故障的技术还有内存镜像，内存镜像的方法与 RAID 配置非常类似。主内存条中的数据被精确镜像到备用内存条上，如果一根内存条出现故障，镜像的内存条将变为主内存条。更换了故障内存条后，再将主内存条中的数据镜像复制到新内存条。

带有 ECC 功能的内存条，也可以对内存数据错误进行校正。

2. 服务器低功耗设计技术

Intel Xeon（至强）是服务器领域绝对霸主型的产品，不过近些年，ARM 阵营开始打出简易指令集和低功耗的牌来对抗，主要是从小型主机、服务器、网络存储产品入手。

2016 年 3 月 Intel 官方宣布了基于 14nm 的 Xeon 首款单芯片产品（SoC），命名为"Xeon D"。Xeon D 是真正的系统级芯片，其中集成的不仅有处理器，还整合了内存、I/O 等子系统。其中网络也成为 Xeon D 服务器的亮点，支持两个 10GbE 直连，并支持 VT-X/VT-d 虚拟化技术、RAS 以及完整的 TXT、AVX2、TSX 指令集。Xeon D 服务器提供的更高带宽和网络 I/O 性能，能最大程度降低网络性能带来的延迟和性能损耗。

首款 16 核心产品 Xeon D-1571 采用 16 核心设计，32 线程，归属于 Broadwell，基础频率为 1.3GHz，三级缓存为 24MB，热设计功耗仅仅为 45W。同时，Xeon D-1571 支持 VT-X/VT-d 虚拟化技术、RAS 以及完整的 TXT、AVX2、TSX 指令集，最多双通道内存 DDR4 或 DDR3L，最高容量为 128GB（64GB ECC）。接口方面，24 条 PCI-E 3.0、8 条 PCI-E 2.0、4 个 USB 3.0、4 个 USB 2.0、6 个 SATA3。因为有 NAS、防火墙的应用设计，Xeon D-1571 同样支持两个 10GbE 直连特性。

3. 服务器热插拔技术

如图 7-14 所示，服务器支持的热插拔技术有 SAS 接口硬盘、SSI 标准电源、散热风扇、USB 设备和 PCI 适配卡（主要是网卡）等。一些高端服务器还支持内存条的热插拔。但是，进行任何需要断开或连接适配器电缆的操作时，都必须关闭服务器系统。

热插拔风扇

热插拔总线卡

热插拔电源

热插拔硬盘

图 7-14　机架式服务器的热插拔功能

7.3　服务器存储技术

7.3.1　磁盘接口技术 SAS

SAS(串行连接 SCSI)是 SCSI 总线协议的串行版。由于 SATA 标准是 SAS 标准的一个子集,因此 SAS 和 SATA 在物理上和电气上有一定的兼容性。

1. SAS 接口规格

如图 7-15 所示,SAS 接口与 SATA 接口很相似,不过 SAS 接口是双端口设计,SAS 的插头是一整条横梁,数据端口与电源端口是一体化的,而 SATA 数据端口与电源端口是分开的。SAS 信号接口的第 1 端口与 SATA 兼容;SAS 信号接口的第 2 端口在数据端口与电源端口的背面,一体化设计可以保证 SAS 硬盘无法插入 SATA 插座,而 SATA 硬盘则可以安全地插入 SAS 信号接口的第 1 端口。

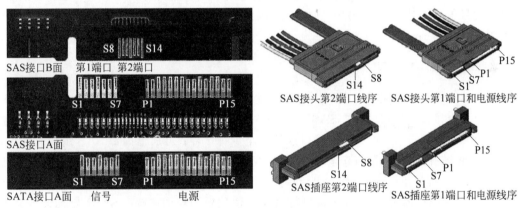

图 7-15　SAS 接口背板插座

2. SAS 与 SATA 的兼容性

SAS 接口技术可以向下兼容 SATA。在物理层,SAS 接口和 SATA 接口完全兼容,SATA 硬盘可以直接使用在 SAS 环境中,从接口标准上看,SATA 是 SAS 的一个子标准,因此 SAS 控制器可以直接操控 SATA 硬盘;但是 SAS 不能直接使用在 SATA 环境中,因为 SATA 控制器并不能对 SAS 硬盘进行控制。在协议层,SAS 由 3 种类型协议组成,根据连接的不同设备使用相应的协议进行数据传输。其中串行 SCSI 协议(SSP)用于传输 SCSI命令;SCSI 管理协议(SMP)用于对连接设备的维护和管理;SATA 通道协议(STP)用于SAS 和 SATA 之间数据的传输。

3. SAS 接口技术性能

SAS 同时使用 2 对数据线传输数据,一路上行一路下行;而 SATA 只使用 1 对数据线,另一路传送控制信号。因此 SATA 是半双工结构,SAS 则是全双工结构,这样单个端口上 SAS 的吞吐量就达到 SATA 的 2 倍。SAS 支持多个端口组成一个端口,如图 7-16 所示。

如果主机有 4 个 SAS 接口,则可以进行端口组合。如 4 端口模式,每个端口接 1 个硬盘;2+2 端口模式,每 2 个端口接 1 个硬盘;3+1 端口模式,3 个端口接 1 个硬盘,另外 1 个端口接 1 个硬盘,非常自由地组合。

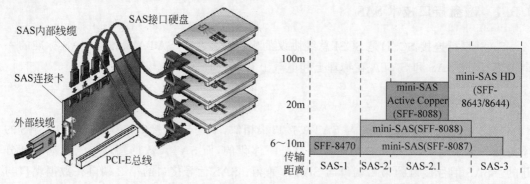

图 7-16　SAS 接口连接卡与硬盘的链接和 SAS 标准发展

SAS 与 SATA 有相同的物理层,因此它们的线缆与连接器很相似,但电气上有些差别,SATA 信号电压不到 SAS 信号电压的一半,因此 SAS 接口传输距离可达 8m,而 SATA 传输距离只能达到 1m。

4. mini-SAS HD 接口

SATA 不支持端口聚合,线缆只有单路连接,因此 SATA 线缆和连接器相对简单,一个端口对应一个接口连接器即可。SAS 则不同,一开始就支持 4 路的宽链接,允许 4 个窄端口聚合为一个宽端口,这样 SAS 的接口连接器至少有 2 种;再加上内部 SAS 线缆有 7 种,外部 SAS 线缆有 3 种,算在一起至少有 10 种线缆类型。不可否认,种类繁杂的连接器和线缆,既不利于大批量生产降低成本,也给用户造成了很多不必要的困扰。

mini-SAS 连接器为简化 SAS 接口带来了一道化繁为简的曙光。SAS2.1 标准定义了一种 mini-SAS HD 接口,SAS3.0 标准继续完善了这一规格。mini-SAS HD 接口具有以下优点:更加适应高密度端口设备,如 SAS/RAID/HBA(主机总线适配器)卡、服务器和交换机等;可插入 2 个 mini-SAS×4 或者一个 mini-SAS×8 的电缆到具有 8×插座的主机;不再需要为 SAS3.0 提供特殊的电缆适配器来匹配其他 SAS2.1 接口;系统将支持光缆部件。

7.3.2　RAID

1. RAID 技术概述

提高硬盘读写速度的方法主要有三种:一是提高硬盘电机转速,缩短磁头读写数据的时间;二是在硬盘中采用高速缓存技术,将硬盘读取的数据暂存在高速缓存芯片中,减少硬盘读写次数;三是使用 RAID(磁盘冗余阵列)技术,将若干个硬盘按要求组建成一个磁盘阵列,整个磁盘阵列由 RAID 控制卡管理。用多个硬盘通过合理的数据分布,支持多个硬盘同时进行访问,从而改善硬盘性能,提高数据安全性。

RAID 技术有许多优点:一是增加了硬盘存储容量;二是多台硬盘可并行工作,提高了数据传输速率;三是采用校验技术,提高了数据的可靠性。

小型磁盘阵列通常由 2 个硬盘和 RAID 控制卡组成,大型磁盘阵列机由专用计算机和几十个硬盘组成,存储容量可达到数百 TB。

2. RAID 的基本组成

(1) 软件 RAID。Windows 和 Linux 均支持软件 RAID。软件 RAID 中所有数据读写操作都由服务器 CPU 处理的,因此系统资源利用率很高。软件 RAID 的优点是不需要添加硬件设备,缺点是会严重降低系统读写性能,因此极少应用。

(2) 硬件 RAID。如图 7-17 所示,硬件 RAID 通常采用 PCI-E 接口的 RAID 控制卡,RAID 卡上有处理器及内存,不占用系统资源。硬件 RAID 可以连接内置硬盘或外置存储设备。无论连接哪种硬盘,都由 RAID 卡控制。

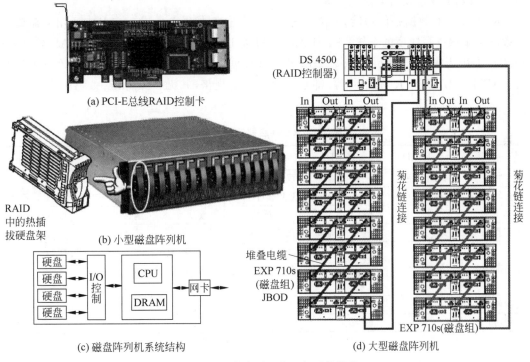

图 7-17　磁盘阵列机外观与系统结构

(3) 大型磁盘阵列机。磁盘阵列机是一台独立的精简型服务器(如 IBM TS DS 4500),硬件上有 CPU、内存、硬盘、网卡和主板等,磁盘阵列机内部有多个磁盘和 RAID 控制器。如图 7-17(b) 所示,小型磁盘阵列机将 RAID 控制器和硬盘都安装在一个机箱中。如图 7-17(d)所示,大型磁盘阵列机的控制部分与磁盘阵列部分采用分开的设备,存储容量可达到数百 TB,如 IBM DS 4500。磁盘阵列机采用精简型操作系统,如 Linux 等。磁盘阵列机可以通过自带的网卡接连到网络中。

3. RAID 的技术特性

容错功能是磁盘阵列最受青睐的特性。为了加强容错功能,以及在磁盘发生故障时能迅速重建数据,磁盘阵列都提供热备份功能。热备份是在建立磁盘阵列时,将其中一部分磁盘指定为备份磁盘,这个磁盘平常进行数据镜像备份或存储校验数据。当阵列中某一磁盘发生故障时,磁盘阵列立即以备份磁盘取代故障磁盘,或利用校验数据快速恢复数据。因为反应速度快,加上磁盘高速缓存减少了磁盘的存取次数,所以数据重建工作可以很快完成,对系统性能影响不大。对于要求不停机的大型数据中心而言,热备份是一项重要的功能,它可以实现无人守护时,解除磁盘发生故障引起的种种不便。

4. RAID 的级别

RAID 级别是一种工业标准,各厂商对 RAID 级别的定义也不相同。目前广泛应用的 RAID 级别有 4 种,即 RAID0、RAID1、RAID0＋1 和 RAID5。RAID 级别大小并不代表技术的高低,RAID5 并不高于 RAID1,选择哪一种 RAID 级别的产品,视用户操作环境及应用而定,与级别的高低没有必然的关系。

RAID0 没有数据备份功能,但读写速度快,适合高速 I/O 系统;RAID1 适用于需要数据备份又兼顾读写速度的系统;RAID2 和 RAID3 适用于大型视频系统应用、CAD 处理等; RAID5 多用于银行、金融、股市、数据库等大型数据处理中心。其他如 RAID6、RAID7,乃至 RAID10、RAID50、RAID100 等,都是厂商的自定规格,并无一致标准。RAID 级别的技术性能如表 7-1 所示。

表 7-1 RAID 级别的技术性能

技术指标	RAID0	RAID1	RAID2	RAID3	RAID4	RAID5
技术特点	硬盘条带	硬盘镜像	汉明码纠错	奇偶校验	奇偶校验	奇偶校验
校验硬盘	无	无	1 到多个	1 个	1 个	分布于多盘
数据结构	分段	分段	字节或块	位或块	扇区	扇区
速度提高	最大	读性能提高	没有提高	较大	较大	较大
容错能力	无	数据 100% 备份	允许单个硬盘错,校验盘除外	允许单个硬盘错,校验盘除外	允许单个硬盘错,校验盘除外	允许单个硬盘错,无论哪个盘
最少硬盘数	2	2	3	3	3	3
硬盘可用容量	100%	50%	$N-1$	$N-1$	$N-1$	$N-1/N$

说明:N 为硬盘数量。

5. RAID0 条带技术

RAID0 采用无数据冗余的存储空间条带技术。条带技术是将多个硬盘扇区划分为多个条带,每个条带中有多个扇区,这些条带分布在多个硬盘中。RAID0 适用于有大量数据需要进行读写的操作(如视频文件读写),RAID0 没有采用磁盘冗余,因此存储空间利用率高,适用于视频信号存储、临时文件转储,以及对速度要求较高的应用。对于一些一次请求几个扇区的应用(如 Web 网页),RAID0 无法提高性能。

如图 7-18 所示,用 4 个硬盘组成一个 RAID0 磁盘阵列。在存储数据时,由 RAID 控制卡将文件分割成大小相同的数据块,同时写入阵列中的硬盘。连续存储的数据块就像一条带子横跨所有的硬盘,每个硬盘上的数据块大小都是相同的。在硬件 RAID0 技术中,数据块大小有 1KB、4KB、8KB 等,甚至有 1MB、4MB 等大小。

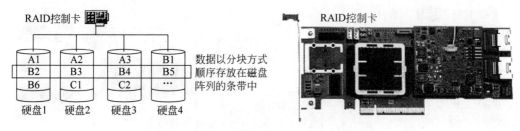

图 7-18　RAID0 结构示意图和 RAID 控制卡

　　如图 7-18 所示,RAID0 进行数据写入和读取时,4 个硬盘可以同时进行,读写性能虽然不能提高 300%,但比单个硬盘提高 1 倍的性能是完全可能的。

　　RAID0 没有数据备份和校验恢复功能,因此阵列中任何一个硬盘损坏,就可能导致整个阵列数据的损坏。因此,RAID0 的可靠性比单个硬盘的可靠性要差。RAID0 最低必须配置 2 块相同规格的硬盘,但是多于 4 块硬盘的配置是不必要的。

6. RAID1 镜像技术

　　如图 7-19 所示,RAID1 采用两块硬盘数据完全相同的镜像技术,这等于数据彼此备份。阵列中两个硬盘在写入数据时,RAID1 控制卡将数据同时写入两个硬盘。这样,其中任何一个硬盘的数据出现错误,可以马上从另一个硬盘中进行恢复。这两个硬盘不是主从关系,而是相互镜像的关系。

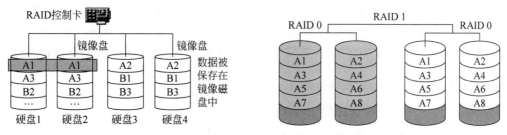

图 7-19　RAID1 结构和 RAID 0+1 结构示意图

　　RAID1 提供了强有力的数据备份能力,但这是以牺牲硬盘容量为代价获得的效果。例如,4 个 1TB 的硬盘组成 RAID1 磁盘阵列时,总容量为 4TB,但有效存储容量只有 2TB,另外 2TB 用于数据镜像备份。

7. RAID5 校验技术

　　RAID2、RAID3、RAID4、RAID5 可以对硬盘中的数据进行纠错校验,当数据出现错误或丢失时,可以由校验数据进行恢复。在 RAID2、RAID3、RAID4 中,这种纠错机制需要单独的硬盘保存校验数据。RAID5 不需要单独的校验硬盘,而是将校验数据块以循环的方式放在磁盘阵列的每一个硬盘中,如图 7-20 所示。第一个校验数据块 P1 由 A1、A2、A3、B1、B2 数据块计算出来,以下数据块也采用同样的处理方法。

　　RAID5 对联机交易系统(如银行、股市等)或大型数据库应用提供了最佳解决方案,这些应用的每一笔数据量都很小,数据输入输出频繁,而且数据必须容错。RAID5 既要求读

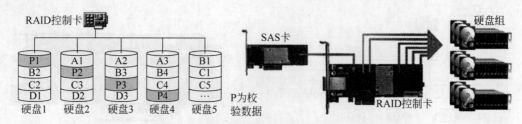

图 7-20　RAID5 结构示意图和磁盘阵列构成

写速度快,又要处理数据、计算校验值、做错误校正等工作。因此,RAID5 的控制较为复杂,成本较高。RAID5 硬盘如果崩溃,修复硬盘内容将是一个复杂的过程。

7.4　服务器外设技术

7.4.1　服务器管理接口 IPMI

1. 智能平台管理接口

部分企业的网络服务器采用托管形式,服务器放在电信等 ISP(因特网服务提供商)提供的机房,服务器一旦出现问题,维护将是一件很头疼的事情。

目前许多服务器主板带有 IPMI(智能平台管理接口)控制模块。IPMI 是一项用于服务器和工业计算机的管理系统标准,它由 Intel、HP、Dell 等公司于 1998 年提出,当前最新版本为 V2.0。采用 IPMI 标准设计规范的服务器和工业计算机,可以通过串口(COM)、Modem、局域网等进行远程管理,并且可以在不同服务器硬件上实现系统的集中管理。

2. 服务器主机中 IPMI 模块组成

IPMI 是一种开放标准的硬件管理接口规范,用来实现对服务器机箱的管理。IPMI 模块独立于主处理模块,它主要实现温度自动监控、模块上下电等功能,这需要软硬件协调配合实现。可以由 IPMI 控制风扇的工作状态,每个风扇都配有故障告警信号和风速控制信号。在交换控制板、背板和结点板上,都设置有温度传感器,交换控制板通过 IPMI 对各发热点进行检测和温度监控。交换控制板和结点板上一旦电压波动超出范围,需要交换控制板的 CPU 进行报警,由 IPMI 控制触发电压保护电路来进行电压监控保护。IPMI 系统的主要组件如图 7-21 所示。

在服务器设计中,IPMI 由 BMC(基板管理控制器)芯片和固件组成。BMC 不依赖 CPU、BIOS 和操作系统进行工作,只要有 BMC 芯片和 IPMI 固件就可以工作。BMC 通常是安装在服务器主板上的独立板卡,也有服务器主板提供对 IPMI 支持。IPMI 的自治特性可以在操作系统不响应或没有加载的情况下,仍然可以进行服务器的开/关机、信息记录等操作。所有 IPMI 功能都通过向 BMC 发送命令来完成,其命令使用 IPMI 标准中规定的指令。

BMC 平时会收集系统健康和系统状态的有关信息,服务器发生严重错误时,BMC 可以执行错误纠正动作。BMC 能监控不同的系统电压、温度和风扇速度。BMC 采用主动轮询的方式,检测超出正常工作范围的传感器参数。BMC 可以根据不同的门限值进行配置,例

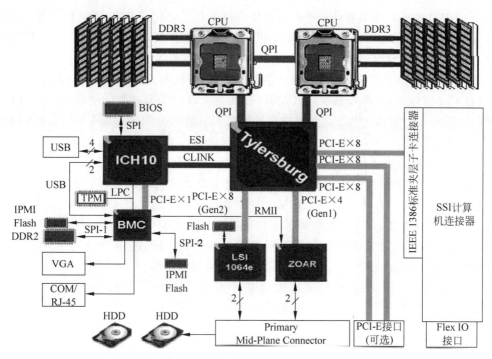

图 7-21　IPMI 系统的主要组件

如，当 BMC 检测到温度超过告警门限时，它就会提高风扇转速；当温度超过紧急门限值时，BMC 会切断系统电源，并通过网络向远程终端发出告警。

　　由于意外事件或软件故障，经常会引起操作系统和应用程序的死锁（死机）。BMC 包含有独立的看门狗定时器，可用来检测多种软件（如 BIOS、操作系统、应用程序等）引起的系统死锁。当看门狗定时器超时后，BMC 可以自动复位系统，重新上电引导系统，同时将死锁情况通过网络报告给远程终端。

3. 工业计算机中 IPMI 模块组成

　　在工业计算机中，往往利用 IPMI 监控工业计算机的物理健康特征，如温度、电压、风扇工作状态、电源状态等。IPMI 在 CPCI 总线、VPX 总线、ATCA（高级通信计算机架构）等工业计算机中得到了广泛应用。IPMI 在工业计算机中的结构如图 7-22 所示。

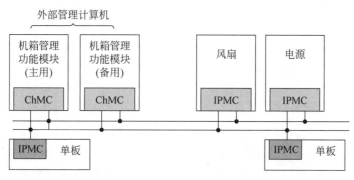

图 7-22　IPMI 在工业计算机中的结构

（1）IPMI 组成。在工业计算机中，IPMI 控制器由 ChMC 和 IPMC 板卡组成。它的功能是管理和监控系统中每个 FRU（现场可更换单元）的工作状态和故障状态。IPMI 控制器通过 IPMB（智能平台管理总线，采用 I2C 通信技术）总线与各个控制部件之间通信。

（2）FRU（现场可更换单元）。FRU 包括可更换载板、板卡、散热风扇、硬盘等。

（3）ChMC（机箱管理控制器）。ChMC 在物理上可以是两块独立的板卡，也可以是系统主控交换载板上的独立电路。主控交换载板在大多数情况下也采取 1+1 冗余备份的方法提高系统可靠性。ChMC 板卡负责机箱内所有单板的上/下电控制、温度和电压监控信息的记录和告警、载板运行状态上报、风冷风扇的转速控制等功能。

（4）IPMC（智能平台管理控制器）。IPMC 是工业计算机载板上一个独立的电路单元，它采用 3.3V_AUX/1A 进行供电。IPMC 的主要功能是管理 FRU 部件（如上电、复位、电压、温度监控等）和收集 FRU 上的关键事件信息。板载 IPMC 和 ChMC 比较，二者的硬件电路设计基本相似，最大的区别在于管理层软件的设计。IPMC 和 ChMC 之间采用两条 IPMB(I2C)总线连接，冗余总线大大提高了数据链路的可靠性。

（5）RMCP（远程管理协议）。它提供基于 TCP/IP 的高层管理服务，如远程启动、SNMP（简单网络管理协议）管理、远程磁盘服务和远程管理控制协议。

4. 工业计算机 IPMI 模块工作原理

IPMI 一般采用独立电源供电，而且 IPMI 部件先于系统功能电路上电，IPMC 部件上电后，先获取单板的位置信息（槽位号），然后通过两条 IPMB 总线向 ChMC（机箱管理控制器）发送单板信息及上电请求。

ChMC 在对单板信息进行确认后，向各单板依次发送上电命令。

各单板 IPMC 接收到上电命令后，控制本板负载进行上电，同时开始监控单板电压、温度，并通过专用串行接口从 CPU 获取单板工作状态。

当载板电压、温度或工作状态不正常时，IPMC 发送告警到 ChMC，同时响应 ChMC 的查询命令，将本板电压、温度及工作状态等信息上报给 ChMC。

ChMC 通过网络接收来自上位机监控系统的查询请求，并向各个板载 IPMC 下发温度、电压、工作状态等查询请求，自动向上位机上报系统告警信息同时记录工作日志。

7.4.2　KVM 控制技术

KVM（键盘、显示器和鼠标切换器）由控制器、接口电缆、显示器、键盘、鼠标等组成。KVM 的功能是利用一套键盘、鼠标、显示器，让 1 个或多个网管人员访问和控制多台服务器。KVM 大大减少了机柜安装空间，方便了网络工程师对设备的管理。

KVM 的组成与网络结构如图 7-23 所示。

KVM 不仅降低了硬件成本，还节省了更多的空间。在一个机柜上只需安装一台 KVM 切换器设备，而 KVM 切换器通常只有 1U(1U=1.75in=44.45mm)高度。此外，KVM 还能降低对电力功耗的需求，如采用抽屉式 LCDKVM 切换器，仅占用 1U 空间和 20W 功耗。

目前的数字式 KVM 具有以下特点：采用 RJ-45 网络接口设计，不再需要厂商提供专用的 KVM 线缆，布线方便；长传输距离（支持 33m 或更远距离）；支持热插拔，无须机器重启；支持 USB、PS/2 接口的服务器；支持数字远程 IP 控制；支持多用户同时控制等。

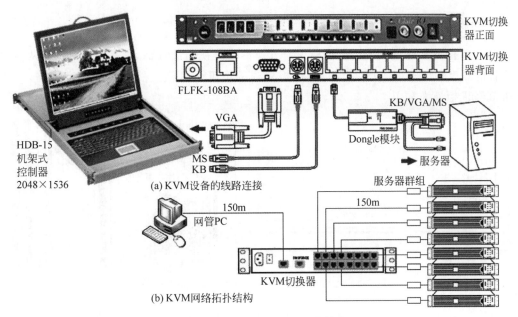

图 7-23 KVM 的组成与网络结构

KVM 切换器可以在不同的硬件环境运作,适用于不同的设备制造厂商的硬件平台或操作系统。KVM 切换器允许以"独立于网络外"的方式访问公司的服务器及其他网络设备,切换器本身并不依赖企业的网络。因此,即使企业网络本身故障,网络工程师仍然能够访问、控制及管理公司的服务器。甚至可以利用 KVM 切换器从远程位置做到完整的系统重新开机。如果采用 IPKVM,则可以管理和控制网络内的所有设备。

KVM 的应用已经扩展到了串口设备,如交换机、路由器、储存设备及 UPS 等。高端KVM 解决方案可以实现数百台网络设备的管理,而且具有事件记录、远程电源管理、使用权限管理、环境警示等功能。

7.4.3 机柜技术规格

19in 机柜(也称为机架)是安装服务器、网络设备的 19in 宽度的标准机柜。19in 机箱和机柜原本是美国军方电子仪器设备的一种规格,其目的在于统一仪器的外形尺寸,方便快速组装和维护,后来随着军方技术转移到民间,这一规格广泛被企业所采用。

1. 机柜高度

19in 机柜的高度、宽度、深度都有一定的规格要求,在 IEC-60297(国际电工委员会)系列和 EIA-310(美国电子工业协会)系列标准中有详细规定。标准规定机柜高度单位为 U;宽度为 19in(482.6mm),虽然有其他宽度规格,但以 19in 规格最为常用;深度虽有规定,但变化较多。如 35U 高度的机柜,是指机柜中可装入总共 35U 高的机箱,而非机柜由上到下的高度是 35U。为了拆装方便,1U 机箱的高度通常设计成 44mm 以下,即使不同 U 的机箱,实际高度比该 U 少 0.8~1.35mm,让机柜内每一台机箱之间有间隙而不会影响组装和拆卸。

2. 机柜宽度

19in 机柜宽度的定义为：在机柜正前方观察时可视的最宽距离，通常是指机箱两侧安装立柱的宽度（如图 7-24 所示），而非机柜外观的宽度。机柜虽然有其他宽度规格，但以 19in 规格机柜最为常用。

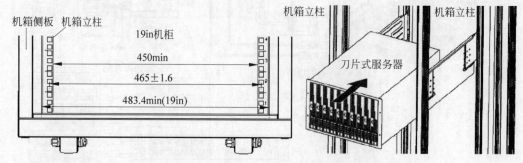

图 7-24　22in 机柜的宽度和机架式服务器的安装

在宽度方面，19in 机柜在内部四个角落都有钣金件支柱，用以支撑机柜和固定机箱，因此内部宽度只有 450mm（约 17.7in）可装机箱，而不是有 19in 的宽度可装机箱。机箱在设计中会考虑到可安装性，机箱宽度通常不会超过 449mm，左右会各留少许间隙。如果考虑在两侧装设滑轨（装滑轨的机箱高度都比较低，大都不会超过 4U 高度），以方便机箱拆装和保养时，机箱还要再缩小宽度，常用滑轨厚度为 10～20mm 不等，双边都要装滑轨，扣除两倍的厚度后，机箱的宽度就更窄了。

3. 机柜深度

机柜深度虽然有规定但很少提及，国际标准机柜深度有两种：450mm 与 505mm。厂商可以根据客户的具体要求扩展其他深度，如 480mm、500mm、520mm、530mm、600mm 等，其中 450～520mm 尺寸的机柜占市场需求 90% 以上。需要加深型机柜主要有以下原因：一是服务器采用双 CPU 的 12in×13in 的主板，这需要 520mm 的深度才能适应这种大主板；二是工业计算机需要安装长卡或者是 300mm 长的视频卡等，这也需要足够的扩展空间；三是机柜在深度方面要考虑有空间散热、走线、其他设备安装（如电源盒、理线架等）等。

机柜左右两侧剩余空间不多，只好利用机柜前后方的空间。通常机柜前后各留有 75mm 以上的空间，因此在 600mm 的机柜中，机柜深度的可利用深度在 450mm 以下。由于机柜深度不一，机架式服务器的深度尺寸也非常混乱。

4. 散热和电磁辐射问题

服务器等设备工作时，机柜的散热风扇和服务器内部风扇在高速运转时都会产生震动，而震动很容易导致硬盘磁道损坏，以致丢失数据。

机柜中设备工作时，主板、CPU、内存和各种板卡都会产生大量的电磁辐射，如果不加以防范，会对人体造成一定伤害。这时机柜就成为了屏蔽电磁辐射、保护人员健康的一道重要防线。屏蔽良好的机柜可以有效地阻隔外部辐射干扰，保证计算机内部设备不受外部辐射影响。机柜上的开孔要尽量小,而且尽量采用阻隔辐射能力较强的圆孔;另外,要注意各种指示灯和开关接线的电磁屏蔽。较长的连接线需要设计成绞线,线两端的裸露的焊接金属部分必须用胶套包裹,这样就避免了机箱内用电线路产生的电磁辐射。

习题 7

7-1　简述 MPP 计算机结构的存储模式。

7-2　简述服务器常用设计技术。

7-3　提高硬盘读写速度有哪些技术?

7-4　简要说明 RAID0 与 RAID1 的技术特征。

7-5　简述 IPMI 的基本功能。

第 8 章　计算机集群

计算机集群系统是组成大型计算机的主要技术。集群是通过硬件和软件技术将一组计算机作为一个整体向客户提供资源，集群中的单台计算机是集群的结点。当集群中有些结点发生故障后，其他结点能够将资源接管过来，继续对客户提供不间断的计算服务。

8.1　计算机集群概述

8.1.1　集群系统技术特征

1. 计算机集群系统的发展

1994 年，托马斯·斯特林(Thomas Sterling)等人，利用以太网和 RS-232 通信网构建了第一个拥有 16 个 Intel 486 DX4 处理器的 Beowulf 集群系统，这种利用普通计算机组成一台超级计算机的设计方案，比重新设计一台超级计算机便宜很多。根据统计数据，世界 500 强计算机中，有 85.4% 的超级计算机采用集群结构，14.6% 的超级计算机采用 MPP(大规模并行处理)结构，集群是目前超级计算机的主流体系结构。

计算机集群采用了以空间换时间的计算思维。集群系统是将多台计算机(如 PC 服务器)，通过集群软件(如 Rose HA)和局域网(如千兆以太网)，将不同的设备(如磁盘阵列、光纤交换机)连接在一起，组成一个超级计算机群，协同完成并行计算任务。集群系统中的单台计算机称为计算结点，这些计算结点通过网络相互连接。

数据中心通常是指在一个物理空间内实现信息的集中处理、存储、传输、交换、管理，而计算机设备、服务器设备、网络设备、存储设备等通常认为是网络核心机房的关键设备。数据中心的规模差异很大，从几台机器到十几万台。例如，Google 公司最大的数据中心达到了 100 万台机器，需要 2GW 的电力供应。数据中心的出现，使得云计算成为一个热点。

2. 计算机集群系统的类型

集群系统有高性能计算集群(HPC)、高可用集群(HAC)和负载均衡集群(LBC)三种类型。这三种类型经常会混合设计，如高可用集群可以在结点之间均衡用户负载，同时维持高可用性。

1) 高性能计算集群

高性能计算集群致力于开发超级计算机，研究并行算法和开发相关软件。HPC 主要用于大规模数值计算，如科学计算、天气预报、石油勘探、生物计算等。在 HPC 中，运行专门开发的并行计算程序，它可以把一个问题的计算数据分配到集群中多台计算机中，利用所有计算机的共同资源来完成计算任务，从而解决单机不能胜任的工作。

2）高可用集群

高可用集群主要用于不可间断的服务环境。HAC 具有容错和备份机制，在主计算结点失效后，备份计算结点能够立即接管相关资源，继续提供相应服务。HAC 主要用于网络服务（如 Web 服务等）、数据库系统（如 Oracle 等）以及关键业务（如银行业务等）系统。HAC 不仅保护业务数据，而且保证对用户提供不间断的服务。当发生软件、硬件或人为系统故障时，HAC 将故障影响降低到最小程度。对业务数据的保护一般通过磁盘冗余阵列（RAID）或存储网络（SAN）来实现，因此，在大部分集群系统中，往往将 HAC 与存储网络设计在一起。

3）负载均衡集群

负载均衡集群主要用于高负载业务，它由多个计算结点提供可伸缩的、高负载的服务器群组，以保证服务的均衡响应。负载均衡集群能够使业务（如用户请求）尽可能平均地分摊到集群中不同计算机进行处理，充分利用集群的处理能力，提高对任务的处理效率。负载均衡集群非常适合运行同一组应用程序（如 Web 服务）的大量用户，集群中每个结点处理一部分负载，并且可以在结点之间动态地分配负载，以实现计算的负载平衡。

简单地说，在集群环境中，如果只有部分机器运行而其他机器作为备援，那么这个集群属于高可用集群；如果集群环境中所有机器都在完成同一个任务，每个服务器（计算结点）的 CPU 仅仅分担这个任务的一部分工作，那么这属于高性能集群；如果集群中所有机器同时工作，完成很多不同的任务，集群的功能是为了将不同任务分配到不同的机器，分担运行负载，那么它是一个负载均衡集群。

3. 计算机集群系统的关键技术

（1）存储网络。计算机集群使用的数据存储系统应能高效地工作。因此，数据存储系统采用大量磁盘阵列（RAID），通过高速光纤通道互连，组建一个内部存储网络。

（2）高速通信网络。网络的带宽和通信质量决定了数据传递的延迟，当大量数据通过网络传输时，网络可能会成为集群的性能瓶颈。世界 500 强计算机大多采用高速率 InfinBand 网络（大约占 44.4%）或 1000Mb/s 以太网（大约占 25.4%）作为内部数据传输网络。

（3）集群调度和容错。集群中一台服务器宕机后，负载均衡器会将负载分配给其他服务器分担，新增加的负载可能会使一些服务器更容易崩溃，连锁反应会迅速拖垮整个服务器集群。因此，集群系统必须及时了解全局的运行情况，并采取相应措施。采取什么策略进行控制和反馈（如丢弃一些负载），在很大程度上会影响任务完成的速度和质量。在分布式系统中，各种意外事故随时可能发生，集群系统必须针对事故进行预处理（如将同一个任务复制多份，交给不同机器处理，接收最先完成的）和错误处理。

8.1.2　集群系统典型结构

1. Beowulf 集群系统网络结构

典型的 Beowulf（贝奥武夫，英国传说中的勇士）集群系统中有 5 类网络：集群网络、管理网络、IPC 网络、服务网络、终端网络，如图 8-1 所示。其中服务网络是由以太网连接起来

的菊花链结构,终端网络是计算结点和终端服务器通过串口线连接起来的星形结构(主要用
于心跳检测)。集群网络、管理网络和 IPC 网络则通过交换机互联。虽然可以把这 3 个网
络配置在一个网段,但是通常把它们分化在 3 个 VLAN(虚拟局域网)中。

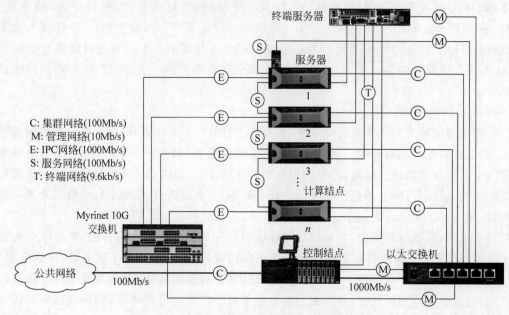

图 8-1　Beowulf 集群系统硬件设备和网络结构

（1）集群网络(VLAN)。计算结点和存储结点用这个网络进行数据输入输出。

（2）管理网络(VLAN)。管理网络用于访问 IPC 网络交换机、服务网络和终端网络。
管理网络利用 HTTP、Telnet、SNMP 等协议管理设备。

（3）IPC 网络(VLAN)。IPC 网络用于计算结点间的高速通信,通常由特殊的高速网络
设备构成。有几种网络技术可以用于 IPC 网络,如以太网、Myrinet 10G 网、InfiniBand 网络
等。为了达到网络的高带宽,通常采用高性能交换机。由于计算结点之间通信的需求,IPC
网络的性能是 Beowulf 集群设计中非常重要的技术。

（4）服务网络。一般采用由以太网连接起来的菊花链结构,用于系统管理。

（5）终端网络。终端网络是计算结点和终端服务器通过 RS-232 串口线连接起来的星
形结构,它主要用于传输心跳信号和一些管理信号。终端网络是远程访问管理网络的接口,
管理员通过终端网络可以登录到集群的指定结点上,完成必要的管理工作。

【例 8-1】　"天河 2"集群系统采用 TH Express-2 内部网络互联,有 13 个交换机,每个
交换机有 576 个端口。网络带宽达到了 50Gb/s,信号延迟小于 $85\mu s$。

2. Beowulf 集群中的结点

在 Beowulf 集群中,根据功能,可以把集群中的结点划分为 6 种类型:用户结点、控制
结点、管理结点、存储结点、安装结点、计算结点。虽然有多种类型的结点,但并不是说一台
计算机只能是一种类型的结点。一台计算机的结点类型要由集群的实际需求和计算机的配
置决定。在小型集群系统中,用户结点、控制结点、管理结点、存储结点和安装结点往往都在

同一台计算机中。

（1）用户结点。用户结点是外部用户访问集群系统的网关，用户通常登录到这个结点上编译并运行作业。为了保证用户结点的高可用性，应该采用硬件冗余的容错方法，如采用双机热备份。至少应该采用 RAID 技术，保证用户结点的数据安全。

（2）控制结点。控制结点主要承担两种任务：一是为计算结点提供基本的网络服务（如 DHCP、DNS 等）；二是调度计算结点上的作业，通常集群的作业调度程序运行在这个结点上。如果控制结点失效，所有的计算结点都会失效。所以控制结点也需要硬件冗余保护。

（3）管理结点。管理结点监控集群中各个结点和网络的运行状况。集群的管理软件也运行在这个结点上。

（4）存储结点。如果在集群系统中运行的作业有大量的数据（GB 级），就会需要一个存储结点；如果需要存储海量数据（TB 级），一个存储结点远远不够，这时需要一个存储网络（如 SAN）。通常存储结点需要如下配置：利用 RAID 保护数据的安全性；利用高速内部网络保证数据的传输速率。世界 500 强计算机大多采用高速率 InfiniBand 网络（大约占44.4%）或 10Gb/s 以太网（大约占 25.4%）作为内部数据传输网络。

（5）安装结点。安装结点提供安装集群系统的各种软件，包括操作系统、各种运行函数库、管理软件和应用软件。它还必须开放文件服务，如 FTP 或 NFS。

（6）计算结点。计算结点是整个集群系统的计算核心，它的功能是执行计算。在目前的计算机集群系统中，一个计算结点有多个 CPU。因为一个计算结点的失效通常不会影响其他结点，所以计算结点不需要冗余的硬件保护。

8.1.3　集群系统硬件设备

一个完整的集群系统硬件设备由计算机系统、通信系统、输入输出系统、监控诊断系统、基础结构系统组成。硬件设备有服务器、交换机、磁盘阵列等，它们通过网络连接在一起。为了增强集群的功能和可靠性，一般会增加一些其他设备，如串口卡、Fence 设备、HBA 卡、FC 光纤通道交换机等。

【例 8-2】　天河二号集群系统由 170 个机柜组成，包括 125 个计算机柜、8 个服务机柜、13 个通信机柜和 24 个存储机柜。共有 16 000 个运算结点，累计 312 万个计算核心。内存总容量 1.4PB，外存总容量 12.4PB，最大运行功耗 17.8MW。

1. 服务器主机

设计一个集群系统至少需要 2 台以上的服务器主机，普通 PC 服务器即可满足要求，也可以在虚拟机上安装集群软件。

2. 网卡

集群中每台服务器主机至少必须有 2 个以太网卡（或集成网口）和 1 个 COM 串口（没有 COM 串口时需要串口卡）。一个以太网卡用于连接 2 台服务器之间的私用网络（TCP/IP），另外一个以太网卡用于连接公用网络（TCP/IP）。

3. 串口卡和心跳线

服务器之间的串口通过 RS-232 电缆连接,用于监控结点间的心跳状态。心跳线是集群中主从结点通信的物理通道,它由集群监控软件控制。不同的集群软件对于心跳线的处理有各自的技术,大部分采用 RS-232 串口,也有厂商采用专用板卡和专用连接线,有的采用 USB 口处理,有的采用以太网口处理,它们之间的可靠性和成本都有所不同。

4. Myrinet 交换机

Myrinet 是一项经济高效、高性能的分包通信和交换技术,广泛应用于服务器和计算机集群。例如,Myrinet10G 是 10G 以太网与 HPC 技术的集成体。将网络端口连接至 10G 以太网交换机,即可实现高达 9.8Gb/s 的数据传输速率。

Myrinet 有两个系列的组件:Myrinet2000 和 Myrinet10G。Myrinet2000 是万兆网络很好的替代品,Myrinet10G 在性能和价格上相对于 10G 以太网来说有很大的优势。

5. Fence(栅)设备

Fence 设备用于监控结点状态和控制结点自动重启或关机。当集群管理系统确定一个结点失败后,它会在集群中通告这个失败的结点,Fence 进程将失败的结点隔离,以保证失败结点不破坏共享数据。通过 Fence 设备,可以在集群中断开一个结点,切断 I/O,以保证数据的完整性。它还可以避免因出现不可预知的情况而造成的"脑裂"现象。"脑裂"是指当两个结点之间的心跳线通信中断时,两台主机都无法获取对方的信息,此时两台主机都认为自己是主结点,于是对集群资源(共享存储、公共 IP 地址)进行争用、抢夺。

Fence 设备的工作原理是:当意外原因导致主机异常或宕机时,备援机会首先调用 Fence 设备,然后通过 Fence 设备将异常的主机重启或从网络上隔离,释放异常主机占据的资源,当隔离操作成功后,返回信息给备援机,备援机接到信息后,开始接管主机的服务和资源。

Fence 设备分为内部 Fence 和外部 Fence。内部 Fence 设备如 IBM 服务器的 RSA 卡(远程管理卡)、HP 服务器的 ILO(Integrated Light Out)卡、DELL 服务器的 DRAC 卡(远程控制卡)等。外部 Fence 设备如 APC 公司的外置电源管理器、UPS(不间断电源)、SAN 交换机、以太网交换机等设备。对外部 Fence 设备,主结点断电后,备援机可以接收到 Fence 设备返回的信号,备援机可以正常接管服务。对内置 Fence 设备,主结点断电后,备援结点不能接收主结点返回的信号,也不能接管主结点的服务。

在简易集群系统中,如果能够保证心跳通信网络(RS-232 线路)正常工作,则可以不需要 Fence 设备。如果没有 Fence 设备,集群系统只能配置成手动模式。这种模式在故障切换时,需要集群管理员手工在备份服务器中输入命令,备机才能接管资源,启动服务。

6. 共享磁盘

共享磁盘一般采用磁盘阵列设备,集群中所有结点都需要连接到这个存储设备上,在共享存储设备中,一般放置公用的、关键的数据和程序,一方面可以共享数据给所有结点使用,另一方面也保证了数据的安全性。

大部分集群软件支持独占和共享两种磁盘访问方式。在独占访问模式下,只有活动结点能够独立使用磁盘设备,当活动结点释放磁盘设备后,其他结点才能接管磁盘进行使用。在共享访问模式下,集群中所有结点都可以同时使用磁盘设备。当某个结点出现故障时,其他结点不需要再次接管磁盘。共享访问模式需要集群文件系统(如 NFS、GFS 等)的支持,NFS 允许多个结点同时读写同一个文件,而不出现读写冲突。

8.1.4　集群系统管理软件介绍

1. 计算机集群系统软件

计算机集群系统的规模和应用要求不同,软件也会不同。集群软件大体上分为系统软件、管理软件和应用软件。

集群系统软件包括操作系统,如 Linux(世界 500 强超级计算机中,97% 的系统采用 64 位 Linux)、Windows Server 等;并行计算平台,如 Hadoop(海杜普)、Spak(斯帕克)、MPICH2(消息传递接口)等;文件系统,如 NFS(网络文件系统)、GFS(红帽全局文件系统)等;其他系统软件,如数学函数库(如 Intel MKL)、编译系统(如 ICC)等。

应用软件由用户的应用而定,它不是由集群本身决定的。例如,科学计算的应用软件有用于量子力学的 Quantum ESPRESSO、用于分子动力学的 ESPResSOmd、用于计算流体力学的 ANSYS Fluent、用于模拟安全碰撞的 LS-DYNA 等。

2. 集群系统管理软件

集群管理软件通过图形用户界面或命令行方式,管理一组计算机集群。利用管理软件可以监控集群中的结点,配置服务,以及管理整个集群服务器。集群管理的形式不一,有些作业用户参与度很低,如将作业发送到集群;还有一些作业用户参与度很高,如负载均衡等,因此集群管理工具有各自的优势和挑战。常见的集群管理软件有 Oracle 的 RAC、IBM 的 HACMP、Symantec 的 VCS/VSF、EMC 的 AutoStart、Microsoft 的 MSCS 和 ROSE HA、易腾数信的 EterneCluster、SteelEye 的 LifeKeeper、Heartbeat、Docker(应用容器引擎)、CoreOS、Kubernetes、Mesos、LifeKeeper 等。

例如,Oracle 的 RAC 是多台机器同时访问,完成不同用户不同的数据库读写任务,所以它是负载均衡集群软件;IBM 的 HACMP 是一个高可用性集群,高性能集群主要用于科学运算;Symantec 的 VCS 和 EMC 的 Autostart 也都是高可用性集群。

3. Docker(应用容器引擎)管理工具软件

Docker 是 dotCloud 公司提供的开源的应用容器引擎,开发者可以打包他们的项目到一个可移植的容器中,然后发布到任何流行的 Linux 机器上。Docker 可以实现程序的虚拟化运行,容器使用沙箱机制,作业与作业之间没有任何接口。Docker 本质上是一个附加系统,它不是 KVM(内核虚拟机,集成在 Linux 中)之类虚拟化方法的替代品。

一个完整的 Docker 由以下几部分组成:Docker Client(客户端)、Docker Daemon(守护进程)、Docker Image(镜像)、Docker Container(容器)。Docker 的功能有创建集群、建立跨主机网络、在跨主机网络上部署应用、进行集群负载均衡等。通过 Swarm 命令,可以在集群中扩展 50 000 个容器和 1000 个结点。可以利用 Swarm 管理器创建几个主结点,并创建特定规则,如果主结点出现故障,就可以实施这些特定规则。

Docker 有以下局限:一是 Docker 基于 64 位 Linux,无法在 32 位 Linux/Windows 环境下运行;二是 Docker 的隔离性差于 KVM 之类的虚拟化方案;三是网络管理相对简单;四是对磁盘的管理功能有限。

4. CoreOS 管理工具软件

CoreOS 最初源自于 Google ChromeOS,它是一个基于 Linux 内核的轻量级操作系统。CoreOS 专为大型数据中心的计算机集群而设计,主要目标是简化计算机集群的维护成本和复杂度。CoreOS 有以下技术特征。

CoreOS 没有提供包管理工具,而是通过容器化的运算环境向应用程序提供运算资源。应用程序之间共享系统内核和资源,但是彼此之间又互不可见。这意味着应用程序不需要直接安装在操作系统中,而是通过 Docker 运行在容器中。这种方式使得操作系统与应用程序及运行环境之间的耦合度大大降低,应用程序运行环境之间的干扰更少,减少了系统复杂性,而且操作系统自身的维护也更加容易。

CoreOS 采用双系统分区设计。两个分区分别被设置成主动模式和被动模式,并在系统运行期间各司其职。主动分区负责系统运行,被动分区负责系统升级。一旦有新版本的操作系统发布,完整的系统文件将下载至被动分区,并在系统下一次重启时从新版本分区启动,原来的被动分区将切换为主动分区,而之前的主动分区则被切换为被动分区,两个分区扮演的角色将相互对调。同时在系统运行期间系统分区被设置成只读状态,这样也确保了CoreOS 的安全性。CoreOS 的升级过程在默认条件下自动完成。

CoreOS 使用 Systemd 作为系统和服务的管理工具,Systemd 不但可以更好地追踪系统进程,而且具备优秀的并行化处理能力。CoreOS 剔除了任何不必要的软件和服务,在一定程度上减轻了维护计算机集群的复杂度,帮助用户从烦琐的维护工作中解脱出来。CoreOS 提供类似虚拟机的功能,但是 CoreOS 侧重于应用程序,而不是完整的虚拟化主机。

5. LifeKeeper 管理工具软件

LifeKeeper 是一款高可用容错集群软件,它有 Windows Server 和 Linux 版本。LifeKeeper 容错软件支持远程灾难备份,提供数据、应用程序和通信资源的高度可用性。

LifeKeeper 的优点是不依赖任何容错硬件(如 RAID),它适用于 2～16 个结点的集群系统。LifeKeeper 具有错误检测和现场恢复功能,系统出现故障后,LifeKeeper 会将保护资源自动转换到一个事先设定的系统。进行系统切换时,会有一个十分短暂的休眠期,但是当系统完成切换操作后,LifeKeeper 会在选择的系统中自动恢复操作。LifeKeeper 保护的资源有卷、IP 地址、共享文件、服务器名称、应用程序等。

8.2　计算机集群系统结构

8.2.1　高性能集群系统

高性能计算机集群(HPC)主要用于大规模科学计算和海量数据处理,如气象预报、计算机模拟、军事研究、生物制药、基因测序、图像处理、人工智能等应用。

1. Google 高性能计算机集群系统

构建高性能计算系统的主要目的是提高运算速度。要达到万亿次级每秒的计算速度，对系统的 CPU、内存带宽、运算方式、系统 I/O、存储等方面的要求都十分高，其中每一个环节都将直接影响到系统的运算速度。

高性能集群的典型应用有 Google 公司数据中心。Google 所有服务器均为自己设计制造，服务器高度为 2U。如图 8-2 所示，每台服务器主板有 2 个 CPU、2 个硬盘、8 个内存插槽，服务器采用 AMD 和 Intel x86 处理器（4 内核）。

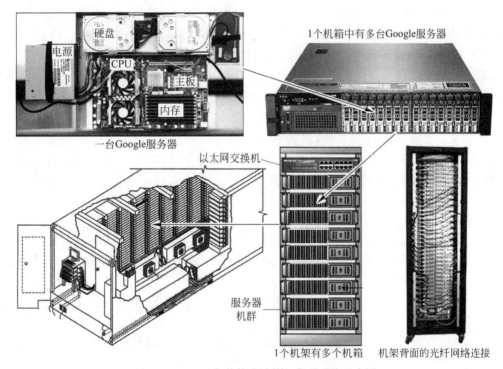

图 8-2　Google 集装箱式计算机集群系统示意图

Google 数据中心以集装箱为单位，一个集装箱中有多个机架。每个机架可安装 80 台服务器，每个机架通过 2 条 1000M 以太网链路连接到 2 台 1000M 以太网交换机，一个集装箱可以容纳 15 个机架，每个集装箱大致可以安装 1160 台服务器，每个数据中心有众多集装箱。如 Google 俄勒冈州 Dalles 数据中心有 3 个超大机房，每个机房有 45 个集装箱数据中心，可以存放大约 15 万台服务器。

2. 高性能计算机集群系统存在的问题

高性能计算机集群系统初次上线时，所有的配置都很完美，但随着时间的流逝，高性能计算机集群的配置会变得不一致，这些变化将影响应用程序运算性能。

高性能计算机集群的能源成本随着计算密度的增加而急剧上升。现在高性能计算集群的普通服务器开销为每机柜 30kW 左右，这个数字还在不断上升。因此集群系统的能耗问题变得越来越突出。

由于集群系统中计算结点的不断增加,集群系统密度越来越高,这使集群的冷却系统变得至关重要。由于数据中心的集群系统往往有成千上万台服务器在运行,因此往往采用节能型水泵散热,这减少了嘈杂低效的风扇散热系统。

8.2.2 高可用集群系统

1. HAC 系统工作模式

(1) 主从模式(一用一备)。正常情况下,服务都由主机承担,备机处于监控备援状态。当主机宕机时,备机接管主机的一切工作,待主机恢复正常后,按管理员设置的切换模式(自动或手动)将服务切换到主机上运行,数据的一致性通过共享存储系统解决。

(2) 对称模式(互用互备)。2 台主机同时运行各自的服务(如主机 1 运行 Web 服务,主机 2 运行数据库服务),且相互监测对方的工作状态。当任一主机宕机时,另一主机立即接管它的一切工作,保证作业的不间断运行,这种模式中数据必须存放在共享存储设备中。

(3) 均衡模式(多机互备)。3 台以上的主机一起工作,各自运行一个或几个服务,每个服务定义一个或多个备援主机,当某台主机发生故障时,运行在其上的服务就被其他主机接管。这种结构的优点是稳定性高,缺点是成本更高。其次,一旦主机 1 和主机 2 同时宕机,则主机 3 就要承担 2 个服务,导致稳定性下降。多机均衡集群系统结构如图 8-3 所示。

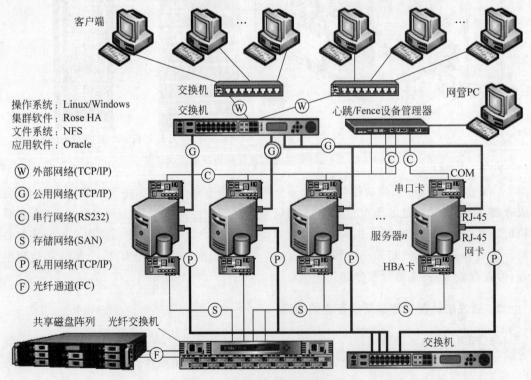

图 8-3 多机均衡集群系统结构

2. HAC 系统网络类型

在 HAC 系统中,有外部网络和内部网络。外部网络提供实际的服务,可连接 1 台或多台交换机,并且允许客户端访问集群中的多个服务结点。外部网络一般为以太网,运行在TCP/IP 上。

HAC 系统的内部网络随设计方案而不同,一般有串行网络(如 RS-232 或 TCP/IP)、公用网络(如 TCP/IP)、私用网络(如 TCP/IP)、存储网络(如 SAN)、Fence 设备网络、集群管理网络等。HAC 系统内部网络不允许客户端访问,网络协议也各有不同。

串行网络由服务器主机的 COM 串行接口和一条 RS-232 串口线组成。也可以通过以太网交叉线构建一个串行网络,以供结点间相互通信。

公用网络一般采用虚拟地址方式,为外部客户提供网络服务,这样在故障切换时,客户端就不会造成服务中断现象。在公用网络中,可以由几台主机一起提供某个服务。

私用网络是 HAC 内部服务器主机之间传输数据的网络。

存储网络与集群系统的结构有关。如果集群采用镜像存储模式,则在两台服务器之间通过以太网接口进行连接。如果集群采用磁盘阵列存储模式,则每台服务器与磁盘阵列之间通过网络线路进行连接,连接网络的类型与磁盘阵列的支持有关,大部分为以太网。如果集群采用 SAN 存储网络模式,则通过 FC(光纤通道)网络进行连接。

Fence 设备网络、集群管理网络等,需要根据具体的 HAC 软件和网络大小而定。

3. 双机热备集群系统结构

双机热备集群系统是典型的高可用集群系统,系统包含主服务器(主机)、备援服务器(备机)、共享磁盘阵列等设备,以及设备之间的心跳连接线。在实际设计中,主机和备机有各自的 IP 地址,通过集群软件进行控制。典型的双机热备系统结构如图 8-4 所示。

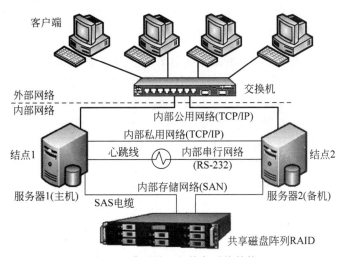

图 8-4 典型的双机热备系统结构

4. 集群系统心跳检测原理

心跳信号是集群服务器之间发送的数据包,它表示"我还活着"。可以利用 LifeKeeper

工具软件,检测集群结点之间的心跳信号。即通过每一个心跳路径,在两个对等系统之间进行周期性的握手通信,如果连续没有收到心跳信号到了一定的数目,LifeKeeper 就会把这条路径标为失效。如果管理员只定义了一条通信路径,而这条路径又处于失效状态,LifeKeeper 会把这唯一的一条通信路径标为失效,然后 LifeKeeper 立即开始恢复过程。

如果用户定义了冗余路径,LifeKeeper 会通过第二条冗余路径,确定是系统故障还是通信路径有问题。如果只是通信路径有问题,LifeKeeper 不会进行系统恢复,只把第一条通信路径标成失效,告诉管理员存在一个故障路径。一般情况下,LifeKeeper 只在下列事件发生时,才会启动系统恢复功能。

(1) 所有通信路径故障。如果所有结点都没有收到心跳信号,LifeKeeper 就把所有通信路径都标为失效,并且开始安全检查。当所有通信路径都发生故障时,LifeKeeper 向整个网络发出安全检查信号。如果有信号指出配对系统还"活"着时,LifeKeeper 不启动恢复服务;如果安全检查没有从配对结点返回信号,LifeKeeper 就开始进行恢复。

(2) 心跳通信方法。LifeKeeper 与结点之间的心跳通信可以使用以下方法:一是在以太网端口采用 Socket(套接字)进行通信;二是采用 RS-232 串行接口(COM)进行通信;三是采用共享磁盘进行通信,管理员可以定义一个很小的共享磁盘分区(只需要 1MB 或更大的存储空间)作为 LifeKeeper 的通信中介。

(3) 冗余心跳线路。LifeKeeper 假定当通过心跳信号检测到服务器失败时,则认为这个服务器是关闭的。因此,为了避免不必要的失效切换,最好建立两条独立心跳线路径。如果两个服务器只用一个串口进行连接,当从服务器的心跳信号无法被主服务器检测到时,LifeKeeper 不能判断引起这一现象的原因是什么:是从服务器故障还是 RS-232 端口故障?或者是心跳电缆故障?如果结点之间有多条通信路径,则可以避免这个问题。

8.2.3 负载均衡集群系统

1. 负载均衡技术概述

负载均衡用来在计算机集群、网络连接、CPU、磁盘或其他资源中分配负载,以达到最佳化资源使用、最大化吞吐率、最小化响应时间,同时避免过载的目的。

根据 Yahoo 发布的新闻,Yahoo 网站每天发送 6.25 亿个 Web 页面;American Online 的 Web Cache 系统每天需要处理 50 亿个用户访问请求,每个请求的平均响应长度为 5.5KB。在网络服务规模越来越庞大的情况下,负载均衡成为集群系统必须面对的问题。

负载均衡技术是在集群系统的前端采用负载均衡设备或服务器,将用户的服务请求分散到后端不同服务器进行处理;而且集群中某个服务器失效时,负载均衡设备或软件能够即时感知故障和屏蔽失效机器,并将作业转发到其他可用服务器中。

负载均衡需要进行两方面的处理:一是将大量的并发访问或数据流量分配到多台结点设备上分别处理,以减少用户等待时间;二是每个结点设备处理结束后,需要将结果进行汇总,返回给客户端主机。

2. 硬件负载均衡技术

负载均衡技术分为硬件负载均衡技术和软件负载均衡技术。硬件负载均衡技术是直接在服务器和交换机之间安装负载均衡设备。硬件负载均衡设备往往采用专用的处理芯片和独立的操作系统,因此整体性能很好,而且有较高的可靠性。另外硬件负载均衡设备可以采用多样化的负载均衡策略,以及智能化的流量管理方法。硬件负载均衡设备的缺点是成本昂贵。

典型的硬件负载均衡设备有 F5 公司的 BIG-IP 系列、Citrix 公司的 NetScaler 系列、A10 公司的 AX 系列等,其他公司如 Array、Cisco、深信服、浪潮、联想等,也有相关产品。负载均衡设备有多种形式,如 L4 和 L7 层交换机、服务器、路由器等。

硬件负载均衡的网络结构如图 8-5 所示,硬件负载均衡设备(大多是 4 层交换机)可以与集群系统内部服务器并联,也可以与内部服务器串联。

Radware公司的硬件负载均衡设备(4层交换机)
F5 BIG硬件负载均衡设备(4层交换机)
负载均衡器并联
负载均衡器串联

图 8-5　硬件负载均衡的网络结构

3. 软件负载均衡技术 LVS

软件负载均衡技术是在一台或多台服务器操作系统中,安装一个或多个软件代理工具来实现负载均衡。常用的负载均衡软件有:LVS(Linux 虚拟服务器)、Nginx、HAProxy、DNS Load Balance、ISA Server 等。

LVS 是一套基于 IP 的服务器负载均衡集群开源软件。LVS 集群软件可支持几百万个并发连接,如果配置 1000M 网卡,集群系统的最大吞吐率高达 10Gb/s。LVS 集群软件已经在很多大型的、重负载的、关键性的网站得到了很好的应用,它的可靠性在应用中得到了很好的证实。大部分 Linux 发行版中已包含了 LVS 代码,有些版本的 Linux 还开发了基于 LVS 的集群管理工具软件,并提供图形化的配置界面。

LVS 的工作原理是:一组服务器通过高速局域网相互连接,每台服务器中都安装 Linux 和 LVS 软件,其中一台 LVS 服务器作为前端负载调度器。它将客户端的网络请求调度到其他服务器上。服务器集群结构对客户是透明的,客户访问集群系统提供的网络服务,就像访问一台高性能的服务器一样。客户端程序不受服务器集群的影响,用户查询不需要做任何修改。在服务器集群中,可以随时加入和删除一个服务器结点,而不会影响集群的正常服务。

软件负载均衡的优点是配置简单、成本低廉,可以满足一般网络的需求。由于软件依赖于系统平台,当服务器上安装有其他软件时,可能会在可靠性及性能上有所下降。另外,功能越强大的软件,消耗的系统资源越多,也容易成为网络服务的瓶颈。

4. 负载调度算法

硬件和软件负载均衡技术解决了从用户到后台服务器之间的数据包发送和响应问题，但是负载的调度算法需要按策略进行，以 LVS 为例，常用的负载均衡调度算法如下。

（1）轮叫调度。调度器通过轮叫调度算法，将外部客户请求按顺序轮流分配到集群中的服务器上，它均等地对待每一台服务器，而不管服务器上实际的连接数和系统负载。

（2）加权轮叫。这个算法可以根据服务器的不同处理能力来调度访问请求，这样可以保证处理能力强的服务器能处理更多的访问流量。调度器可以自动检测集群系统的负载情况，并动态地调整权值。

（3）最少链接。该调度算法是动态地将负载调度到链接数最少的服务器上。如果集群中的服务器具有相近的性能，采用最小链接调度算法可以较好地均衡负载。

（4）基于局部性的最少链接。该算法根据请求的目标 IP 地址，找出该地址最近使用的服务器，如果该服务器可用且没有超载，将负载发送到该服务器；如果服务器不存在，或者该服务器已经超载，则用最少链接的原则选出可用服务器，将负载发送到该服务器。

8.2.4　集群系统存储网络

1. JBOD 存储技术

JBOD（磁盘组）是在一个底板上安装多个磁盘的存储设备。如图 8-6 所示，JBOD 是在逻辑上将几个物理硬盘串联在一起，从而提供一个大的逻辑硬盘。JBOD 上的数据简单地从第 1 个硬盘开始存储，当第 1 个硬盘的存储空间用完后，再依次从后面的硬盘开始存储数据。JBOD 的存储性能与单一硬盘相同，不提供数据安全保障，JBOD 的存储容量等于组成 JBOD 所有硬盘容量的总和。

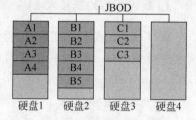

图 8-6　JBOD 结构图

JBOD 支持热插拔，可以在不影响数据存储和服务器操作的同时增加或者替换磁盘。

一些厂商的产品允许通过硬件开关或者跳线将 JBOD 分离成不同的磁盘阵列。如果为 JBOD 安装了提高可靠性的 RAID 控制器，那它就变成 RAID，成本自然随之提高。因此，JBOD 最大的用处是在可靠性要求不高的情况下，最大限度地发挥成本低廉的优势。

JBOD 经常安装在 19in 机柜中，JBOD 大都为十几块磁盘，甚至几十块磁盘，它们之间采用菊花链连接，因此总存储容量十分巨大，如果一个磁盘发生故障就会造成整个设备故障，这对系统是一个巨大的风险。简单的解决办法是采用软件 RAID 技术。

2. DAS 技术

DAS（直接附加存储）是直接连接在服务器主机上的存储设备，如常见的硬盘、光盘、USB 存储器等设备。在 DAS 中，所有存储操作都要通过 CPU 的 I/O 操作来完成，存储设备与主机操作系统紧密相连。这种存储方式加重了服务器主机的负担，因为 CPU 必须同时完成磁盘存取和应用程序运行的双重任务，不利于 CPU 指令周期的优化，增加了系统负担。

如图 8-7 所示,DAS 是一种存储设备与主机的操作系统紧密相连的存储技术。DAS 管理成本较低,实施简单,由于存储时直接依附在服务器上,因此存储共享受到限制。

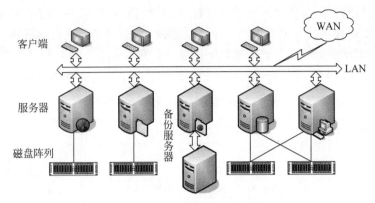

图 8-7　DAS 直接存储系统案例

3. NAS 技术

NAS(网络附加存储)是连接在网络上的专用存储设备。NAS 以文件传输为主,提供跨平台海量数据共享功能。NAS 的典型产品是专用磁盘阵列主机、磁带库等设备。由于 NAS 连接在局域网上,所以客户端可以通过 NAS 系统与存储设备交互数据。另外,NAS 直接运行文件系统协议,如 NFS、CIFS 等。客户端可以通过磁盘映射和数据源建立虚拟连接。

如图 8-8 所示,NAS 通过局域网在多个文件服务器之间实现了互联的存储技术,NAS 网络连接存储便于集中管理数据,从而释放带宽、提高性能。NAS 可提供跨平台文件共享功能。但是 NAS 可靠性较差,适用于局域网或较小的网络。

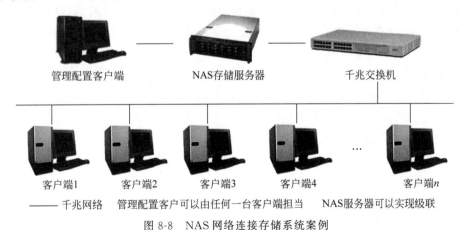

图 8-8　NAS 网络连接存储系统案例

4. FC 技术

光纤通道(FC)是一种数据传输接口技术,主要用于计算机设备之间的数据传输,数据传输速率目前达到了 4Gb/s。FC 多用于存储设备之间的连接,构成一个存储网络。

1) 光纤通道技术

FC 采用全双工串行通信方式,支持点对点、仲裁环和交换式三种网络结构。FC 的兼容性较差,主要是因为厂商会以不同的方式解读 FC 标准,而且以多种技术实现。

FC 是在 SCSI 接口技术上发展的一个高性能接口。由 FC 组成的网络不同于以太网技术,它的带宽资源几乎全部可用于传输数字信号,FC 网络基本上没有管理信息,利用 FC 技术组建的存储网络(SAN)有较好的性能。FC 与 SAS 的主要技术性能如表 8-1 所示。

表 8-1 FC 与 SAS 的主要技术性能

技 术 指 标	FC 技术	SAS 技术
传输速率	4Gb/s	6Gb/s
接口形式	4 芯光纤接口	14 芯线缆
传输距离	多模光纤 500m,单模光纤 10km	10m
最大连接设备	每个环路 126 个设备	最大 256 个设备
连接网络	可与网络连接	与存储设备连接
网络结构	点对点、环形、星形	总线型
网络互联设备	光纤交换机	不能进行网络互联

2) FC 存储网络设计

FC 技术有三种光纤信道交换方法:主控制器交换、网络交换和环路交换。FC 主控制器有以下一些组成模式。

(1) 主控制器交换模式。主控制器是一个多端口、高带宽的网络交换机。主控制器中某个部件失灵不会影响正常应用,对 SAN 性能和可用性没有影响,因为主控制器采用全冗余、热插拔部件,能将宕机时间最小化。此外,主控制器支持在线错误检测、故障隔离、修理和恢复。主控制器可提供 99.999% 的可用性,即每年少于 5min 的宕机时间。

主控制器的多端口和无拥塞结构使它能提供高性能带宽,允许所有端口同时交换数据,并保持性能不变,没有额外延时。它主要用于以下应用系统:不允许宕机的关键任务系统、企业 SAN 存储网、应用密集型系统等。

(2) 网络交换模式。网络交换模式采用光纤交换机作为主要设备,在交换机所有端口之间进行数据高速传输。与主控制器类似,光纤交换可以构成一个存储网络。各个厂商的产品及其属性(如冗余、端口数量等)有很大不同。网络交换模式主要用于下列应用系统:部门级连接、分布式存储占主导地位的应用、小型 SAN 的标准构件等。

由光纤交换机组成的存储网络结构如图 8-9 所示。它由光纤交换机、主机总线适配器(HBA)、磁盘冗余阵列、光纤链路(FC)等组成。

3) FC 的局限性

FC 本质上是一个高速存储系统,虽然具备了一些网络互联的功能,但远不是一个完善的网络系统。我们熟知的网络大都是以服务器(如 Windows、Linux、UNIX 等)为核心的,根据服务器来组建网络,提供文件服务。而 FC 网络的核心是 FC 快速硬盘,没有专门的服务器来管理 FC 网络。

现有的 FC 还无法达到基本的安全管理要求。在实际应用中,这会带来管理上极大的

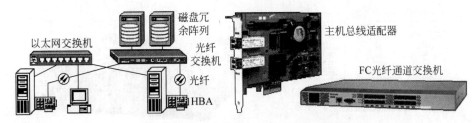

图 8-9　由光纤交换机组成的存储网络结构

不便。例如,当某用户获得某个卷的写权限时,他就很容易对别人的文件进行修改或删除,而系统无法知道用户是谁,也无法精确限制他的权限,这将引起严重的混乱。

由 FC 组成的区域存储网络(SAN)存在不可避免的弱点,它无法使存储设备在因特网上运行。FC-SAN 的物理覆盖距离不超过 50km,这样就容易形成存储孤岛。

5. SAN 技术

SAN(存储区域网络)是一种利用高速的光纤网络链接服务器与存储设备的存储技术,主要基于 SCSI、IP、ATM 等多种高级协议,实现存储共享。SAN 中服务器跟存储装置两者各司其职,利用光纤信道来传输数据,以达到一个服务器与存储装置之间多对多的高效能、高稳定度的存储环境,实施复杂,管理成本高。

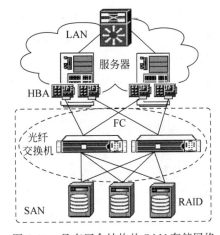

SAN 是目前应用较为广泛的网络存储技术。如图 8-10 所示,SAN 一般由 RAID、光纤交换机、光纤通道、主机总线适配器(安装在服务器内)、存储管理软件等组成。SAN 允许多台服务器独立地访问同一个存储设备,特别适合在局域网中传输大容量数据,但系统建设成本较高。

1) SAN 与 NAS 的区别

SAN 和 NAS 两种技术是互补的。SAN 以数据为中心,而 NAS 以网络为中心;SAN 具有高带宽数据传输优势,而 NAS 更适合文件系统级别上

图 8-10　具有冗余结构的 SAN 存储网络

的数据访问;SAN 的关键应用有数据库、备份等,主要进行数据的集中存取与管理,而 NAS 支持若干客户端之间或服务器与客户端之间的文件共享,因此 NAS 适用于作为日常办公中需要经常交换的小文件,如文件服务器、存储网页等。

2) SAN 设计案例

SAN 设计案例如图 8-11 所示。方案采用 SAN 服务器作为整个系统的核心设备,直接接到磁盘阵列机,然后通过千兆交换机为所有服务器提供高速、可靠的存储服务。将其中的一台服务器安装备份软件作为备份服务器,其他服务器安装数据代理软件,系统将根据用户的备份策略,自动将各个服务器的应用数据备份到 SAN 中。

(1) SAN 服务器是实现存储子系统功能的主要设备,它实现对存储资源的整合与优化、数据保护等功能。SAN 服务器集中管理磁盘阵列,把磁盘阵列中的所有单个磁盘整合为多个虚拟的逻辑卷,供服务器使用。通过 SAN 服务器管理软件,对这些逻辑卷进行直观

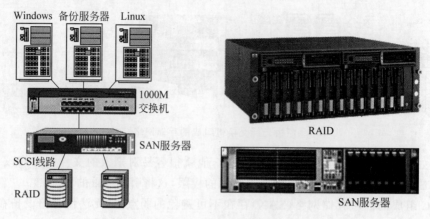

图 8-11　SAN 设计案例

化分配和管理,如允许哪个服务器使用哪个卷、具有怎样的使用权限等。

(2) 备份服务器统一集中管理备份及恢复操作的各项策略。

(3) RAID 为整个存储网络提供存储资源。

(4) 交换机为 SAN 服务器和应用服务器之间提供千兆高速网络传输带宽。

SAN 存储备份系统一般包含一系列可配置的软件模块,用来实施数据集中策略。SAN 存储备份系统软件模块有:数据保护模块、数据备份和恢复模块、数据迁移或分级存储模块、数据归档模块、灾难恢复模块、存储资源管理模块、SAN 网络和介质管理模块、集中统一管理等软件。用于灾难备份的大中型冗余 SAN 设计案例如图 8-12 所示。

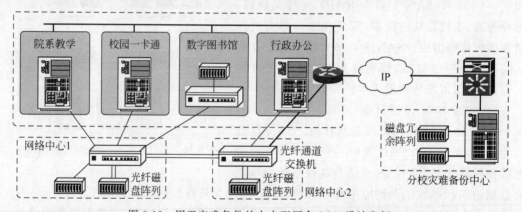

图 8-12　用于灾难备份的大中型冗余 SAN 设计案例

6. 存储网络的安全问题

对备份数据实行加密保护并不是件容易的事情,因为会产生一系列的问题,如系统性能降低、应用响应延时,以及数据备份、恢复和管理的复杂度增加等。

很多存储网络产品虽然都提供了安全功能,但是,如果用户使用 Cisco 公司的 NAS 设备、安氏公司的安全设备、HP 公司的主机、D-Link 公司的网卡,这些设备要相互协调工作就变得相对困难。例如,许多交换机厂商提供有口令控制、访问控制列表(ACL)及基于验证的公钥(PKI)保护技术等,但每个厂商的安全级别各不相同,如果同一网络中的交换机来自多家厂商,实施安全的方法互不兼容,交换机设备的安全控制就难以发挥作用。

8.3 分布式系统计算技术

8.3.1 分布式计算平台 Hadoop

1. 分布式计算的基本特征

分布式计算是利用网络把成千上万台计算机连接起来,组成一台虚拟的超级计算机,把一个需要巨大计算能力才能解决的问题分成许多小的计算任务,把这些计算任务分配给许多计算机进行并行处理,最后把这些计算结果综合起来得到最终的计算结果。

目前最流行的分布式计算系统是基于计算机集群的 Hadoop(分布式计算平台)和基于网格计算的 BOINC(伯克利开放式网络计算平台)。它们都可以实现高速分布式计算,但是实现技术完全不同。Hadoop 主要利用大型数据中心的计算机集群实现计算,而 BOINC 则利用互联网中普通用户的计算机实现计算;Hadoop 的数据传输主要利用高速局域网,而 BOINC 的数据传输则利用互联网。

2. Hadoop 的基本特征

Hadoop(哈杜普,一个玩具大象的虚构名字)是一个分布式系统计算框架,早期由 Google 公司开发,目前移交到 Apache 基金会管理。Hadoop 的核心设计是:HDFS(海杜普分布式文件系统)和 MapReduce(映射/聚合)分布式计算框架。HDFS 为海量数据提供了分布式文件管理系统,而 MapReduce 为海量数据提供了分布式计算方法。

3. Hadoop 的优点

在 Hadoop 平台下可以编写处理海量数据(PB 级)的应用程序,程序运行在由数万台机器组成的大型计算机集群系统上。Hadoop 以一种可靠、高效、可伸缩的方式进行处理。Hadoop 可靠是因为它假设计算单元和数据存储都会失败,因此它维护多个数据副本,并且自动将失败的任务重新进行分配。Hadoop 高效是因为它以并行方式工作,能够在计算结点之间动态地分配数据,并保证各个计算结点的动态平衡。此外,Hadoop 是开源平台,因此它的开发成本低。Hadoop 带有用 Java 语言编写的程序框架,运行在 Linux 平台上非常理想。Hadoop 应用程序也可以用其他语言编写,如 C++、PHP、Python 等。

4. Hadoop 的基本结构

Hadoop 的基本结构如图 8-13 所示。

(1) MapReduce(映射/聚合)是分布式计算框架,下文详细讨论。

(2) HDFS 是一个分布式文件系统,具有创建、删除、移动或重命名文件等功能。HDFS 的功能是管理名称结点(Name Node)和数据结点(Data Node)。名称结点为 HDFS 提供元数据服务,并且控制所有文件操作;数据结点为 HDFS 提供存储块,存储在 HDFS 中的文件被分成多个块,然后将这些块复制到多个数据结点中进行处理。块大小(通常为 64MB)

和数量在创建文件时由客户端决定。HDFS 内部所有通信都基于 TCP/IP 协议。

（3）Hive 类似 SQL，用于访问 HBase 数据库，具有数据查询和数据分析功能。

（4）HBase 是一个分布式 NoSQL（非结构化查询语言）数据库。

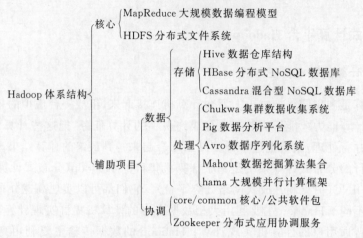

图 8-13　Hadoop 的基本结构

（5）Cassandra（卡桑德拉）是一种混合型的 NoSQL 数据库。

（6）Chukwa 主要用于监控大型计算机集群系统的数据收集。

（7）Pig 是数据流编程语言，它的主要功能是对 HBase 中的数据进行操作。

（8）Avro 是数据序列化格式与传输工具，它将逐步取代原有的进程通信机制。

（9）Mahout 是集群数据挖掘算法的集合，如分类、聚类、关联、回归、降维等。

（10）hama 是一种大规模并行计算框架，主要用于矩阵、图论、排序等计算。

（11）core/common（核心/公共软件包）为其他子项目开发提供支持。

（12）Zookeeper 用于分布式服务，功能有配置维护、名称服务、分布式同步等。

8.3.2　分布式数据处理 MapReduce

1. MapReduce 的工作流程

MapReduce 的设计思想是：将各种实际问题的解决过程抽象成 Map（映射）和 Reduce（聚合）两个过程，程序员在解决问题时只要分析什么是 Map 过程，什么是 Reduce 过程，它们的 Key/Value（键/值）分别是什么，而不用去关心底层复杂的操作。Hadoop 的工作流程如图 8-14 所示。MapReduce 工作流程是：客户端作业提交（输入）→Map 任务分配和执行（映射）→Reduce 任务分配和执行（聚合）→作业完成（输出）。

（1）客户端作业提交。作业在提交之前，应当将所有需要在 Hadoop 运算中用到的资源和环境都配置好，因为作业一旦提交到服务器，就进入了完全自动化的流程，用户除了观望，最多只能起到监督作用。用户要做的工作是写好 Map 和 Reduce 执行程序代码。

（2）Map 任务分配。客户端将作业提交到服务器后，服务器会先把用户输入的文件切分为 M 块（M 默认值为 64MB），每个块有多个副本存储在不同机器上（副本默认值为 3）。系统生成若干个 Map 任务，然后将用户进程复制到计算机集群内的机器上运行。

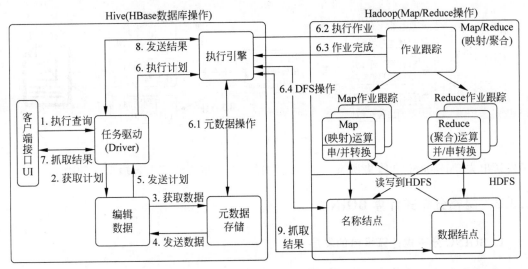

图 8-14　Hadoop 的工作流程

（3）Map 任务执行。系统内的名称结点（Name Node）是主结点，它负责文件元数据（如文件属性、副本数等）的操作和客户端对文件的访问。文件内容的数据由数据结点负责处理，如文件内容的读写请求、数据块的存储，以及数据校验等。数据结点启动后，周期性地（1h）向名称结点上报所有数据块的信息。心跳信号每 3s 一次，如果名称结点超过 10min 没有收到某个数据结点的心跳信号，则认为该数据结点不可用，名称结点重新将数据块分配到另外一个数据结点处理。

（4）Reduce 任务分配与执行。Reduce 任务的分配较简单，如果 Map 任务完成了，空闲的 Reduce 服务器就会分配一个任务。只要有一个 Map 任务完成，则 Reduce 就开始复制其输出。一个 Reduce 有多个复制线程，Reduce 会对 Map 的输出进行归并排序处理。

（5）作业完成。所有 Reduce 任务都完成后，作业正式完成。

2. 利用 Hadoop 进行词频统计

【例 8-3】　利用 Hadoop 统计一个文件中某些单词出现的次数（热词排行）。

（1）使用 MapReduce 前需要进行以下工作：一是下载和安装 Java 开发包 Java JDK；二是下载和安装 Hadoop；三是准备数据文件；四是在 Hadoop 下运行 MapReduce。

（2）该作业接收一个输入目录（数据文件）、一个 mapper（）函数（代码略）和一个 reducer（）函数（代码略）作为输入。使用 mapper（）函数并行处理数据，它的主要功能是收集单词和统计单词出现的次数。Mapper 通过一个基于"键-值"的模型将计算结果发送给 reducer（）。图 8-15 描述了 MapReduce 作业的执行过程。

（3）Hadoop 从数据文件中逐行读取数据。接下来 Hadoop 对数据文件的每一行调用一次 mapper（）。随后每个 mapper（）会解析该行，并将接收到的每一行中的单词提取出来作为输入。处理完毕后，mapper（）会将单词和单词出现数（名值对）发送给 reducer（）。

（4）Hadoop 会收集 mapper（）发送的所有名值对，然后根据键（Key）进行排序。这里键是单词，值（Value）是单词出现的次数。接下来 Hadoop 针对每个键调用一次 reducer（），并将相同键的所有值作为参数传递进去。reducer（）会计算这些值的总和，并根据键再次将结

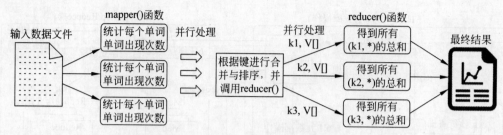

图 8-15 MapReduce 作业的执行过程

果发送出去。Hadoop 会收集所有 reducer() 的结果,并将它们写入到输出文件中。

8.3.3 网格分布式计算 BOINC

1. BOINC 分布式计算平台的发展

BOINC(伯克利开放式网络计算平台)是目前世界最大的分布式计算平台之一,它由美国加州大学伯克利分校于 2003 年开始研发。开放有多层含义:一是 BOINC 客户端软件的源代码是开放的;二是参与计算的计算机是开放的,来自世界各地的人们可以自由参加或退出;三是参与计算的科研项目是开放的,计算结果必须向全球免费公开。

据 BOINC 网站统计,截至 2017 年,全世界约有 410 万用户,1532 万台活跃主机,提供约 163PetaFLOPS(千万亿次浮点运算/秒)的计算能力。

2. BOINC 工作原理

BOINC 由客户端软件和项目服务器两大部分组成。安装了 BOINC 客户端软件的计算机在闲置时,会使用计算机的 CPU 或 GPU 进行运算。即使计算机正在使用,BOINC 也会利用空闲的 CPU 周期进行计算。如果志愿者的计算机装有 NVIDIA 或 ATI 显卡,BOINC 将会利用显卡中的 GPU 进行计算,计算速度将比单纯使用 CPU 提高 2~10 倍。

BOINC 客户端程序提供了数据管理功能。志愿者参与 BOINC 项目后,BOINC 客户端程序会与 BOINC 项目服务器自动进行连接,服务器会向志愿者计算机(客户端)提供计算任务单元,然后客户端对任务单元做运算,运算完成后,BOINC 客户端程序将计算结果上传至 BOINC 项目服务器。

BOINC 项目服务器负责协调志愿者计算机的工作,包括发送任务单元、接收计算结果、核对计算结果等。由于个别计算机可能会在运算过程出现错误,所以 BOINC 服务器一般会把同一任务单元传送至多个志愿者,并比较各个志愿者的计算结果。

3. BOINC 服务器的任务分配

客户端通过互联网周期性地发送请求信息到 BOINC 服务器。客户端的请求信息中包括对主机和当前工作的描述、提交最近完成的任务并请求新的任务。BOINC 服务器的回复信息中包含一组新的任务。这些工作由软件自动完成,无须用户干预。

如图 8-16 所示,BOINC 服务器的数据库中可能包含数以百万计的计算任务,服务器可能每秒需要处理几十或几百个客户端的调度请求。对于客户端的计算任务请求,理想情况下 BOINC 服务器要扫描整个计算任务列表,并根据标准发送针对该客户端最佳的任务。然而这在现实中是不可行的,因为数据库的开销将高得惊人。

图 8-16　BOINC 系统结构示意图

如图 8-16 所示,在 BOINC 服务器共享内存区,维持大约 1000 个任务的缓冲区。通过"供给器"程序从数据库中提取任务,并对缓冲区的任务进行周期性的补充。在某一时间内,可能有数十或数百个任务请求,每个任务请求在缓冲区扫描所有任务,并确定一个最佳任务。这种设计有很高的性能,服务器能在每秒发送数百个计算任务。

任务选择策略是:从一个随机点开始,对任务缓冲区进行扫描,针对每个任务做可行性检查。这个过程并不需要访问数据库。例如:检查客户端是否有足够的内存与硬盘空间,客户端是否能在限期内完成这个计算任务。如果某个任务通过了这些检查,那么锁定它,然后对需要访问的数据库进行检查。然后选择计算任务,以满足志愿者主机的工作请求。

在客户端程序中,任务大小可以任意设置。那么项目服务器如何设置任务大小呢?如果任务设置太大,缓慢的客户端将无法在规定期限内完成任务;如果任务设置太小,服务器可能会被众多小任务反复调度而超出负荷。理想情况是,服务器在调度请求中选择一个特定的时间间隔 T(如 1 天),然后向每个志愿者计算机发送一个任务,并且计算机能在 T 时间内完成。实现这一目标的要求是:BOINC 调度器必须能够生成适当大小的计算任务。

4. 客户端计算能力和计算错误处理

志愿者返回的计算结果并非总是正确的,主要原因有:志愿者计算机发生故障;少数恶意志愿者试图破坏项目;少数志愿者为了获得积分而不进行实际运算。鉴于这些原因,服务器必须对计算结果进行验证。BOINC 支持多种验证技术,最基本的验证是冗余计算。即服务器会把计算任务发送给两台不同的客户端,如果两者运算结果一致,计算结果就被认为是正确的。否则服务器会进一步发送计算任务到其他客户端,以期获得一致的计算结果。

BOINC 客户端软件会定期(1 周左右)在志愿者计算机上运行基准测试程序,对志愿者计算机的整数及浮点运算能力做出一个评估。另外,客户端软件在完成计算任务后,也会记录下完成该任务所耗费的 CPU 时间。然后依据基准测试的结果和计算任务所用的时间,算出客户端的积分,并在向服务器上报计算结果的同时,提交客户端的积分申请。

不同计算机有不同的错误率,大多数计算机错误率接近于 0。虽然冗余校验计算是必要的,但它会降低分布式计算的效率。BOINC 提供自适应冗余校验计算,服务器调度程序对每个客户端维持一个动态的错误率 $E(H)$ 评估。如果客户端错误率 $E(H)$ 大于恒值 K,那么对这台客户端的所有任务都需要进行冗余计算;如果 $E(H)<K$,那么对任务做随机

的冗余计算；当 $E(H)$ 接近 0 时,冗余计算也趋于 0。$E(H)$ 的初始值将会充分大,因此新客户端在获得无须冗余计算的资格之前,必须正确地完成一定数量的计算任务。这项策略并不能排除计算结果错误的可能性,但可以使错误降低到一个可接受的水平。

习题 8

8-1　简述计算机集群系统。

8-2　计算机集群系统涉及哪些关键技术？

8-3　一个完整的集群系统有哪些主要硬件设备？

8-4　计算机集群有哪些系统软件？

8-5　简要说明 LifeKeeper 软件在什么情况下启动系统恢复功能。

第二部分　工业计算机应用

第9章 工业计算机

工业计算机(IPC)是一种采用标准工业总线结构,对生产过程及机电设备、工艺装备进行检测与控制的计算机系统。它广泛用于工业、军事、商业、农业等各个领域,主要用于现场监测、过程控制和过程管理。

9.1 工业计算机概述

工业计算机大部分是嵌入式系统,这些计算机大多安装在专用设备内,大小不一,专用性较强。工业计算机由于使用环境恶劣,维护困难,因此对可靠性要求较高。

9.1.1 工业计算机基本特征

1. 工业计算机的发展

传统上,工业计算机主要用于工业生产过程的测量、控制和管理,但目前应用范围已经远远超出工业过程控制,而是应用在国民经济发展和国防建设的各个领域。

工业计算机起源于 20 世纪 80 年代,标志性产品是 STD 总线工业计算机。STD 总线是 STDGM 组织作为工业标准而制定的 8 位工业 I/O 总线,随后发展成 16 位总线,后被国际标准化组织吸收为 IEEE 961 标准。STD 总线满足了当时市场的需要。

PC 借助于规模化的硬件资源、丰富的商业化软件资源和普及化的人才资源,于 20 世纪 80 年代末期进军工计算机市场。从 1997 年开始,我国工业计算机厂商开始进入市场,目前中国工业计算机主要厂商有研华、凌华、研祥、华北工控等企业。

由于 PC 结构和金手指连接器的限制,使 PC 难以解决可靠性问题。1997 年国际 PICMG(PCI 工业计算机制造者组织)发布了 PICMG 2.0 标准,推出了工业计算机 CompactPCI(紧凑型 PCI,以下简称 CPCI)总线技术。CPCI 采用 PCI 总线的电气和软件标准,但是载板形状和尺寸采用欧洲标准。简单地说,STD 总线解决了工业计算机有无的问题;工业计算机解决了低成本以及与 PC 兼容的问题;CPCI 技术解决了可靠性和可维护性的问题。

2001 年,PICMG 将以太网交换背板总线引入 CPCI 标准中,为电信服务设备和基于以太网的工业自动化系统提供了新的技术平台。2002 年,PICMG 发布了面向电信的 AdvancedTCA(高级电信计算机结构,以下简称 ATCA)标准。ATCA 比 CPCI 有更大的规格和容量、更高的背板带宽、对载板更严格的管理和控制能力、更高的供电能力以及更强的制冷能力等。ATCA 主要是为了解决电信系统面临的系统带宽问题、高可用性问题、现场升级问题、可管理性问题以及互操作等问题,并最终降低成本。

随着工业计算机应用的日益广泛,市场细分成为大多数厂商的共同战略,也使工业计算机技术进一步细分。目前流行的开放式工业总线标准有 40 多种,主要工业总线规格有 PC104/EPIC、CPCI/CPCI-E/PXI、ATCA/MTCA、VME/VXI/VPX 等;主板标准包括 ATX、Micro ATX、Mini-ITX、SSI、EPIC、COM Express 等。如图 9-1 所示,在 PC 技术的推动下,早期曾经各霸一方的工业总线,如今逐步发展为与 PC 兼容的工业总线。

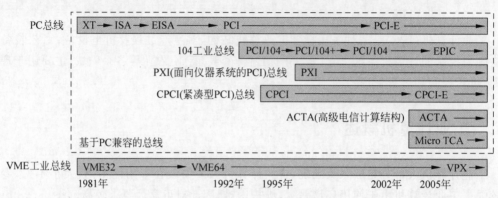

图 9-1　几种典型工业总线计算机的发展

2. 工业计算机的技术特征

工业计算机产品和技术属于中间产品,它是为其他行业提供可靠、嵌入式、智能化的工业计算平台。工业计算机一般由硬件平台、外围 I/O 接口载板、人机接口以及软件系统组成。硬件平台包括机箱、CPU 主板、无源背板、电源以及风扇;外围 I/O 接口载板有模拟量输入输出模块(温度、压力、位移、转速、流量等),数字量输入输出模块(脉冲信号、数据、指令等),存储模块(DRAM、SSD、闪存等);软件系统包括操作系统、网络通信软件、工业控制软件、应用软件等。种类齐全的 I/O 模块与硬件平台的配合使用,很容易构成满足工业控制系统的需要。

工业计算机总线标准繁多,产品兼容性不好。早期工业计算机往往采用专用硬件结构、专用软件系统、专用网络系统等技术。目前工业计算机越来越 PC 化,例如,采用 x86 系列 CPU(如 Intel、AMD 公司的 CPU),采用 PCI-E 总线(外设高速串行总线),采用主流操作系统(如 Linux、Windows),采用工业以太网(如支持 TCP/IP),支持主流设计语言(如 C、C++、Java)等。常见工业计算机如图 9-2 所示。

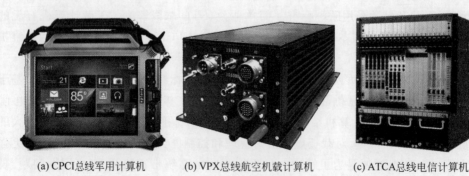

(a) CPCI总线军用计算机　　　(b) VPX总线航空机载计算机　　　(c) ATCA总线电信计算机

图 9-2　常见工业计算机

工业计算机不同于商用计算机采用大批量标准化生产方式,工业计算机按不同应用有不同的功能需求设计,企业要针对用户需求设计符合其功能需求及外观的产品。因此工业计算机产品复杂度较高,价格敏感度较低,毛利率较高。相对于商用计算机,工业计算机品种数量少而小型供应商多,产品呈现差异化,零散小量需求的特点。

近年来国际厂商提出了一个新的概念:集成平台。厂商不再把自己看作是工业计算机的供应商,而是针对用户某一个项目或装置的开发,从系统方案的制定开始,包括设备集成、硬件采购、软件配置、现场调试,直到验收,全过程都由其承担。它们既是方案设计商,又是产品供应商,还是系统集成商。这种做法既可以进一步满足用户的要求,同时也可以解决工业计算机价格过于透明、利润率降低等问题。

3. 工业计算机的应用环境

(1) 空气中可吸入颗粒物多。工厂内的原料大多需要进行粉料加工,加上外界空气流动大,工控机内容易集积大量黏糊状积尘,造成工控机内局部温度过高,带来硬件损坏。这种情况多发于 CPU、电源、硬盘、显卡等散热风扇周围。

(2) 电压波动大、易停电。工业的发展对电量的需求日益增大,一些偏僻地区容易出现供电不足、电压不稳的现象。这会造成工业计算机系统经常性重启,系统重要的日志文件容易丢失。因此电源的稳定关系到工业计算机工作正常与否,对于电源不稳定的地区,工业计算机需要采用稳压电源或 UPS(不间断电源)进行保护。

(3) 环境湿度不适宜。工业计算机由许多电子元件构成,其绝缘性能与环境湿度有很大关系。湿度过大时,容易造成电路板短路而烧毁。湿度过小时,容易产生静电,也会导致击穿部分电子元件。湿度过大或过小,都会给工业计算机带来潜在的威胁。

(4) 地面震感大。许多工厂在生产中需要用到电机、传动带等设备,这些设备产生的震动和物理性位移动作,带来巨大的噪声,机器工作时带来的震动会给工业计算机的硬盘、光驱等部件带来巨大的损害。

9.1.2　工业计算机设计规范 PICMG 1.3

1994 年,PICMG(全球 PCI 工业计算机制造组织)发布了工业计算机 PICMG 1.0 规范,2002 年又推出了 PICMG 1.2 规范,2004 年继续推出了 PICMG 1.3 规范。这样系统开发商就可以将台式计算机的各种适配卡直接应用在工业计算机领域,节省系统开发成本。

1. PICMG 1.3 的基本规范

PICMG 1.3 总线接口由两个 x16 和两个 x8 的 PCI-E 连接器构成,符合 PICMG 1.3 规范的 CPU 载板 SHB(系统主机板)或背板支持的总线类型如表 9-1 所示。

表 9-1　PICMG 1.3 规范支持的总线类型

连接器类型	总线类型	信号引脚	信 号 说 明
A	PCI-E x16	164	1 路 PCI-E x16 或 2 路 PCI-E x8
B	PCI-E x8	98	1 路 PCI-E x8 或 2 路 PCI-E x4 或 1 路 PCI-E x4 和 4 路 PCI-E x1
C	PCI-E x16	164	电源引脚、USB 2.0、SATA、GbE、IPMB
D	PCI-E x8	98	32 位 PCI/PCI-X 总线(133MHz)

从表 9-1 可以看出，PICMG 1.3 主要支持 PCI-E 总线，虽然保留了 PCI 或 PCI-X 总线，但是 SHB 只支持 32 位的 PCI 总线，只有背板才能支持 64 位 PCI 总线。SHB 分长卡与短卡，短卡仅支持 A、B 型连接器，长卡最多可支持到 D 型连接器。

2. PICMG 1.3 提供更强大的电源支持

为了支持新一代 CPU 与内存，PICMG 1.3 增加了更多电源引脚。如表 9-2 所示，PICMG 1.3 大幅度增加了 +12V 电源的供给，同时减少了 +5V 的供给。因为在 Pentium Ⅲ 时代，CPU 耗电量通常不超过 30W，因此 CPU 电源大多由 +5V 转换而得。但是新一代 CPU 耗电量高达 100W 以上，如果从 +5V 转换，转换效率会很差，而供电电流会高达 20A 以上，这使电源转换电路（DC-DC）容易产生高热而导致系统不稳定。目前 CPU、显卡等电源电路设计都采用 +12V 转换，这也是 PICMG 1.3 增加 +12V 电源供给的原因。

表 9-2   PICMG 1.3 规范电源供给最大值

规范版本	+3.3V 电源	+5V 电源	+12V 电源	系统主机板电源
PICMG 1.0(64 位 PCI)	12 脚 40W	22 脚 110W	2 脚 24W	36 脚 174W
PICMG 1.2	22 脚 73W	25 脚 125W	1 脚 12W	48 脚 210W
PICMG 1.3	26 脚 86W	8 脚 40W	28 脚 336W	62 脚 462W

3. 其他新增功能

(1) 各种 I/O 接口。PICMG 1.3 规范中，除了支持 PCI-E 与 PCI 总线，PICMG 1.3 还支持 4 对 USB 2.0 接口、4 对 SATA 接口与 1 个 GbE（千兆以太网）接口。这些串行高速差分信号都由载板引入到背板，减少了电缆的使用。

(2) IPMB（智能平台管理总线）接口。PICMG 1.3 增加了对 IPMB 的支持，管理人员能够用 IPMB 来监控系统内各种组件的健康状态，如 CPU 温度、电压、风扇转速等，并且能够从远程控制 SHB，或是重置系统等管理工作。

(3) 热插拔。PICMG 1.3 的 PCI-E 接口支持热插拔功能，系统可以在不断电的情况下更换 PCI-E 载板，提高系统的可用性。

(4) VIO 电压侦测。背板上的 SHB 插槽有 key 键位（定位键位）用来防止 SHB 板误插到 I/O 电压插槽或不兼容的背板上。PICMG 1.3 还定义了 VIO 信号，让 SHB 主板可以判断背板支持的 I/O 电压。

(5) 电源管理。PICMG 1.3 将 +3.3Vaux（挂起电源）、PSON♯（开机电源）、PWRBT♯（电源开关）、PWRGD（电源引脚）等信号引入硬件接口，以支持 ATX 电源系统的电源管理功能，但是这些支持都是可选项。如果系统不支持 ATX 电源，开发商必须确保 SHB 板与背板在配置旧有电源系统时仍能正常工作。

(6) SMbus（系统管理总线）。PICMG 1.3 预留了 SMbus，以满足系统管理需求。

4. 背板设计注意事项

PCI-E 总线采用差分信号，最高传输速率达 2.5Gb/s，信号从 SHB 主板经过连接器到达背板的途中，会经过 PCI-E 总线，这会造成阻抗不连续，使信号产生反射或衰减。为了确保信号品质符合 PCI-E 规范的要求,PICMG 1.3 规范对印制电路板的阻抗要求极为严谨,一般信号线的特性阻抗为 57(1±10%)Ω,差分信号的阻抗为 100(1±10%)Ω。

9.1.3　工业计算机夹层卡类型

1. 工业计算机夹层卡

夹层卡是一种为嵌入式系统添加特定功能的模块。夹层卡连接在基础板或载板上,而不是直接插在背板上。夹层卡可以自由更换,这意味着既能灵活配备,又方便升级。但是,夹层卡需要占用额外的空间;另外夹层卡的灵活性通常会以性能损失为代价。

工业计算机中广泛使用的夹层卡有 PMC(PCI 夹层卡)、XMC(交换夹层卡)、CMC(公共夹层卡)、FMC(FPGA 夹层卡)、AMC(高级夹层卡)等。

台式 PC 中,各种外设卡(如 PCI-E 显示卡、RAID 卡等)与主板呈 90°垂直安装。工业计算机中,一是夹层卡采用水平安装;二是夹层卡不直接插在背板上,而是连接在载板上(如图 9-3 所示),通过载板上的连接器与夹层卡上的连接器相互连接。

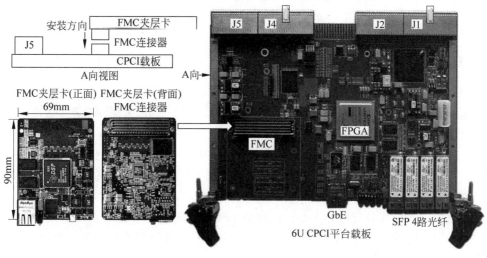

图 9-3　FMC 夹层卡与 CPCI 载板

2. PMC 夹层卡

PCI 总线曾经是计算机使用最为广泛的总线,几乎所有早期计算机主板上都有这种总线插槽。ATX 主板一般有 5 或 6 个 PCI 插槽,mATX 主板也都有 2 或 3 个 PCI 插槽。目前台式 PC 已经取消 PCI 接口卡,但是在工业计算机中,部分 PCI 卡还在使用。

IEEE 1386.1—2001 标准规定,一个单尺寸的 PMC 夹层卡大小为 74mm×149mm。PMC 夹层卡定义了一个 64 针的薄形连接器,并且定义了连接器各针的 PCI 信号。PMC 连接器有 8.00～15.00mm(0.315～0.591in)的各种堆叠高度,可以满足各种环境的连接要求。PMC 连接器采用易插拔设计方案,有较高的电路密度和出色的电子性能。

在工业计算机产品开发中,一般会用到多接口开发板,如图 9-4 所示。它可以为工业计算机开发提供各种标准接口。多接口开发板可提供如下标准接口:PMC 接口、XMC 接口、

USB 2.0 接口、USB 3.0 接口、GbE 接口、SATA 接口、DVI 接口、COM 接口、VGA 接口、DVI 接口、PCI-E x16 等。从图 10-4 中可以看到各种夹层卡接口的大致形状。

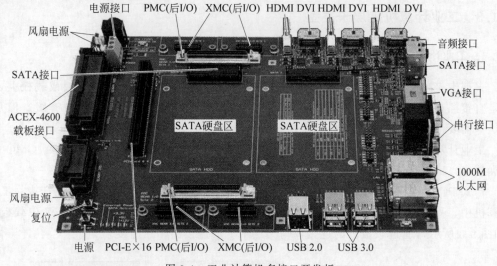

图 9-4　工业计算机多接口开发板

3. FMC 夹层卡

1）FMC 标准规范 ANSI/VITA 57.1—2010

工业计算机自 2000 年以来一直采用 PMC 夹层卡和 XMC 夹层卡标准。2010 年美国国家标准学会发布了基于 FPGA 芯片的 FMC 夹层卡标准。

ANSI/VITA 57.1—2010 是 FMC 夹层卡的基本标准。FMC 标准定义了单宽度（69mm×76.5mm）和双宽度（139mm×76.5mm）两种夹层卡尺寸。单宽度模块支持载板的单个连接器，双宽度模块支持两个连接器。

载板上的 FMC 接口有两种类型：一种是 160 个引脚的低引脚数连接器（LPC）；另一种是有 400 个引脚的高引脚数连接器（HPC）。这两种连接器均支持 2Gb/s 的单端差分信号传输速率，接口的总计最高传输带宽高达 10Gb/s。

LPC 连接器提供了 68 个用户定义的单端信号，或者 34 个用户定义的差分对信号；另外 LPC 还提供了 1 个串行收发器对、时钟、JTAG（芯片内部测试接口）、1 个 IPMI（智能平台管理接口），以及可选的 I2C（集成电路总线接口）。HPC 连接器则提供了 160 个用户定义单端信号（或 80 个用户定义的差分对）、10 个串行收发器对以及更多的时钟。

HPC 和 LPC 连接器都使用相同的机械式连接器，因此采用 LPC 连接器的夹层卡也能插入 HPC 连接器。

与 PMC 和 XMC 夹层卡规范一样，FMC 也提供空气冷却和传导冷却两种散热方式，因此商用和军用领域都能使用。FMC 标准支持现有的标准工业总线，如 VME、VXS、VPX、VPX-REDI、CPCI、CPCI-E、ATCA、AMC 等工业总线。

2）FMC＋标准规范 ANSI/VITA 57.1—2016

ANSI/VITA 57.4—2016 标准也称为 FMC＋，它扩展了 FMC 夹层卡的性能，新标准的特色包括：将千兆接口从 10 个增加到 32 个；将千兆接口的总计数据传输速率从 10Gb/s

提高到 28Gb/s；并且保持与 VITA 57.1 标准的向下兼容。

FMC+ 标准定义了两个可互接的连接器：一个是高速串行针脚数连接器（HSPC），它包含以 14×40 阵列排列的 560 个针脚，HSPC 连接器支持多达 24 个千兆接口；另外一个是可供选择的高速串行针脚数扩展连接器（HSPCe），它包含一个 4×20 阵列排列的 80 个针脚，HSPCe 连接器最多支持额外 8 个千兆接口。

HSPC 和 HSPCe 连接器的组合可支持 32 个千兆接口，每个千兆接口最高传输带宽高达 28Gb/s，总计 32 个通道最大可提供 896Gb/s 的吞吐量。

FMC+ 标准具备向下兼容性，可支持 ANSI/VITA 57.1—2010 标准的 FMC 模块。HSPC 连接器采用定制的顶针系统，能与 FMC 夹层卡的 HPC 和 LPC 连接器正确配对。

3）FMC 夹层卡的技术优势

FMC 标准为基础板（CPU 板）上的 FPGA 芯片提供了标准的夹层卡尺寸、连接器和模块接口。FMC 标准将 I/O 接口与 FPGA 分离，这不仅简化了 I/O 模块设计，同时最大化了基础板的重复利用率。FPGA 夹层卡具有以下诸多技术优势。

（1）带宽。支持 10Gb/s 信号传输速率，夹层卡和载板之间潜在总带宽达 40Gb/s。

（2）时延。消除了协议开销，避免了时延问题，确保确定性数据交付。

（3）简化设计。与 PCI、PCI-E、Serial RapidIO 等协议标准无关。

（4）系统开销。降低了功耗，缩短了设计时间，并缩减了 IP 核及材料成本。

（5）重复使用。无论采用定制的内部板设计，或者是商用成品（COTS）夹层卡或载板，FMC 标准有助于将现有的 FPGA 载板设计重新用到新的 I/O 卡上。

4）FMC 标准的应用

FMC 标准将载板设计进行了模块化，分为处理引擎（载板）和 I/O 引擎（FMC 夹层卡）两大部分。这种将 FPGA 与 I/O 分离的设计方法有以下优点：一是使设计人员能够从大量的 COTS 产品中选择适当尺寸的处理引擎和适当的 I/O 引擎；二是设计人员可以在单个载板上，通过更换 FMC 夹层卡的方法，将载板重复应用在多种不同市场；三是能够确保现有 FMC 夹层卡全面兼容的同时，能够轻松升级到新的载板；四是能够使厂商开发统一的系统，从而大幅降低成本，缩短产品上市时间。

例如，广播视频应用通常需要接入 4 个或更多的 SDI（串行数字分量接口）连接器、10GbE 以太网及其他收发器连接器。例如，无线基站通常应用尺寸为 3.12in 的 ATCA/AMC 载卡，基带处理速度达 10Gb/s，这需要将 FPGA 和 DSP 进行组合，并在前端采用高速 I/O。例如，航空与国防工业通常采用 VPX 和 CPCI 总线的载板，如雷达处理的采样速率类似于无线基站，但分辨率更高，而军事卫星基站应用通常采用更高的采样速率。以上这些问题，都可以通过分别设计 FMC 标准的处理载卡和 I/O 模块来解决。

FMC 夹层卡应用种类繁多，如高速模数转换器（ADC）、数模转换器（DAC）、射频连接器（RF）、高速串行存储器、高密度光纤等。

9.1.4　早期工业计算机 PC104

1. 工业总线计算机 PC104

PC104 工业总线标准诞生于 1992 年，标准文件为 IEEE-P996.1，兼容 PC 嵌入式模块。

它是专门为工业计算机定义的工业总线标准。1997 年，PC104 协会主持制定了 PC104＋总线规范；2003 年，PC104 协会又制定了 PCI-104 总线规范。PC104 实质上是一种紧凑型工业计算机，信号定义和 PC 基本一致，但电气和机械规范却完全不同。

PC104 具有小型化主板尺寸（90mm×96mm），低功耗模块（1～2W），受到了嵌入式产品生产厂商的欢迎。PC104 总线标准主要用于工业计算机领域，如机载设备、数据采集、通信接口、电力控制、医疗仪器、视频监控等。

PC104 有三个标准：PC104、PC104＋和 PCI-104。

PC104 基于早期 ISA 总线，采用单列双排插座，插座 P1 为 8 位 64 个信号，插座 P2 为40 个信号，P1 和 P2 合计 104 个总线信号。

PC104＋基于 ISA＋PCI 总线，总线插座为 3 排，每排 40 孔，共 120 孔插座。

PCI-104 基于 32 位 PCI 总线，采用 124 端口 PCI 连接器。这些规格在电气方面与 PC完全一致，只是连接器的机械形状不同。因此，PC104 与 PC 的兼容性很好。

如图 9-5 所示，PC104 主板有各种接口，如 CPU（一般采用贴片安装）、网络、音频、LCD、USB 接口、RS-232 串口、SATA 接口、多功能接口（如 GPS）等。

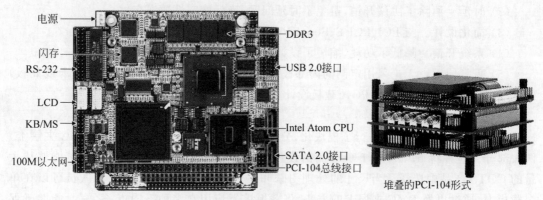

图 9-5　PC104 主板和 PC104 主板堆栈式连接

PC104 主板目前尚未淘汰的原因有：一是它的尺寸非常小（仅为 90mm×96mm）；二是体系结构与 PC 兼容；三是系统工作非常稳定，长时间运行不会出现问题；四是开发成本和风险是最小的。

2. 工业计算机 EPIC

随着嵌入式系统的发展，PC104 总线已经无法满足用户的需求，2005 年 PC104 协会推出了 EPIC（嵌入式工业计算机平台）标准。EPIC 是一种开放的、可扩展的嵌入式单板计算机结构标准，它兼容之前的 PC/104 系列产品。在 EPIC V2.0 规格中，主板尺寸为 115mm×165mm，分成 I/O 区、CPU 区和电源区等，EPIC 标准主板可以采用 x86 或其他系列的CPU。EPIC 主板尺寸和工业计算机 EPIC 主板如图 9-6 所示。

3. 工业计算机 COM Express

COM Express（一体化计算机模块扩展）是国际工业电气协会定义的计算机标准，V2.0是 2010 年推出的最新版本。随着串行通信技术的发展，一些旧的总线技术（如 PC104、

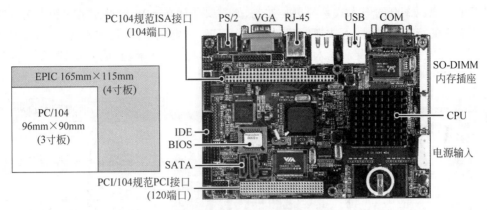

图 9-6　EPIC 主板尺寸和工业计算机 EPIC 主板

EPIC 等)慢慢遭到淘汰,因此 COM Express 标准抛弃了低速的 PCI 和 IDE 信号,以全新高速计算机接口为主。它支持 PCI-E、SATA、千兆网口、SDVO(串行数字视频输出)及 USB 3.0 等技术。COM Express 标准定义了三种尺寸的主板规格:紧凑型(95mm×95mm)、基本型(95mm×125mm)和扩展型(155mm×110mm)。如图 9-7 所示,所有外设接口信号都通过主板背面的 AB 和 CD 两个 220 引脚的连接器引出,CD 为可选接口。主电源采用 12V 供电,最大功耗为 188W。

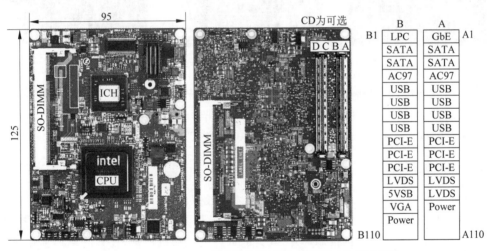

图 9-7　COM Express 基本型主板正面、背面和 AB 接口信号

9.2　工业计算关键技术

9.2.1　嵌入式处理器

1. 嵌入式处理器概述

嵌入式 CPU 是将微处理器(MPU)安装在专门设计的电路板上,只保留和嵌入式应用有关的功能,这样就可以大幅度减小系统功耗和体积。嵌入式微处理器必须功耗很低,尤其

是设备中靠电池供电的嵌入式系统更是如此,如需要功耗在 mW 级甚至 μW 级。为了满足嵌入式应用的特殊要求,嵌入式微处理器在工作温度、抗电磁干扰、可靠性等方面,都在通用CPU 基础上做了各种增强。嵌入式微处理器具有体积小、重量轻、成本低、可靠性高的优点。常见嵌入式微处理器如图 9-8 所示。

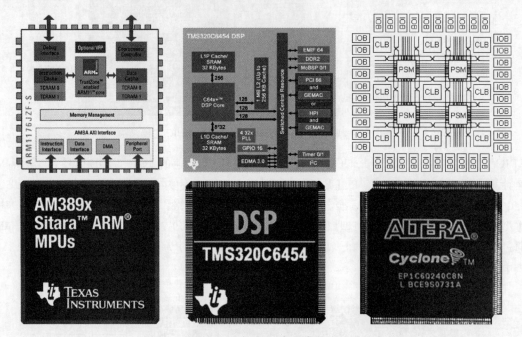

图 9-8   ARM、DSP、FPGA 嵌入式微处理器芯片

在嵌入式领域,一般将通用性较强的嵌入式处理器称为 CPU,对专用性较强的处理器称为微处理器(MPU)。通用嵌入式 CPU 主要产品架构有 ARM、POWER、MIPS、x86 等系列;专用微处理器产品架构有 DSP、FPGA、PLC 等类型。

2. ARM 处理器

ARM 公司主要出售微处理器芯片设计技术的授权。ARM 为数以亿计的智能手机、游戏机、家电,甚至银行卡、手机卡、公交卡提供芯片设计方案。ARM 芯片的市场占有率为:95％的智能手机,90％的硬盘控制芯片,40％的数字电视和机顶盒,15％的单片机和20％的移动计算机市场。ARM 目前拥有 300 多家客户的有效授权,基于这些授权的处理器累计出货量达到了 300 多亿颗。

世界各大半导体厂商(如高通、三星、联发科、德州仪器等)从 ARM 公司购买其设计的ARM 微处理器 IP(知识产权)核,然后根据各自不同的应用领域,加入适当的外围电路,从而形成自己的 ARM 微处理器芯片进入市场。例如为了增强多任务处理能力、数学运算能力、多媒体以及网络处理能力,某些供应商提供的 ARM 芯片内置多个芯核,常见的有 ARM＋DSP、ARM＋FPGA、ARM＋浮点处理器、ARM＋ARM 等结构。

ARM 处理器具有高性能、廉价、低功耗等特点,而且所有产品均采用一个通用的软件体系,因此相同的软件可在所有产品中运行。

3. DSP

DSP(数字信号处理器)是一种专用微处理器,它有自己完整的指令系统。DSP 芯片内包括控制单元、运算单元、各种寄存器,以及一定数量的 RAM 存储单元等。DSP 可以连接若干外部存储器,并通过 EMIF 总线与外设通信。简单地说,DSP 就是一个微型计算机。DSP 一般采用哈佛结构设计,即数据总线和地址总线分开,使程序和数据分别存储在两个分开的空间,允许取指令和执行指令重叠运行。

计算机中的 DSP 芯片有 HAD 音频解码芯片、硬盘控制芯片、LCD 控制芯片等。DSP 运算能力很强,速度很快,体积很小,而且采用软件编程具有高度的灵活性,因此为各种复杂应用提供了一条有效途径。与通用微处理器相比,DSP 芯片的通用功能相对较弱。

在 DSP 领域,我国市场份额基本被美国德州仪器等厂商垄断。但是在雷达等军用领域,已经开始大量使用国产系列 DSP 芯片,在军用领域实现了进口替代。

4. FPGA

FPGA(现场可编程门阵列)是一种可编程器件,它是在 PAL、GAL、CPLD 等可编程器件基础上进一步发展的产物。它是专用集成电路(ASIC)领域中的一种半定制电路,既解决了定制电路的不足,又克服了原有可编程器件门电路数有限的缺点。FPGA 广泛用于信号处理、数据传输、视频图像处理等领域。

FPGA 芯片内部模块包括可配置逻辑模块(CLB)、输出输入模块(IOB)和内部连线三部分。它具有静态可重复编程和动态系统重构的特性,使得硬件功能可以像软件一样通过编程来修改。FPGA 如同一堆积木,硬件工程师可以通过硬件描述语言(如 VHDL)设计一个数字系统,然后通过软件仿真验证设计的正确性。

设计完成后,可以利用 FPGA 的在线修改能力,随时修改设计而不必改动硬件电路。加电时,FPGA 芯片将 EPROM(可擦可编程只读存储器)芯片中的数据读入 FPGA 片内 RAM,配置完成后,FPGA 进入工作状态。掉电后,FPGA 恢复成白片,内部逻辑关系消失,因此,FPGA 芯片能反复修改使用。FPGA 编程一般采用通用 EPROM 编程器。当需要修改 FPGA 的逻辑功能时,只需要更换一片 EPROM 芯片即可。这样,同一片 FPGA,不同的编程数据,可以产生不同的电路功能。FPGA 的使用非常灵活,特别适合小批量芯片设计。

当前 FPGA 产品主要被以下四家公司垄断,它们是 Xilinx(赛灵思)、Altera(阿尔特拉,已被 Intel 收购)、Actel(爱特,已被 Microsemi 收购)、Lattice(莱迪思,中国企业曾邀约收购该公司,被美国政府以安全为由拒批)。FPGA 由于各种专利壁垒,让后来者进入的代价很高。即使是 Intel 公司,也通过 167 亿美元收购 Altera 才进入了 FPGA 市场。

5. PLC

PLC(可编程逻辑控制器)是专为工业生产设计的一种嵌入式计算机,它采用可编程的存储器,可以存储程序,执行逻辑运算,进行顺序控制、定时、计数与算术操作等指令,并通过输入输出接口控制各种类型的生产过程。随着计算机技术的发展,PLC 在开关量处理的基础上,增加了模拟量处理和运动控制等功能。目前的 PLC 不再局限于逻辑控制,在运动控制、过程控制等领域也发挥着十分重要的作用。

　　PLC 是一种 SoC(片上系统),它的硬件结构与计算机基本相同。PLC 的基本结构包括中央处理单元(CPU)、存储器(系统软件存储器和用户程序存储器)、程序输入装置、输入输出回路、电源等。PLC 没有专用的操作系统,它的软件和硬件都是通用的,所以维护成本很低。一个 PLC 控制器可以接收几千个 I/O 点(最多可达 8000 多个 I/O)。

　　PLC 工作过程一般分为三个阶段:输入采样、用户程序执行和输出刷新。运行期间,PLC 中的 CPU 以一定的扫描速度重复执行以上三个阶段,PLC 每完成一次循环操作所需的时间称为一个扫描周期。不同型号的 PLC,扫描周期在 1 微秒到几十微秒之间。PLC 用梯形图编程,在逻辑运算方面表现出快速的优点,计算 1KB 逻辑程序不到 1 毫秒。大型PLC 控制器使用另外一个 CPU 来完成模拟量的运算,然后把计算结果送给 PLC 控制器。

6. 主要微处理器芯片的区别

　　ARM 具有较强的事务管理功能,可以用来运行具有图形界面的应用程序等,主要优势是移动计算。DSP 主要用于计算,如加密与解密、编码与解码、信号调制解调等,DSP 的优势是强大的数据处理能力和较高的运行速度。FPGA 可以用 VHDL 或 Verilog HDL 硬件描述语言编程,它的特点是灵活性强,能进行编程、除错和重复操作,因此可以充分地进行设计开发和验证。当电路有少量改动时,更能显示出 FPGA 的优势。PLC 可通过软件来改变控制过程,具有体积小、编程简单、可靠性高等特点。PLC 既可用于单台设备的控制,也可用于多机群控及自动化生产流水线。PLC 的广泛应用大大推进了机电一体化的进程。

　　x86 与 ARM 处理器的对比中,ARM 的优势在于更低的能耗和更低的成本。ARM 低至数瓦的功耗能使主板保持常温,长年累月地在线工作,而基本上不需要维护。由于功能单一,ARM 的开机速度非常快,一般只要几秒。ARM 主板的成本比 x86 主板低,在一些功能较固定而购买成本较敏感的领域,ARM 拥有绝对优势。

　　x86 结构的优势在于功能的多样性和扩展的灵活性,x86 对特种需求的适用性比 ARM结构更强。x86 产品要解决的问题是如何保持性能和降低功耗。

9.2.2　嵌入式操作系统

　　嵌入式操作系统(EOS)主要用于工业控制和国防领域。嵌入式操作系统大都是实时操作系统。嵌入式操作系统负责全部软件和硬件资源的分配、任务调度、控制、协调等活动。嵌入式操作系统的基本功能有任务调度、同步机制、中断处理、文件等。

1. 嵌入式操作系统的特征

　　(1) 高实时性。实时性是嵌入式操作系统的基本特征。根据实现方法的不同,可将嵌入式操作系统划分为软实时性系统和硬实时性系统。硬实时性系统有一个刚性的、不可改变的时间限制,它不允许任何超出时限的错误,超时错误会带来损害甚至导致系统失败,或者导致系统不能实现它的预期目标。软实时性系统的时限具有灵活性,它可以容忍偶然的超时错误,失败造成的后果并不严重,仅仅是轻微降低了系统的吞吐量。所有实时操作系统都有自己的实时参数,这是实时操作系统的重要性能指标。组成系统的各个任务对于实时性的要求不尽相同,而每个任务之间还存在一些复杂的关联和同步关系,这为保证系统的实时性带来了很大的困难。嵌入式实时操作系统设计中,必须考虑系统中每一个任务运行时间,其激励-响应时间能否满足嵌入式对象所规定的响应时间要求。

(2) 优先级抢占资源。多个任务共同分享系统硬件资源时,每个任务之间彼此独立,根据任务的重要性不同而分配不同的优先级。优先级越高的任务,越容易得到 CPU 的使用权。该特征主要用于保证任务的实时性和嵌入式系统资源的充分利用。

(3) 系统精简。嵌入式操作系统一般用于小型电子装置,系统资源相对有限,所以操作系统内核很小。如 Enea 公司的 OSE 嵌入式操作系统,内核只有 5KB。在嵌入式系统中,系统软件和应用软件没有明显区分,软件设计要求不能过于复杂,系统软件和应用软件一般固化在闪存中,设计完成后用户通常不能对程序进行修改,这样有利于控制系统成本,同时也利于系统的安全。

(4) 可裁剪性。嵌入式系统软件和硬件的结合非常紧密,往往需要针对不同的任务,对系统部件进行较大更改。用户可以根据自己的需要对操作系统进行裁剪,是嵌入式实时操作系统能够广泛应用的重要前提之一。

(5) 可靠性。嵌入式实时操作系统经常用于十分重要的工业控制领域中,甚至是航空、航天等项目。如果系统崩溃,后果将不堪设想。所以,所有嵌入式实时操作系统都必须经过严格测试,以保证系统的可靠性与稳定性。

(6) 其他特征。嵌入式操作系统的其他特征还有:具有良好的开发工具和开发环境;统一的设备接口(如 USB、以太网等);强大的网络功能(如支持 TCP/IP,为移动计算设备预留接口);良好的硬件适应性(便于嵌入到其他设备中);强稳定性和弱交互性,系统一旦开始运行就不需要用户过多干预,用户接口一般不提供操作命令,用户需要的功能通过应用程序提供服务。

2. 嵌入式操作系统的实时性

在操作系统理论中,实时性通常是指特定操作所消耗时间(以及空间)的上限是可预知的。例如,实时操作系统提供内存分配时,内存分配操作所用时间(及空间)无论如何不会超出操作系统所承诺的上限。一个实时操作系统面对变化的负载(从最小到最坏的情况)时,必须确定性地保证时间要求。值得注意的是,满足确定性不是要求速度足够快。衡量实时性能主要有两个重要指标:一是中断响应时间;二是任务切换时间。

例如,Windows 在 CPU 空闲时可以提供非常快的中断响应,但是当某些后台任务正在运行时,中断响应会变得非常漫长。并不是 Windows 不够快或效率不够高,而是因为它不能提供确定性,所以 Windows 不是实时操作系统。

嵌入式操作系统主要用于工业控制、军事航空等领域。实时操作系统往往也是嵌入式操作系统。业界公认比较好的嵌入式操作系统是 VxWorks,Linux 经过剪裁后可以改造成嵌入式操作系统,如 RT-Linux、KURT-Linux 等。

3. 嵌入式操作系统 VxWorks

常用嵌入式操作系统有 VxWorks、Android、Linux、μC/OS-Ⅲ、QNX、Contiki、TinyOS、ROS(机器人操作系统)等。

VxWorks 是 Windriver(风河)公司 1987 年开发的实时嵌入式操作系统,它的核心功能包括高效的实时任务调度、实时任务通信机制、系统资源调度管理、中断管理、文件管理、

I/O 管理、网络通信,以及 C++语言支持等。

VxWorks 广泛应用在通信、军工、航空航天、轨道交通等实时性要求极高的领域。如美国 F-16、FA-18 战斗机,B-2 隐形轰炸机,爱国者导弹等武器都采用 VxWorks 系统、2008 年登陆火星表面的凤凰号火星探测器,2012 年好奇号火星探测器都使用了 VxWorks。

VxWorks 具有以下技术特征。

1) 微内核设计

VxWorks 采用微内核设计,主要特征有快速多任务切换、抢占式任务调度、任务间通信方式多样化等。VxWorks 的任务调度策略以抢占式调度为基础,辅以时间片轮转调度算法。抢占式任务调度算法使得 VxWorks 能够及时响应高优先级的任务,而同级任务之间则可选择时间片轮转调度算法,使多个任务并发执行。

微内核设计减少了系统开销,保证了对外部事件的快速反应。VxWorks 只占用很小的存储空间,保证了系统能以较高的效率运行。VxWorks 结构如图 9-9 所示。

图 9-9　VxWorks 结构

2) 系统软件可裁剪

VxWorks 具有可裁剪性,开发者可以根据应用程序需要(不是根据操作系统的需要)来分配稀少的内存资源。VxWorks 操作系统由 400 多个相对独立的目标模块组成,其中可裁剪的模块超过 80 个,用户可根据需要选择适当的模块来配置系统。开发者可以从 100 多个不同的参数选项中,产生上百种配置方式。许多独立模块在开发时要使用,而在产品中却不再使用。例如,如果应用程序不需要某些功能模块,就可以将它移出 ANSI C 运行库;如果应用程序不需要某些特定的内核同步对象,这些对象也可以忽略。还有 TCP、UDP、套接口等服务也可以根据需要将之移出或移入网络协议栈。

3) 开发环境

VxWorks 支持多种处理器,如 x86、PowerPC、MIPS、ARM 等。大多数 VxWorks 的应用程序接口(API)是专用的,它采用 GNU/DIAB 编译和调试器。

VxWorks 系统自带了图形开发组件 WindML,它提供对基本多媒体应用的支持。如图形支持功能包括二维图形 API、事件服务、窗口管理、多媒体支持、资源管理等。其中,二维图形 API 的基本功能包括绘图操作、字体支持、图形上下文、色彩管理等。

WorkBench 是 VxWorks 开发的一套集成开发环境,它的主要功能模块包含:工程管理软件,可以将用户编写的代码与 VxWorks 核心模块有效地融合在一起;VxSim 原型仿真器,可以让程序员在不使用目标机器的情况下,直接开发系统原型;CrossWind 调试器,可以提供任务级和系统级的调试模式,可以进行多目标机的联调。

4. 嵌入式操作系统 TinyOS

TinyOS 是美国加州大学伯克利分校开发的开放源代码操作系统。TinyOS 具备较高的专业性,它是专门为低功耗无线设备设计的操作系统。TinyOS 主要应用于传感器网络、普适计算、个人无线局域网、智能家居等领域。TinyOS 具有以下特点。

(1)开放源代码。TinyOS 所有源代码都免费公开,可以通过官方网站下载相应的源代码,它由全世界 TinyOS 爱好者共同维护,目前最新版本是 2.1.1。

(2)代码短小精悍。TinyOS 只需要几千字节的内存空间和几万字节的编码空间就可以运行起来,而且功耗较低,特别适合传感器这种受内存、功耗限制的设备。TinyOS 程序采用模块化设计,程序核心都很小,一般核心代码和数据大概在 400 字节。

(3)专属编程语言。TinyOS 应用程序采用 NesC 语言编写,NesC 是标准 C 的扩展,在语法上与标准 C 没有区别。但是增加了组件(Component)和接口(Interface)等关键字的定义。组件是一个 NesC 编写的程序,一个组件由两部分组成:一部分是规范说明,包含要用接口的名字;另一部分是它们的具体实现。

(4)TinyOS 的体系结构。如图 9-10 所示,TinyOS 操作系统采用组件结构,组件由下到上分为 3 类:硬件抽象组件、综合硬件组件和主组件。硬件抽象组件的功能是将物理硬件映射到 TinyOS 的组件模型;应用组件包括感知组件、执行组件、通信组件等;主组件实现控制、路由以及数据传输等应用层的功能。每个 TinyOS 应用组件通过接口调用下层组件提供的服务,实现特定应用的具体逻辑功能,如数据采集、数据处理、数据收发等。

图 9-10　TinyOS 操作系统的基本体系结构

TinyOS 系统提供了大多数应用领域可能用到的组件,如定时器组件、传感器组件、消息收发组件、电源管理组件等。用户只需要开发针对特殊硬件和特殊应用的少量组件。

(5)并发进程管理。Tasks 进程一般用在对于时间要求不是很高的应用中,Tasks 在执行时按顺序先后排队,不能互相占先执行。Events 进程一般用在对于时间要求很严格的应用中,它可以抢先 Tasks 和其他 Events 进程执行,也可以被外部环境的事件触发。

(6)TinyOS 在构建无线传感器网络时,通过一个基地控制台控制各个传感器子结点,聚集和处理各子结点采集到的信息。TinyOS 只要在控制台发出管理信息,然后由各个结点通过无线网络互相传递,最后达到协同一致的目的。

9.2.3 工业控制网络

1. 工业控制网络的发展

工业控制领域在过去几十年里发生了巨大的变化,完成了多次技术更新换代。

(1)模拟控制系统。20 世纪 50 年代开始,工业控制系统开始由之前的气动、电动单元组合式模拟仪表、手动控制系统升级为使用模拟回路的反馈控制器。0~5V 和 4~20mA 的电流模拟信号在工业控制中得到了广泛的应用,设立控制室的模式也一直沿用至今。

（2）计算机控制系统（CCS）。20 世纪 60 年代，工业控制系统开始升级为计算机数字控制系统。系统中的模拟控制电路开始逐步更换为数字控制电路，并且将工业控制系统中的继电器全面替换为可编程逻辑控制器（PLC）。由于系统采用计算机进行控制，工业控制系统开始使用更为先进的控制算法，从而使工业控制系统发生了质的飞跃。

（3）离散式控制系统（DCS）。20 世纪 70 年代中期，由于工业设备大型化，工艺参数控制量增多，不久人们发现了集中控制存在易失控、可靠性低的缺点。这时集中式数字控制系统逐渐被离散式控制系统所取代。

（4）现场总线控制系统（FCS）。20 世纪 80 年代后期，FCS 应运而生，FCS 集计算机技术、通信技术与控制技术于一体，具有更高的可靠性、更灵活的结构、对控制现场更强的适应性。现场总线产品主要应用于运行速率较低的领域，对网络性能要求不是很高。从实际状况看，大多数现场总线都能较好地实现速率要求较低的过程控制。

（5）工业以太网（Ethernet-IP）。21 世纪初，随着 Internet 技术深入到工业控制领域，控制系统与管理系统的结合成为必然。从技术上看，以太网和 TCP/IP 已经能满足工业控制现场的要求；另外，由于以太网技术的成熟和普及，以及低成本和通信协议的标准化，导致越来越多的工业控制领域采用工业以太网技术。

（6）工业互联网。2012 年，美国通用电气公司（GE）率先提出了"工业互联网"的概念，随后 2013 年德国提出了"工业 4.0"，这些新理念是工业化国家过去几十年强大的技术积累和互联网结合以后产生的新战略。工业互联网是物联网的一个子系统，它建立在三个非常关键的技术之上：一是随处可见的超级计算终端（如智能手机等）；二是由传感器和超强芯片组成的无线传感网络（如 Ziegbee、Wi-Fi）；三是 Internet 技术的普及和 IPv6 寻址能力的扩张。总之，工业互联网是更多传统技术在新时代的综合性应用。

2．现场总线系统

现场总线是工业网络的一种类型，现场总线系统（FCS）采用全数字串行通信，网络中测量和控制设备相互连接、监测和控制，如图 9-11 所示。现场总线既可以作为过程控制和智能仪表之间的通信网络，又具有分布式控制功能。目前，国际上使用的现场总线有 40 余种。现场总线技术经过漫长的争论，2007 年，国际电工委员会在 IEC 61158-4—2007（第 4 版）标准中推荐了 20 种现场总线。

（1）FF（基金会现场总线）是以美国 Fisher-Rousemount 公司为首，联合了横河、ABB、西门子、英维斯等 80 家公司制定的协议。以 Honeywell 公司为首联合欧洲等地 150 余家公司制定的 WorldFIP 协议于 1994 年与 FF 合并。FF 采用国际标准化组织简化网络模型（物理层、数据链路层、应用层），另外增加了用户层。FF 协议标准已经被批准为 IEC 1158-2，FF 分为低速 H1 和高速 H2 两种通信速率，H1 最大通信距离可达 1900m（31.25kb/s），支持总线供电和安全防爆环境；H2 最大通信距离为 750m（1Mb/s），最大通信速率为 2.5Mb/s（500m）。传输介质支持双绞线、光缆和微波，传输信号采用曼切斯特编码。

（2）CAN（控制器局域网）是德国 BOSCH（博世）公司开发的面向汽车的通信协议，它被国际标准化组织批准为 ISO 11898 和 ISO 11519 标准。CAN 通信协议分为物理层和数据链路层，数据传输采用短帧结构，传输时间短，具有较强的抗干扰能力。CAN 信号传输采用广播方式，通过优先级和总线仲裁技术来避免信号冲突，有较好的实时性。而 RS-485 现

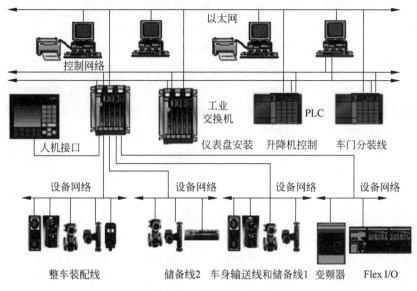

图 9-11　现场总线系统

场总线只能构成主从结构网络,通信只能以主站轮询的方式进行,系统实时性较差。CAN 通信结点在错误严重的情况下具有自动关闭输出的功能,这使总线上其他结点的操作不受影响,从而保证不会出现因个别结点出现问题,使总线处于"死锁"状态。CAN 最大通信距离达 10km(5kb/s),最大通信速率达 1Mb/s(40m),网络结点数可达 110 个。CAN 现在是欧洲汽车网络的标准协议,它还广泛用于工业自动化、船舶、军工设备等方面。

（3）ProfiBus 是德国和欧洲的现场总线标准。它由 ProfiBus-DP、ProfiBus-FMS、ProfiBus-PA 组成。DP 用于外设之间的高速数据传输,适用于加工自动化领域。FMS 适用于纺织、楼宇自动化、可编程控制器、低压开关等。PA 适用于过程自动化。ProfiBus 遵循 IEC 1158-2 标准。ProfiBus 最大传输速率为 12Mb/s（小于 200m）,最大传输距离为 1200m（9.6kb/s）,传输介质为双绞线或者光缆,最多可挂接 127 个站点。

（4）DeviceNet 是美国 Rockwell 公司开发的现场总线,它是基于 CAN 现场总线技术的简单工业网络。DeviceNet 现场总线的数据传输速率为 125kb/s～500kb/s,每个网络最大结点为 64 个,通信模式为生产者/客户,采用多信道广播信息发送方式。DeviceNet 网络上的设备可以自由连接或断开,这不会影响网络中其他设备,而且设备安装、布线成本也较低。

（5）HART 最早由 Rosemount 公司开发,它的特点是可以在模拟信号传输线上实现数字信号通信,它属于模拟系统向数字系统转变的过渡产品。HART 支持点对点主从通信方式,也支持多点广播通信方式。HART 能利用总线供电,可满足安全防爆的要求。

目前现场总线技术有两个明显的发展趋势:一是寻求统一的现场总线国际标准;二是走向工业控制以太网。

3. 工业以太网技术

工业以太网在技术上与商用以太网标准（IEEE 802.3）兼容,但是产品和应用完全不同。针对以太网存在的缺陷和工业领域对工业网络的特殊要求,目前已采用多种方法来改善以太网的性能和品质,以满足工业领域的要求。下面介绍几种解决机制。

(1) 交换技术。为了改善以太网负载较重时网络拥塞问题,可以在各个冲突域之间用交换机连接,减少 CSMA/CD 机制带来的冲突,提高系统的确定性。

(2) 高速以太网。网络中负载越大时,发生冲突的概率也越大。有资料显示,当网络负载低于 36% 时,基本上不会发生信号冲突;在网络负载为 10% 以下时,10M 以太网冲突概率为每 5 年一次;100M 以太网冲突概率为每 15 年一次;但网络负载超过 36% 后,随着网络负载的增加发生信号冲突的概率以几何级数的速度增加。显然提高以太网的通信速度,可以有效降低网络的信号冲突,幸运的是现在商业以太网通信速率达到了 10Gb/s,再加上对系统中网络结点的数量和通信流量进行控制,完全可以采用以太网作为工业网络。

(3) IEEE 1588 对时机制。IEEE 1588 定义了一个在测量和控制网络中,本地计算与目标计算机有关的精确同步时钟的协议(PTP),时钟精度可达微秒(μs)级。IEEE 1588 定义的精确网络同步协议实现了网络通信的高度同步,使得在分配控制工作时无须再进行专门的同步通信,从而达到了通信时间模式与应用程序执行时间模式分开的效果。IEEE 1588 是开放性标准,控制系统供应商可以将该标准应用到它们的产品中,不同设备的生产商都遵循同样的标准,它们的产品之间就可以保证很好的同步性。

4. 不同的工业以太网实现技术

目前各大厂商纷纷研发自己的工业以太网,由于商业利益分歧,直到目前工业以太网还没有形成统一的应用层协议,但受到广泛支持并已开发出相应产品的有以下几种主要协议:HSE(FF 组织)、Modbus TCP/IP(施耐德公司)、Profinet(西门子公司)、Ethernet/IP(ODVA 组织)、AFDX(航空电子全双工交换式以太网,美国航空协会和军方)、TTE(时间触发以太网,维也纳科技大学)。不同工业以太网的主要区别在于应用层协议的定义各不相同。

(1) HSE(高速以太网)。HSE 是基金会现场总线(FF)2000 年发布的工业以太网规范。它是 IEEE 802.3 以太网协议、TCP/IP 协议族、FF 协议的结合体。HSE 技术可以将 H1(31.25kb/s)设备连接到 100Mb/s 的 HSE 主干网。同时,H1 具有网桥和网关的功能,网桥功能用于连接多个 H1 总线网段,使同 H1 网段上的 H1 设备之间能够进行对等通信,而无须主机系统的干涉;网关功能允许将 HSE 网络连接到其他的工厂控制网络和信息网络。HSE 连接设备将来自 H1 总线网段的报文数据集合起来,并且将 H1 地址转化为 IP 地址。

(2) Modbus TCP/IP。Modbus TCP/IP 协议由德国施耐德公司推出,它以一种简单的方式将 Modbus 帧嵌入到 TCP 帧中,合成为 Modbus TCP/IP 帧。Modbus TCP/IP 是一种面向连接的网络,每一个呼叫都要求一个应答,这种呼叫/应答的机制与 Modbus 的主/从机制相互配合,使交换式以太网具有很高的确定性。Modbus TCP/IP 可以采用网页的用户界面。

(3) Profinet。德国西门子公司 2001 年发布了 Profinet 协议,它是将原有的 ProfiBus 与互联网技术结合,形成 Profinet 工业以太网方案。Profinet 根据不同应用定义了三种不同的通信方式:一是使用 TCP/IP 的标准通信;二是实时通信(RT);三是同步实时通信(IRT)。Profinet 设备能够根据通信要求选择合适的通信方式。Profinet 同步实时通信

(IRT)技术可以满足运动控制的高速通信需求,在 100 个结点下,其响应时间小于 1ms,抖动误差小于 1µs,以此来保证及时的响应。

（4）Ethernet/IP。Ethernet/IP 是 ODVA(供货商协会,全球自动化企业国际性组织)主推的工业以太网技术。Ethernet/IP 采用商业以太网通信芯片、物理介质和星形拓扑结构,采用以太网交换机实现各设备之间点对点连接,同时支持 10M 和 100M 以太网商用产品。Ethernet/IP 协议由 IEEE 802.3 标准、TCP/IP 协议族、CIP(控制与信息协议)三部分组成。Ethernet/IP 采用标准的 Ethernet 和 TCP/IP 技术传送应用层协议 CIP 数据包,CIP 一方面提供实时 I/O 通信,另一方面实现信号的对等传输。CIP 控制部分用来实现实时 I/O 通信,信息部分则用来实现非实时的信息交换。

5. 工业网络应用中需要注意的问题

工业网络是控制、计算机、通信等技术的集成,它对降低系统成本、提高可靠性、提高数据采集的智能化提出了要求。工业网络在应用中必须注意以下问题。

（1）通信距离。工业网络的通信距离有一定的要求,一般来说距离与通信速率成反比。例如,ProfiBus-DP 工业网络如果采用标准电缆,数据传输速率在 12Mb/s 时,传输距离可以达到 200m;如果采用 187.5kb/s 速率,则传输距离可以达到 1000m。通信距离有两层含义:第一是两个结点之间不通过中继器能够实现的传输距离;第二是整个网络最远的两个结点之间的距离。厂商的介绍材料中,往往有意或无意地对此类描述不够清楚。实际使用中,必须考虑整个网络的物理范围,特别在一些高速工业网络中,如果增大距离,就必须对一些通信参数进行修改。

（2）线缆选择。工业网络的环境决定通信速度和通信介质。一般而言,100m 以内的工业网络往往采用电信号传输数据(如工业控制现场);100m 以上的工业网络往往采用光纤作为传输介质(如交通视频监控)。信号在传输过程中不可避免地会受到周围电磁环境的影响,因此大多数工业网络采用屏蔽双绞线。值得注意的是不同类型的工业网络,要求的屏蔽双绞线类型可能不同。屏蔽电缆的外层必须在某个结点接地良好,如果高频干扰严重,可以采用多点电容接地,不允许多点直接接地,避免产生地回路电流。在电磁条件恶劣的环境下,光缆传输是合理的选择,否则局部的干扰信号可能会影响整个工业网络的正常工作。

（3）隔离。一般来说,工业网络线缆中的电信号与设备内部是电气隔离的。工业网络的现场电缆分布在车间的各个角落,一旦发生高电压串入,就会造成整个网段上所有设备的总线收发器损坏。如果不加以隔离,高电压信号会继续损坏设备内部其他电路。

（4）连接器。工业网络一般没有对连接器做严格的规定,但是处理不当会影响整个通信效果。例如,通信设备一般采用总线形或菊花链连接方式,这对连接器有一定的要求。

9.3　CPCI 工业计算机

CPCI 技术是一个开放、标准的工业总线平台,它支持多种处理器和多种操作系统,这有利于设备供应商提供增值服务,为用户提供更高性价比的产品和解决方案。

9.3.1　CPCI 技术特征

1. CPCI 工业总线计算机

CompactPCI(紧凑型 PCI,以下简称 CPCI)工业总线是 PICMG 组织 1994 年提出的工业计算机总线标准。CPCI 工业总线在电气特征和软件方面,与 PC 广泛使用的 PCI 总线完全兼容。简单地说,CPCI 工业总线＝PCI 总线的电气规范(PCI 标准)＋欧洲卡规范(IEC 297/IEEE 1011.1 标准)＋针孔连接器(IEC 1076-4-101 标准)。采用 CPCI 工业总线技术的工业计算机有高可靠性、高密度的优点。在 CPCI 的新标准(CPCI-E)中,支持目前 PC 广泛应用的 PCI-E 总线。CPCI 工业计算机和 CPCI 主板如图 9-12 所示。

图 9-12　CPCI 工业计算机和 CPCI 主板

2. CPCI 工业总线技术特征

(1) 机械特性。CPCI 载板的结构和尺寸都与 PCI 卡不同,CPCI 采用经过 20 年实践检验的高可靠欧洲卡结构。CPCI 载板可以垂直安装在机箱背板上,并且采用载板前抽取结构,这改善了散热条件,提高了抗震性和易维护性。CPCI 抛弃了 PCI 的金手指连接方式,改用 2mm 密度的"针孔连接器"(J1～J5),每个连接器具有 10kg 的抗拉力,I/O 信号通过载板后部的针孔连接器引出。它具有连接可靠、完全气密的特点,载板的抗震性和抗腐蚀性大大提高,并增加了负载能力。

(2) 电气特性。虽然 CPCI 工业总线的机械特性与 PCI 总线不同,但是电气参数与 PCI 总线完全相同,在 32 位/33MHz 总线接口下,能提供 132MB/s 的带宽。CPCI 总线可以采用与 PC 完全相同的 CPU、接口芯片,以及外设,也可以采用其他系列的 CPU 构成 I/O 载板。这极大地缩短了工业计算机产品推向市场的时间,同时具有 PC 带来的规模经济和低成本特性。CPCI 技术的最大特点是支持热插拔,并且可以自动识别载板,自动配置系统资源,很容易实现即插即用(PnP)。

(3) 软件兼容性。CPCI 可以使用与 PC 相同的软件,因此操作系统、驱动程序和应用程序都不需要另外开发。CPCI 工业总线可以根据需要,选择符合功能要求的操作系统,如 Windows、Linux、VxWorks、QNX 等。这使得在台式 PC 上开发的全部应用软件,都可以无缝地移接到工业计算机上。

3. CPCI 工业总线优点

（1）支持热插拔。CPCI 技术的最大特点是支持热插拔。CPCI 工业总线的针孔连接器（J1~J5）具有三种不同长度（长、中、短）的引脚插针，载板插入或拔出时，电源、地线、总线信号等按序进行接触或脱离。在不切断电源的条件下，可拔出故障载板，插入备份载板，保持系统连续不间断地运行，这对于不能停机的系统（如电信）非常重要。

（2）易维修性。在 PC 中，更换一块载板相当麻烦，用户需要打开机箱盖板，由于主板与外围设备之间可能会有一些连接电缆，在更换载板时必须将这些线路断开，这一过程很容易出错。如图 9-13 所示，CPCI 载板采用正向安装，反向拔出，四周固定。CPCI 工业总线可以从机箱前面拔插载板，更换 CPCI 载板无须拆下机箱盖板。此外，CPCI 的 I/O 接线都设计在后面板，前面板的 CPCI 载板上没有任何连线，因此更换载板非常快捷简便。

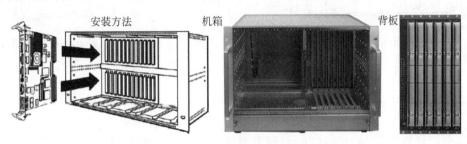

图 9-13　CPCI 工业总线计算机载板的安装

（3）抗震性。PC 中外设卡插在主板总线插槽中，外设卡与主板总线插槽的连接处容易在震动时接触不良。CPCI 载板的顶端和底部均有导轨固定，前面板紧固装置将载板与机箱固定在一起，CPCI 载板与背板插槽通过针孔连接器紧密连接。载板在 4 个方向锁紧和固定，载板即使在剧烈冲击和震动的场合，也能保证持久连接而不会接触不良，最大限度地避免了由于震动引起的系统故障。

（4）散热性。CPCI 总线为发热载板提供了顺畅的散热路径。机箱中载板底部的风扇加快了散热进程，冷空气可以随意在载板之间流动，并将热量带走。无源背板垂直地面安装，有效地防止了震动破坏和尘埃累积，提高了散热性能。

9.3.2　CPCI 适配板

CPCI 适配板使用符合 IEC 60297-3、IEC 60297-4 以及 IEEE 1101.10 定义的欧洲卡外形。标准共定义了 3U 和 6U 两种载板。

1. 6U 前面板

如图 9-14 所示，6U 载板规格为 233.35mm×160mm，连接器为 J1、J2、J3、J4 和 J5。J1用于 32 位 PCI 总线，J2 用于 64 位 PCI 总线、后面板 I/O 或系统槽功能。J3、J4 和 J5 可用于后面板 I/O。后面板 I/O 可由用户定义，也可使用 PICMG 规范中的定义。前面板可以通过背板上的 J2/P2、J3/P3、J4/P4、J5/P5 连接器进行 I/O 访问。对很多应用，不经过背板访问 I/O 的方法是使用一个带有标准 I/O 连接器的后面 I/O 转接板。

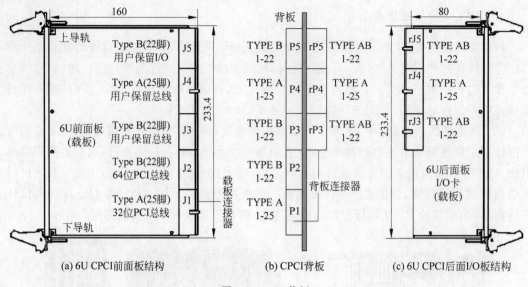

(a) 6U CPCI前面板结构   (b) CPCI背板   (c) 6U CPCI后面I/O板结构

图 9-14   6U 载板

2. 3U 前面板

3U 载板规格为 100mm×160mm，PCB 厚度为 1.6 mm，使用 2mm 连接器来连接 CPCI 总线段，图 9-15 给出了 3U 载板的尺寸和连接器情况，J1 用于 32 位 PCI 总线，J2 用作 64 位 PCI 总线、后面板 I/O 或系统槽功能。

3. 后面板 I/O 转接板

如图 9-15 所示，后面板 I/O 载板高度可以为 3U(100mm)或 6U(233.35mm)，深度必须符合标准规定的 80mm。由于后面板 I/O 不能应用于 J1，因此后面板 I/O 必须使用附加连接器。

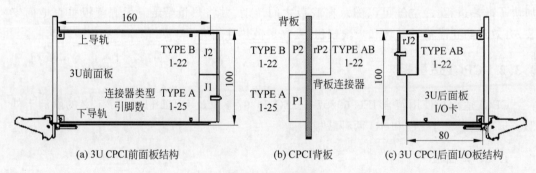

(a) 3U CPCI前面板结构   (b) CPCI背板   (c) 3U CPCI后面I/O板结构

图 9-15   3U 载板

4. CPCI 载板案例

CPCI 载板设计应当遵循 PCI 规范，CPCI 还给出了额外的设计需求和限制条件。例如，对 32 位或 64 位信号，其信号端接长度应小于 63.5mm，这个长度是指从连接器引脚经端接或终端电阻到 PCI 设备引脚的距离。这个长度要比 PCI 规范中要求的长度长，但是同样包含电阻的总轮廓长度。6U 的 CPCI 系统板和系统结构如图 9-16 所示。

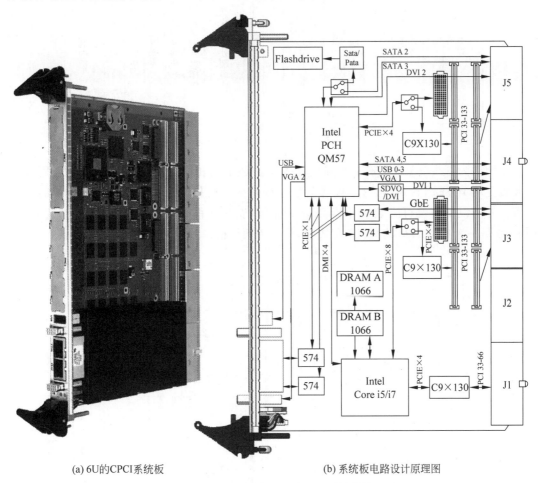

(a) 6U的CPCI系统板　　　　　　　　(b) 系统板电路设计原理图

图 9-16　6U 的 CPCI 系统板和系统结构

9.3.3　CPCI 背板

1. CPCI 总线槽位布置

CPCI 总线采用无源背板(也称为底板或母版)。背板提供多个标准 CPCI 槽位，CPCI 载板通过后部的针孔连接器，插入到背板插座中，这种连接提高了系统的可靠性。如图 9-17 所示，19in 标准机箱最大可容纳 21 个 CPCI 总线槽位。

2. CPCI 总线段

CPCI 系统由一个或多个 CPCI 总线段组成，每个总线段又由 8 个 CPCI 槽位组成 (33MHz)。不带 PCI 桥接芯片的总线段最多允许 8 个槽位，其中包括 1 个系统槽位和 7 个外围设备槽位。如果要连接更多的载板，就需要使用 PCI-PCI 总线桥电路，这样就可以形成连接 16/24/32 块载板的结构。

21	20	19	18	17	16	15	14	13	12	11	10	9	8	7	6	5	4	3	2	1
6U CPCI 电源		空槽	6U CPCI 电源		空槽	扩展模块	扩展模块	扩展模块	扩展模块	扩展模块	串口通信模块	视频接口处理模块		综合显示处理模块	双冗余网络模块	主处理器模块	数据装载模块	空槽	显示控制面板	
DY2			DY1			A11	A10	A9	A8	A7	A6	A3		A4	A5	A0	A1		A2	

图 9-17　19in 机箱 CPCI 总线工业计算机系统布置案例

　　系统槽为总线段上的所有载板提供总线仲裁、时钟分配和复位功能,系统槽通过管理每个载板上的 IDSEL(标识符选择)板选信号完成系统初始化。系统槽可固定在背板的任意位置。外围设备槽位可安装简单电路板,也可以安装智能化设备或 PCI 总线主适配卡。图 9-18 是一个典型 10U 的 CPCI 总线段,背板中两个槽位的中心间距为 20.32mm。

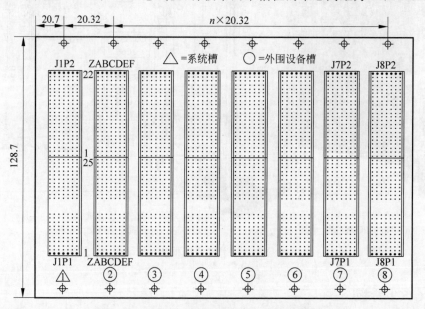

图 9-18　3U CPCI 总线背板尺寸示例(前视图)

　　可以通过功能标识直观地分辨出背板连接器和载板的功能。如图 9-18 所示,三角符号表示系统槽位,圆形符号表示外设槽位。CPCI 基于物理槽和逻辑槽的概念定义槽位编号,编号从 1 开始。CPCI 系统必须在相互兼容的前提下标识每个物理槽。逻辑槽号的定义通过 IDSEL 板选信号和关联地址来选择。使用逻辑号来定义总线段上连接器的物理特征。逻辑槽号和物理槽号并不是总保持一致。

　　CPCI 规范定义的背板环境为:当工作在 33MHz 时最多可有 8 个槽位,66MHz 时最多可有 5 个槽位。系统槽为其他 7 个槽提供时钟、仲裁、配置以及中断处理功能。在一个 CPCI 背板段上,系统槽位可以挂 2 个 PCI 负载;任何外围载板只允许一个 PCI 负载。对 32 位或 64 位适配板,系统槽的信号线端接长度应小于或等于 63.5mm。

　　CPCI 系统通过背板进行电源分配,背板应能提供相互分离的 3.3V、5V 电源和接地。

当 I/O 配置成 3.3V 或 5V 时,I/O 需要占用一个单独的电源面。5V 信号一般用于早期系统,随着半导体工业高速度低功耗的发展趋势,背板系统也在逐渐转向 3.3V。

CPCI 使用 PCI 总线规范定义的 PCI 信号和一些附加信号。这些附加信号不但不会影响 PCI 信号,还能提供一些功能来增强系统操作性能,这些功能包括重启按钮、供电状态、系统槽识别、物理寻址、系统管理以及 IDE 设备中断支持等。

系统板需要给系统中的所有 PCI 外围设备提供时钟信号,也包括系统板上的设备。外围设备载板上的时钟信号由 CPCI 背板提供。在 33MHz 系统中,任意两个 PCI 设备之间,输入到集成电路的时钟信号最大有 2ns 的上升沿时间。

9.3.4　CPCI 连接器

CPCI 采用 IEC 60917 和 IEC 61076-101 标准定义的屏蔽式 2mm 间距连接器。CPCI 总线定义了一个 5 行 47 列的引脚阵列,这些引脚的信号逻辑上分成 J1 和 J2 两组。J1 连接器用于连接 32 位 PCI 总线信号;J2 连接器用于连接 64 位 PCI 总线信号,以及后面板 I/O 载板的物理寻址。所有 3U 和 6U 的 CPCI 载板和背板都通过图 9-19 所示的连接器实现互连。连接器由三部分组成:第一部分是后部引脚防护罩,用于传输背板至后面板上的连接器引脚信号;第二部分是一个直角形状的载板连接器,该连接器用于 AB 型连接器与 AB 型防护罩之间的匹配;第三部分是一个预先装配在载板上的连接器。

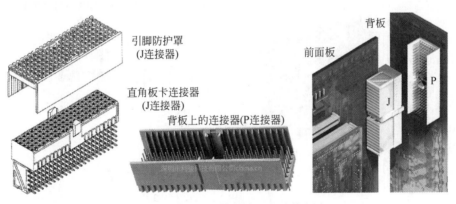

图 9-19　CPCI 连接器类型和连接方法

连接器从下到上编号为 1~5,前面板连接器的前缀为"J",背板连接器前缀为"P",背板后部 I/O 卡的连接器前缀为"rP",后面板 I/O 卡的连接器前缀为"rJ"。

连接器的类型有类型 A、类型 B 和类型 AB。类型 A 连接器具有调整特性和编码按键,类型 B 连接器不具备这些特性。类型 AB 连接器具有调整特性但没有编码按键。简单的 32 位载板出于节约成本的目的,可以只选择类型 A 连接器。

从最低配置上讲,J1 连接器用于 32 位 CPCI 总线信号,J2 连接器用于 64 位 CPCI 信号和后面板 I/O 卡信号。系统板必须提供 J2 连接器,以提供总线仲裁和时钟信号给外围设备载板,其他连接器可以根据系统需求决定是否安装。

所有 CPCI 连接器都提供了 +5V、+3.3V、+12V 和 -12V 电源。标记为 +V(I/O) 的附加电源引脚用于为通用载板提供电源。

9.3.5　CPCI-E 总线

　　2005 年国际 PCI 工业计算机制造者组织公布了 CPCI Express v 1.0 总线标准。CPCI-E 总线采用与 CPCI 相同的主板尺寸,同时用 PCI-E 总线取代 PCI 总线。CPCI-E 总线定义的 3U 和 6U 载板,尺寸参数与 CPCI 相同,但是 3U 载板的连接器按 PCI-E 总线的需求进行了替换(如图 9-20、图 9-21 所示)。新连接器采用了 ADF 连接器(与 ATCA 连接器兼容),目的是同时支持 PCI-E ×4(Gen1,2.5GT/s)和 PCI-E×8(Gen2,5GT/s)两种信号。6U 载板的尺寸和连接器与 CPCI 相同,电气参数也与 PCI-E 总线相同。

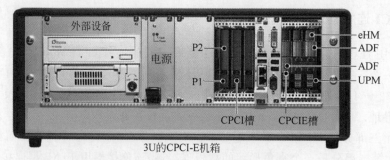

图 9-20　3U CPCI-E 总线背板和机箱

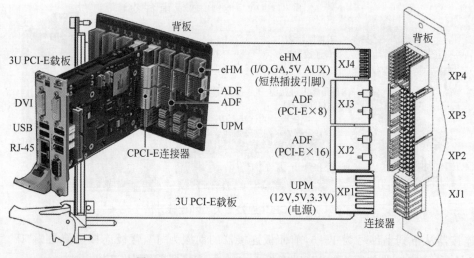

图 9-21　CPCI-E 总线 3U 载板和连接器

9.4　VPX 工业计算机

9.4.1　VPX 总线技术特征

1. VPX 总线的发展

　　VPX(多协议交换)总线是 VITA(VME 国际贸易协会)组织 2007 年在 VME(欧洲卡)总线基础上提出的新一代高速串行总线标准。VPX 由 VME 总线升级而来,它兼容 FC(光纤通道）、PCI-E（串行外设总线）、SRIO（串行快速 I/O）、GbE（万兆以太网）、HyperTransport（超级传输）等高速串行总线协议。

1987 年，VME 总线被 IEEE 正式接纳为 ANSI/IEEE 1014 标准，VME 总线接口为两个 96 芯的针孔连接器，数据宽度为 32 位，带宽为 40MB/s，市场名称为 VME32。随着电子技术的发展，VITA 先后多次推出升级版本，如 VME64、VME64x、VME320。其中，VME64 数据宽度从原先的 32 位扩展为 64 位，把连接器 P1/J1 和 P2/J2 从 3 行 96 针改为 5 行 160 针，带宽为 80MB/s，增加了总线锁定周期和第 1 插槽探测功能，并加入了对热插拔的支持。随后的 VME64x 又在 P1/J1 和 P2/J2 连接器之间加入了 P0/J0 连接器，数据速率达到了 160MB/s。其后的 VME320 又在 VME64x 基础上进一步采用双源同步传输协议（2eSST），将理论带宽提高到 320MB/s，但用户对 VME 的带宽进展不满意，另外设备性能的大幅提高带来了发热量迅速增加和可靠性降低等问题。近几年，为了满足更大带宽和更强制冷能力的要求，VITA 先后推出 VXS（VITA41）、VPX（VITA46）、REDI（VITA48）、OpenVPX（VITA65）等一系列新的模块标准。

2. VPX 总线技术特征

（1）高速串行传输。VPX 总线采用高速串行总线技术替代了 VME 并行总线技术，以支持更高的背板带宽。VPX 总线引入了目前最新串行总线技术，如 SRIO、PCI-E 和 GbE（万兆以太网）等，它支持更高的背板带宽。这些高速串行交换可以提供每个差分对 250MB/s 的数据传输率，4 个信道最高可以达到 1GB/s 的理论速率。VPX 的核心交换提供 32 个差分对，组成 4 个 4 信道的端口，每个信道采用全双工通信（一个发送差分对，一个接收差分对）。一个 VPX 模块理论上最高可以提供 8GB/s 的数据交换能力。

（2）交换式结构。VPX 总线背板采用交换式结构替代了 VME 的主从式结构。交换式结构使得系统整体性能不再受主控板的限制，提高了系统的整体性能。在交换式结构下，处理器可以在任意时间发送数据，这种结构特别适合多处理器系统。在 VPX 计算机系统中，经常使用 PMC/XMC 模块进行扩展（如图 9-22 所示），PMC/XMC 模块将输入的一路 PCI-E 总线扩展为两路，并且将两路接口分别连接到两路 XMC 接口。

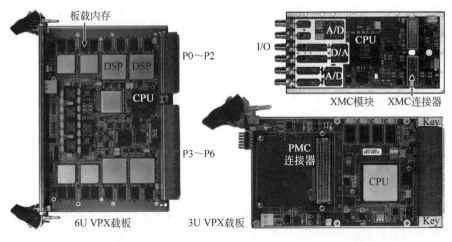

图 9-22 VPX 总线载板和 XMC 扩展模块载板

（3）新型高速连接器。VPX定义了新型的高速连接器标准，每个模块最多支持728个信号引脚，所有连接器均支持高速差分信号，能够支持PCI-E、1/10G以太网、SRIO等协议。RT2连接器具有连接紧密、插入损耗小和误码率低等优点。

（4）电源。VPX改进了电源供电，电源48V/16A或者12V/32A作为高功耗卡的主电源；+5V/16A作为低功耗卡的主电源；+12V/2A作为模拟信号和PMC电压；±12V/2A作为模拟信号和PMC电压；+3.3V/2A作为辅助电源使用。5V最高可达80W（5V×16A），12V最高可达384W（12V×32A），48V最高可达768W（48V×16A），如此大功率的电源，允许板子集成更多的功能。

（5）其他。VPX还定义了风冷、传导、水冷等散热结构；定义了模拟信号和光信号的模块背板互联标准；定义了电源标准；定义了基于IPMI（智能平台管理接口）的智能管理，很好地解决了加固、高速互联、管理等各个方面的问题。

近年来，CPCI-E总线工业计算机和VPX总线工业计算机处在一个共同竞争和发展的状况，CPCI-E总线具有开放性架构体系和通用操作系统等优势，而VPX总线技术在带宽上突破千兆字节传输，广泛应用在航空和军事等领域。

3. VPX总线平台需要解决的问题

VPX总线平台需要研究多协议高速互联、高性能CPU硬件平台、高可靠性保护、智能管理、冗余设计、传导散热结构等关键技术，要解决以下关键技术问题。

（1）环境适应性。VPX平台需要满足对航空航天控制、导弹/火箭发射、灾难监测等抗冲击能力强、温度变化剧烈下的环境要求，因此需要解决VPX高级计算平台的连接可靠性、环境适应性的难题。

（2）多处理器协调。VPX平台一般采用多处理器，不可避免会在系统中存在SMP（对称多处理器）、AMP（非对称多处理器）、BMP（混合多处理器）等类型的系统架构，这些架构之间如何进行配置？如何协调？多CPU的启动/复位机制如何处理？这都需要对系统做进一步深入的研究。

（3）多总线协同。VPX平台需要支持PCI-E、SRIO、Ethernet等接口互连，如何实现这些接口之间的同步或异步协同处理机制，如何保证各个通信协议之间的协同工作，如何解决这些高速串行链路的互连，都是需要研究的问题。

（4）XMC/PMC扩展。VPX平台的处理板需要支持XMC/PMC模块扩展，支持各种存储板、DSP板、交换板等。而XMC布线多为差分信号，对信号质量提出了很高的要求，同时为了加强环境适应性，处理板均有多层铝合金保护壳，布局布线均有诸多限制。

（5）平台管理控制。VPX平台每块单板包括一个单独的管理模块，用来实现IPMI功能对整个机箱进行管理，这个模块独立于主处理模块，实现温度自动监控、模块上下电等功能，这需要软件和硬件协调配合，才能实现风扇监控、温度监控、电压监控等功能。

（6）多网络结构设计。VPX平台内部网络支持多拓扑结构：一是采用网状拓扑结构的网络；二是采用双星形拓扑结构的千兆以太网络；三是采用基于I2C的IPMI冗余总线以及通用总线的网络拓扑结构。它们之间的协同处理需要统一考虑。

9.4.2 VPX 总线技术规范

1. OpenVPX 总线标准

OpenVPX 是 VITA 组织在 2010 年更新的总线标准,该标准对 VPX 总线中没有定义的 P2~P6 连接器进行了详细的引脚定义,并且重新定义了系统架构,将系统架构分为了 4 大类:机架架构、背板架构、槽位架构和模块架构。所有架构都可以分为 3U 和 6U 两种。

机架架构主要定义了机架的结构类型和输入电源、模块的散热方式、背板的供电电压与槽位数量等参数。

背板架构分为两级:第一级定义了槽位类型、通信通道的拓扑结构以及对应的模块架构等;第二级定义了结构参数、对应的槽位架构以及通道波特率等。在背板架构中,根据应用将所有总线分为 5 层,它们分别是:公用层、管理层、控制层、数据层以及扩展层,如图 9-23 所示。

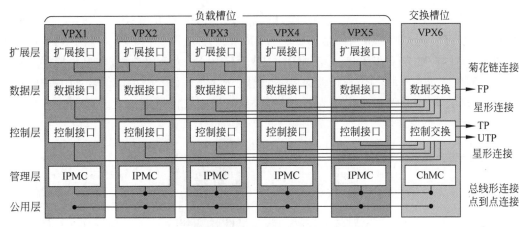

图 9-23 VPX 系统单星形网络拓扑结构

槽位架构根据槽位的功能特性进行了划分,可分为负载槽位、交换槽位以及外设槽位等类型。每一种类型的槽位又根据应用层总线类型、数量的不同划分为多种架构,每一种架构中都对已用连接器的管脚进行了严格定义。

模块架构中主要定义了各功能层总线的详细类型,如 SRIO、1000Base-T、PCI-E 等。

每一种架构对应一个唯一的架构号,可根据架构号在 OpenVPX 标准中进行查询并最终确定架构对应的各项参数。

2. 背板

VPX 背板如图 9-24 所示。它用来互连各个处理模块及后 IO 模块、交换模块、周边模块、存储模块等。外围功能模块通常采用 PMC/XMC 载板与模块配合的方式实现。其中载板为通用模块,主要提供接口功能。模块上主要是实现各种功能电路。不同功能的 PMC/XMC 模块和载板可以组合成具有不同功能的 VPX 模块。

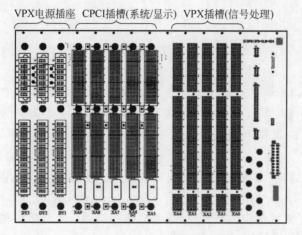

VPX电源插座　CPCI插槽(系统/显示)　VPX插槽(信号处理)

图 9-24　6U 13 槽 VPX-CPCI 混合背板和 VPX 总线背板

3. 载板

VPX 载板(板卡、主板)与 CPCI 一样,机械结构上仍然采用 3U 和 6U 的欧洲标准卡,如图 9-25 所示。与 CPCI 不同的是,6U 的 VPX 载板定义了 1 个 8 列 7 行的 RT2 连接器 P0,以及 6 个 16 列 7 行的 RT2 连接器 P1～P6。其中,P0 为公用连接器,主要提供维护管理总线、测试总线和电源;P1 连接器提供 32 个差分对信号和 8 个单端信号;P1～P6 连接器为用户自定义接口,既可以定义为差分信号,也可以定义为单端信号。3U 的 VPX 载板只有 P0～P2 三个连接器。

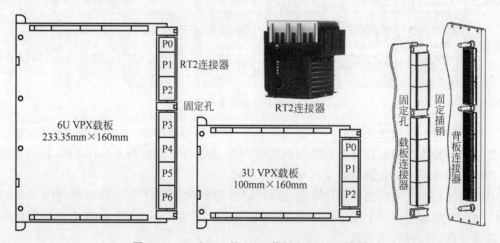

图 9-25　6U 和 3U 的 VPX 载板和 RT2 连接器

4. 连接器

VPX 总线将所有连接器都换成了支持高速差分信号的 RT2 连接器,以此获得更高的传输速度和更多的信号引脚。RT2 连接器的触点和内部布线利用微型 PCB 设计而成。从底板方向看,这种连接器的 7 个触点按 a、b、c、d、e、f、g 顺序排列,具有连接紧密、插入损耗低、误码率低等优点。在传输速率高达 6.25Gb/s 时,串扰仍小于 3%。连接器可用于电源、单端引脚、差分引脚等形式,而且 PCB 带有 ESD(静电释放)接地层和触点层,防止操作期间受到意外放电的影响。

RT2 连接器适用于军事和航空等恶劣环境。RT2 连接器是为了解决以下问题。

(1) 连接器的性能必须满足发送信号速率在 5Gb/s 以上。

(2) 连接器必须提供充足的 I/O,以适应主卡上日益增加的功能。

(3) 连接器的尺寸必须满足 VME 标准长度,这样可以在载板上安装 PMC 模块,能够保证 0.8in 的载板间距。

(4) 连接器必须足够牢固,这样在军事、航空系统的恶劣环境中才能使用。

5. 电源与散热

VPX 总线提升了电源供电能力,电源提供 48 V/16 A(768W)或者 12V/32 A(384W),作为高功耗载板的主电源;提供 5V/23A(115W)作为低功耗载板的主电源;提供 +12V/2A 作为模拟以及 PMC 模块电压;提供 12V/2A 作为模拟和 PMC 模块电压;提供 3.3V/2A 作为辅助电源使用。VPX 总线提供的大功率电源,使得 VPX 子卡可以集成更多的模块,减少背板电流,降低电磁兼容问题产生。

大功率电源同时也带来了 VPX 总线的散热问题。VPX 总线提供了空气散热、金属传导散热和液体散热三种散热方式,很好地解决了 VPX 的散热问题。

6. I/O 能力

VPX 拥有更强大的 I/O 能力,所有 I/O 接口都有千兆传输能力,最高可达到 6.25Gb/s。一般 6U VPX 模块可以提供:总共 707 个非电源信号引脚、一共 464 个信号;其中 64 个信号用于核心交换的 32 个高速差分对;104 个信号用于实现 VME64 的 268 个通用用户 I/O(包括 128 个高速差分对);28 个信号用作系统信号(重启、JTAG、寻址等);最高 32 个网络交换引脚用于提升网络系统吞吐量;其余引脚暂未使用。

9.4.3　VPX 总线交换结构

1. VPX 总线交换结构的特征

高速串行总线技术的发展使得计算机体系结构发生了巨大的变化。计算机产业界开始以低成本和现成商品供货(COTS)的串行交换互联结构来替代原来的并行共享总线技术。因此工业计算机系统的总线交换结构应运而生,如图 9-26 所示。系统设计由原来的集中模式转向分布模式,原先的每个系统单元则成为互联交换网络中的一个结点。这种结构适用于点对点或多个平行结点的互连。这种设计技术意味着整个系统被划分为功能单一的多个结点(载板),这些结点相互之间通过串行交换结构互相连接。这种互连系统可以连接处理器、存储器、网络设备中的 I/O 器件、存储子系统和通用计算平台,这种结构极大地提高了系统的可扩展性。系统交换结构带来的另外一个好处是提高了系统可靠性,因为每一子系统或元件都可以进行冗余备份设计,这带来了更加自由的计算机体系结构。串行交换结构支持多种网络拓扑结构互连,如网形、单星形、双星形、环形、菊花链形等。

目前高性能交换结构主要有 GbE(1/10G 以太网)、SRIO(串行高速 IO)、PCI-E(高速串

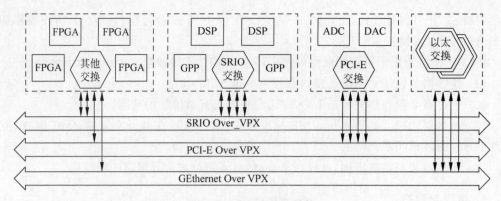

图 9-26　背板交换式结构

行外设总线)三种技术。这三种总线技术各有优势,所以各大计算机公司提出了分层解决方案:使用 GbE 作为平台之间的网络互联;使用 SRIO 和 PCI-E 作为背板总线交换网络的互联。

2. GbE 高性能以太交换网络

目前,GbE(G 比特以太网)交换结构已经成为连接机箱和载板,组建高带宽 IP 网络的首选技术。市场上也已经推出了符合 IEEE 802.3ap—2007 标准(1 个信道 1000Base,4 个信道 1GBase-KX,1 个信道 10GBase-KR)的产品,以后将网络带宽升级到 100G 或更高也是很自然的事情。GbE 技术还提供了统一的方法来进行数据传输。

GbE 是基于 IP 数据通信的标准,可用于松散耦合系统的链接。可以在 VPX 机箱里增加 PMC 以太网交换卡,组建星形或双星形网络。

3. SRIO 高速串行交换技术

SRIO 技术比 PCI-E 和以太网更适合组建有大量处理器之间通信的大型计算系统。SRIO 更适合于处理器、DSP 及载板之间的紧密耦合通信。SRIO 适用于组建网状拓扑结构和星形拓扑结构,如图 9-27 所示。

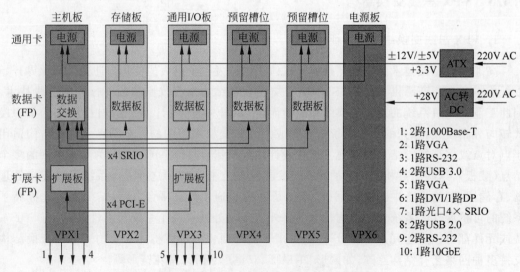

图 9-27　VPX 系统单星形网络拓扑结构

SRIO 有以下技术特征。

（1）VPX 背板中，使用 SRIO 连接机箱之内的载板时，无须另外的交换卡。利用 SRIO 互连结构可以实现任意两个插槽之间的数据交换，而无须处理器干预。

（2）SRIO 支持全双工通信，每个信道包括一个发送差分对和一个接收差分对，每个接口单方向最高理论数据速度为 1.25GB/s。SRIO 数据包采用 8B-10B 编码，数据包采用 CRC 校验，SRIO 有 4 级优先权。SRIO 采用消息和门铃方式进行处理器之间的通信。

（3）SRIO 采用点对点通信模式，支持寻址模型，支持消息传输等方式。SRIO 可以构造任意网络拓扑结构，这对构建变化多端的 DSP 系统是非常重要。

（4）SRIO 不像其他互连技术，它不要求使用专门的拓扑结构，这是一个非常灵活的特性。利用 SRIO 能够组建很大的系统，最多可达 65 536 个结点，这远远超出绝大多数系统的需求。在多处理器结构中，SRIO 假定系统中的多个处理器都可以高速互连，没有一个处理器具有特殊属性。这不像 PCI-E 系统，必须有一个处理器作为根结点。

4. PCI-E 高速串行交换技术

PCI-E 更适用于核心处理器到外围设备的高带宽数据传输。PCI-E 是一种先进的总线技术，它的主要特性如下。

（1）点对点通信。每个链接（点对点连接）可由 1、2、4、8、16 或者 32 信道组成。每个信道由一个传输对和一个接收对组成，信号带宽为 2.5GB/s，理论上数据速率为每信道每方向 250MB/s，或者 8 信道总计数据传输速率为 4GB/s。

（2）数据包采用 8B-10B 编码，每个数据包都采用 CRC 进行错误校验。

（3）数据包在错误时自动重发，提供端对端可靠数据传输。

5. VPX 总线之间的互连方案

（1）板间 SRIO 互连。可以采用 SRIO 高速串行技术，板间互连支持 1.25Gb/s、2.5Gb/s、3.125Gb/s、5Gb/s、6.25Gb/s 五种传输速率，能满足不同应用的需求，支持复杂的可扩展拓扑结构，多点传输。

（2）板间 PCI-E 互连。机箱内存储载板之间采用 PCI-E 互连方式。PCI-E 包含三个版本的标准：PCI-E 1.0(2.5Gb/s，PCI-E 2.0(5Gb/s)，PCI-E 3.0(8Gb/s)。PCI-E 3.0 是现阶段比较新的总线标准，它与 PCI-E 2.0 相比，数据吞吐量有显著的增加。

（3）板外互连。处理机箱与存储机箱之间的互连可以采用 SRIO（串行快速输入输出总线）连接。连接方式是从处理机箱的交换板连接到存储机箱主板的转换卡上。

9.5　ATCA 工业计算机

9.5.1　ATCA 结构主要特性

1. ATCA 技术的变化

无论是 PCI 总线工业计算机还是 CPCI 总线工业计算机，它们都没有摆脱传统的计算架构和并行总线技术，这成为影响工业计算机性能进一步提高的最大障碍。PICMG 组织于 2002 年发布的 ATCA（先进通信计算机结构）技术标准，以先进的内部通信架构取代传统的计算架构；以低压差分方式的高速串行总线取代电平方式的低速并行总线；以可配置的多样化的接口和拓扑结构取代单一的 PCI 传输模式。ATCA 比 CPCI 有更高的背板带宽，对载板有更严格的管理和控制能力、有更高的供电能力以及更强的散热能力等。这种革命性的变化使工业计算机进入到一个全新的发展时期。

多年以来，电信平台一直建立在各厂家独自的封闭、专有平台上，这与目前各行业标准化、模块化的发展趋势背道而驰。ATCA 标准的发布，给通信业注入了新的思想与活力。ATCA 标准是设备商和电信公司共同商讨后形成的标准，因此 ATCA 既符合了电信公司的应用要求，也满足了 TEM（电信设备制造商）的需求。对设备制造商来说，采用 ATCA 标准可以节省开发周期，提升产品性价比；对电信运营商来说，可以减少维护费用，降低成本。

与任何一个新技术一样，在没有获得规模应用之前，ATCA/MicroTCA 在提供高性能解决方案的同时，也因为相对较高的成本，为初期应用者设置了比较大的障碍。

2. ATCA 规范

ATCA 由核心规范 PICMG 3.0 和一系列辅助规范组成。核心规范定义了 ATCA 的结构、电源、散热、互连、系统管理等部分；辅助规范则定义了互连设备的信号传输方式，目前已经通过 4 个辅助协议：V3.1 以太网和光纤通道传输；V3.2 InfiniBand（一种多并发链接的传输技术）传输；V3.3 星形拓扑结构；V3.4 PCI-E 传输；V3.5 辅助协议高级结构互连/串行高速 I/O 传输。使用 PICMG 3.1 以太网和光纤通道传输的载板，不能与使用 PICMG 3.2 InfiniBand 传输的载板在 ACTA 中进行通信。ATCA 规范还允许不同的协议共存于一个通道中，ATCA 支持 OEM（原始设备生产厂商）自定义协议，允许在一个通道中除了 PICMG 3.x 协议之外，可以混合其他多种 OEM 协议。

3. ATCA 背板结构

如图 9-28 所示，ATCA 载板尺寸为 8U（322.25 mm×280mm），这个尺寸为光纤交换机、下一代网络处理器、通用处理器以及海量存储器等部件，全部设计在一块载板上预留了充分空间。ACTA 载板之间的间距也比 CPCI 大，为 1.2in（30.48mm）。载板之间更宽的间距一方面有利于系统散热，另一方面也可以为 CPU 提供更大的散热片安装空间，为大容量存储器模块以及大功率 DC-DC（直流-直流）模块设计提供方便。ATCA 背板采用双星形或全网状拓扑结构，实现载板之间的内部通信网络互联。

4. ATCA 其他结构

（1）连接器。ATCA 载板之间采用高性能的 Tyco/ERNI ZD 连接器互连。该连接器满足 5Gb/s 传输的要求，满足 Ethernet（以太网）、InfiniBand（一种多并发链接的传输技术）、StarFabric（星形光纤交换）以及 PCI-E（串行 PCI）总线技术要求。

（2）机箱。对于标准的 19in 机箱，最大容量为 12 块载板。对于 42U 标准机柜，最大可以容纳 3 层 12U 的 ACTA 机箱。

（3）电源。ACTA 采用双 48V 大功率冗余电源供电方式，可以由载板内部进行电压转

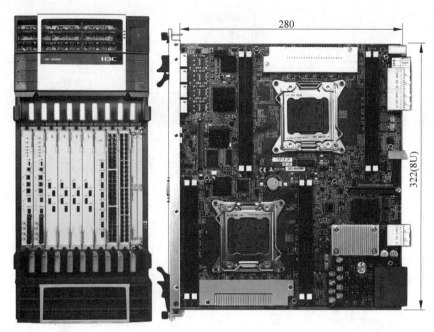

图 9-28　符合 ATCA 规范的核心交换机系统和 8U 系统处理板

换,为板内逻辑电路供电。

(4) 其他功能。所有载板都是现场可更换单元(FRU),并具有完全模式下的热插拔功能。为方便系统集成,ATCA 还定义了 AMC(高级夹层子卡)模块接口。

9.5.2　ATCA 载板技术规范

1. ATCA 载板规范

(1) ATCA 载板尺寸。如图 9-29 所示,PICMG 3.0 规定的单板尺寸为: 前面板 8U× 280mm×30.48mm,选配后面板 8U×70mm×30.48mm。载板之间 1.2in(30.48mm)间距的 19in 机柜可以支持 14 个槽位; 600mm 机柜可以支持 16 个槽位。

(2) ATCA 单板电源。PICMG 3.0 规定单板功耗最高 200W,1 个 16 槽位的机框功耗为 3.2kW,如果机柜中有 3 个机框,功耗将达到 10kW。单板功耗高于 200W 时,载板之间需要有 2 个槽位的宽度用于散热。标准通信设备的电源为 48V,200W 时输出为 4A。在多数电信设备中,需要 48V 的直流电源,ATCA 在电源供给上采用双冗余电源,用以消除电源供给异常所引发的单点故障。

2. AMC 扩充模块

AMC(高级夹层子卡)是 ATCA 平台的扩充模块,它用来取代 PMC/CMC(PCI 夹层子卡/通用夹层子卡)扩充模块。AMC 是机箱中的业务卡,每块 AMC 中有一个控制管理单元(MMC)。AMC 模块可以集成数字信号处理器(DSP)、微处理器、硬盘、通信组件或其他组件。根据标准定义,一个 ATCA 系统最多支持 8 个 AMC 模块。

AMC 的宽度是 PMC 的 2 倍,因此可以承载更多、更复杂的功能。AMC 定义了全高和

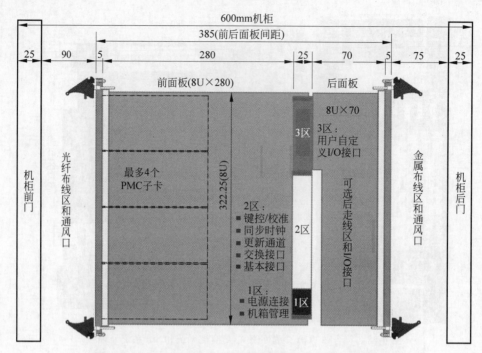

图 9-29　19in ETSI 机柜中前后载板的尺寸和结构（侧视图）

半高两种尺寸，这样提升了板卡的配置弹性，例如安装硬盘时采用全高尺寸卡，提供网络端口则采用半高尺寸卡等。AMC 有完全符合 AMC 标准的载板，但大部分载板是硬件上不符合规范的自定义载板。

AMC 支持热插拔功能，还提供了 60W 的电源接口。AMC 完全针对新一代串行接口设计，每组接口理论上可以达到 12.5Gb/s 带宽，并且支持 PCI-E 等标准。

9.5.3　ATCA 接口和连接器

如图 9-30 所示，ATCA 背板上有三种连接器区域：区域 1 为电源连接和机箱管理接口；区域 2 为数据传输接口；区域 3 为用户自定义的 I/O 接口。

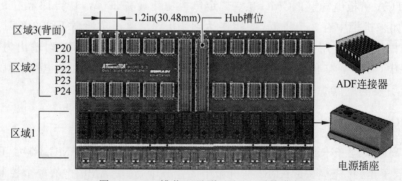

图 9-30　14 槽位双星形 ATCA 系统背板

ATCA 数据传输接口有基本接口、交换接口、更新通道接口和同步时钟接口。这些接口最多提供 16 个槽位的连接。每个槽位可提供 5 个高级差分交换接口（ADF）或者区域 2

连接器。ADF 接口采用 ZD 配对连接器,ZD 连接器针对高速差分信号而设计,完全满足 3.125GHz 的信号传输,甚至将来可以将信号频率提得更高。1 个 ATCA 单板可以根据其连接(双星形或全网状)使用 1～5 个 ZD 连接器。

9.5.4　ATCA 系统数据传输

1. 同步时钟接口

为了保证内部接口与外部网络的同步,ATCA 定义了同步时钟接口,使背板上所有槽位保持时序同步。同步时钟接口由 3 对冗余时钟总线组成,它们是 CLK1A、CLK1B、CLK2A、CLK2B、CLK3A 和 CLK3B。其中,CLK1A 和 CLK1B 提供冗余的 8kHz 标准数字语音系统时钟信号;CLK2A 和 CLK2B 为 SDH 网络的同步提供 19.44MHz 的时钟信号;CLK3A 和 CLK3B 是用户自定义的时钟信号。

2. 基本接口

ATCA 的基本接口提供机箱内的 IP 传输,基本接口是一个支持 10/100/1000 Bast-T 以太网的双星形结构。一个 ATCA 背板包含 2 个交换槽,可容纳 2 个以太网交换板 (Fabric),它们之间有 2 个 10/100/1000 Base-T 的连接通道,用于交换板之间的通信和备援。每个结点槽位与交换槽位之间都有一个连接通道,连接通道(结点板与交换板之间的连接)由 4 对差分线路组成。ATCA 系统并不强制要求支持基本接口,如果没有基本接口,载板就必须提供一个 IP 传输,或者是交换槽位与 ShMC(机箱管理控制器)槽位之间保持一个连接通道。如果 ACTA 系统是基于 IP 服务的,就必须在机箱中提供一个基本接口进行数据传输,IP 服务可用于网络开机、远程监控或高端系统管理。

3. 交换接口

交换接口是 ATCA 系统中主要的数据传输接口,而且与传输协议无关。ATCA 在每个载板上定义了 15 个通道,如图 9-31 所示,这些通道可以配置成双星形拓扑结构或全网状拓扑结构。在双星形拓扑结构中,每块载板与 2 个交换板连接,交换板是机箱的核心。在全网状拓扑结构中,每个单板与其他任意单板都保持一个链接通道。

4. 通道传输速率

PICMG 3.0 对硬件互连做了电气和实体上的定义,但没有定义传输协议。PICMG 3.x 子规范定义了用于通道之间的传输协议。每个交换通道由 8 对 3.125GHz 的低压差分信号组成。简单地说,1 个端口有 2 对差分连接,4 个端口组成一个通道。由于一个差分连接支持 3.125GHz 的信号传输速率,因此一个端口可以支持 6.250GHz 的数据流量(带宽),一个通道支持 25GHz 的数据流量。如果信号采用 8B～10B 编码,则一个通道的有效数据流量 (有效带宽)为 20Gb/s 的半双工传输或 10Gb/s 的全双工传输。ACTA 目前支持以太网、光纤通道、InfiniBand、星形交换结构和 PCI-E 结构。

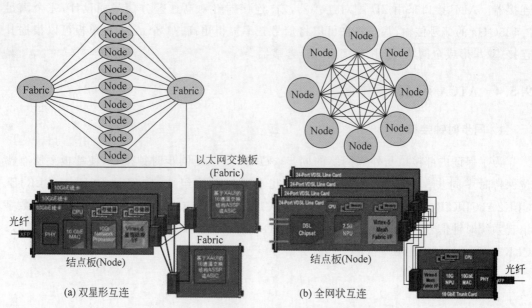

图 9-31　ATCA 交换接口的双星形互连和全网状互连

9.5.5　ATCA 供电技术

随着 ATCA 和 MicroTCA 技术的不断完善和发展,背板传输带宽、供电系统和冷却系统成为大家关注的技术焦点。

1. ATCA 系统供电问题

多数电信环境都具备 48V DC 电源。PICMG 3.0 规范规定了 ATCA 系统必须为模块提供−48V DC 工作电源和+3.3V 管理电源,并且在模块上增加了 PIM(电源信息模块)。

PICMG 3.0 规定单板功耗最高 200W,200W 看上去并不大,但是一个有 16 个 200W 载板的机框功耗达到了 3.2kW,一个机架如果有 3 个机框,功耗达到了惊人的 10kW。另外,当载板功耗高于 200W 时,载板之间的留空间距也要翻倍,如载板之间需要留空两个插槽的宽度用于散热。标准的通信设备采用 48V DC、200W 时输出是 4A。多数电信环境都具备 48V DC 电源,因而不用提供电源框。

ATCA 和 MicroTCA 采用了高密度设计。在有限的空间内,安装了 CPU、NPU、DSP、FPGA、内存等高功耗部件,以及高速数据接口电路,使得单一模块的功耗变得非常大,这要求系统具有强大的供电能力。ATCA 系统主板电源结构如图 9-32 所示。

(1)功耗比较。CPCI 系统单板功耗一般为 20W～30W,很少会超过 50W;而 ATCA 系统的单板功耗可能达到 200～250W 甚至更高。CPCI 的 PMC 的功耗一般为 7.5～12W,而 ATCA 的 AMC 功耗可能高达 35W～140W,功率密度比 PMC 高 4～5 倍。

(2)瞬间大电流的影响。功率密度的提高不仅对系统供电能力提出了更高的要求,而且对系统设计也带来了新的挑战。例如,模块功率密度提高以后,背板连接器引脚的功率负荷会变得很大。虽然 ATCA 模块采用 48V DC 工作电源,AMC 子卡模块采用 12V DC 工

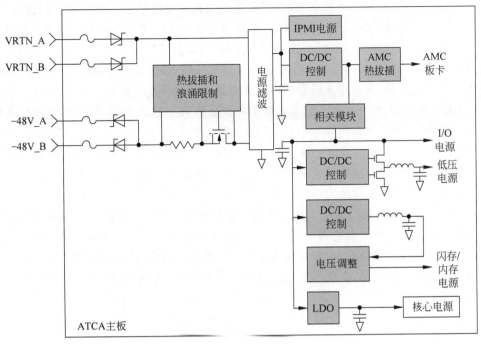

图 9-32　ATCA 主板电源结构

作电源,减少了输入电压的种类,降低了模块的工作电流,但是大功率模块的拔插过程仍然会对电源系统和其他相关模块产生严重影响,如瞬间大电流、电压过冲或跌落、电磁干扰等。当一个系统只有几百瓦功耗时,系统开关机可能不会出现问题。但是当系统功耗达到几千瓦时,开关机的可靠性问题就会变得非常突出。因为,无论是较大的工作电流还是较大的工作电压,都会加大电源输入开关的负荷。如果没有采取正确的设计方案,就会产生电磁干扰、过热或其他损伤的发生。

(3) 冗余模块的功耗。为了提高系统可靠性,模块冗余和电源冗余必不可少。这会对产品成本产生较大的影响。例如,由 2 个 MCH＋12 个 AMC 构成的 MicroTCA 系统,如果每个模块按 70W 最大功率计算,系统的供电能力就要达到 840W,如果再考虑冗余,就需要 840W＋840W＝1680W。在实际工作中,最大功率一般只出现在上电、重启、初始化等状态。如果对这些过程加以适当的控制,就可以大大降低对系统供电能力的要求,从而提高系统可靠性,大大降低系统成本。

(4) 电能消耗的成本。对于大功率系统,电能消耗的成本不可忽视。有数据显示,通信设备 3 或 4 年的耗电费用相当于设备本身的采购费用。对于采用冗余设计的系统,冗余模块在待机状态时的功耗应当尽可能低,最理想的状态是不工作就不耗电,这不仅可以降低系统运营成本,也可以减少冗余模块的故障率,从而提高系统的可靠性。

2. 按需供电技术

"按需供电"就是"在需要的时候按需要的方式供电","需要的时候"是指模块在正确的插槽插入到位,并且处于工作状态。

(1) 总线供电方式的缺点。计算机系统大多采用总线供电方式,不管模块是否存在,也不管模块的工作状态,只要系统上电,所有总线插槽都为上电状态。模块进行热拔插时,不可避免地会出现抖动、浪涌、过冲等问题。虽然通过背板和模块上的去耦电路和过流过压保护电路能够减轻拔插状态的电磁干扰,但是无法从根本上消除所产生的不良影响,从而带来系统可靠性方面的隐患。当模块工作电流或工作电压较大时,在特定环境和条件下,拔插过程可能会引起电火花,这会对连接器的电源引脚造成不可恢复的损伤。

(2)按需供电技术。采用按需供电技术可以从根本上避免上述问题,系统会自动检测模块的工作状态,当检测到模块在位后,首先会提供低压(3.3V DC)、小电流(小于200mA DC)的管理电源,模块利用管理电源进行自检,并建立与系统管理模块的通信,报告自身的属性和状态,系统管理模块确认模块的位置、属性和状态符合要求之后,才会在需要的时候向模块提供工作电源,从而最大限度地保证模块和系统的安全。

(3)按需供电对系统的保护。按需供电能够根据载板工作状态的要求,以适当的电压、电流、建立时间、保持时间和适当的保护方式对模块进行供电。按需供电技术首先对工作电流和工作电压进行主动检测,一旦发现超出正常工作范围,就实施主动保护。必要时会主动切断对应模块的供电通路,避免不良影响的扩大。采用按需供电技术,还可以对工作电源接通瞬间的电压上升过程进行控制,以减轻电压过冲和浪涌电流对系统的影响。当模块拔出或停止工作时,也会对电压的下降过程进行控制,为相关进程进行保护,这对系统可靠性的提高至关重要。

9.5.6　MicroTCA 系统结构

MicroTCA 是 PICMG 协会在 ATCA 基础上提出的 ATCA 简化版本,MicroTCA 充分采纳和沿用了 ATCA 的各项优点,以更小的空间、更紧凑的结构,为网络通信、工业计算机提供了更好的解决方案。

1. MicroTCA 主要技术特征

MicroTCA 具有以下技术特征:兼容 ATCA、AMC 规范;减小了载板尺寸,这样可采用 300mm 深的 19in 机箱;可扩展背板带宽,支持 1～40Gb/s 传输速率;支持高级系统管理;每个 AMC 模块 20～80W 功耗;支持星形、双星形和全网状拓扑结构;支持热插拔等。

MicroTCA 的基本模块是 ATCA 中的 AMC,二者的机械结构、电气特性、接口类型等都完全相同。也就是说,AMC 模块可以直接应用于 MicroTCA。

MicroTCA 定义了一种新型模块 MCH(MicroTCA 控制和集线器),它是 MicroTCA 系统的控制、管理和数据交换模块。MCH 采用与 AMC 完全相同的连接方式,结构尺寸与半宽全高的 AMC 模块完全相同,连接方式也完全相同。

MicroTCA 还特别定义了标准的电源模块(PM),把背板输入的 DC 48V 电源转换成 12V DC,为 MCH 和其他 MicroTCA 模块提供电源供应和功率管理功能。它类似于 ATCA 系统的 PEM 和载卡上的 DC-DC 电路。MicroTCA 的电源模块也采用了与半宽全高 AMC 模块完全相同的机械结构,但是采用了与 AMC 不同的连接方式。

MTCA.0 R1.0 对 MicroTCA 供电系统进行了近乎完美的设计,规定 MicroTCA 系统必须为 AMC 模块提供+12V DC 工作电源和+3.3V 管理电源,并且规定电源模块必须通过背板以独立的回路为每一块 MCH、AMC 和 CU(冷却单元)独立供电,并且规定了这些模块之间的通信方式和通信接口,从技术上基本实现了按需供电的要求。

2. MicroTCA 系统组成

MicroTCA 是一个完全模块化的系统平台,它主要包括 AMC 模块、MCH 模块、电源模块、高速背板、机箱和风扇模组等部分。

如图 9-33 所示,在 MicroTCA 系统中,最多允许 16 个模块直接插入背板,其中包括 12 个 AMC 模块、1～2 个 MCH(MicroTCA Carrier Hub)模块、2 个散热模块或电源。MCH 是 MicroTCA 系统的核心,它用来支持 AMC 模块,并作为系统集线器进行数据交换,并且进行 12 个 AMC 模块之间的互连和管理。MCH 看起来像 ATCA 中的机箱管理器,同时又兼具交换板的功能。MCH 上的控制管理单元称为 MCMC(MicroTCA 管理控制器)。

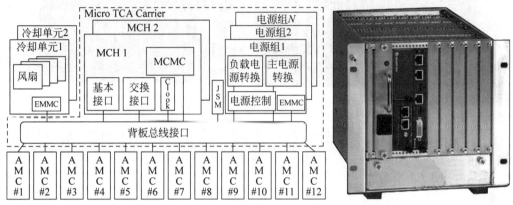

图 9-33　MicroTCA 系统的基本结构和 8 槽位机箱

3. MCH 系统控制模块

MCH 是 MicroTCA 的系统控制、管理和数据交换模块,MCH 相当于 ATCA 系统的交换模块＋AMC 载卡＋机箱管理模块(Fabric＋Carrier＋ShMC)。每个 MCH 可以对 12 个 AMC 提供数据交换和管理功能,每个系统最多可以有 4 个 MCH 通过上传通道互连,实现多达 48 个 AMC 的数据交换和管理。MCH 的结构如图 9-34 所示。

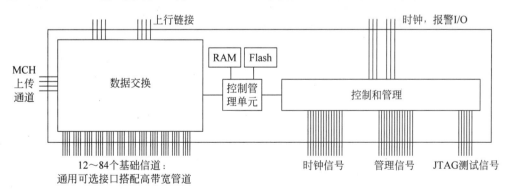

图 9-34　MCH 的结构

每个 AMC 最多可以有 21 个可配置的高速数据接口,每个 MCH 最多可以有 60 个可配置的高速数据接口,这些接口通过 MicroTCA 背板及 MCH 的交换网络实现高速数据通信。AMC 模块可以通过 MCH 在背板上以单星形、双星形、星形光纤结构方式连接,也可以不通过 MCH,在背板上实现网状结构的点到点的直接连接。

4. MicroTCA 背板

如图 9-35 所示,根据配置的不同,MicroTCA 背板的形式是多样化的,与背板一样,机箱的形式也会根据配置的不同表现出多样化。

金手指

图 9-35　MicroTCA 背板和 AMC 夹层卡

由于面向小规模系统应用,MicroTCA 在采用小尺寸功能模块的同时,也采用了符合 IEC 60297、IEC 60917 的机箱结构,设备厂商可以根据配置规模和应用环境进行选择。

习题 9

9-1　简述 CPCI 总线的基本组成。

9-2　工业计算机的应用环境有哪些不利因素?

9-3　简述 CPCI 工业总线的机械特性。

9-4　目前工业计算机的高性能交换结构主要有哪些?

9-5　简述总线供电方式的缺点。

第 10 章 计算机在工业领域的应用

本章以工业计算机核心技术和工业物联网技术为主线,介绍计算机在工业领域应用的发展,并对工业计算机的核心技术进行较详细的讨论,对目前流行的工业物联网、智能工厂等也进行介绍。

云计算作为推动工业 4.0 发展的核心技术之一,将庞大的机器数据流与强大的云分析处理能力连接,为工业企业的智能制造提供非常有价值的支撑,使其能够更有效地管理生产要素和更高效地运营。本章将对工业云的技术特点与应用进行分析讨论。

10.1 工业计算基本特征

10.1.1 工业计算现状和发展

1. 工业计算领域市场概况

工业计算领域包括传统的嵌入式计算系统,以及目前流行工业物联网、工业云计算、智能制造等领域,应用极其广泛,市场规模非常巨大。工业计算应用较为成熟的行业有工业制造行业、航空电子行业、医疗行业、能源行业、通信行业、消费电子行业等。

科技型中小企业在嵌入式系统研发中,形成了多样化的技术架构。仅就处理器来说,从最低端的 4 位处理器(如玩具中使用)到高端定制的 128 位处理器(如 SONY PS2 CPU);从通用计算系统主流的 x86 处理器,到 ARM、POWER、MIPS 处理器;此外,嵌入式系统经常采用 GPU(图形处理器)、NPU(网络处理器)、FPGA(现场可编程逻辑阵列)、DSP(数字信号处理)等处理器作为软件运行的核心器件。

工业计算领域存在多个标准组织,这些标准组织面向多个行业定义了各种不同的工业计算。有些标准覆盖工业计算机系统和板卡,有些标准定义了行业总线和接口,有些标准针对高端市场,而有些标准专门针对中低端应用。因为少数几种技术架构或系统标准,无法满足所有应用领域的需求,才形成了技术架构与标准的多样化。再加上工业计算产品经常需要满足用户各不相同的定制化需求,这造成了工业计算是一个专业化程度很高的领域。

目前工业计算行业中,核心处理器与操作系统都以国外厂商为主。如处理器的主流厂商有 Intel、ARM、IBM、Broadcom、Marvell、NXP、AMCC、AMD、FreeScale 等,嵌入式操作系统厂商有 WindRiver、QNX、Mentor、Microsoft 等。

近年来,国家高度重视信息安全问题,一些国产化核心技术开始初步具备产业化的条件。如核心处理器以申威、飞腾、龙芯等为代表,操作系统有中科麒麟 Linux,锐华 Reworks,天脉 ACoreOS、SylixOS 等。可以预期,这些自主核心技术将占据越来越重要的地位。

2. 嵌入式计算发展趋势

（1）小型化和低功耗化。嵌入式系统由于应用环境的限制，通常在产品的体积、重量、功耗等因素上有较多的限制，这些因素统称为 SWaP（尺寸、重量和功耗）。目前越来越多的嵌入式设备需要具有可移动特征，并保持 24 小时在线，因此 SWaP 要求显得更加重要。

（2）处理器性能日益强大。传统嵌入式处理器通常受限于成本、功耗等因素，性能与桌面处理器相比差距较大。随着技术的发展，这一差距在逐渐缩小。

（3）多种计算技术融合。嵌入式系统由于应用环境比较复杂，经常需要直接与物理世界实现多层面的对接，又有体积、功耗、重量等诸多限制，因此越来越多地需要综合多种计算技术，对不同性质的信息和数据进行处理，才能够在最小资源条件下实现最大的性能价格比。如桌面 CPU 适合通用性计算；DSP 适合对模拟量数字化后进行运算处理；GPU 适合视频和图像处理；NPU 适合网络数据包的处理；FPGA 可在硬件电路级进行软件编程，应用非常灵活，并可实现低功耗。以上技术可以在不同层面进行融合，如芯片级融合、板级融合、系统级融合。

（4）向智能系统演变。嵌入式系统目前正在具备更强的处理能力和更好的网络互联性，正在逐渐演变为功能更丰富、性能更强大的智能系统。智能系统可以灵活运行在本地或云端系统，更好地将物理世界与信息世界连接。

（5）向集成系统演变。集成系统（SoS）是将多个具有关联性的系统，融合成一个统一的整体。如智能车就是一个集成系统的典型案例，它包含了汽车自动驾驶系统、智能电网系统、GPS（全球定位系统）、人工智能数据分析系统、数据云端处理系统、互联网等。

10.1.2 工业计算的技术特征

工业计算一般采用专门设计的工业计算机，工业计算机对功能、可靠性、成本、体积、功耗等，都有严格要求。工业计算一般包括嵌入式 CPU、外围硬件设备、嵌入式实时操作系统、用户应用软件、网络通信系统五个组成部分。工业计算具有以下特征。

（1）功能专用。工业计算以特定应用为中心，个性化和定制性很强，软件和硬件的结合非常密切。嵌入式 CPU 大多工作在特定设计的系统中，具有低功耗、集成度高等特点。通常需要将大量的计算任务集成在芯片内部，使嵌入式系统趋于小型化。

（2）高实时。嵌入式系统需要不断地对所处环境的变化做出响应，而且要实时地得出计算结果，延迟限制在可控范围内，因此对软件代码要求高质量和高可靠性。

（3）高效率地设计。嵌入式系统的硬件和软件必须量体裁衣、去除冗余，力争在更小的设备上实现更高的性能，这样的嵌入式系统才更具竞争力。

（4）低功耗和宽温要求。工业计算有严格的功耗要求，以保证系统工作的可靠性。一般在低温 -40℃ 和高温 85℃ 的宽温范围内能稳定工作。

（5）工业计算系统需要的开发工具和环境。通用计算系统的开发工具不能满足工业计算系统的需求，因此工业计算系统的设计必须有一套开发工具和开发环境。要设计出符合用户要求的工业计算系统，开发人员必须熟悉相应的开发工具和开发环境。

10.2　工业物联网应用

传统的互联网是指机器和机器或者网页和网页之间的连接。物联网的概念于 1999 年最早在美国麻省理工学院被提出。物联网可以理解为对象、工具或计算机间存在网络互联。物联网最初的定义即通过射频识别(RFID)、红外感应器、全球定位系统、激光扫描器、气体感应器等信息传感设备,按约定的协议,把任何物品与互联网连接起来,进行信息交换和通信,以实现智能化识别、定位、跟踪、监控和管理的一种网络。因而也可以视物联网为互联了所有涉及的对象的传感器网络。本节将会就物联网技术在工业领域中的应用与发展,即工业物联网技术,做详细的讨论。

10.2.1　工业物联网关键技术

在工业物联网的发展中有三项关键技术:传感器技术、RFID 技术及嵌入式系统技术。而在工业物联网的具体应用中,由于工业网络的特殊性,还需要特别强调物联网数据传输协议的重要性,以下将会对这三类物联网关键技术和物联网数据传输协议做详细说明。

1. 传感器技术

传感器是由一种敏感元件和转换元件组成的检测装置,能感受到被测量,并能将检测和感受到的信息按照一定规律转换为电信号(电压、电流、频率或者是相位等)的形式输出,最终为物联网应用的数据分析、人工智能提供数据来源。传感器作为物联网传感层数据采集的重要入口是工业物联网发展的关键技术。

在工业现场存在大量的生产、检测、组装等设备,这就需要各种类型的传感器将电流、温度、应变、负载等众多类型的数据采集进来。传统的传感器采集进来的为模拟量,需要调整电路,将数据采集模块采集的传感器信号转化成计算机可以处理的数字信号。近年来工控厂商也推出了一些便携式的数据采集模块(如图 10-1 所示),可以将各种传感器信号直接转化成数据信号,通过有线或无线的方式传输出去。受此启发很多传感器厂商也推出了智能传感器,智能传感器是用嵌入式技术将传感器与微处理器集成为一体,使其成为具有环境感知、数据处理、智能控制与数据通信功能的智能数据终端设备。

2. RFID 技术

RFID 是一种通信技术,可通过无线电信号识别特定目标并读写相关数据,而无须识别系统与特定目标之间进行的机械或光学接触。RFID 的射频一般采用微波频段,频率在 1～100GHz 的范围内,主要工作频率有超高频 433MHz,微波 2.45GHz 和 5.8GHz,适用于短距离识别通信。RFID 标签可以应用在任何物体上,目的是通过射频波感知型号识别和跟踪物体。某些标签可以从数十米或者数百米外被无线读取器读取,而 RFID 标鉴一般至少包含两个主要部分:一部分是集成电路,用来存储和处理信息,调制解调射频信号;另外一部分是接收和传输无线信号的天线。

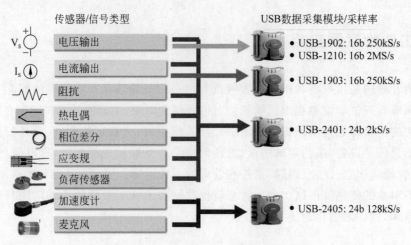

图 10-1　传感器与便携式数据采集模块

3. 嵌入式系统

嵌入式系统技术是综合了计算机软硬件、集成电路技术、电子应用技术为一体的复杂技术。工业物联网(IIoT)正迈入一个全新的物联网时代,数十亿基于嵌入式技术的设备实现了无缝互连、被管理,并且借助网络安全地进行交互工作。在这一网络中,不仅仅实现机器到机器(M2M)的通信,而且机器可以与其他机器、对象、环境和基础设施等进行交互和通信。通信的结果产生大量数据,这些数据经过处理和分析之后,可以为管理和控制提供极具意义的、实时的措施,并让工业领域更加优化、更加高效地运行。

工业物联网(IIoT)对数据传输的实时性、可靠性和保密性有着严格的要求。这使得在互联网领域大量使用的 HTTP 和 Web 协议都在工业物联网的应用中面临安全性不高(HTTP 是明文协议)、设备组网复杂、对设备要求较高的运算和存储资源导致大量工业设备无法满足这三大弊端。而近些年来,由 IBM 公司于 1999 年推出的 MQTT(消息队列遥测传输)协议和英国 Prismtech 公司(被凌华公司并购)推出的 DDS(数据分发服务)协议由于较好的兼容性成为目前工业物联网主流的数据传输协议。

DDS、MQTT 都是基于发布/订阅模式,发布/订阅框架具有服务自发现、动态扩展、事件过滤的特点,它解决了物联网系统在应用层的数据源快速获取、物的加入和退出、兴趣订阅、降低带宽流量等问题,实现物的联接在空间上松耦合(双方无须知道通信地址)、时间上松耦合和同步松耦合。DDS 将分布式网络中传输的数据定义为主题,将数据的产生和接收对象分别定义为发布者和订阅者,从而构成数据的发布/订阅传输模型,如图 10-2 所示。各个结点在逻辑上无主从关系,点与点之间都是对等关系,通信方式可以是点对点、点对多、多对多等,在 QoS 的控制下建立连接,自动发现和配置网络参数。

虽然 MQTT 在基本架构上和 DDS 有一些相似的地方,但在具体的参数特性方面却有比较大的区别,如表 10-1 所示。它们的性能特点决定了应用的场景有着非常大的差别。MQTT 的最大特点在于可以以极少的代码和有限的带宽,为连接远程设备提供实时可靠的消息服务。作为一种低开销、低带宽占用的即时通信协议,MQTT 在小型设备、移动应用等集中部署的方面有较广泛的应用。而 DDS 的主要特点则是很好地支持设备之间的数据分

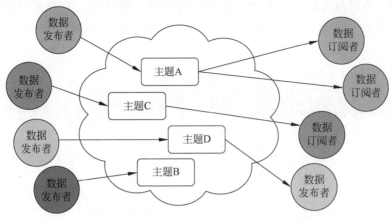

图 10-2　DDS 数据传输模型

发和设备控制,设备和云端的数据传输,同时数据分发的实时效率非常高,能做到秒级内同时分发百万条消息到众多设备,在服务质量(QoS)上也提供非常多的保障途径,所以更适用于国防军事、工业控制这些要求高可靠性、可安全性应用领域。

表 10-1　DDS 与 MQTT 协议对比

传输技术	传输协议	范　　例	QoS	动态发现	内容识别	安　全　性	数据优先化
DDS	UDP/IP TCP/IP	Pub-Sub Req-Reply	22 种	是	基于内容路由查询	DDS Security SSL/TLS/DTLS	基于 QoS 的传输优先
MQTT	TCP/IP	Pub-Sub with broker	3 种	否	无	TLS	未定义

10.2.2　构建工业物联网架构

　　工业物联网的主要目标是设法让工业领域中大量的既有设备能够联网,进而整合到智能工厂系统中,以搜集这些设备和机器的运行数据并加以分析。为了上述功能,大量基于嵌入式系统平台的工业物联网网关(如图 10-3所示)成为重要的连接因素,实现工业物联网中大量核心工业数据的接收、处理、转发,并在此基础上搭建了基于嵌入式平台的工业物联网架构。配备通信协议转换与区域运行的智能型中间件——物联网网关,将可使得原本未联网的厂区中的各种设备、传感器、仪器仪表得以简单快速地整合上网,采集生产现场数据,并将原本使用Modbus 或 ZigBee 等通信协议取得的现场数据,通过网关转换为DDS、MQTT 等物联网可以接受的 IT 通信协议传输,将传统设备串连成为物联网系统。

图 10-3　嵌入式工业物联网网关

　　以物联网为基础的生产制造环境结合了厂区的操作技术及管理层的信息技术。前者是通过网络串联各项设备与装置,实现机器自动化、制造执行系统(MES)、环境监控、能源管理等工作;后者则是指管理层使用的信息应用系统,包括企业资源规划系统(ERP)、客户资源管理系统(CRM)以及各种不同的信息分析工具等(如图10-4所示)。这些元素一旦连接在一起,会产生各种支持多个子系统的虚实整合系统(CPS)。

- 企业资源规划系统(ERP)
- 制造执行系统(MES)
- 数据采集与监控系统(SCADA)
- 可编程逻辑控制器(PLC)
- 输入输出(I/O)

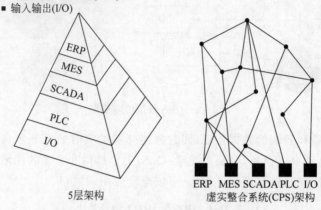

图10-4　弹性化的虚实整合系统 CPS 架构

在此类应用情境中,系统运行必须十分稳定可靠,而各个设备和应用系统之间流动的数据则必须十分安全,并且达到最小的延迟。因而,网络连接性和有效率的数据流是智能工厂最基本的要求。前面讲到,数据分布式服务(DDS)协议可以大幅改善传统客户/服务器架构的缺点,提供一个更具弹性的网络模型,DDS 扁平的、简单的、解耦的结构,可以允许点对点通信、多播及动态发现功能,避免单一结点故障或数据传输延迟,相当适合具有实时性要求的工业物联网的应用。工业 IoT 网关与 DDS 相结合,构建了高效稳定的工业物联网数据传输架构(如图10-5所示)。

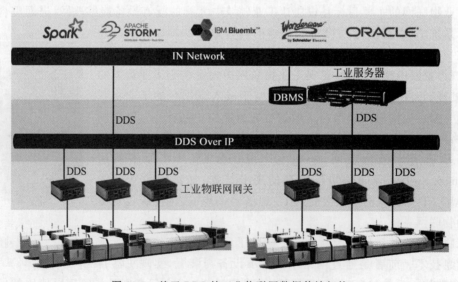

图10-5　基于 DDS 的工业物联网数据传输架构

10.2.3　工业物联网应用案例

现代大型加工制造企业在工业生产过程中使用大量的起重设备、真空泵、空气压缩机和其他旋转设备,在制造和加工过程中无法预期的机器故障可能导致两三天甚至更久的生产停机,造成巨大的损失。以下案例就是某科技公司提供的基于工业物联网的智能设备状态监测解决方案。这一方案能够取代传统的人工检测方法,提供全天候的在线监测和故障预测,精确掌握机器运行状态并进行实时的维护响应。

这一方案的核心是具备工业物联网网关功能及数据采集功能的状态监测智能网关MCM-100。该设备是一个高度集成的智能结点,集成数据采集、物联网网关和应用软件,可实现实时数据采集、数据分析/边缘运算和数据通信的功能。它具备高精度及高采样率,针对旋转机械与工厂设备,进行 24 小时不间断地数据采集与振动测量,并将数据采集、振动分析算法、计算、网络连接等功能整合为一,让旋转机械、工具机、工厂与自动化设备的状态数据能够借助工业物联网实时上传至工业数据中心,为相关设备的故障预防和检测提供实时的数据支持。

该系统的主要工作流程如下:MCM-100 具备四通道数据采集,每个通道都内建 IEPE 2mA 激励电流源,无须额外的信号调理和电源适配器,即可直接驱动加速规并采集信号,加速规吸附在需要检测的大型马达、泵浦、空压机或其他旋转设备的机台上,同时利用智能网关内建的软件完成自动计算位移、速度、加速度的振动总量(Overall Vibration),实时显示加速度的波形及频谱分析并记录原始数据。通过数据监控记录,灵活设定报警值及危险值,以通知使用者异常状态的发生。上述数据和通知会通过智能网关内置的 Wi-Fi/ 4G LTE 无线模块套件将初步处理和分析后的设备振动特征值、趋势数据、设备状态数据等通过工业网络上传至工业物联网数据服务器,以便后台能进行进一步地分析和生成设备故障预警信息。而维护工程师可以通过手持终端访问云端的监控网络仪表板,接收实时的设备预警信息,更有效地掌握设备状态信息,24 小时不间断地进行机器监控及数据记录。基于工业物联网的设备状态监测系统如图 10-6 所示。

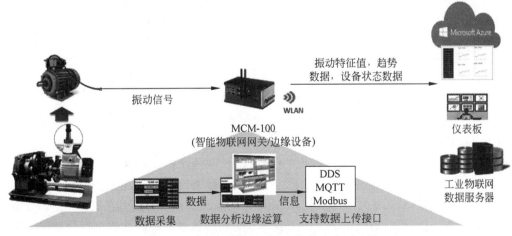

图 10-6　基于工业物联网的设备状态监测系统

10.3 智能工厂案例

10.3.1 智能工厂概述

智能工厂是现代工厂信息化发展的新阶段。它是在数字化工厂的基础上,利用工业物联网的技术和设备监控技术加强信息管理和服务;清楚掌握产销流程,提高生产过程的可控性,减少生产线上人工的干预,即时正确地采集生产线数据,以及合理地编排生产计划与生产进度,并加上绿色智能的手段和智能系统等新兴技术,构建一个高效节能的、绿色环保的、环境舒适的人性化工厂。

智能工厂的概念最早由德国政府在"工业 4.0"概念中提出。工业 4.0 即是以智能制造为主导的第四次工业革命,或革命性的生产方法。工业 4.0 旨在通过充分利用信息通信技术和网络空间虚实整合系统(CPS)相结合的手段,将制造业向智能化转型。这其中最重要的主题就是智能工厂,重点研究智能化生产系统及过程,以及网络化分布式生产设施的实现。

整个智能工厂的核心都是围绕着工业大数据而产生的,智能工厂的主要目标就是借由一系列工业自动化与控制技术,完成工业数据的收集与汇总,借由工业物联网技术上传至工业数据中心或云端,从而批量性进行工业大数据挖掘分析,为属于决策层的各种工业软件,包括工业互联网的各种优化性的应用,以及业务的决策,提供可执行的信息,最终实现工业 IT 系统,如企业资源规划系统(ERP)、供应链管理系统(SCM)、客户关系管理系统(CRM)、产品生命周期管理系统(PLM)和工业现场的 OT 系统,如制造现场控制(SFC)、制造执行系统(MES)的深度融合。

10.3.2 智能工厂的进化

智能工厂将制造业从传统的"自动化"迈入以物联网为基础的"智动化"生产模式,从半自动化或单机自动化设备进步到基于网络的机器对机器(M2M)及机器对人(M2P)的沟通方式。如果再进一步与企业的信息系统及数据分析技术相结合,将可创造出智能工厂无限的可能。而贯穿其中的就是许多以虚实整合系统(CPS)为核心的工业 4.0 解决方案,这些方案跳出现行区域自动化控制框架,进一步将工厂的机具设备、控制器连接到虚拟云端世界,以便把各种在工业现场所撷取的巨量数据,透过网络上传云端数据中心执行大数据分析,据此强化生产效率,提高生产运营效能。

但是传统制造业进化智能工厂的第一步就面临着巨大的挑战:如何连接传统制造业中数以万计的棕色(Brown Field)地带。截止到 2017 年,全球制造业所使用的 6400 万台机器中有 92% 的设备尚未联网,遍布在各地的生产线上,这些就是传统制造业的棕色地带。理论上,推动生产智能化最理想的方式是直接把这些机器更换成新的智慧化机器,但对许多考虑成本的制造业者而言,这并非务实之举,因为他们已经投资大笔资金在既有的生产设备和自动化机器上,这些既有的设备必须使用多年才能收回成本。因此比较可行的解决方案是在可接受的预算范围内,设法让既有设备能够联网,进而整合到智能工厂系统中,以搜集这些设备和机器的运行数据并加以分析。但在智能工厂的实际进化之路上,将厂区既有设备和其他资产连接上网络却面临诸多困难。

(1) 传统的技术零散难以整合。自从自动化生产问世以来,已发展出各种各样的技术及标准,混杂于生产线的操作中,即使同一家公司不同厂区的生产现场,也可能部署了各种不同标准的设备。但工业 4.0 的概念,是将各项单独的生产元素通过网络整合串联,而获取对于管理或操作决策而言十分重要的信息。但不幸的是现实中有许多阻碍,例如,厂区里常使用的各种控制器,包括可程序化逻辑控制器(PLC)、以 PC 架构为基础的可编程自动控制器(PAC)及嵌入式的微控制器(MCU)等,往往是由多个不同供货商所供应,使用的技术也不一样。另外从过去到现在,许多 PLC 供应厂商使用不同的通信标准连接 PLC 和现场总线,有些厂商还自行发展自用的标准。即便有某些标准在市场上追随者众多,也未能成为唯一的标准。结果就是同一生产现场需同时部署多个通信标准以支持各家厂商的设备,甚至有些生产设备连传统局域网络端口或串行端口都没有。

(2) OEM 厂商的知识产权保护。原始设备制造商通常不愿提供设备操作协议的原始代码,以保护他们的知识产权。这使得整合不同设备成为完整系统的工作横生阻挠,甚至有时提供设备的公司已经解散。此外生产设备的管理者常常拒绝系统集成商对既有系统及设备的软件内容进行增减或调整。

(3) 数据的实时性无法满足要求。虽然许多既有设备采用 PC 架构并可产生记录文件,但这些记录文件并非实时产生且数据经常缺漏。而且不同的设备厂商提供的记录文件数据格式不一,使得数据复写和系统扩缩变得复杂。

正因为有了上述这些困难,将工厂既有设备转变成基于物联网的智能工厂的改造,必须从多个角度进行考虑,对应的解决方案应当具备以下特点:解决方案应具通用性和扩展性,以避免过去各家技术无法整合的痛点。同时这个架构必须是可以弹性扩展的,不用担心因为产能需求新增机器后,无法维护。整体架构需要具备动态发现的能力,物联网系统必须能提供动态发现功能,使得生产组件和流程重新设定所需要的时间可以缩到最短,以减少调整时的整体停机时间。整体方案需支持实时数据的采集,以支持重大且立即的决策。而最后,智能工厂改造解决方案是否具备成本效益,成为考虑的第一重点,因为对于流程比较复杂的工厂尤其重要,因为这类工厂往往已经购置了许多昂贵的生产组件,它们会希望智能工厂的改造可以在耗费最小成本投入的情况下获得最大的收益。

尽管实施智能工厂可有效改进流程和营运管理,也可促进垂直沟通,但经济现实无法做到一步到位。因此根据优先级分阶段实施是非常必要的。例如先设法将现有机器和仪器连接上网络,以节约能源、增加设备的投资报酬率;接着构建出基于物联网平台的虚实整合系统(CPS),在此架构下增加新的设备,然后逐步增加应用项目,发展出完整的智能工厂连接。

第一步,连接既有的机器和仪器。虽然这一步是最大挑战,却是实施智能制造最重要的基础。如果无法将机器和设备连接上网络,工厂便无法采集智慧决策所需的关键数据。可能需要耗费数年光阴,才可能达到整厂智能化的目标。配备通信协议汇整转换与区域运行的智能型中间件——物联网网关,将原本未连接到网络的厂区中的各种设备、传感器、仪器仪表得以简单快速地整合上网,采集 OT 端的生产现场数据,并将原本使用 Modbus 或 ZigBee 等通信协议取得的现场数据,通过网关转换为 MQTT、DDS 或 RESTful 等物联网可以接受的 IT 通信协议传输,将传统设备串联成为物联网系统。当设备联机上网后,系统便可从联机设备中采集数据，厂区工作人员可通过现场显示屏检视机器的工作状态，而公司管理人员则可从中央控制室远程监控厂区整体生产状况、各别机器工作状态、环境参数、能源使用状况等重要信息。

第二步，部署生产执行、仓储管理、设施监管与能源管理等系统，可监控厂区水、电、煤气及其他能源的使用，进而协助拟定节约能源措施、减少能源使用费用。

在第一步与第二步已经完成的情况下，智能工厂的第一阶段改造就告一段落，这一阶段完成了智能工厂机器和仪器的联网，已经能够完成智能工厂一定意义上的"玻璃化"或者说是"可视化"，同时也借由能源系统的介入有效降低了能源费用。要进一步的发掘智能工厂的潜能，就需要进入下一阶段的智能工厂改造。

到了第二阶段，建立一个数据分享平台可强化物联网功能的整合，并扩大实施智能制造所能得到的效益。一旦数据传输出现故障或错误，就可能造成相当大的财务损失，因此需要可靠的数据分享平台，以确保数据在整个物联网系统内外都可以正确无误地传输与分享。实时的机器对机器沟通可以防微杜渐，在生产设备发生微小问题时即发出警告，以防止问题持续或扩大而对生产运行和效率造成不良的影响。

数据分布式服务（DDS）系统可以大幅改善传统客户/服务器架构的缺点，提供一个更具弹性的网络模型，DDS扁平的、简单的、解耦的结构，可以允许点对点通信、多播及动态发现功能，避免单一结点故障或数据传输延迟，相当适合具有实时性要求的工业物联网的应用。

最后，开发云/雾相关的应用，成为智能工厂改造的最终环节。一旦数据分享平台就位，设备运行的数据即可送往云端进行大数据分析，并发展新的应用；有些数据分析也可就近在网络的边缘进行，以提高效率，这就是所谓的雾系统。

例如，通过使用机器学习模块，可以实施预防性的维护系统，来预测设备组件的使用寿命，而在故障或停机发生之前就预先维修或更换零件，如此可以把设备故障对生产活动造成的冲击降至最低。

物联网系统还可进一步将厂区既有的应用项目，如制造执行系统、能源管理系统等，连接到运营管理方面的信息系统。例如企业资源规划、库存管理、客户关系管理等系统。当所有系统及元素都连接、整合成一个大的物联网管理系统时，数据可在各子系统边缘自由流动进出，而得以支持、产生出许多相关的应用。管理层可以实时监控所有厂区的生产活动，同时可从云端数据库获得历史统计数据及趋势图。物联网所控制的智能制造有助于加强跨厂区的质量管控，并且改善资源分配和库存控制。

大数据分析实现了数据库的深度探索，可从中获取有价值的情报，以便决策层能够发展出更具有洞察力和预测能力的运营决策。目前业界领先的工业数据分析平台包括 GE 的 Predix 和西门子的 MindSphere 工业云平台。它们的最主要功能都是将工业数据作为预防性维护、能源数据管理以及工厂资源优化的基础，进行深度的数据发掘和分析，从而提供包括企业资产管理、预防性维护、预见性维护、工厂资产管理、环境健康和安全等一系列的资产性能管理和运营优化服务。

10.3.3　老旧设备的数据提取

区别于新建工厂可以一步将智能化设备部署到位，从而获取设备的数据和联网，大量智能工厂改造真正的痛点在于如何提取老旧设备的数据并加以转化。这些老旧设备占到一些大型工厂 50％以上的比例,而且这些设备无法与网络中的其他设备共享数据。然而,这些分散的数据信息是建立智能制造环境的基石。而且工厂运营者绝不会淘汰这些未联网的设备,否则将会面临巨额的成本支出。因此智能工厂系统集成商需要一种简单易行的方案来完成智能工厂老旧设计的数据提取和转化。

工厂老旧设备需要提取的数据主要有 I/O 数据、日志文件、OEM 厂商应用程序接口(API)、三色灯,以及外部传感器使用的 OPC-UA 信息,这些信息的提取方法如表 10-2 所示。

表 10-2　老旧设备数据提取方法对比

比 较 项 目	I/O 层总线协议	日　　志	OPC-UA	OEM API	三色灯
提取内容	数据	信息	信息	信息	状态指示
实时性	支持	不支持	支持	支持	支持
适用于老旧设备	支持	支持	非常少	非常少	支持
生产状态/报警信息	非常有限	有限	支持	支持	不支持
内置的 M2M	不支持	不支持	支持	不支持	不支持
内置的 M2C	不支持	不支持	支持	依赖于 OEM	不支持
可扩展性	很难	很难	容易	不支持	容易
远程控制	不支持	不支持	支持	支持	不支持

除此之外,一些智能工厂解决方案厂商另辟蹊径,使用一些创新的解决方案解决了老旧设备的数据提取与转化问题。具有光学字符识别功能的显示端口的智能工厂数据提取平台(如图 10-7 所示)被开发出来,这种平台的特点是通用且可扩展,将所有分散的数据提取方法整合成单一的协议。

这种数据提取平台主控基于 x86 架构并配备了内置的图像采集卡,利用光学字符识别(OCR)采集并处

图 10-7　智能工厂数据提取平台

理来自传统工厂 PC-based 设备的显示数据,将传统的分段数据提取方法转化为统一的解决方案(如图 10-8 所示),适用于所有类型的 PC-based 设备。利用已经开发好的配置工具,无须额外的编程,即可获取实时的显示内容,并且提供用户可配置的界面,可以将用户感兴趣的设备数据信息整合到一个预先定义的页面中。

数据提取平台还提供丰富的接口配置,MoDBus I/O 接口可连接传感器和执行器来扩展 M2M 的功能,同步共享所有收集的数据,并分发至网络中的任何地方,而借助 DDS(数据分发服务)协议,可以确保数据传输的实时性和可靠性,并提升传输效率。远程控制功能可以控制预先归类的 I/O 状态、报警以及数据写入,从而实现 OT/IT 横向和纵向的融合(如图 10-9 所示)。

除了上述图形显示信息的采集外,PC-based 的数据提取平台、智能工厂解决方案厂商还陆续推出了针对 PLC 设备、CNC 设备等的数据提取方案,将老旧设备的数据纳入到工业物联网网络中。

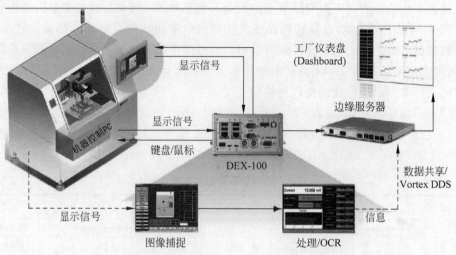

图 10-8　基于 OCR 的工厂设备数据提取方案

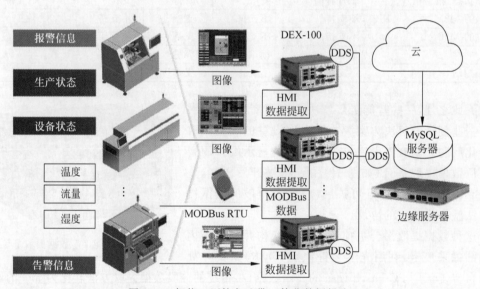

图 10-9　智能工厂棕色地带一体化数据提取

10.3.4　案例：打造智能工厂

Intel 公司在 2017 年与某顶尖电子工厂合作，展开一项智慧工厂先导计划，希望提供一个由网络连接的智能化生产环境的示范模型，而在不久的将来进行扩大推广。以下就这一智能工厂改造案例实施做分析与说明。

这家电子工厂被选中作为智能工厂的示范工厂，目标是将该工厂既有的生产线设备连接到网络，以改善生产质量与效率。这项示范工厂使用的工业物联网平台由 Intel 公司和凌华科技共同提供，通过该工业物联网平台的实施，实现了智能工厂的改造，如图 10-10 所示。

（1）从工厂既有生产组件、新增设备及数据分析平台有效地获取生产和检测数据。

（2）整合既有组件成为全套的智能生产线。

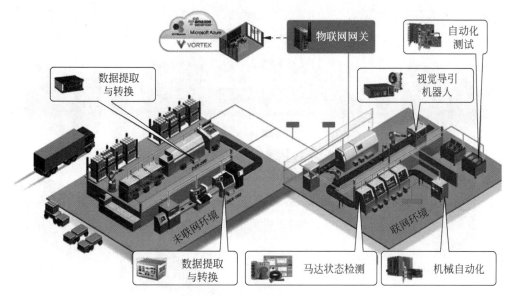

图 10-10　基于物联网的智慧工厂

（3）串联整个生产环境的安全稳定网络联机。

（4）客户定制化物联网平台，提供云、ERP 等服务，支持大规模生产的优化。

这个智能工厂在改造过程中在生产端安装了许多远程终端及远程控制单元（RTU/RCU），以使得从未连接到网络的既有装置和设备获得控制和操作数据，再通过部署了数据分布式服务（DDS）软件的物联网网关将数据传送到后端平台，而实现生产作业的远端实时监控。

从生产线采集的原始数据包括了机器名称、材料编号、编程名称、标准参数、生产统计、生产成功/不良计数、机器状态、指示灯和告警代码信息、所有统计数据的运行时间以及其他相关的信息。

为了确保整体网络联机的安全和可靠，本方案选用基于 DDS 标准的数据分发平台。以发行/订阅的通信架构为基础的 DDS 平台，具有扁平化、简单、解耦、分布式架构的特色（如图 10-11 所示），可以进行点对点的通信及多播功能，无须通过中间设备，也因此可消除因单一结点故障造成的网络等待时间，对于需要高度时间决定性的应用系统而言，DDS 可提供绝佳的可靠性和扩展性。

系统会记录生产在线的产量与零件使用，并就生产过程中的半成品进行质量检验分析，就各生产系数、所有会影响质量和安全的因素进行实时报告。用户可自行设定警戒系统的警戒参数。一旦有警报发布，会马上上传通知给管理系统以及所有受影响的工作站，让相关人员或工作站采取适当措施，避免错误的操作持续下去而造成生产线瘫痪或停摆。

当系统累积到足够的历史数据，即可开发问题预警功能，从而协助产生主动的、先发的维修作业，避免设备在操作中发生故障，防止宕机或将宕机时间缩到最短。同时，通过积累历史检测的数据，系统还可产生模式来改善检测准确度，避免因错误的检测而造成的生产上的损失，进而能改善产品良率。

该智能工厂通过一系列的部署与实施，最终实现了整个工厂可视化的智能生产管理和预防性维护，极大地提高了生产效能和经济效益。

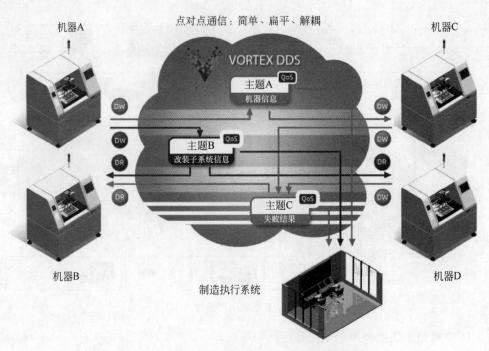

图 10-11 通过 VORTEX DDS 的机器对机器通信

10.4 工业云技术

10.4.1 公有云与私有云

公有云通常指第三方提供商为用户提供的云资源。公有云一般通过 Internet 使用,可能是免费或成本低廉的,公有云的核心属性是共享资源服务。从全球范围看,最普及的公有云平台是美国亚马逊公司的 AWS(Amazon Web Services),它占据了近 40% 的市场份额。中国目前最大的公有云平台是阿里云,截至 2017 年年底占据中国云市场 51% 的份额。单就公有云提供的服务内容而言,绝大部分公有云提供的是数据存储与运算资源的服务。

私有云为一个客户单独使用而构建,因而提供对数据、安全性和服务质量的最有效控制。私有云用户拥有基础设施,并可以控制在此基础设施上部署应用程序的方式。私有云可部署在企业数据中心的防火墙内,也可以将它们部署在一个安全的主机托管场所。私有云的核心属性是专有资源。

混合云则是公有云和私有云两种服务方式的结合。混合云是目标架构中公有云、私有云的结合。由于安全和控制原因,并非所有的企业信息都能放置在公有云上,这样大部分已经应用云计算的企业将会使用混合云模式。很多将选择同时使用公有云和私有云,有一些也会同时建立公众云。

工业应用对生产信息安全有着苛刻的要求,从全球范围来看,绝大部分工业客户在进行工业云部署时,会选择私有云或者混合云的方式。这一方面确保了企业对自身敏感信息和生产数据的可控性,另外一方面在发生事故时能及时进行数据的备份和恢复。

工业云平台高度依靠解决方案厂商,并且需要与原有的自动化技术和工业软件技术结合的丰富经验。目前全球在工业云领域实施面广,工业云应用案例最多的是 GE(美国通用电气)、西门子、ABB(瑞典阿西亚和瑞士布朗勃法瑞)、施耐德这四大工业巨头。其中以西门子在工业云领域的方案最为全面,可以提供从工业云基础的生产、检测、自动化设备到数据传输,直至顶层的 MES(制造执行系统)、ERP 及专家数据库等 PaaS(平台即服务)全部要素。

10.4.2　工业云的技术困难

工业云是基于工业物联网技术,使用云计算模式为工业企业提供工业控制、生产管理、数据分析等服务,提升工业生产效率和智能化。工业云是云计算按应用领域分类的一种,其本质还是云计算,只不过是将工业领域所需要的软件系统应用搬到了云上。

区别于传统的云计算应用主要用于数据的存储和运算资源,工业云由于其对象的特殊性,面临很多部署与实施的难点:第一,工业现场的设备来源于众多的供应商,在工业化实施初期,所有的工业设备只需要解决所在网元的功能需求,并未考虑未来联网的需求,这导致截止到 2017 年,全球工业应用中 92%的工业生产检测设备并无联网功能,终端设备无法联网成为工业云实施的首要难点。第二,工业现场的各类设备部署十分分散,大量工业数据运用何种传输方式,采用何种方式确保数据传输实时、稳定、安全也是工业云部署的技术难点。第三,针对大量传输到云端的工业数据,如何进行可靠的数据维护,提取有效的工业数据,进行分析发掘,生成针对生产制造、检测、统计、预防性维护等各个环节的决策性结果,也是工业云实施能否获得预期的生产效益和智能化大幅提升的关键。

10.4.3　工业云的关键技术

针对工业云实施中的难点,众多解决方案厂商采用了很多技术手段来克服上述困难,用于解决工业数据采集、传输、分析发掘中遇到的问题。下面以一个标准的工业云实施架构来简单解读各个层级的关键技术。

工业云的核心就是工业领域中的各类数据,围绕着工业数据的汲取、传输和发掘可以将工业云的实施架构分为三个层级。

(1)感应层。这个层级主要完成工业现场大量的生产设备与机器人的状态信息,控制信息与生产指令 SOP(标准作业程序)信息的收集,包括工业现场的环境信息、各类型传感器信息与告警信息的上报以及生产能源、资源信息的收集与上传,生产日志信息生成等相关信息的获取。这一层级需要利用数据采集、多种私有数据协议的转化等关键技术。

(2)传输层。这个层级主要完成工业数据优先级的分类与处理(过滤压缩、关键信息提取)、关键数据的上报与重要指令信息的下发、数据实时传输与数据加密、新数据结点的动态发现与组网等任务。前面提到的数据分布式服务(DDS)和消息队列遥测传输(MQTT)就是在此层用于工业数据的传输、加密和实时分发。

(3)存储发掘层。这个层级主要完成关键工业数据(如生产信息与生产日志)、设备状态与记录信息的存储,同时完成相关工业关键的数据提取、发掘与专家数据库分析,生成工业优化策略等。这一层级的关键技术是高可靠性的工业云计算平台和运行在其上的各类工业云平台技术,利用这些技术客户可以实现 SaaS(软件即服务)＋PaaS(平台即服务)的工业云服务,并根据云平台的分析结果进行优化、调整,最终提升工业设备工作效率。

10.4.4　工业数据中心构建

工业数据中心通常受现场条件限制,无法做到大型 IDC(数据中心)从基建到能源布局,从数据存储计算资源分配到上层应用的标准化,因而工业数据中心具备典型的"非标"特征,这是由于大量的装备设备是非标准化的,工艺流程也是非标准化的,因此在构建工业数据中心的时候,更应该考虑工业行业适应性的应用。工业现场采集了大量的数据,但实际上作为分析用的数据并不多,一般都要对数据进行清洗和预处理,以便进行更具有知识的数据分析,因而工业数据中心不仅仅有用于数据分析发掘的"云",也有用于数据汇集和预处理的"雾",即边缘计算平台,形成了匹配工业应用的多层架构,如图 10-12 所示。

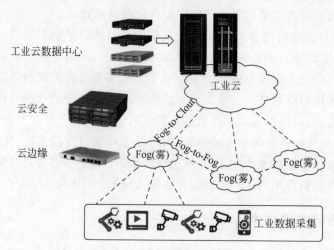

图 10-12　工业数据中心架构

边缘计算平台的主要功能是将大量工业现场采集的数据、数据处理和应用程序集中在边缘设备中,而不像传统方式那样几乎全部保存在数据中心,通过工业云实现智能的流动和分配,赋予广泛的边缘设备直接存储数据和处理任务的能力。在这种模式下,边缘设备凭借自身的运算和处理能力可直接就近处理绝大部分物联网任务,不仅降低了数据中心的工作负担,还提升了边缘设备对不同状态做出响应的准确度和效率,以适应不同的工业应用对于响应速度和关键数据提取的要求。因此工业应用的边缘计算平台(如图 10-13 所示)通常会依据实际现场部署的环境,分散部署到不同数据采集和汇总的结点。由于边缘计算平台的部署场景并

图 10-13　加固型工业云边缘服务器

不是符合数据中心机房要求的地点,因而通常应具备以下特点。

(1) 计算平台需要适应严苛的环境要求,一般具备 IP65 的三防等级,具备 $-40\sim$ $+55\,^{\circ}\mathrm{C}$ 的操作温度及防尘等高强固性。

(2) 支持 IPMI(智能平台管理接口)2.0,满足工业物联网环境下,由云中心远程进行智

能管理。

（3）具备较高的任务处理能力，通常采用 x86 至强系列 CPU 或高性能 FPGA 芯片，具备较大容量的本地存储能力，支持冗余的数据存储（SATA 或 SSD）。

云安全设备是工业云数据中心必不可少的核心平台，由于工业云可能会与外部的公有云进行互联互通，这就会存在数据被侵入、窃取、遭受网络攻击等风险。通常工业云的数据中心部署中核心的安全设备为防火墙和入侵防御系统（IPS）。其中 IPS 是针对近年来工业数据安全面临的挑战而发展的新型云安全设备，是对防病毒软件和防火墙的补充，在稍大规模的工业云应用中，可以将防火墙的功能整合到入侵防御系统平台中，不仅实现数据隔离的功能，而且可以实时监视网络或网络设备的网络资料传输行为，能够及时地中断、调整或隔离一些不正常或是具有伤害性的网络资料传输行为。

防火墙可以根据 IP 地址或服务端口过滤数据包。但是，它对于利用合法 IP 地址和端口而从事的破坏活动则无能为力，因为防火墙极少深入数据包检查内容。在 ISO/OSI 网络层次模型中，防火墙主要在第 2~4 层起作用，它的作用在第 4~7 层一般很微弱，而防病毒软件主要在第 5~7 层起作用。

为了弥补防火墙和除病毒软件二者在第 4 或 5 层之间留下的空档，工业领域首先发展了入侵侦查系统（IDS），IDS 在发现异常情况后及时向网络安全管理人员或防火墙系统发出警报，但这时灾害往往已经形成。随后发展的入侵响应系统（IRS）作为对入侵侦查系统的补充能够在发现入侵时，迅速做出反应，并自动采取阻止措施。而入侵预防系统（IPS）则作为二者的进一步发展，汲取了二者的长处。入侵预防系统也像入侵侦查系统一样，专门深入网络数据内部，查找它所认识的攻击代码特征，过滤有害数据流，丢弃有害数据包，并进行记载，以便事后分析。除此之外，更重要的是，大多数入侵预防系统同时考虑应用程序或网络传输中的异常情况，来辅助识别入侵和攻击。如用户或用户程序违反安全条例、数据包在不应该出现的时段出现、作业系统或应用程序弱点的空子正在被利用等现象。入侵预防系统虽然也考虑已知病毒特征，但是它并不仅仅依赖于已知病毒特征。

入侵预防系统按用途可以划分为单机入侵预防系统（HIPS）和网络入侵预防系统（NIPS）两种类型。网络入侵预防系统作为网络之间或网络组成部分之间的独立的硬体设备，切断交通，对过往包裹进行深层检查，然后确定是否放行。网络入侵预防系统借助病毒特征和协议异常，阻止有害代码传播。有一些网络入侵预防系统还能够跟踪和标记对可疑代码的回答，然后，看谁使用这些回答信息而请求连接，这样就能更好地确认发生了入侵事件。

通常工业云是应用网络入侵预防系统平台并整合防火墙的功能来满足其云安全的要求。这一安全系统需要平台满足高性能的要求，提供强大的分析和处理能力，保证良好的网络通信和数据传输质量。近年来众多安全厂商也推出了多种类型的基于 x86 架构至强处理器的安全应用平台（如图 10-14 所示），为工业云安全解决方案供应商提供了整合下一代防火墙（NGFW）、虚拟专用网（VPN）、入侵预防系统（IPS）、流量整形、内容过滤、深度包检测（DPI）、统一威胁管理（UTM）和防病毒等功能的应用平台，具备较高的处理性能、可扩展性、可维护性和可管理性。这类产品通常为双至强 CPU

图 10-14　工业云安全平台

处理器搭配多网络接口的计算机架构,并通过可更换不同类型(光口/电口)或速率网络接口卡的形式适配不同的网络接入方式。

　　工业云数据中心由于机房条件等限制,对云平台的可靠性、密度有比较高的要求。对于大型的工业云数据中心,通常采用通用服务器加存储矩阵的形式,这点和普通的数据中心配置没有太大的差异。而对于整体规模不大的工业云数据中心,更高的计算密度和更灵活的配置、高可靠性则是基本要求,这种场景下高密度计算平台成为云数据中心的理想选择。

图 10-15　工业云计算平台

　　高密度一体机(如图 10-15 所示)是一类高性能高密度的计算平台。这类平台和通用服务器相比,通常具备更高的计算密度,同时整机的设计考虑了高可靠性的要求。例如近年来 ADLINK、Super Micro 等厂商推出了一些高密度的平台设备,以 ADLINK 2017 年推出的工业云平台 CSA-7400 为例,4U 的一体化平台可以支持四个双 Intel Xeon E5 处理器 E5 计算结点,采用双冗余交换机模块相互连接。这样的设计可以确保通过热插拔计算结点和交换机模块不间断地提供计算服务交付,配合虚拟化软件可以达到 99.999% 的可靠性,非常适合用于构建下一代高性能虚拟化的工业云计算平台。

　　云媒体服务器(如图 10-16 所示)是另一类适用于工业云媒体应用的平台。与高密度一体机的高密度运算和通用服务器的性能均衡不同,云媒体服务器是为了应对爆炸性增长的视频数据、数字安防和流媒体服在云端的应用和处理需求。工业云的数据处理中会面对大量的视频与媒体流应用,这些多数为工业安防和环控上传的流媒体数据和部分检测设备上传的图像处理,除去一部分用于安全纪录的数据在云端存储之外,还有很多需要实时处理的需求。

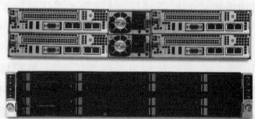

图 10-16　云媒体服务器

　　云媒体服务器作为专用的媒体处理平台,可以针对媒体流进行实时的编码、转码和处理,而这些工作之前都是由通用 GPU 和具有固定功能的 ASIC/DSP 硬件来完成的。相比于传统解决方案(如表 10-3 所示),Intel Quick Sync Video 技术通过采用具有固定功能的硬件以及可编程执行单元(EU)阵列混合的设计方式,为媒体处理提供了更好的选择。Intel Quick Sync Video 编码管道的灵活性,可以让视频编码过程得到更好的控制,从而在性能、功耗和灵活性三者之间取得平衡。由于可以支持 OpenCL,因此相比 ASIC 等固定功能的解决方案,Intel Quick Sync Video 技术可以更快地实现新的媒体处理算法。而且整个芯片设计仍然基于 x86 架构,可以支持本机开发和调试,可以大大缩短开发周期并降低成本。

表 10-3 媒体硬件解决方案比较表

媒体处理方案	处理性能	功耗	灵活性	开发成本
通用 GPU	低	高	低	中等
固定功能的 ASIC/DSP 硬件	高	低	低	高
Intel 高速同步视频	高	低	均衡	低

云媒体服务器为提升密度,在硬件架构上通常在 2U 的整机内集成了 4~8 个媒体处理结点,每个结点支持 2 个 Intel 内嵌高性能 GPU 内核的酷睿 i7 或至强 E3 CPU,整个系统可以支持 8~16 个 CPU 处理器运行。这些处理器支持 Intel Quick Sync Video,可以通过 CPU 内嵌的 GPU 硬件进行 H.265/VP9 转码和多种媒体处理应用。基于 GPU 的转码效率比基于 CPU 的转码率要高很多,无论是最大的实时转码流还是平均的转码帧率,如表 10-4 所示。在工业云的数据中心中搭载媒体云服务器的最大好处是简单搭建即可使其成为灵活高效的媒体处理平台,既可以利用 CPU 内嵌的 GPU 硬件搭配 Intel® Media SDK API 处理常见媒体任务,也可以利用系统中的 CPU 资源搭配专用软件处理其他不常见的媒体或控制业务,达到一个平台多种任务的需求。

表 10-4 基于 GPU 和 CPU 的转码性能比较

转 码 任 务	硬件最大实时转码流数	软件最大实时转码流数	硬件平均每秒传输帧数	软件平均每秒传输帧数
1080. MPEG2 转 1080P. H264	12	3	346.5	89.6
1080P. H264 转 480P. H264	16	5	496.1	163.9
D1. H264 转 CIF. H264	55	20	1342.6	616.5

综上所述,工业数据中心会依据现场环境的要求,特别是数据中心机房环境的要求,结合自身的数据类型以及对数据存储、数据安全、数据处理和分析的要求,灵活选择合适的硬件平台,搭建中间件和上层应用软件,构建面向工业云应用的数据中心。

习题 10

10-1 工业计算一般由哪几部分组成? 具备哪些主要特征?

10-2 工业物联网通常不采用传统的互联网数据传输的原因是什么?

10-3 工业云的实施架构分为的三个层级是什么?

第 11 章　计算机在军事领域的应用

本章描述军用计算机的发展现状,介绍军用计算机的特点、军用计算机的主要设计技术及军用计算机的应用案例。

11.1　军用计算机概述

11.1.1　军用计算机类型

1. 军用计算机定义

军用计算机指使用在军事领域满足军事恶劣环境的特种计算机。可分为以下两类:

1) 军用嵌入式计算机

军用嵌入式计算机是指嵌入到军事装备体系中完成武器系统规定功能的专用计算机。嵌入式计算机通常由嵌入式微处理器、相关的硬件支持设备以及嵌入式软件系统组成,其他硬件还包括内部总线、接口以及外部总线等。

2) 军用计算机系统(军用计算机工程)

军用计算机系统是指应用于军事装备,具有由输入到输出过程的完整设备。它主要包括中央处理器、I/O 设备、界面、内外总线、A/D、D/A 转换设备。

2. 军用计算机分类

军用计算机分类有较大的随意性,例如按任务对象分为火控计算机、指控计算机、网络中心机、结点机等,按装载方式分为车载、机载、舰载、弹载计算机等。依照美国新颁布的环境标准分类的方法分为商业机、加固机、军用规范机。

在我国,根据国军标(国家军用标准)GJB 322A 的划分,军用计算机按其加固形式和适用环境分为以下类型。

1) 军用普通型

a 类:适合于地面固定有空调机房环境。

b 类:适合于地面固定无空调机房环境。

2) 初级加固型

a 类:适合于车载有空调机房环境。

b 类:适合于车载无空调机房环境。

3) 加固型

a 类:适合于车载无空调环境。

b 类:适合于舰载无空调舱室环境。

c 类:适合于舰载有掩蔽的舱外环境。

d 类：适合于潜艇环境。

e 类：适合于机载可控环境。

4）全加固型

a 类：适合于野外环境。

b 类：适合于车载无空调的载体移动环境。

c 类：适合于舰载无掩蔽的舱外环境。

d 类：适合于机载不可控环境。

e 类：适合于陆基发射式环境。

f 类：适合于水下发射式环境。

g 类：适合于空中（飞机、卫星、飞船等飞行器）发射式环境。

3. 军用计算机发展

作为信息链中居于中枢地位的计算机系统，在进入 20 世纪 90 年代后，伴随着电子和信息技术的进步得到了长足的发展和运用。欧美技术发达国家的一些厂商无论在加固计算机的技术理念还是在产品的架构体系、质量保证体系方面都有了比较清晰的技术规范和专业化的研发规模，并源源不断地运用到机动装备中去。在车载、舰载、机载领域，诸如美国的SBS 公司、Z Microsystems 公司、SECS 公司，德国的 Kontron 公司；在移动加固领域，如Fieldworks 公司、ACME、GETAC 等。这些公司针对不同的应用场合，大都形成了独具特色的产品体系和质量体系，诸如欧标加固级、美军标加固级等，用来满足不同场合和环境条件的军事应用需求。

国内军工企业和民营高科技企业加大投入，运用最新的电子和信息技术，基于各自的目标市场，研发和生产不同层次和不同目标需求的加固型计算机产品、周边设备和系统。军工企业由于其先天的资源优势，在加固计算机的研发和生产上捷足先登，已形成一定的产业优势，诸如中国电子科技集团公司 15 所、32 行，中国船舶重工集团 707、709、716 所，中国航空工业集团有限公司（简称中航工业）631 所，中国航天科工集团 706 所、771 所、8357 所，湖南航天捷诚电子装备有限责任公司以及其他军工院所等，都针对各自的对口市场和应用目标形成了相关的加固计算机部件、产品和系统。民营高科技企业也涌现出艾雷斯科技、盛博科技、新松佳和、同普中视等，借鉴和吸收国外的先进技术成就，投入有效资源从事加固计算机的研发和生产。

11.1.2　军用计算机技术体系

随着军事科学、武器装备系统和计算机技术的发展，军用计算产品已经成为军队作战能力的关键因素，军用计算机的研制、生产和应用水平是衡量一个国家国防现代化和军事实力的重要尺度，军用计算机已经成为各种现代化武器装备系统、军事电子信息系统以及国防科研系统中不可缺少、到处可见的设备，按照应用方向，主要有航空、航天领域应用、海洋领域应用及陆地领域应用等。

军用计算机产品所涉及的基础专业非常复杂，一般分为硬件、软件、结构、可靠性等部分，其中，硬件可以简单地概括为 Computer＝System＋IC＋Packaging，即计算机硬件由系统结构、半导体集成电路与机箱组成；软件一般包含底层驱动、软件中间件、操作系统及应用程序。军用计算机技术体系如图 11-1 所示。

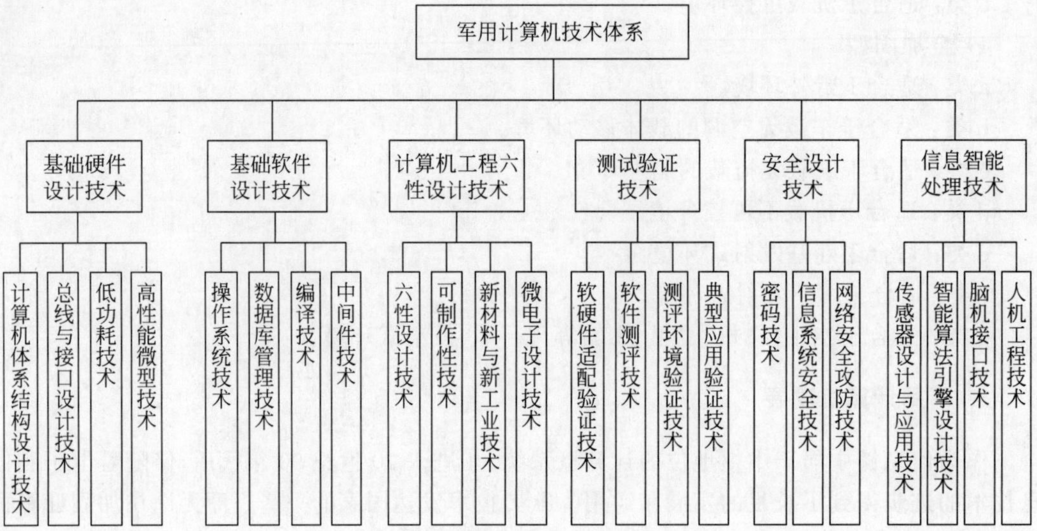

图 11-1 军用计算机技术体系

11.1.3 加固计算机简介

加固计算机多用于室外环境,对环境温度、环境湿度、振动冲击、跌落和运输方式等都有要求。加固计算机还对外壳防护、霉菌及盐霉有要求,有些产品还有压力、噪声等方面的要求。加固计算机主要适应车载无空调、舰载无空调舱室等环境。早期加固计算机几乎全部采用专门设计,随着计算机技术的发展和需求量的日益增大,20 世纪 80 年代初出现了对商业计算机采用加固技术,并成功地用于各个领域。

军用加固计算机(如图 11-2 所示)在设计时就从满足各种抗恶劣环境要求出发,严格按照军用标准要求设计和制造,并且得到指定机构的检验和认可。全加固计算机是系统的核心,是一切电子设备的中枢平台,它主要实现数据采集、数据处理、数据通信、系统监控、导航定位、过程控制、故障诊断等复杂操作。

1. 加固计算机技术

(1)内部配置。加固计算机配置的第一要务是核心处理系统的选择。它最大的特点是首先要保证可靠。

(2)外部连接。加固计算机需要通过连接器接驳到外部设备,多样化的外部设备是对加固计算机可靠性与电磁兼容能力的考验。有些专用车辆可为加固计算机提供独特接口,因此要求加固计算机通过标准总线接口交换数据。

(3)总线技术。2000 年后,一些高性能工业计算机总线如 CPCI 总线、VPX 总线、ATCA 总线等开始应用于加固计算机领域,使其计算平台的可靠性和可用性大幅度提高。

2. 加固计算机防护等级

加固计算机的防护等级用 IPxx 表示,第 1 个 x 是防尘等级,第 2 个 x 是防水等级,防尘

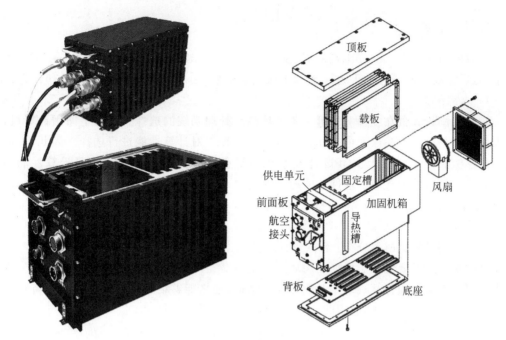

图 11-2　军用加固计算机

等级最高为 6，防水等级最高为 8。加固计算机的国家军用标准有 GJB 322A—1998《军用计算机通用规范》、GJB 2023—1994《飞控计算机通用规范》、GJB 3221—1998《航空大气数据计算机通用规范》和 GB/T 9813—2000《微型计算机通用规范》国家标准等。GJB 322A—1998《军用计算机通用规范》不仅是军用计算机通用规范，也是加固计算机的行业标准。

3．加固计算机成本分析

加固计算机成本高，原因是其高昂的生产成本、测试成本、维护成本。如显示器、硬盘等部件需要专门定制，价格不菲。同时需要花费大量的测试费用从民用或工业用产品中筛选、老化出合乎要求的产品部件，从而保证加固计算机的产品品质。

由于加固计算机的使用条件苛刻，经常会在温度、湿度、冲击、振动等方面不经意间突破环境指标的极限，因此维修成本高。用户在使用时如能定期维护，将有助于降低维护成本，延长机器使用寿命。

11.1.4　车载加固计算机介绍

1．概述

车载加固计算机通常由处理器、显示器、电源、机箱等部件组成，与通用计算机大体相同，但是部件的具体形态与结构有较大差异。

车载加固计算机的实现目前主要有如下几种方式：

（1）把优选的计算组合平台封装到特制的加固机箱内；

（2）基于优化平台内核的自定义扩展功能的单板计算机加固；

（3）基于板级和部件级加固的系统级加固。

2. 需求特点

车载加固计算机一般工作在沙尘飞扬、颠簸振动、高温严寒、强电磁干扰等恶劣的野外环境中,而且使用频繁,甚至全天运行,通过油机或电池供电。因此较之于通用计算机有下述区别。

1) 内部配置

车载加固计算机在配置上的第一要务是核心处理系统的选择。区别于通用计算机,其最大的特点是首先要在保证可靠性和安全性的前提下对计算性能进行选择。因此,不同于通用计算机和传统工控机对 CPU 速度性能的刻意追求,它是在着意于满足计算性能的基础上对计算平台的电气和物理性能的稳固性的要求,同时兼顾对其他系统部件(诸如载板、存储、显示及其他 I/O 部件等)的特殊要求。

2) 结构形式

车载加固计算机机型分类:台式、机柜式、独立一体式、便携式。

结构形式的重要性在于根据使用环境决定装载空间、安装方式和电缆连接要求。现在越来越多的车载加固计算机采用开放的体系结构,使之能够在配件的性能和加固特性上具有更多的选择,顺应主流的通用的计算平台。

3) 外部连接

车载加固计算机需要通过连接器接驳外部装置,越来越多样化的外部装置需要通过接口连接器连接,而每增加一个接口连接器就是对车载加固机在可靠性与电磁兼容能力的一项考验。有些专用车辆或平台可为车载加固计算机提供独特接口,但普通平台没有这种能力,因此要求车载加固机增强和扩充配接连接器的能力,从而通过标准总线接口交换数据。

3. 技术特征

1) 概述

车载加固计算机系统的使用属性,决定了系统必须具备抗恶劣工作环境和抵御强电磁干扰的优异性能,因此具备以下特征:

(1) 计算机系统网络化架构;

(2) 计算平台标准化、通用化、模块化、一体化、小型化、灵活化;

(3) 部件选择在保证较高电气和机械性能的同时,还保证较高的计算性能;

(4) 通过自定义设计用板载连线取代外部连线,用航空插座取代通用插座;

(5) 部件和系统机箱多重加固。

同时由于车载加固计算机系统属于专用信息系统,需要额外的自定义扩展功能和特殊的接驳形式,通用的商用计算机和传统工控机板卡及其部件由于其固有的通用功能且电气和机械性能难以满足系统构成要求,因此应该选择基于标准的更高性能的工业级计算平台内核与部件,在较高的电气和机械性能的基础上,通过高度模块化的板级集成来达到高可靠性、高可用性和自定义扩展功能,实现标准化、通用化、模块化、一体化、小型化的高度融合。

2) 电气特性

(1) 供电方式。

车载加固计算机因其工作环境的特点,一般使用直流 24V 或者使用交流供电方式。

因此,大多数车载加固计算机的产品型号上大都标明电源输入为 AC220V、50Hz 或

DC24V。在进行产品生产时,根据用户要求配备直流或交流电源模块。

（2）三地分离。

很多车载加固计算机以三地分离方式进行设计与生产。在加固机内部将直流地（GND）、交流零线（Null）、机壳（Ground）严格区分开。直流地、交流零线、机壳统称"三地"。产品交付用户后,在安装或连接整车系统时,最终按照用户的要求接地。机壳地或搭铁或由整车系统接大地,随系统要求而定。在直流供电的系统中,交流零线对应于直流 24V"－"端,其余关系不变。

（3）冗余设计。

车载加固计算机应进行冗余设计,以提高系统运行的可靠性。车载加固计算机冗余设计的难点在于结构,如何在封闭性良好的加固计算机上灵活地更换冗余部件是设计的关键。目前,冗余硬盘、冗余电源与可热插拔风扇都已应用在车载加固计算机中,相信这将使车载加固计算机的可靠性有所提高。

（4）固态盘。

对于要求在载体移动环境中工作（动中通）的车载加固计算机,要使用固态盘。

3）结构特性

（1）机箱。

车载加固计算机要承受载体行进带来的振动和颠簸所造成的扭力与冲击,而保证整机的正常完好,同时应能够满足 GJB 322A—1998 规定的相应要求。

机箱有全密闭机箱和非密闭机箱两种。通常全加固型车载加固计算机采用导冷技术与全封闭机箱,而初级加固型车载加固计算机多采用非密闭风冷机箱。

全密封机箱整体焊接或铸造的封闭机箱坚固、密封性好;一般无风道设计,通过箱体散热,箱体材料多为铝或其他质量较轻合金材料,使用时可安装于 19in 标准机柜或直接固定于车壁,适用于履带式或重型车辆。

非封闭型机箱通过风机冷却,由此带来了电磁屏蔽与三防处理问题,且因风机为机械部件,需要维护保养。但由于造价较低,应用广泛,一般普通车辆装载的车载加固计算机多为此类机箱。

（2）减振。

车载加固计算机为满足 GJB 322A—1998 中规定的要求必须采取减振措施缓冲。常用的减振的方式如表 11-1 所示。

表 11-1　车载加固计算机减振措施

材　质	减　震　器	作　用　部　位
金属簧	拉簧 三维减振弹簧 无谐振峰避振器	机箱
橡胶	胶圈 胶柱 胶球	机箱 部件
工程塑料	衬垫 垫圈	部件

　　一些车载加固计算机使用多重减振技术,如控制台式车载加固计算机构架底部与腰部使用减振器减振,内层机箱与控制台结构使用橡胶圈减振,而对硬盘使用空心橡胶柱减振。

11.1.5　航空计算机类型

　　作为军用计算机的一个应用领域,航空计算机属于全加固型的一种而又有其独特的分支。

1.　航空计算机分类

　　航空计算机按组成特点可分为单机类航空计算机、并行类航空计算机、容错类航空计算机;按体系结构可以分为分布式航空计算机、综合式航空计算机等类型。

　　1) 单机类航空计算机

　　单机类航空计算机是指嵌入到武器装备体系中完成系统规定功能的计算机,通常采用单嵌入式处理器和实时操作系统,并能适应各种武器平台的体积、重量、环境等要求。

　　单机类航空计算机是由通用功能模块通过标准底板总线互连构成的计算机,并以 MIL-STD-1553B(一般简称 1553B)总线进行数据通信。

　　单机体系结构的计算机由一个主处理模块和若干个功能模块、背板和机箱组成,各处理模块由背板通过内总线连接起来,通过配置相应软件(操作系统、板极支持包 BSP、驱动软件集和应用程序)实现系统功能。

　　2) 并行类航空计算机

　　并行类航空计算机由两个以上计算机组成,以提高处理性能为目的的嵌入式多处理机系统,处理机之间通过总线进行数据通信。该类型计算机主要应用于对处理性能有较高要求的武器平台上,如雷达信号处理。

　　并行类航空计算机采用多个处理器组成并行处理器阵列,来提高整机的信号处理能力。目前采用得比较多的是 TI 公司或者 ADI 公司的 DSP 处理器、Freescale 公司的 POWER 处理器等。

　　3) 容错类航空计算机

　　容错类航空计算机由两个或两个以上同构或异构计算机组成,具有容错功能的嵌入式多处理机系统,处理机之间通过专用交叉数据通道进行数据通信。该类型计算机主要应用于飞机、火箭、卫星、飞船等的控制系统中。

　　容错类航空计算机系统设计时也要采用标准化、模块化的设计思想,系统由标准机箱、标准模块组成,模块之间由总线连接,系统进行冗余设计,硬件级冗余包括模块级和整机级冗余,通过系统的冗余提高系统工作的可靠性。

　　4) 分布式航空计算机

　　分布式航空计算机由通用模块构成、通过航空网络连接,具备综合处理能力。这类系统主要用于高度综合的计算平台、任务系统等,如战斗机、大型军用飞机上的航电系统、特种飞机任务系统等。

　　从航空计算机的应用来看,一般通过标准总线(如 1553B、AFDX 等)连接成局域网,实现电子信息的共享功能。在网络系统中,可以由一台计算机作为主控计算机(服务器 S),其余为从计算机(客户端 C),整个任务的完成由主控计算机进行调度、管理、控制,这是一种典型的客户端/服务器(C/S)结构。另一种是"无主控计算机"结构,分布在系统中的所有计算机处于平等地位,航空计算机之间可以通过网络相互交换数据,这是一种典型的点对点(P2P)结构。

分布式航空计算机一般不配备键盘、鼠标、显示器等外部设备,一般采用数字总线接口或网络接口输入输出信息。图 11-3 给出典型分布式航空计算机的基本结构。

(1) 电源模块:将机上发电机供应的 AC 115V 电源转换为机箱内部低压直流电;

(2) 总线模块:通过 1553B、ARINC、FC、AFDX 等航空总线,与其他航空计算进行通信;

(3) 处理器模块:采用嵌入式处理器,运行实时操作系统,对计算机输入信息进行处理;

(4) 存储处理模块:采用高可靠性固态存储器,存储数字地图、作战任务等数据;

(5) 综显模块:利用高性能 GPU 芯片,将任务处理计算机的各种信息绘制成 2D/3D 图像,进行显示;

(6) I/O 接口模块:实现对外数字量 I/O 和模拟量 I/O 接口,实现输入采集和输出控制。

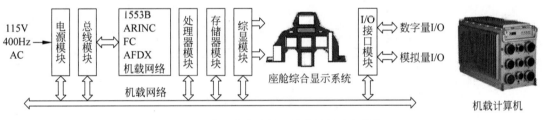

图 11-3　典型分布式航空计算机的基本结构

多台计算机通过 1553B 总线构成的分布式系统如图 11-4 所示。

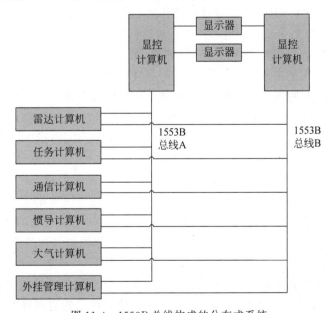

图 11-4　1553B 总线构成的分布式系统

5) 综合式航空计算机

分布式航空计算机环境中,各个计算机相对独立,无法实现计算资源共享,容错能力差,系统的升级麻烦,系统验证时需要大量的地面测试设备,维护成本高。仅有 1Mb/s 传输速率的 1553B 总线无法满足网络化作战环境下多种传感器数据融合的需要。

随着计算机技术的发展,国外先进的飞机采用了综合式航空计算机结构(如图 11-5 所示),通过对计算机资源的共享降低成本,满足飞行任务对高速处理能力的需要。

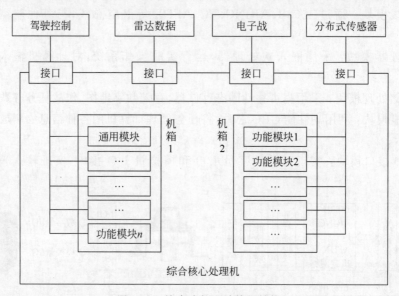

图 11-5 综合式航空计算机结构

采用综合式航空计算机的主要原因:一是计算机数量越多,综合处理的效率明显提高,节约的成本也最多;二是分布在各个子系统中的计算机资源大同小异,与专用硬件相比容易实现通用化和模块化,三是只有实现计算资源的综合化,才有可能节省系统升级和维护成本;四是将航空计算机集中在一起有利于子系统之间信息的共享和交换。

美国 F35 飞机的 ICP 包括两个液体冷却机箱,每个机箱可以容纳 23 个通用模块(另有 8 个备份槽)。ICP 系统包含通用处理模块、信号处理模块、图形处理模块、通用处理 I/O 模块、信号处理 I/O 模块、网络开关模块、电源模块。ICP 的数据处理性能为 40.8GOPS(每秒 10 亿次处理),信号处理性能为 75.6GFLOPS(每秒 10 亿次浮点处理),图形处理性能为 225.6GMACS(每秒 10 亿乘法累加处理)。系统网络采用光纤通道(FC)技术,带宽为 2Gb/s,网络协议支持电路交换/包交换的交叉开关结构。

ICP 支持 F35 飞机航电系统大多数任务的数据、信号、图形处理。ICP 运行具有高确定性的实时操作系统 Integrity(GreenHill 公司产品)。航电任务以确定的资源共享 ICP 的计算、存储和通信资源,各个任务之间实现了数据安全隔离。

ICP 采用 CORBA 实时中间件,实现了应用软件与计算机硬件和操作系统的隔离,从而支持系统的升级维护。

ICP 具有实时容错重构能力,分布在各个模块上的健康管理系统实时检测模块本身和系统的故障,并及时报告负责系统重构的通用系统管理软件。通过故障的过滤实现准确定位并隔离故障模块,根据系统可用资源状况、任务的关键程度实时决定任务在 ICP 上的重新分配,实现系统的重构。被隔离的故障模块经过重新启动后可以被物理隔离(关闭电源)或重新恢复使用。

据称 ICP 的应用软件规模达到了 1000 万行源代码,应开发使用 C++语言和面向对象的方法,最大程度地提高软件的重用性以降低开发难度和开发成本。

2. 航空计算机技术特征

航空计算机专门针对航空领域的特殊要求进行设计和制造。航空计算机具有以下技术特征。

1) 工作环境恶劣

航空计算机的工作环境十分恶劣,如低气压、高温、低温、淋雨、湿热、霉菌、盐雾、沙尘、加速度、坠落、振动、噪声、冲击、飞机炮振等。这些条件的综合作用对航空计算机的稳定工作、可靠性和工作寿命都有着重要的影响。

2) 重量轻体积小

随着航空电子系统的发展和计算机在飞机上应用范围的扩大,航空计算机在飞机上的安装数量也急剧上升。但是受飞机总重量和空间的限制,航空计算机的重量和体积必须进行严格的控制。

微电子技术和计算机技术的飞速发展,给计算机重量、体积的降低带来了可能性。目前,国外在先进的航空计算机中都广泛采用了片上系统(SoC)、多芯片模块(MCM)等技术以降低重量和体积。

3) 实时性和安全性

(1) 实时系统的确定性是非常重要的,必须在规定的时间内正确完成任务。实时系统按对实时性的要求可分为软实时系统和硬实时系统,这是根据时限对其性能影响程度的不同进行区分的。如果任务在时限到来之前未能完成只是使实时系统的性能降低,则为软实时系统;如果其后果是灾难性的,则为硬实时系统。航空计算机属于硬实时系统。

(2) 安全性对航空计算机硬件的要求是通过 RTCA/DO-254 的确认。该标准是通过对研制过程进行控制,避免在采用复杂电子元器件时,因设计人员无法完整和全面地测试所有的逻辑功能,导致设计中可能会产生潜在的缺陷或错误,从而影响任务的可靠性,甚至对飞机的安全造成威胁。

(3) 安全性对航空实时操作系统主要有以下两个方面的要求:一是符合 ARINC 653 规范,该规范定义了应用软件与操作系统的接口;二是符合 RTCA/DO-178B 规范。目前市场上符合上述两个要求的实时操作系统有 Wind River 公司的 VxWorks AE653 和中航工业计算所的天脉 2。

4) 可靠性高

飞机对可靠性的要求非常高,对一架现代飞机而言,其安全关键系统、生存关键系统和任务关键系统的可靠性要求分别为 10^{-6}、10^{-5} 和 10^{-4} 个故障/飞行小时,飞机的飞行控制系统,要求飞控计算机可靠性的失效率应小于 10^{-7} 个故障/飞行小时。

为了达到高可靠性,除了加强元器件的选择外,还采用严格的降额设计和热设计,强调环境应力筛选。例如,所有航空计算机存储系统都具有防辐射和 ECC 校验机制,防止高能宇宙射线造成的计算误差。

5）高度定制

航空计算机需要根据具体任务进行定制。一些航空航空计算机主控芯片的工作频率很低（相对于 PC），一方面是由于功耗方面和芯片抗辐射方面的限制，另一方面也说明一般的航空计算机对计算能力的要求并不高。航空计算机系统需求量比较大的是通信接口、I/O 端口等。另外，航空航天领域计算机最重要的需求是要求有很高的可靠性。理论上在同样的外部条件（环境工艺等）下，一块芯片集成的晶体管越多，芯片的可靠度越低。因此航空计算机设计的一个准则是刚好够用即可，系统越简单越好，复杂的系统容易导致系统失效。

6）可维护性好

可维修性通常定义为"产品在规定的条件下和规定的时间内，按规定的程序和方法进行维修时，保持或恢复到其规定状态的能力"。简言之，维修性指的是产品维修的难易程度。

从武器装备的战备完好性和全寿命周期费用出发，仅提高可靠性不是一种最有效的方法，必须综合考虑可靠性和可维修性才能获得最佳的结果。

航空设备的维护通常采用三级维护方式，即外场级、内场级和车间级。外场级将故障定位到现场可替换部件（LRU），诊断主要靠机内自检测；内场级将故障定位到模块，诊断可以借助于测试设备；车间级将故障定位到元器件并进行模块的修复。

7）通用化、系列化和模块化

通用化、系列化和模块化是标准化（所谓三化）的三种表现形式，是航空计算机的基本要求之一。三化的主要目的是降低产品全寿命周期的成本，包括开发、生产和维护的成本，也包括硬件、软件、维护设备、开发环境和工具、人员的成本，有利于部队的维护，降低了对部队维护人员数量和水平的要求，缩短了研制周期。

11.2　军用计算机设计技术

11.2.1　电磁兼容性设计

在现代战场上，电磁环境越来越复杂，战场上信号密度可达 25 万～100 万脉冲/秒，电磁干扰可导致军用计算机操作失灵、显示器图形紊乱、通信受到干扰、机要信息泄露等。另外随着现代军用计算机的工作频率愈来愈高，其对外的干扰也日益严重，军用计算机电磁兼容技术日益受到国内外研究机构和生产厂家的重视。

在电磁兼容性设计中，一般采用下列技术来达到电磁兼容的目的。

1. 电磁屏蔽

电磁屏蔽的目的是切断电磁波的传播途径。电磁屏蔽是解决电磁兼容问题的重要手段之一。大部分的电磁兼容问题都可以通过电磁屏蔽的方法来解决。在机箱电磁屏蔽设计中，主要是通过箱体材料选取、机箱表面处理、机箱外表面涂覆、孔隙的优化设计、各零部件之间导电密封的合理选取等方法来达到机箱电磁屏蔽的目的。

2. 接地与搭接

"接地"是指在电路或系统与"地"之间建立低阻抗通路。接地是机箱设计时所必须考虑的技术措施。实践证明,接地设计的好坏对设备能否正常工作影响很大。因此,在机箱的电磁兼容设计中,接地技术至关重要,它包括接地点的选择、电路组合接地的设计、抑制接地干扰措施的合理应用。通常采用单点接地、多点接地、混合接地、屏蔽壳接地和隔离层接地等方法。

在军用计算机设备中,金属部件之间的低阻抗连接称为搭接。例如,电缆屏蔽层与机箱、屏蔽体不同部分、滤波器与机箱、不同机箱之间的地线等的搭接。搭接的目的是提供一个均匀的结构面和低阻抗通路。

3. 电磁干扰滤波

电磁干扰从设备内发射出来,或进入设备只有两种途径,即空间电磁波辐射的形式和电流沿着导体传导的形式。对于一个实际的设备,这两种途径是同时存在的。因此,干扰滤波和电磁屏蔽两项技术是互补的,结合在一起才能切断电磁能量传播的所有途径,解决电磁干扰问题。电磁干扰滤波与电磁屏蔽是互补的两个电磁兼容保证措施。电磁屏蔽是切断电磁干扰的空间传播途径,而滤波是切断电磁干扰沿着导体传播的途径。灵活地运用屏蔽和滤波两种技术手段,能够解决大部分电磁兼容问题。电磁干扰滤波器主要是低通滤波器,即它允许较低频率的信号通过,对于较高频率的信号会产生很大的衰减。干扰滤波器之所以主要以滤除高频信号为主,是因为导致电磁干扰的信号大多频率较高。由于互联电缆往往是系统中尺寸最长的导体,它最容易接收和辐射电磁波,因此干扰滤波器的安装位置主要是在导线的端口处。

4. 军用电磁兼容标准

我国军用电磁兼容标准 GJB 151A/152A《军用分系统或设备电磁发射与敏感度要求》,它是在 GJB 151/152 的基础上,等效采用了 MIL-STD-461D/462D。尽管电磁兼容标准看起来十分复杂,但都可以分解为发射和敏感度两个方面的内容。根据能量传播的途径,又可以将发射分为传导发射和辐射发射两种。传导发射是指干扰能量沿着电源线或信号线等传播到外界,辐射发射是指干扰能量以电磁波的形式辐射传播到外界。敏感度也可以分为传导敏感度和辐射敏感度两种。传导敏感度是指设备对沿电源线或信号线传导到设备内的干扰的敏感度,而辐射敏感度是指设备对以电磁波形式从空间辐射过来的干扰的敏感度。

11.2.2 抗恶劣环境设计

1. 部件老化与筛选

直接选用符合抗恶劣环境要求的显示器、硬盘、键盘、鼠标等产品是最理想的方法。但是这类产品价格很高,一般价格是同类商用产品的十倍以上,很多时候出于产品成本的考虑,需要对某些部件进行抗恶劣环境筛选。筛选方法有:一是选择经过质量认证的产品;二是进行产品的测试、筛选与老化;三是进行抗恶劣环境处理。

2. 抗冲击与抗振动设计

加固计算机的机械环境条件包括振动、冲击、摇摆等,危害最大的是振动。经验证明,振动损坏率比冲击损坏率大 4 倍。能经受 50～70G(G＝伽利略重力加速度单位)冲击的元器件,在持续振动环境中,最大能承受 2～3G 的振动。抗振动设计技术有以下几种:一是设计缓冲减振器,缓冲减振器的关键部件是阻尼元件,它主要有弹性阻尼器(如弹簧减震器等)、油阻尼器(利用液体摩擦工作)、固体阻尼器(如橡胶减震器);二是设计减振隔离结构,在振源和被隔离物之间装入隔离介质(如绝缘硅胶);三是去耦合技术,就是减少系统中谐振部件的数量,从而减少共振。减少振动的方法有减小部件高度、增加固定点、使固定点的中心与部件刚度中心以及机箱重心大致重合。

3. 抗高温设计

军用加固计算机一般由主机和显示器两大部分组成。由于显示器发热量较小,采用自然散热方式即可以正常工作,因此热设计的重点是计算机的主机箱。

1) 热设计的基本原则

热设计是通过相关技术方法控制产品内部电子元器件的温度,使工作环境不超过稳定运行的最高温度,保证产品的正常运行。散热设计的方法是保证从热源至最终散热器有一条低热阻的热流通路,保证热量顺利地传递出去,使各类电子元器件的温度低于允许的最高温度,达到整机的可靠性要求。

计算机正常工作时,主机最大功率约为 200W 左右。虽然主机功率并不大,但是主机安装在一个完全密封的箱体内,箱体内各部分热量分布不均匀,长期工作后,机箱内部温度上升很快。因此热设计应当按照最恶劣环境条件考虑。一般来说,整机内部的温度不应该超过 80℃。10℃经验法则认为:当环境温度降低 10℃时,系统可靠性可增加一倍以上。散热方式主要包括自然冷却(利用散热片或散热槽)、风冷、液冷、半导体制冷、热管技术、静电换热、蒸发冷却等。具体采用哪种散热方法应根据散发的热量、工作环境、零件对温度的灵敏度、计算机系统的可靠性要求等条件来选择。

2) 军用计算机的自然散热设计

在满足强度、刚度和良好的机加工性能的条件下,机箱尽量选择具有较高导热系数的金属材料(如铝合金材料),以提高箱体的散热能力。在机箱中,电子元器件通常是热源,一般情况下是机箱内的最热点。热始终是从热区流向冷区,因此,机箱内散热的基本方法是在热源和终端散热器之间提供良好的热流路径,散去内部产生的热量。军用计算机的单板插入机箱后,PCB 上下边沿与导轨之间存在较大的间隙。由于空气的导热系数很低,实际上起到了隔热的作用。另外,当确定了板卡中发热量大的器件后,可以将导热双面胶带的一个面平贴在发热元件上),另一个面平贴在散热器表面,通过导热双面胶带的连接,可以减小 PCB 和箱体的热阻,加大导热面积,提高主机箱的自然散热效率。

机箱散热片的设计应当注意以下问题:散热片的厚度设计必须由热源部分较厚向边缘部份变薄,这样可以使散热片由热源部份吸收足够的热量向周围较薄的部份迅速传递;散热片表面积越大,散热效果越好;如果散热片设置有利于空气流通,则可以提高散热效果;铜、铝导热效率高,是散热材料的首选;增加散热片的厚度比增加长度更有效;表面阳极氧化处理,可以提高辐射散热效果;散热片的颜色(白色或黑色)与散热效果关系不大。

3) 军用计算机的强迫风冷散热

在某些情况下,军用计算机的强迫风冷方式不能采用在机架下方安装轴流式风机散热的方法。因此必须在计算机的主机箱外安装散热风机,形成合理的风道来实现散热。

鼓风机具有风压大、风量集中的特点,特别适合热量分布不均、风阻较大的场合,因此可以在机箱外采用鼓风冷却形式,风机可以采用圆筒式轴流风机。在主机箱上下盖板壁内构造风道,并将风道横截面设计成为多个圆形的互不相同的小孔。这样,冷空气在鼓风机驱动下从风道进风口沿着风道流动,可以将上下盖板的热量带走,通过风道出风口将热量排出机箱,完成计算机的强迫风冷散热。

4. 抗低温设计

军用加固计算机低温设计分为主机和显示器,加固计算机的低温指标的实现依靠选购具有本身能够在低温环境下工作的电子元器件来保证,如选用宽温芯片、宽温的模块电源等。显示器为了保证液晶屏能够在温度低于 0℃ 时规定时间内画面显示正常(无拖尾现象),需要对液晶屏进行低温加热设计。通常采用加热玻璃加热方式,加热玻璃与液晶屏之间填充导热的光学胶,热传导系数较高,可以保证热能有效传播,加热玻璃产生的热量能迅速传递到液晶屏上。并且加热玻璃的平面加热方式及热传播路径较短优势可以保障液晶屏的均匀加热。加热玻璃具体加热方式如图 11-6 所示,在加热玻璃作为防护玻璃作用的同时具备电磁屏蔽的作用。

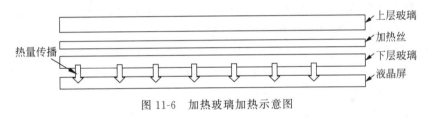

图 11-6　加热玻璃加热示意图

5. 军用计算机的三防技术

潮热、盐雾、霉菌三种环境因素对电子产品有较大的影响,习惯上把这三项防护技术称为三防技术。主要的三防措施有以下几种。

(1) 机箱密封工艺。机箱外壳通常采用铸造铝合金、不锈钢外壳以及其他金属材料制成。为了密封可靠,还可以在接缝处涂覆密封剂,这对防止潮湿的侵入十分有效。为了进一步防止机箱密封不足,还可以在密封机箱内放置吸潮剂,如变色硅胶、吸湿板等。

(2) 采用三防涂料。加固计算机对三防涂料的主要要求是:良好的三防性能、对所覆盖的金属无腐蚀作用、良好的绝缘性能和电气性能、环境适应性强、工艺简单。根据以上要求,大多选用聚丁二烯环氧甲基丙烯聚酯、沉浸型快干溶剂漆、聚氨基甲酸酯绝缘漆等作为涂料。为了提高防护效果,大多采用真空喷涂或刷涂,一般刷涂两三层,以避免涂层有针孔。它主要用于印制电路板、接插件、底板等。

(3) 灌封处理。对航空加固计算机中的分立元件等进行密封灌封处理,灌封材料多为胺类和酸酐类固化剂,如环氧树脂、硅橡胶、有机硅凝胶、泡沫硅橡胶等。

（4）外壳静电喷涂处理。部分加固计算机的外壳采用了静电喷涂塑料的工艺，以代替油漆涂覆。静电喷涂塑料粉主要是氯化聚醚、三氯氟乙烯、环氧、尼龙等材料。

11.2.3 系统可靠性设计

1. 可靠性设计

可靠性是指产品在规定条件下和规定时间内，完成规定功能的能力。加固计算机可靠性的技术途径很多，大致有以下方法。

1）元器件的筛选和降额

半导体元器件的可靠性在极大程度上决定了整机的可靠性。筛选是对元器件施加一种应力或多种应力的试验，暴露元器件固有缺陷。元器件的降额使用是提高可靠性的重要方法，即以降低元器件的负荷来提高可靠性。

2）冗余设计

冗余设计是采用备份的手段，对故障进行防护的一种技术。目前，冗余硬盘、冗余电源、可热插拔风扇等，都已应用在加固计算机中。

2. 主要部件设计技术

（1）计算机机箱有全密封型机箱、非密封型机箱、双层机箱等类型。全封闭机箱采用整体焊接或铸造工艺，这种机箱坚固性和密封性良好。它一般无风道设计，主要通过箱体外面的槽型条散热。这种箱体材料多为铝合金或其他质量较轻的材料，机箱一般安装在标准机柜或直接固定在车壁上，它适用于履带式或重型车辆。

（2）非封闭型机箱一般通过风扇散热，但是由此带来了电磁信号泄露与三防处理问题，而且风扇为机械部件，需要维护保养。由于风扇散热方式造价低，所以应用广泛，一般普通车辆的加固计算机多为这类机箱。

（3）双层机箱是一种有创意的设计，这种机箱分为内外两层。外机箱箱壁上安装航空连接器、电源与显示器等外部设备，并通过减振器支撑内机箱。内机箱中安装 CPU、硬盘等核心部件。内外机箱的结合，既提高了电磁屏蔽的性能，又起到了与外界隔离的作用。这种设计方案既降低了外部环境对计算机的影响，又保持较低的机箱造价。

（4）主要部件。为了在恶劣环境下安全使用计算机，加固计算机必须采用宽温主板，必要时在主板和附加卡（如网卡、显卡、数据采集卡等）上加装散热铝板，或加装加热膜及温控开关。在运行环境低于一定温度时温控开关启动，通过加热膜加热的方式提高加固计算机内的温度至可工作的温度。

（5）电源。军用加固计算机因工作环境的特点，一般采用直流 27V 供电方式，也可以借助车辆电瓶或是便携发电机进行直流供电。大多数加固计算机产品都标明电源输入为：AC110V/AC220V/50Hz/DC27V。

（6）三地分离。很多加固计算机以三地分离方式进行设计，产品交付用户后，在安装或连接整车系统时，要求用户按技术规范接地。

11.2.4　计算机容错设计

1. 计算机容错技术概述

在一些特殊应用场合,如航空航天、国防军事、核能电力等关键部门,一次计算机系统错误的发生就可能导致不可挽回的巨大损失,这些关键系统的设计必须采用容错技术来保证运行中突发的计算机错误不会导致整个系统失效。

提高计算机可靠性有两种方法。一种是避免出现故障,这需要严格筛选计算机元器件,完善设计,提高制造工艺,以及加强质量管理等。但即使这样的计算机系统,由于工作环境复杂,如湿度、温度、电磁干扰、强震动等,因此总避免不了出现故障。第二种方法是容错技术。容错技术最早由冯·诺依曼(John VON Neumann)提出。容错是指在硬件或软件出现故障的情况下,计算机系统能够检测出故障,并采取措施容忍故障,不影响正常工作,或者在能够完成规定任务的情况下降级运行。

最基本的容错技术包括故障检测与诊断、硬件容错技术、软件容错技术等。

2. 故障检测与诊断

故障检测与诊断是当系统部件发生故障时,能快速发现并确定故障的具体位置。故障检测技术的主要内容有三个:故障检测、故障隔离(在故障导致系统不可恢复时,将故障的影响封闭起来)和故障诊断。它的评估标准主要有故障覆盖率和故障的反应时间(平均值)。它们分别代表了故障检测能力和故障诊断的实时性。

3. 硬件容错技术

1)静态冗余

静态冗余常见形式有三模冗余(TMR),其基本原理是:系统输入通过三个功能相同的模块,产生三个运算结果,将三个运算送到多数表决器进行表决,即三中取二的原则。如果模块中有一个出错,而另外两个模块正常,则表决器的输出正确,从而可以屏蔽一个故障。TMR 的缺点是:如果三个模块的输出各不相同,则无法进行多数表决;如果有两个模块出现一致的故障,则表决结果就会出现错误。三模冗余可推广到 N 模冗余(NMR),其基本原理与 TMR 的原理相同,其中 $N \geqslant 3$,且 N 为奇数,以便进行多数表决。例如,20 世纪 60 年代,美国土星 V 号火箭的航空计算机采用了三模冗余结构。

2)动态冗余

动态冗余的基本思想是:系统不仅要屏蔽故障,还要自动切换故障子系统,或改变系统的结构,不让故障部分的积累造成一系列的错误动作。具体设计方法是当检测到工作模块出现错误时,系统就切换到另外一个备用模块,当换上的备用模块再次发生故障时,再切换到另一个备用模块,依次类推,直到备用模块都用完。

3)单机硬件冗余

计算机单机硬件冗余技术具有以下特征:一是采用双总线体系结构,如采用哈佛计算机结构等;二是采用冗余部件,如冗余 CPU、冗余内存、冗余网络、冗余磁盘、冗余电源、冗余风扇等;三是自动隔离故障部件,将任务自动切换到备用计算机。

　　例如在哈佛计算机结构中,数据总线与指令总线分别有各自的总线,这样当发生大量数据传输造成数据总线阻塞时,可以通过指令总线,发送中止数据传输的指令,避免系统死锁。单机容错的优势在于它能够自动隔离故障模块,在不中断运行的情况下,进行模块切换,并在物理故障消除后,系统会自动重新同步运行。

　　4) 计算机集群容错

　　计算机集群容错技术有服务器集群容错、双机热备份容错、负载均衡容错等技术。计算机集群容错、双机热备技术在前面章节进行了分析讨论。如图 11-7 所示,波音公司的 737 飞机航空计算机采用了 3×3 的冗余航空计算机设计方案。

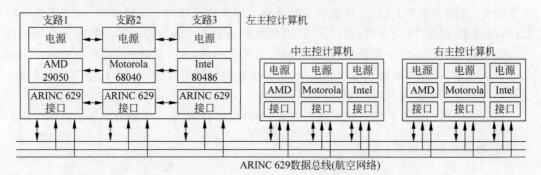

图 11-7　波音 737 飞机航空计算机冗余架构示意图

　　这个航空计算机系统不仅采用 9 冗余,而且采用了三种不同架构和公司生产的主控 CPU,如 AMD、Motorola、Intel。这种架构称为非相似冗余,即采用完全不同的软件和硬件,可以避免共模失效。由于需要分别研发这三种架构的计算机硬件和软件,因此这套计算机系统的研发和生产成本都非常高。

4. 软件容错技术

　　软件容错是通过多处理器和特别设计的操作系统来达到容错目的。

　　1) 指令重复执行

　　当检测出故障时,重复执行故障指令,如果故障是瞬时的,则在指令重复执行期间可能不会再出现,程序就可以继续向前运行。指令重复执行必须保留上一指令结束的现场,包括累加器、指令指针及其他寄存器的状态。

　　2) 程序卷回

　　这种方法是在整段程序中设置多个恢复点,当程序发生错误时,可以从上一个恢复点处开始重复执行程序,这个过程称为程序卷回。如果一次卷回不能解决问题,可以多次卷回,直到故障消除。检查点的使用需要有高度的编程技巧和对系统的详细了解,而且对计算机系统的资源消耗比正常系统增加 25% 左右。

　　3) 软件设计相异性容错技术

　　软件故障主要来源于设计和应用阶段,因此程序的简单重复不能实现容错。实现软件容错的基本方法是将若干个根据同一需求说明编写的不同程序(即多版本程序),在不同机器中同时运行,然后在每一个设置点通过表决或接收测试进行表决。

　　软件设计时的共性越小,出现相同故障的概率也就越小,容错性能就越强。相异性设计要求对同一需求说明的软件功能,不同的研发设计人员及不同的研发设计小组对于这同一功能的软件设计禁止谈论和沟通,在不同的环境空间中独立进行设计;另外,还要求软件设计的多样性,如采取不同的设计方法、不同开发工具、不同编程语言、不同编译器、不同算法等。在航空航天、核电站控制、铁路交通控制等对软件可靠性要求很高的场合,软件的相异性设计可以有效提高软件的容错能力。

11.3 军用计算机通信网络

11.3.1 MIL-STD-1553B 总线

1. MIL-STD-1553B 数据总线概述

1973 年,美国公布了军用通信网络标准 MIL-STD-1553 总线,标准全称为"飞机内部分时制指令/响应多路传输数据总线"。1978 年,又公布了 MIL-STD-1553B 标准。随后 MIL-STD-1553B 标准在 F-16、F-18、B-1 和 AV-SB 等飞机上得到应用。MIL-STD-1553B 标准目前广泛用于美国和欧洲海、陆、空三军的运输机、民航客机、军用飞机上,航天系统也广泛应用这一总线,它正在成为一种国际标准。我国于 1987 年颁布了相应的军标。

2. MIL-STD-1553B 总线技术特征

MIL-STD-1553B 总线采用半双工工作方式,可以双向传输,数据传输速率为 1Mb/s。

MIL-STD-1553B 总线采用"指令/响应"通信协议。它有三种终端类型,分别为:总线控制器(BC),它是总线上建立和启动数据传输任务的终端;远程终端(RT),它是用户子系统到数据总线的接口,它在 BC 的控制下提取数据或接收数据;总线监控器(BM),它监控总线上的信息传输,对总线上数据源进行记录和分析,它本身不参与总线通信。这三部分通过一个多路总线接口(MBI)来完成,可以把 MBI 嵌入在航空计算机内。

MIL-STD-1553B 总线能挂接 31 个远置终端,传输媒介为屏蔽双绞线,它可以采用多冗余总线型拓扑结构,采用曼彻斯特编码进行传输。

3. MIL-STD-1553B 总线消息格式

MIL-STD-1553B 总线上的信息都以消息的形式进行传输。每条消息最长 32 个字,所有字分为三类:命令字、数据字和状态字。每类字的长度为 20 位,其中数据有效长度为 16 位,同步头 3 位,奇校验 1 位,传输顺序为先高后低。

传输一位的时间为 1μs(即传输频率为 1MHz)。同步字头占 3 位,先正后负为命令字和状态字,先负后正为数据字。状态响应时间大于 4μs 且小于 12μs。

4. MIL-STD-1553B 总线网络拓扑结构

基本的 MIL-STD-1553B 总线拓扑结构如图 11-8 所示。

MIL-STD-1553B 总线采用屏蔽双绞线作为传输介质,主电缆最长不超过 100m,两端采用总线终端电阻进行端接。如果主电缆长度过长,需要考虑传输延时和传输线的影响,1m

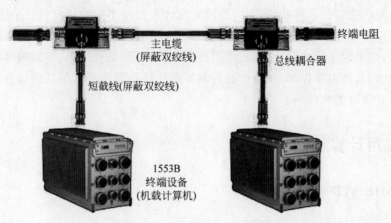

图 11-8　基本的 MIL-STD-1553B 总线拓扑结构

电缆的信号传输延时为 5.3ns。短截线是将终端设备连接到主电缆的一段电缆。在直接耦合方式下,短截线长度不超过 0.3m;在间接耦合方式下,短截线的长度不超过 6m。

5. MIL-STD-1553B 双冗余总线结构

大多数 MIL-STD-1553B 总线都采用双冗余结构,双冗余总线包括一个主总线(Bus A)和一个从总线(Bus B),双冗余总线网络拓扑如图 11-9 所示。

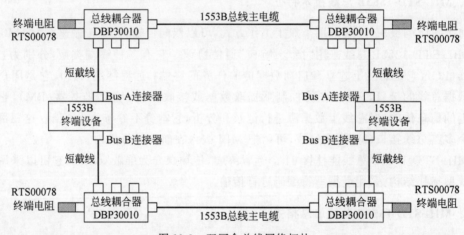

图 11-9　双冗余总线网络拓扑

6. MIL-STD-1553B 总线的特点

(1) 局域网结构。MIL-STD-1553B 采用的总线形拓扑结构是航空系统或地面车辆系统中分布式设备的理想连接方式。与点对点连接相比,它减少了所需电缆,便于维护,易于增加或删除结点,提高网络系统灵活性。

(2) 冗余容错能力。MIL-STD-1553B 总线可以通过在两个通道之间自动切换来获得冗余容错能力,提高网络系统的可靠性。通道的自动切换对软件透明。

(3) 差错控制。为确保数据传输的完整性,MIL-STD-1553B 采用了反馈重传纠错方法。当总线控制器向某一远程终端发出命令或消息时,终端应在给定的响应时间内发回一个状态字。如果传输的消息有错,终端就不会发回状态字,由此可以判断上次的消息传输无效。

（4）支持"哑"结点和"智能"结点。MIL-STD-1553B 总线支持非智能的远程终端,这种远程终端必须提供与传感器的接口。

（5）高可靠性。由于采用了屏蔽和总线耦合方式,每个结点都能够安全地与网络隔离,减少了潜在的损坏计算机设备的可能性。

（6）故障隔离。MIL-STD-1553B 总线耦合方式有直接耦合和变压器耦合。采用曼彻斯特码进行传输是因为它适用于变压器耦合。由于直接耦合不利于终端故障隔离,会因为一个终端故障而造成整个网络完全瘫痪,所以协议中明确指出不推荐使用直接耦合方式。

11.3.2　ARINC429 总线

1. ARINC429 总线概述

1977 年美国航空电子工程委员会颁布了 ARINC429 标准,全称是数字式信息传输系统（DITS）。该标准规定了航空电子设备及有关系统间的数字信息传输要求。ARINC429 总线广泛应用于民航科技中,如 B-737、B-757、B-767。中国与之对应的标准为 HB 6096-SZ-01。

2. ARINC429 总线技术特征

ARINC429 总线是单工总线传输结构。总线上的发送设备与接收设备采用屏蔽双绞线连接,传输方式为单向广播式,编码调制方式采用双极性归零制三态码,传输数据速率有两种：12.5kb/s 或 100kb/s。

ARINC429 总线协议传输单元为 32 位的字,字分为 5 个字段,分别为 Parity、SSM、DATA、SDI、LABLE。奇偶校验位 Parity（第 32 位）一般设置为奇校验；符号/状态位 SSM（第 29～31 位）用于标示硬件操作模式、条件以及有效数据；数据区（DATA）为第 11～28 位；源/目的标识位 SDI（第 9、10 位）为目的/源接收标识；源/目标标识符 LABEL 为第 1～8 位,用于区别数据类型和相关参数。其他识别符与正常发送顺序相反,先发送高字位再发送低字位。

3. ARINC429 总线体系结构

ARINC429 总线是面向接口型数据传输结构,总线上定义了发送和接收两种设备。在一条总线上,发送设备只有一个,而接收设备却可以有多个,其拓扑结构如图 11-10 所示。

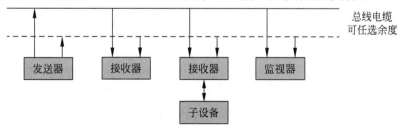

图 11-10　ARINC429 总线拓扑结构

　　两个通信设备间需要双向传输时,则需要在每个传输方向使用一根独立的传输总线。这样就增加了系统的复杂性,而且由于发射单元的负载能力限制,在一条总线上连接的接收端不能超过 20 个。

　　ARINC429 总线通信的关键组件是 429 接口卡,在设计中,ARINC429 总线接口卡的设计关键有两点:第一,如何方便地连接实现 m 发 n 收模块,需要分析比较所有可能的拓扑结构,选择其中最经济有效的拓扑;第二,如何保障 m 发 n 收数据的高效率发送和正确无丢失地接收,一般需要采用 FIFO 缓存和中断相结合的方式处理。

　　在实际总线布线时,为避免 ARINC429 总线适配器上接收端与发送端连接过程中出现混淆,应采用针孔差错设计,规定连接发送的插座子为针,连接接收的插座子为孔。多条总线时,各个总线的线束也应从颜色上明显区别,以防连接错误。

11.3.3　AFDX 网络

1. AFDX 网络概述

　　AFDX(航空电子全双工交换式以太网)是在传统以太网基础上,采用商用现成技术(COTS)和开放式的网络协议标准。它具有高速(100Mb/s)、高可靠性(冗余结构)等特点,主要用于飞行系统之间的数据传输网络。

　　AFDX 网络完全符合 ARINC664 Part7 协议规定,网络采用星形拓扑结构,使设备之间通信更加方便,提高了网络可扩展性。同时 AFDX 网络的虚拟链路、流量管理、抖动控制、冗余管理、完整性检查等技术,增强了网络系统的确定性和可靠性。

2. AFDX 网络的技术特性

　　AFDX 网络在商用以太网的基础上增加了以下特性,以适应航空电子系统的需求。

　　(1) 网络物理层和数据链路层采用 IEEE 802.3 协议,以充分利用现有技术。

　　(2) 采用虚链路(VL)进行带宽预分配,对网络传输性能进行优化。交换机具有基于 MAC 目的地址的流量优先级机制,分为高优先级和低优先级两类流量。优先级在配置表中基于虚拟链路定义。

　　(3) 采用预先设定的传输路径进行数据传输,网络传输速率为 100Mb/s。

　　(4) 采用星形网络拓扑结构,交换机之间可以进行级联,增强网络的可扩展性。在 ARINC429 航空网络中,一个发送源端最多只能有 20 个接收者;在 MIL-STD-1553 总线中,一个 BC 最多只能连接 32 个 RT;而 AFDX 网络连接的航空子系统的数量只跟交换机端口数量有关,这满足了增加子系统的需求。

　　(5) AFDX 允许连接到其他的标准总线,如 ARINC429 或者 MIL-STD-1553 等网络,并且允许通过网关和路由器与其他网络进行通信。

　　(6) 网络链路采用双冗余的热备份,以保证数据传输的可靠性。

3. AFDX 网络拓扑结构

　　AFDX 网络采用传统以太网的星形拓扑结构。同时,AFDX 网络可以采用双冗余机制,如图 11-11 所示,相同位置不同颜色的交换机互为热备份。

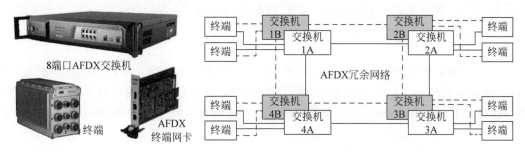

图 11-11　FDX 冗余网络拓扑结构

标准 AFDX 网络拓扑图中,所有链路都采用热备份机制,即所有交换机都有热备份,每个终端系统与两台互为热备份的交换机相连,构成双冗余网络,交换机之间通过级联扩展网络规模。冗余网络可以避免由于链路或者交换机故障所导致的网络瘫痪,同时互为备份的链路层也可以保证数据的可靠性。

4. AFDX 网络工作原理

AFDX 网络系统的工作原理如图 11-12 所示,AFDX 网络工作原理如下。

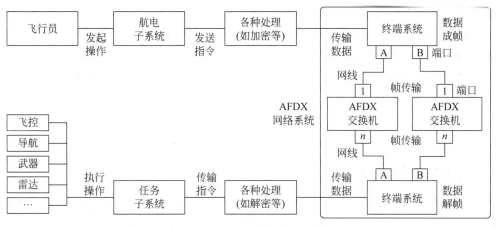

图 11-12　AFDX 网络系统的工作原理

(1) 飞行员发起操作,航电子系统将飞行员操作转换为指令,并对指令进行处理(如加密等),然后将数据发送到终端系统。

(2) 终端系统对指令数据进行处理(数据成帧),如加上 AFDX 网络的控制信息(如 IP 头部、UDP 头部、SN 号、CRC 校验等),然后将数据封装成完整 AFDX 数据帧,通过终端系统的 A、B 两个冗余端口发送出去,数据帧到达 AFDX 交换机端口。

(3) AFDX 交换机收到数据帧后,按照用户提前配置好的数据传输路径进行数据帧转发。在交换机内部,数据帧需要经过过滤、调度、交换等处理,符合网络要求的数据帧从指定端口发送到目的终端系统。

(4) 目的终端系统收到交换机转发来的数据帧后,首先判断帧的正确性和完整性,然后对数据帧进行解析处理,将传输时附加的 AFDX 网络控制信息逐一拆除(数据解帧),取出源数据内容,并且对数据内容进行处理(如解密等)后,然后将指令发送到任务子系统,由任务子系统执行指令规定的各种操作(如飞行控制、武器发射等)。

5. AFDX 网络发展和应用

AFDX 网络是当前国际上先进大中型飞机的主干航空网络之一,尤其是其采用 COTS 技术,使成本相对 FC(光纤通道网络)、MIL-STD-1553B 网络等有很大优势。国外对 AFDX 的应用已经非常成熟,形成了完整的应用、测试、验证解决方案。目前 AFDX 已经广泛用于先进的大型客机项目,如空客 A380、波音 B787,以及 A400M 军用运输机等。AFDX 已经成为新一代大型客机高速航空网络的首选标准。

国内 AFDX 网络已开始在部分飞机上验证、应用。目前国内已自主研发出网络结点监控设备,并且完成了 AFDX 网络的综合实验等任务。但国内 AFDX 网络应用正处于初期阶段,应用规模不大,相比国外还有一定差距,暂时还没有全面的、精确度较高的交换机和网络测试平台。我国的大飞机项目已确定采用 AFDX 网络系统。随着 AFDX 网络的日趋成熟,可以预见未来国内 AFDX 网络设备可以实现完全自主可控。

11.3.4　FC 网络

1. FC 网络概述

在联合先进攻击技术(JAST)中提出了统一航空电子互联网络的方案,统一网络连接综合核心处理机、综合传感器系统(包括综合射频传感器和综合光电传感器)、飞行器管理系统、驾驶员/飞机接口;统一网络采用光纤通道技术(FC)代替了上一代飞机中的并行(PI)总线、测试维护(TM)总线、数据网络与高速数据总线等,简化了上一代飞机中复杂的传输系统,提高了系统可靠性;真正地发挥了综合化系统的容错、重构、资源共享、信息融合等各种优点。

2. FC 网络的技术特性

FC 网络是综合计算机通道和数据网络概念提出的一个不同于传统的通道和网络结构的互联方案,是一种具有高实时性、可靠性、带宽、性价比的开放式通信技术,采用通道技术控制信号传输,使用交换或仲裁环拓扑处理介质访问冲突,采用信用策略控制网络流量。

与通用的 OSI 七层网络模型类似,FC 模型也采用了分层的协议模型,共分为 5 层,分别为 FC-0、FC-1、FC-2、FC-3 和 FC-4,其分层模型见图 11-13。

FC-0:定义了连接的物理端口特性,包括介质和连接器、驱动器、接收机、发射机等的物理特性、电气特性和光特性、传输速率等端口特性。物理介质包括单模光纤、多模光纤以及短距离用的同轴电缆和双绞线。光纤通道所规定的基本数据传输率为 1.0625Gb/s,还有 2~4 倍甚至更高的传输率。

FC-1:信号编码和解码层,负责将一系列信号编码成有序集。FC-1 层使用 8b/10b 编码方式。信号可以被编码成两种字符集,而普通数据被界定为 D 字符集。

FC-2:帧协议层,是 FC 用来识别、解释和处理 FC 网络信息流的核心层。FC-2 层规定信息单元的组成格式(包括帧、序列和交换)、原语序列协议、端口类型、服务类型、数据的分段与重组、流量控制、差错恢复策略、节点初始化、节点的注册和节点的注销等功能。

图 11-13　FC 协议的分层模型

FC-3：FC 的公共服务层，定义了一些通用服务功能，如带宽频率分片、搜索组和多播等通信服务。

FC-4：FC 协议模型的最高层。FC-4 包含了多种高层协议，如 SCSI、IP、HIPPI、ATM 等。针对航空电子环境需求，专门定义了 FC-AE 协议，主要在航空电子指挥、控制、监测、信号处理和传感器/视频数据方面应用。FC-AE 包括 5 种协议：匿名签署消息传输协议（FC-AE-ASM）、MIL-STD-1553 高层协议映射（FC-AE-1553）、远程直接存储器访问协议（FC-AE-RDMA）、虚拟接口（FC-AE-VI）和轻量协议（FC-AE-LP）。

3. FC 交换机体系结构

FC 交换机负责与各结点数据通信、路由选择、流量控制以及结点端口管理等功能。

按照交换设计方式，交换机可分为两大类：电路交换和包交换。

（1）电路交换。两个通信结点在传输数据前通过交换结构建立一条专用的物理链路，链路一旦连接建立好，两个结点就独占整个宽带进行数据通信，提供了点到点连接的通信性能。电路开关不进行数据包解析、数据帧缓冲和流量控制等操作，保证了数据通信的高带宽和低延迟。适用于数据传输带宽较大，并且连接相对固定的数据传输。但对于各个通信结点的通信目标不断变化的数据传输，需要不断进行建立和拆除通信连接，增加了网络通信开销。

（2）包交换。对数据帧进行缓冲，提供灵活的路由选择，支持多种流控制策略，定义了多类服务同来满足不同应用的通信要求。包开关为数据通信提供灵活的通信机制，保证了不同应用类型的通信服务质量（QoS）。

针对航空系统应用的需求，一般采用包交换机。包交换机常用有两种交换技术：存储转发和直通开关。

（1）存储转发模式是数据包进入交换机后，交换机暂时存储数据包，然后根据数据包头的目标地址查找路由表信息，决定目标端口地址，然后采用一定调度策略将数据转发目标端口。

（2）交叉开关模式则当数据包的包头进入交换机后，立即根据数据包头的目标地址查找路由表信息，确定目标端口并查询其空闲后将包转发到目标端口。一个典型直通开关模式的 FC 交换机结构如图 11-14 所示。交换机采用无阻塞的交叉开关矩阵结构,提供 N 个输入端口与 N 个输出端口任意互连。一个交叉开关矩阵同时闭合多个交叉结点,多个不同的端口就可以转发数据。数据帧进入 FC 交换后,经过输入处理,交换调度、输出处理转发到输出目的的端口。

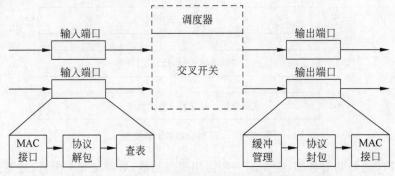

图 11-14　一个典型直通开关模式的 FC 包交换机结构

其中,输入处理主要进行协议处理,接收完整的数据帧,进行有效性检测,然后根据查找交换转发表,将数据帧放到相应的输出队列等待调度。当多个输入端口竞争同一个输出端口导致输出冲突时,数据帧保留到缓冲区等待调度。当数据帧超过最大缓冲区数目时,交换机输入端口管理负责启动流量控制机制,禁止发送端口发送数据帧,从而保证通信流量的可靠性。交换调度根据交换机的输入端口和输出端口的状态,根据优先级调度策略,配置交叉开关,将数据帧从输入端口迁移到对应的输出端口。输出端口负责从输出队列读取数据帧,将数据帧发送到与之相连接的结点。

11.3.5　常用航空计算机网络性能比较

常用航空计算机网络性能比较如表 11-2 所示。

表 11-2　常用航空计算机网络性能比较

技术参数	ARINC429	1553B	AFDX	FC
带宽	100kb/s	1Mb/s	100Mb/s	＞1Gb/s
通信模式	单工	半双工	全双工	全双工
终端数量	20	32	不限	不限
传输介质	屏蔽双绞线	屏蔽双绞线	屏蔽双绞线	光纤
拓扑结构	点对点	总线型	星形	星形
冗余特性	不支持	支持	支持	支持
实时性	高	较高	高	高
价格成本	较低	较高	较低	较低
典型应用	A310/波音 757	F16/F-22/B-1	A380/波音 767	F35
应用领域	航空	航空	航空	航空
最早推出时间	1977 年	1978 年	2004 年	

11.4　军用计算机内部总线

随着技术发展,商用计算机中的 PCIE、Serial RapidIO、以太网等高速总线也逐步引入军用计算机中。

11.4.1　PCIE 总线

PCI Express(Peripheral Component Interconnect Express)是一种高速串行计算机扩展总线标准,是由 Intel 公司在 2001 年提出的,旨在替代旧的 PCI、PCI-X 和 AGP 总线标准。

PCIe 属于高速串行点对点双通道高带宽传输,所连接的设备分配独享通道带宽,不共享总线带宽,主要支持主动电源管理、错误报告、端对端的可靠性传输、热插拔以及服务质量(QoS)等功能。它的主要优点是数据传输速率高,而且还有相当大的发展潜力。PCI Express 也有多种规格,从 PCI Express x1 到 PCI Express x32,能满足将来一定时间内出现的低速设备和高速设备的需求。PCI Express 典型接口是 PCIe3.0 接口,其比特率为 8Gb/s,包含发射器和接收器均衡、PLL 改善以及时钟数据恢复等一系列重要的新功能,用以改善数据传输和数据保护性能。

11.4.2　以太网网络

以太网是使用最广泛的局域网互连技术,它也被扩展应用到嵌入式设备互连。高速 10GE 以太网,在传统 10M/100M/1000M 以太网基础上,将速率提高到 10Gb/s,符合 IEEE 802.3AE 标准。

10GE 以太网特点如下:

(1) 保留 IEEE 802.3 以太网的帧格式;

(2) 保留 IEEE 802.3 以太网的最大帧长和最小帧长;

(3) 只用全双工工作方式,改变传统以太网的半双工的广播方式;

(4) 用点对点链路,支持星形结构的局域网。

以太网应用广泛,但也有其局限性:

* 不支持硬件纠错,软件协议栈开销较大;
* 打包效率低,有效传输带宽因此而减小;
* 只支持消息传输模式,不支持端对端设备的存储器直接访问(Direct Memory Access, DMA)。

11.4.3　RapidIO 高速总线介绍

RapidIO 技术是由 Freescale 和 Mercury 公司率先提出的一种高性能、低引脚数、基于包交换的开放式互连技术标准,具有简化系统设计、高带宽、低延时等特点。

针对嵌入式系统的需求以及传统互连方式的局限性,RapidIO 标准按如下目标制定:

* 针对嵌入式系统高速互连应用而设计。
* 简化协议及流控机制,限制软件复杂度,使得纠错重传机制乃至整个协议栈易于用硬件实现。

- 提高打包效率,减小传输时延。
- 减少管脚,降低成本。
- 简化交换芯片的实现,避免交换芯片中的包类型解析。
- 分层协议结构,支持多种传输模式,支持多种物理层技术,灵活且易于扩展。

RapidIO 协议采用三层体系结构:逻辑层、传输层和物理层,以满足灵活性和可扩展性的要求,如图 11-15 所示。

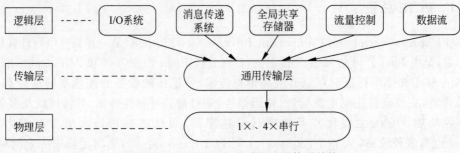

图 11-15　RapidIO 协议采用三层体系结构

1. 逻辑层功能说明

逻辑层位于 RapidIO 协议的最高层,主要用于规定接口的协议和数据包格式,为端点器件发起和完成传输事务提供必要的信息。根据 RapidIO 协议规范,逻辑层主要包括 I/O 系统、消息传递系统、全局共享存储器、流量控制和数据流。

2. 传输层功能说明

传输层主要用于实现数据包的交换、路由和寻址机制,所有的逻辑层协议都使用单一的传输层实体。RapidIO 传输层技术与互连结构无关,可以实现多种拓扑结构,其中最常使用的是基于交换机的拓扑结构,如图 11-16 所示,4 个器件通过两个交换机互连,逻辑数据包通过交换机、互连结构从一个器件发给另一个器件。交换系统包含两部分:端点器件和交换机,端点器件是数据包的发送者和接收者,交换机用来在端点器件之间传输数据包。

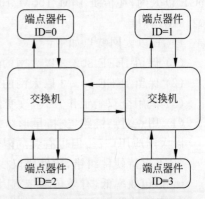

图 11-16　基于交换机的拓扑结构

3. 物理层功能说明

物理层定义包传送机制、流控信息、低级错误管理和电气特性等,最初定义的规范是并行总线,包括 8 位和 16 位并行接口。由于并行总线需要较多的信号引脚(8 位宽接口需要 40 个信号线,16 位宽接口需要 76 个信号线),不适用于系统背板的互连,后来发展了串行总线,目前几乎所有的 RapidIO 互连均使用串行方式。

串行 RapidIO 接口基于 CML 传输电平的高速差分信号,器件采用双向全双工串行链路,即在一个端口的每个方向上都使用单向差分信号,支持 1 个串行差分对作为 1 个通道(1x),或同时支持 4 个串行差分对作为 4 个通道(4x)。每个通道支持多种不同的数据传输速率,即 1.25Gb/s、2.5Gb/s、3.5Gb/s、5Gb/s、6.25Gb/s、10Gb/s。

11.4.4　计算机内部总线性能比较

表 11-3 比较了三种带宽能达到 10Gb/s 的互连技术:以太网、PCI Express 和串行 RapidIO,从中可以看出串行 RapidIO 是最适合高性能嵌入式系统互连的技术。

表 11-3　10Gb/s 互连技术比较

指　　　标	以太网	PCI Express	RapidIO	备　　　注
软件开销	高	中	低	以太网需软件实现 TCP/IP 协议栈;RapidIO 协议栈简单,一般都由硬件实现,软件开销很小
硬件纠错重传	不支持	支持	支持	
传输模式	消息	DMA	DMA,消息	
拓扑结构	任意	PCI 树	任意	RapidIO 支持直接点对点或通过交换器件实现的各种拓扑结构
直接点对点对等互连	支持	不支持	支持	RapidIO 互连双方可对等的发起传输
传输距离	长	中	中	RapidIO 针对嵌入式设备内部互连,传输距离一般小于 1m
数据包最大有效载荷长度	1500 字节	4096 字节	256 字节	嵌入式通信系统对实时性要求高,RapidIO 小包传输可减少传输时延
打包效率(以传输 256 字节数据为例)	80%(TCP 包)	81%	92%～94%	打包效率是有效载荷长度与总包长的比率。RapidIO 支持多种高效包格式

11.5　设计及应用案例

11.5.1　航空雷达信号处理设计案例

1. 概述

高性能雷达系统需要满足数据采集、数据传输和数据处理这三个基本功能,即要在系统内采集和传输、处理数据。目前雷达信号采集用的 A/D 转换器的采样率已达吉赫兹的量级,对如此大容量数据进行高速、实时传输成为了一个关键技术。

雷达数据处理阶段的主要任务是点迹处理和航迹处理,算法非常复杂,并且还经常需要根据目标的特点进行算法切换或多任务并行处理。

典型雷达信号处理流程如图 11-17 所示。

为达到高速数据处理和数据传输能力,现代雷达以 VPX 构架为基础,以 RapidIO 为高速互连通道,搭建高性能的异构处理系统。系统中各单元可由 DSP、CPU、FPGA 实现,"通用处理器＋实时操作系统"的组合占有较大的优势,如图 11-18 所示。

在雷达处理系统中,RapidIO 以高传输带宽、高传输效率占据较大优势。

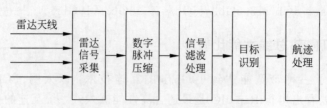

图 11-17　典型雷达信号处理流程

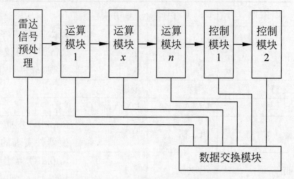

图 11-18　雷达数据处理系统

2. 基于 RapidIO 的硬件设计

为解决雷达信号系统庞大的数据采集、信息传递共享、数据交换处理、高速数据传输等一系列问题,以 PowerPC P2020+DSP 异构模式设计。

1) DSP 模块

雷达数据滤波采用 DSP 模块实现,如图 11-19 所示。

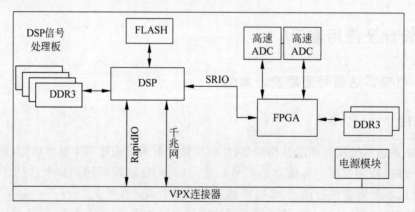

图 11-19　DSP 板原理示意图

(1) 由 2 片 2 通道 ADC 芯片、1 片 FPGA 芯片和 2GB 的 DDR3 组成,实现 2 路高速 A/D 数据采集和预处理,并将处理后的数据通过 RapidIO 总线传输给 DSP。

(2) 由 DSP 芯片进行雷达信号脉冲压缩、滤波处理,DSP 运算能力可达到 80 GFLOP (浮点)。

（3）DSP 处理完的数据再通过高速 RapidIO,传输给主控板做下一步处理。

其中 DSP 采用 TI TMS320C6674,集成 4 核 TMS320C66x DSP,支持定点、浮点运算,运算能力高达 80 GFLOP。

DSP 芯片框图如图 11-20 所示。

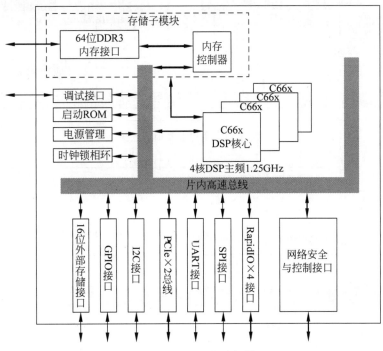

图 11-20　DSP 芯片框图

2）CPU 模块

目标识别和航迹处理由 CPU 进行运算,生成最终的雷达目标识别信息。

（1）串口:2 路标准 RS232 协议串口,同时接到前面板和底板,波特率为 115 200b/s;2 路标准 RS422 接口到底板,全双工,波特率可达 2400~115 200b/s。

（2）2 路网络接口:1 路为 1000Mb/s 连接至前面板作为调试网络接口,另一路为 1000Mb/s,连接至底板连接器,2 路网络均支持 TCP/UDP。

（3）2 路 1x RapidIO 接口,可支持速率为 1.25Gb/s、2.5Gb/s、3.125Gb/s。

（4）主控板通过 XMC 接口可扩展其他高速接口,如图 11-21 所示。

其中 PowerPC P2020（即 P2020）为高性能嵌入式处理器,采用双核 Power Architecture e500 构架,主频可达 1.2GHz。

P2020 芯片框图如图 11-22 所示。

3. 基于 RapidIO 的软件开发

1）RapidIO 驱动

由于 RapidIO 子系统是 VxWorks 软件的核心,需要尽可能提供足够详细的规范,特别是定义全部协议和包的格式,为主端口器件发起和完成事务提供必要的信息。RapidIO 子系统驱动软件层次模型具体框架如图 11-23 所示。

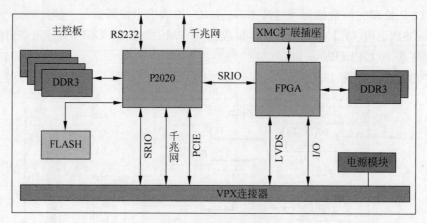

图 11-21　主控板原理示意图

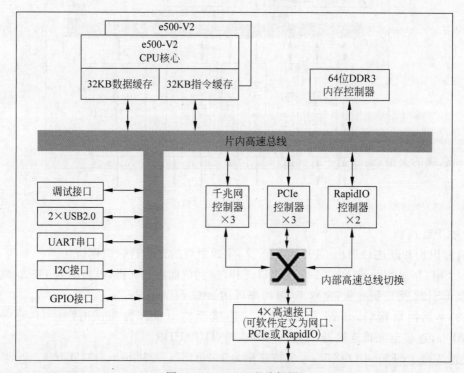

图 11-22　P2020 芯片框图

图 11-23　RapidIO 子系统驱动软件层次模型具体框架

RapidIO 作为一种总线,在 VxWorks 下其驱动子系统设计分为三层:一是 RapidIO 全局层,它处理全局公共数据,称为 RapidIO 子系统核;二是 RapidIO 总线层,它处理公共事务,包含总线驱动、交换设备支持、探测和枚举;三是 RapidIO 设备层,它提供设备的相关操作,包括互连服务、设备文件属性支持、具体的端设备驱动。

2) RapidIO 全局层

RapidIO 子系统核包含 RapidIO 在 VxWorks 内核中应用的全局数据结构,负责把硬件结构抽象到结构体中,由以下 4 个部分组成。

(1) rio_mport:RapidIO 主端口信息,传输和接收 RapidIO 消息交互的端口,提供 VxWorks 到桥接器处理的桥梁。主端口使运行 VxWorks 的 P2020 处理器能与 RapidIO 网络交换信息。包含主端口信息,邮箱、门铃等资源信息,端口号、名称等。

(2) rio_switch:RapidIO 交换信息,在端到端互连结构中到达目的的路由包。包含 RapidIO 交换设备的信息,交换链表中的结点、路由表、路由添加和获取的回调函数等。

(3) rio_dev:RapidIO 设备信息,系统中端设备和交换设备的相关信息。包含通用的配置信息、设备 ID、交换端口、资源信息、目的 ID 等。

(4) rio_net:RapidIO 网络信息,由互连结构终端和交换设备组成。包含系统网络的信息、设备列表、端口列表等。

3) RapidIO 总线层

RapidIO 总线驱动负责初始化 RapidIO 总线,向 VxWorks 的设备模型中注册总线的设备 ID 和总线的类型,通过把一组数据和操作统一到全局可访问的数据结构中,为桥接器和设备增加具体总线的驱动,包括一组 RapidIO 的公共属性和一组公共的回调函数、总线探测、匹配设备、总线关闭和指定设备属性文件的入口。

为了初始化 RapidIO 系统,在 RapidIO 网络中先初始化一个运行 VxWorks 的 P2020 主端口处理发送和接收事务,向系统初始化函数传递 RapidIO 的初始化主口,由主机获取初始化引导代码,然后执行系统探测和枚举算法,枚举所有器件并将相关器件信息记录到器件结构链表,建立所有端点器件间的路由,最后映射到地址空间。

探测和枚举系统中所有 RapidIO 连接器件,即高速 AD 采样 FPGA 模块,并为它分配唯一的器件 ID。运行 VxWorks 的 P2020 主端口定义成一个大于或等于 0 的主口 ID,通过维护事务访问设备的配置空间。根据上电后各模块的 ID 值设置优先级,ID 值较大的器件进入枚举,收集网络中有用的拓扑信息路由表和存储器映射信息等。

通过递归处理网络的深度,当一个模块被探测到时,写主设备 ID 锁定寄存器确定枚举已经执行,按设备的能力决定设备是端或交换设备:如果是端设备,分配新的设备 ID 并写回终端,分配新的 rio_dev 并初始化;如果是交换设备,需要 Vendor ID 和 Device ID 创建交换表,交换表包含交换路由操作、读写交换路由、分配新的 rio_dev 和 rio_switch。枚举交换机上每一个活动的端口,对每条活动的链接,到设备 ID 的路由都被写入路由表。当运行 VxWorks 的 P2020 的主机完成枚举时,清除锁定寄存器,对系统中每个模块的组成标签寄存器写入"枚举完成"值,RapidIO 端设备设置为可见的地址范围,与 Device ID 一起组成系统中唯一的地址。通过转换逻辑把这个唯一的地址写到系统中其他器件的本地地址空间。

4）RapidIO 设备层

RapidIO 设备层运行 VxWorks 操作系统下的 P2020 主端口模块执行主口检测获取其他模块的 Device ID；请求 inbound 邮箱的所有权并给该资源约束一个回调函数；释放 inbound 邮箱的所有权；请求 outbound 邮箱的所有权并给该资源约束一个回调函数；释放 outbound 邮箱的所有权；向端口门铃事件列表中添加门铃的资源/回调对；请求 inbound 门铃的所有权并给该资源约束一个回调函数；释放 inbound 门铃的所有权；请求一个门铃消息范围，返回该资源；释放门铃消息范围；测试设备是否支持给定的 RapidIO 性能；提供端设备发现和获取功能。

设备文件属性支持保证无论何时在这个树上插入设备，内核都会为它创建一个目录，可以在目录下通过创建文件来导出该设备的数据或提供调整的接口。设备文件属性支持包括文件建立、文件清除、路由显示以及读写当前的 RapidIO 信息。

5）RapidIO 端设备 AD 采集 FPGA 的驱动

RapidIO 端设备驱动程序由初始化设备、操作控制、卸载设备等模块组成。

（1）初始化设备模块。

初始化设备模块的主要工作如下：向 RapidIO 子系统注册主口，初始化设备的 RapidIO 硬件接口，注册驱动程序，根据系统指定的信息配置主口，初始化 RapidIO 端设备，为系统分配内存。

（2）操作控制模块。

一组抽象访问硬件的接口由操作控制模块定义而成，用于管理消息的读写、邮箱访问、门铃、进行通信和数据传输。

① 打开 inbound 邮箱：根据应用要求对环形缓存以及 inbound 消息环进行初始化，指向环队列的第一个指针，配置 inbound 消息单元，清除中断，设置队列入口数量，连接 inbound 消息句，激活 inbound 消息单元。

② 打开 outbound 邮箱：与打开 inbound 邮箱的处理类似，根据应用要求进行一系列的操作。

③ 发送门铃消息：将门铃数据写入寄存器。

④ 门铃中断处理：读取寄存器中的数据，处理门铃中断。

⑤ 读 inbound 消息队列：根据消息寄存器将消息读到物流缓冲，然后从物理缓冲读出到 inbound 中，复制消息到应用缓冲，清除 inbound 中的缓冲数据。

⑥ 写 outbound 消息队列：获得目的端口，将应用缓冲中的消息复制到 outbound 缓冲，在寄存器中设定目的 ID、源缓冲地址、消息域、中断优先级、队列指针增加。

（3）卸载设备模块

卸载设备模块的主要工作有：注销设备驱动；释放 I/O 内存资源；将设备的控制权释放；释放内存映射。

11.5.2 国产龙芯计算机设计案例

1. 基于国产龙芯平台的硬件开发

1) 概述

产品采用 6U CPCI 模块,整个模块由 2 片龙芯 3A1500 加 1 片龙芯 2H 实现,当只焊接 1 片 3A1500 芯片时,模块工作在单龙芯状态,整个模块的功能分配及系统框图如图 11-24 所示。

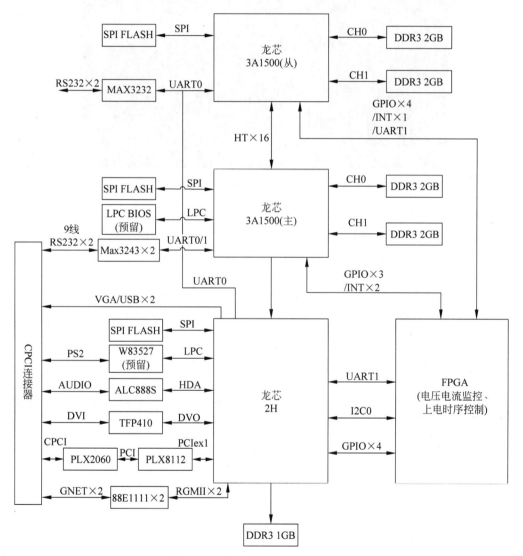

图 11-24 产品功能分配及系统框图

(1) 龙芯 3A1500(主 CPU)工作在主模式,通过 HT0x16 总线与从 CPU 通信,通过 HT1×8 总线与龙芯 2H 桥片进行通信,每个龙芯 CPU 外扩 4GB DDR3 SDRAM。

(2) 龙芯 2H 工作在桥片模式,对外提供 DVI、VGA、USB、PCIe、SATA 等各种接口。

（3）FPGA 先上电，实现模块上电时序、复位时序控制。

龙芯板卡图如图 11-25 所示。

图 11-25　龙芯板卡图（注：湖南航天捷诚电子装备有限责任公司提供）

2）关键器件特性

龙芯 3A1500 是龙芯 3A2000 四核处理器的高质量等级版本。龙芯 3A1500 是一个配置为单结点 4 核的处理器，采用 40nm 工艺制造，工作主频为 800MHz，主要技术特征如下：

（1）片内集成 4 个 64 位的四发射超标量 GS464e 高性能处理器核；

（2）片内集成 4MB 的分体共享三级 Cache（由 4 个体模块组成，每个体模块容量为 1MB）；

（3）通过目录协议维护多核及 I/O DMA 访问的 Cache 一致性；

（4）片内集成 2 个 64 位带 ECC、667MHz 的 DDR2/3 控制器；

（5）3A1500 片内集成 2 个 16 位 1.6GHz 的 HyperTransport 控制器（以下简称 HT）；

（6）每个 16 位的 HT 端口拆分成两个 8 路的 HT 端口使用；

（7）片内集成 32 位 33MHz PCI；

（8）片内集成 1 个 LPC、2 个 UART、1 个 SPI、16 路 GPIO 接口。

龙芯 3A1500 号芯片整体架构基于两级互连实现，如图 11-26 所示。

龙芯 2H 是面向安全适用计算机设计的高集成度系统芯片。片内集成定点处理器、浮点处理器、流媒体处理和图形图像处理功能，以及南桥、北桥等配套芯片组功能。

龙芯 2H 内部采用多级总线结构。处理器核、内存控制器、图形媒体模块、PCIE 和南桥使用交叉开关互连。南桥内为共享总线，连接 GMAC、USB、SATA、HDA、DMA 等设备。低速外设（I2C/UART 等）作为一个集合加在南桥总线上。

2H 框图如图 11-27 所示。

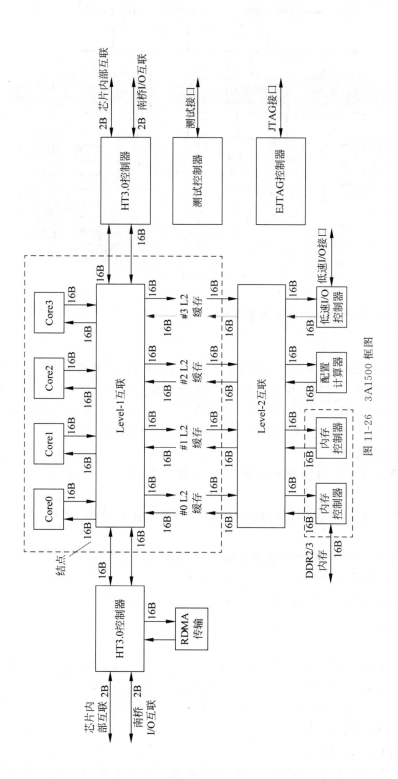

图 11-26　3A1500 框图

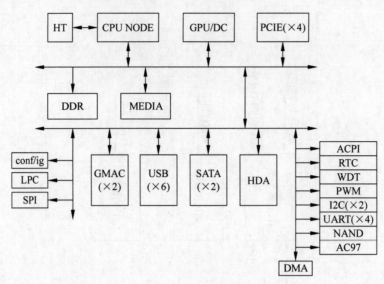

图 11-27   2H 框图

2. 基于国产龙芯平台的软件开发

1）概述

产品采用中标麒麟桌面版。该系统基于 Linux 内核,针对龙芯处理器硬件设计指令集特点,从操作系统内核进行适配和优化,同时构建包括 Office 应用在内的完善桌面应用环境,能够满足个人计算机用户日常使用计算机的需求。在应用环境之外,还提供了完善的应用开发环境,如 QT 等,方便基于龙芯 CPU 的应用开发和移植。

2）整体架构设计

软件使用 PMON＋中标麒麟操作系统,整体框架图如图 11-28 所示。

（1）PMON 进行基本的硬件初始化与检测,加载并引导操作系统;

（2）操作系统为应用程序屏蔽硬件细节,提供统一的设备操作接口以及进行 CPU、内存、I/O 等资源的管理。

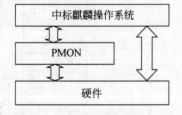

图 11-28   软件整体框架图

（3）应用软件为客户提供一些常用的功能,如桌面、终端等。

3）PMON 设计

（1）概述。

PMON 为龙芯的基本输入输出系统(BIOS),具有强大而丰富的功能,除基本的 I/O 功能外,还包括硬件初始化与检测、操作系统引导和程序调试等功能。

PMON 作为引导,支持从多种媒介中加载内核,包括硬盘、U 盘、网络、光盘、FLASH,甚至基于串口和 EJTAG 等。

（2）PMON 启动流程。

在龙芯 CPU 上电之初,内存和内存控制器处于不确定状态,因此 CPU 开始执行的 BIOS 代码只能放在非易失性介质中。PMON 的二进制代码就放置在片上的 Flash 中。

PMON 上电启动过程如图 11-29 所示。

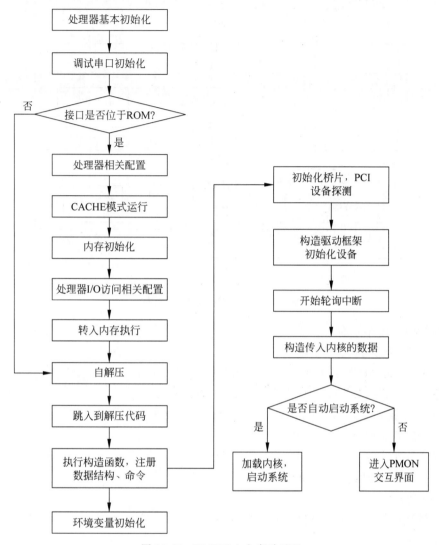

图 11-29　PMON 上电启动过程

（3）PMON 开发和调试。

主要完成 PMON 下的外设驱动开发，包括 DDR 内存、DVI 和 VGA 显示接口、SATA 存储、网络、CPCI 总线、USB 接口、RS232 接口、I/O 接口、音频接口等。

PMON 驱动框架将所有设备都抽象成文件进行操作，可分为文件系统层、中间层和设备驱动层。

① 文件系统层利用文件操作的方式进行用户交互及硬件设备管理和查询功能；

② 中间层连接设备驱动层和文件系统层，包含文件系统抽象和 TCP/IP 等组件；

③ 设备驱动层提供系统平台主要设备驱动的程序。

PMON 驱动框架结构如图 11-30 所示。

4）中标麒麟操作系统设计

中标麒麟操作系统基于 Linux 内核，是一个支持丰富外设和多进程管理的操作系统，并

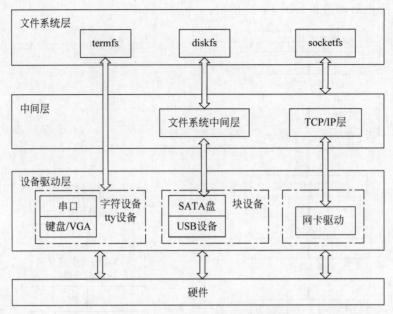

图 11-30　PMON 驱动框架结构

提供良好的用户操作界面。

（1）操作系统架构。

系统采用分层结构，从下到上依次为内核、系统软件、中间件及库、应用软件，如图 11-31 所示。

① 内核包括设备驱动，进程管理，进程间通信，时间管理，文件系统，日志记录，调试支持等。

② 系统软件包括 C/C++ 开发工具链、图形管理、C 库等。

③ 应用程序包括终端、桌面等。

（2）驱动开发。

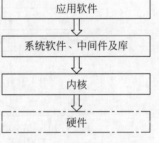

图 11-31　操作系统结构

中标麒麟操作系统无法直接支持定制化龙芯主板，故需要为其开发板级支持（BSP）包和硬件设备驱动。

① 板级支持（BSP）包。

板级支持包介于主板硬件和操作系统中驱动程序之间，主要是实现对操作系统的支持，为上层的驱动程序提供访问硬件设备寄存器的函数包，使之能够更好地运行硬件。具体功能包括：

a. 龙芯主板硬件初始化，主要是 CPU 初始化，为整个操作系统提供底层硬件支持；

b. 内存初始化和配置；

c. 初始化操作系统，为操作系统正常运行做准备。

② 设备驱动。

Linux 驱动模型框架如图 11-32 所示。

a. kernfs。

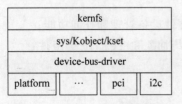

图 11-32　Linux 驱动模型框架

为用户层提供统一访问接口，kernfs 是一个通用的内核虚拟文件系统。

　　b. sysfs/kobject/kset。

　　sysfs 是设备驱动文件系统,设备之前的各种关系会在/sys 目录下表现出来。该文件系统将硬件平台上设备抽象出来统一管理,Linux 内核定义一个 kobject 结构体,/sys 下的目录均通过 kobject 抽象,kset 既是一个 kobject,也是同类型的 kobject 的集合,kobject 和 sysfs 绑定在一起,能方便组织驱动中的各种联系。

　　c. device-bus-driver。

　　此部分是核心,驱动模型中分设备与驱动,不同的设备可以共用同一驱动,在 bus 上分别挂多种设备与驱动,而设备与驱动的匹配通过 bus 进行。

　　d. 总线设备层。

　　该部分抽象出不同总线设备驱动,基于此就可以根据不同的总线来设计独有的总线模型。最通用的就是 platform 总线,它是特殊总线,不像 pci/i2c 等有实际的总线,它是抽象出来的,为平台上设备来服务。

　　基于该 Linux 驱动模型框架,开发涉及 DDR 内存、SATA 存储、网络、CPCI 总线、RS232 串口、I/O 接口、音频、GPU、USB 鼠标、USB 键盘、VGA、DVI 等设备驱动。所开发的驱动都是处于模型中的总线设备层。

11.5.3　高性能车载服务器设计案例

1. 概述

　　受到云计算、大数据、物联网的快速发展的影响,服务器市场需求持续增长,在高性能计算领域,x86 服务器仍占据一席之地。由于国产 CPU 的性能在服务器应用上还存在一定的差距,短时间内无法将高性能的服务器 CPU 替换成国产 CPU。

　　高性能车载服务器是数据处理的关键设备,多数大块的态势数据通过处理后再下发到多个端用户,服务器的稳定、高效运行直接影响整个系统的效率,因此该服务器的可靠性、高性能、可搬移、全天候的环境适应性是其关键特征。

　　高性能车载服务器主要的故障隐患是金手指连接方式,而一般情况下,金手指内存在高性能服务器中用量较大,在车载振动环境中故障发生的概率较高。服务器中使用金手指插槽连接的还包括 RAID 卡、FC HBA 卡、光纤网卡、万兆以太网卡等扩展板卡。因此,无金手指插槽连接,所有内存、功能芯片等均表贴的服务器,才能满足车载恶劣环境下使用的可靠性要求。

2. 硬件架构

　　整体架构基于模块化设计、高效散热、冗余设计、高可靠快插接口、集中管控等技术,解决高性能车载服务器产品在全天候使用环境下的高可靠、模块化、高容错、高可维性和高可制造性的技术要求,并且能满足连接便捷、快速搭建的特点。由三块主板模块(包括 CPU、内存、RAID 芯片、网络芯片)、高速背板模块、交换模块、存储模块、电源模块和管理模块八大模块组成,模块功能如表 11-4 所示。高性能车载服务器应用框架示意图如图 11-33 所示,整个设备达到较高的模块化设计水平,降低了模块设计难度和复杂性,也容易隔离故障,提高设备可维护性。

表 11-4　模块功能

序号	实 体 名 称	功 能 定 义
1	主板模块	含四路 CPU、板载内存、板载 RAID 卡及板载网卡等
2	高速背板模块	分为 I/O 总线及 PCIE 总线。其中 I/O 总线提供所有功能模块的供电及 I/O 快插接口连接；PCIE 总线为 PCIE×8 高速互联总线,保证互联 40Gb/s 的通信带宽
3	交换模块	为高速以太网交换模块,可提供总带宽 200Gb/s 的交换能力,为三机互联提供专用的高速通道
4	存储模块	包含硬盘背板及 SSD,三块主板的硬盘集中放置,每块主板配置 4 块 SSD,具备非正常断电情况下数据保护功能
5	电源模块	包括电源背板及模块电源,将 AC 220V 电源转化为主板需要的直流 12V 电压
6	管理模块	LCD 集中管理终端,显示各模块的状态信息,包括开机状态的监控、风扇转速、CPU 温度、BMC IP 地址、功耗等。 故障信息包括 CPU 故障、内存故障、硬盘故障、电源故障、风扇故障、RAID 故障、网卡故障、PCIE 故障以及主板故障

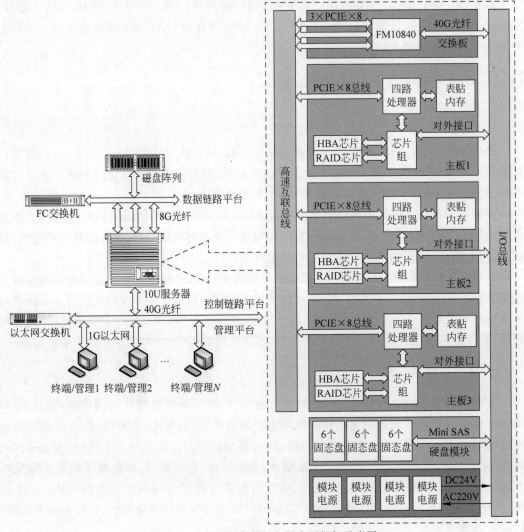

图 11-33　高性能车载服务器应用框架示意图

3. 主板模块

1）概述

高性能车载服务器核心是高性能高可靠的主板模块,该主板模块是一款基于四路 Intel 至强可扩展系列 CPU 的高性能、高可靠服务器主板。该主板从板卡级开始进行功能布局、散热、抗振、EMC 设计,将内存颗粒、RAID 芯片、网络芯片等全表贴,并采用高可靠的高速差分针孔连接器,做到模块级稳定可靠。

2）主板系统架构

主板支持至强可扩展系列处理器,FCLGA3647 CPU 底座,四路 CPU 中的每颗 CPU 均与其他三颗 CPU 通过 UPI 总线互联,传输速率高达 10.4GT/s;提供 DDR4 控制器,可支持 DDR4 ECC 板载内存颗粒,最高支持 2666MT/s,支持四通道内存,容量为 256GB;搭配 C624 系列芯片组,该芯片组集成了系统所需的各种外部 I/O,可提供 6 个 USB3.0 接口和 14 个 USB2.0 接口、6 个 SATA3.0 接口和 4 个 SATA3.0 接口、20 个 PCIE 1X 总线接口等,该桥片的最大功耗约为 19W。AST2500 芯片提供了 1 路 VGA 显示接口,可满足显示输出。在设计上直接采用 BMC2500 的管理口进行远程控制,并将主板的状态信息输出到监控屏上。主板提供一个 RAID 芯片,输出 8 路 12G SAS 接口,支持 RAID 0/1/5/1E/10/50,并集成了万兆以太网芯片,可提供 4 对万兆以太网高速数据接口。另外,主板提供 4 个 10/100/1000M 自适应网口,支持 SR-IOV 协议,支持聚合绑定。主板系统框架示意图如图 11-34 所示。

4. 高速背板模块

高速背板模块框架示意图如图 11-35 所示。高速背板模块包括 I/O 总线和 PCIE 总线。

I/O 总线主要是提供整个设备各模块间的接口互连以及对外接口集中布局,各模块间接口采用高速差分连接器,保证可提供充足的信号针脚,保证差分信号的信号质量。对外接口采用集中式快插连接器,并带有二级导销,确保整个设备能快速可靠的进行插拔。

PCIE 总线主要提供三块主板模块与交换模块之间的 PCIE×8 信号连接,为三块主板模块之间提供 40Gb/s 的高速信号互联。考虑到主板模块位置的差别,造成 PCIE 信号连线过长,有损信号质量,在高速背板模块上增加 PCIE 信号调节芯片,以达到加强 PCIE 信号质量的目的。

5. 交换模块

随着软件业务量的增大,10G 的以太网通道逐步成为了主板模块间数据交换的瓶颈。数据库软件实际是在每个主板模块的本地磁盘中,每个主板模块分别处理一部分信息,并且需要协同处理的方式才能完成任务,三个主板模块间的数据交换通过一台万兆以太网交换机完成,并且外部的数据也通过同一通道与三块主板模块进行交换,实际留给三块主板模块间的数据交互带宽很小。

交换模块采用 Intel FM10840 以太网多主机控制器作为主交换芯片,可为每个主板模块提供单通道 40GbE 的高速交换通道,主板模块端接口采用 PCIE GEN3 总线连接,内置了以太网网络芯片以及共享内存的以太网交换芯片,对外通信可达 4×100G 或 9×40G 高速链接。Intel FM10840 交换芯片框架示意图如图 11-36 所示。

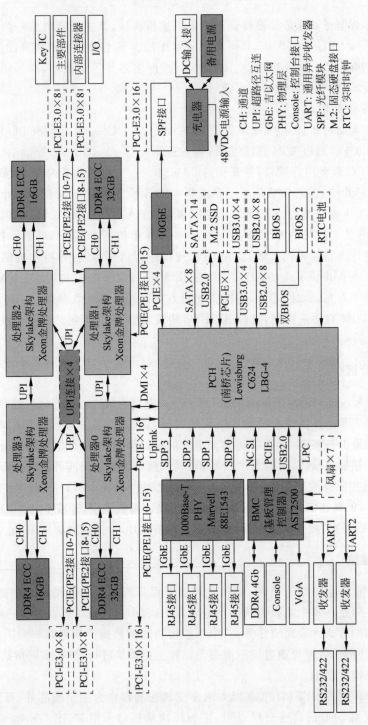

图 11-34 主板系统框架示意图

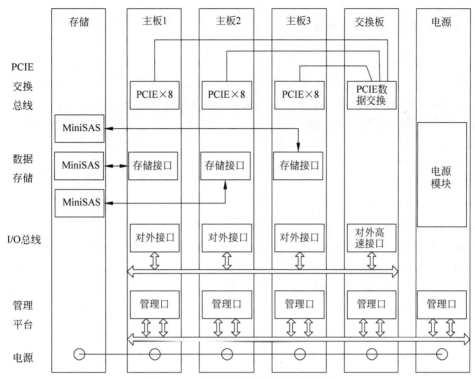

图 11-35　高速背板模块框架示意图

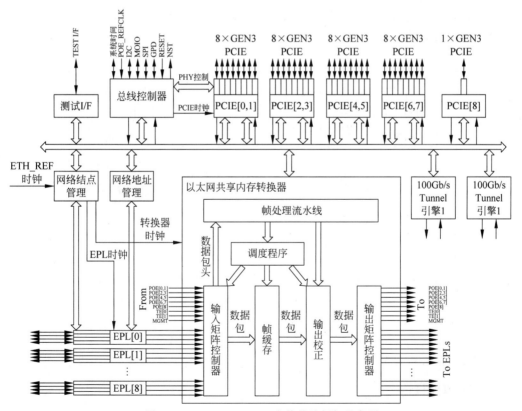

图 11-36　Intel FM10840 交换芯片框架示意图

6. 智能化管理系统设计概述

智能化管理系统(iBMC)面向专业领域应用服务器进行设计,iBMC 兼容服务器业界管理标准 IPMI 2.0、SNMP,支持键盘、鼠标和视频的重定向、文本控制台的重定向、远程虚拟媒体、高可靠的硬件监控和管理功能。其主要实现功能项如下:

1)丰富的管理接口

提供 IPMI/HTTPS/SNMP 管理接口,满足多种方式的系统集成需求。

2)兼容 IPMI1.5/ IPMI2.0,提供标准的管理接口,可被标准管理系统集成。

3)故障监控和诊断

故障监控和诊断,提前发现并解决问题,保障设备 7×24 小时高可靠运行。

4)虚拟 KVM 和虚拟媒体

提供远程桌面显示,实现虚拟键盘、鼠标,以及虚拟媒体(包括虚拟光盘、虚拟文件夹等),提供方便的远程维护手段。

5)基于 Web 界面的用户接口

可以通过简单的界面操作快速完成设置和查询任务。

6)支持 DNS/LDAP

域管理和目录服务,简化服务器管理网络。

7)安全管理

从接入、账号、传输、存储四个维度保障服务器管理的安全。

智能化管理系统的软件设计分为三大部分,分别是系统维护、远程监管、系统稳健性。系统的整体架构如图 11-37 所示。

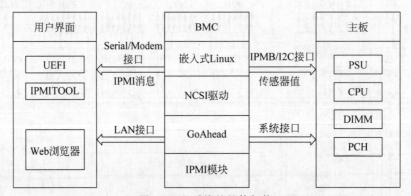

图 11-37　系统的整体架构

图 11-37 列出了整个系统的架构,以图形化的形式展现,用户可以通过 IPMITOOL、Web 多种方式来与 iBMC 通信交互,查询或者下发相应的命令给 iBMC,分别由不同的模块进行处理。iBMC 的这些模块则是与主板上的组件进行一个交互,获取它们的数据。iBMC 提供了四个接口,负责不同的事务处理,分别是系统接口(KCS)、IPMI/I2C 接口、LAN 接口、Serial/Modern 接口等。

7. 管理系统设计

在系统设计中,服务器管理系统(BMC)与主板上组件的通信都是建立在 IPMI 规范上,实际上就是 BMC 固件程序与组件驱动程序的通信。固件程序由以下几个部分组成,分别是系统嵌入式 Linux 系统、嵌入式 Web 服务器、传感器驱动、网卡驱动 NCSI、IPMI 模块、KVM 等。Linux 为 BMC 提供给一个稳定的系统环境,通过串口可以与用户进行交互。嵌入式 Web 服务器提供了用户以浏览器的方式访问服务器管理系统。

在这个系统架构中,BMC 实现了应用软件与底层硬件的一个交互过程。BMC 的软件架构如图 11-38 所示。

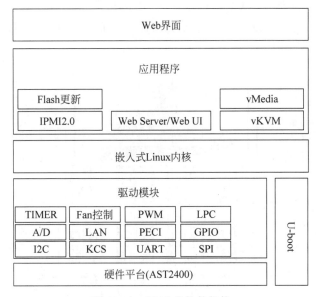

图 11-38　BMC 的软件架构

11.5.4　云计算在舰艇信息系统中的应用

1. 全舰计算环境概念

在舰船作战系统向一体化、集成化、系统化发展的基础上,美国海军利用全舰计算环境(TSCE)将它们进一步融合为一个一体化的网络。从概念上讲,全舰计算环境是一种革新性的概念,以网络为中心,基于开放式体系结构和民用现成技术,将现代舰艇战时、平时各类运算操作、基础数据集成到一个统一的、公共计算环境中,实施分布或集中式管理。从功能上讲,全舰计算环境将舰载系统应用程序与计算机及操作系统进行隔离,通过将各类应用软件和网络服务部件化,实现舰艇上各系统之间的集成,极大地推动舰载系统的模块化、部件化,最终达到舰艇武器跨系统、跨平台甚至跨领域的协同作战能力。该环境不仅包括舰载C4ISR(指挥、控制、通信、计算机、情报、监视和侦察),武器系统和舰船状态监控系统,还扩展到了岸上以支持舰船的维护、补给、训练等功能。

全舰计算环境是新一代舰载系统集成技术,对舰艇平台信息化具有重要意义和影响,是"网络中心战"在单个舰艇平台上的具体体现,也是舰艇平台信息化技术迈向"网络中心战"的一个重要里程碑。

2. 全舰计算环境的体系结构

如图 11-39 所示,全舰计算环境是一个由网格化计算机构成的高性能分布式实时计算环境,它能够控制和执行分布式战术应用程序,提供应用程序加载、资源管理、实时应用程序通信、容错等服务。全舰计算环境由计算机、内部和外部网络通信设备、网络介质、操作和控制软件、通信软件、接口软件等组成。从技术层面来看,全舰计算环境由硬件层、操作系统层、中间件层、基础结构服务层、应用程序层和资源管理器组成,其中硬件层、操作系统层、中间件层、基础结构服务层构成了全舰计算环境的核心,即全舰计算环境基础设施。

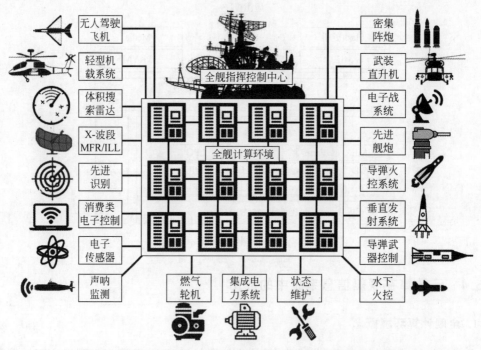

图 11-39　美国 DDG1000 攻击驱逐舰全舰计算环境结构示意图

全舰计算环境通过软硬件模块化、构件化及服务化,解决了各分系统独立运行、互操作困难、资源无法共享等问题,最终达到跨平台、跨领域的协同作战能力。

1) 基础设施

全舰计算环境基础设施包括网络设备、计算设备、存储设备、显示设备和操控设备等硬件设备以及一组核心、通用的基础软件。这些软硬件采用主流商用现货产品,构建成为一个开放式体系结构的计算环境,为作战和平台各种任务的执行,为传感器、指控、武器、舰船操纵、机电控制和保障等领域应用提供服务。

(1) 硬件层。硬件层包括支撑系统运行的计算机、网络、电缆设备、交换机和驱动器等硬件设施,这些硬件设施均采用商用现货产品,以 IEEE(国际电气工程师协会)、ITU(国际电信联盟)、IETF(因特网工程组)标准为主,它们构成了全舰计算环境的硬件基础。

(2) 操作系统层。操作系统包括运行于硬件层计算机之上的各种类型的操作系统(含 TCP/IP 和设备驱动程序)。它们符合 POSIX 标准,包括 VxWorks、Solaris、Linux 和

Windows 等。

（3）中间件层。中间件是全舰计算环境基础设施的核心部分，提供分布式、适应性的框架。它位于操作系统和应用程序之间，实现各种类型操作系统与应用程序之间的消息通信和资源共享，如对象管理组织（OMG）的公共对象请求代理架构（CORBA）和数据分发服务（DDS），以及显示中间件、消息中间件等。

（4）基础服务层。基础服务包括标准的、基础性的服务，例如 Web、FTP、NTP、LDAP、数据库管理和安全管理等。

2）领域应用

全舰计算环境领域应用主要包括通用服务、应用软件和人机界面等。

（1）通用服务层。通用服务指多个上层应用程序都会使用的软件功能，如时间同步、数据记录、态势显示、态势标绘和地理信息等。

（2）应用软件层。应用软件层直接面向用户，为完成各种作战任务提供界面和支持，开发、部署在全舰计算环境基础设施之上。对应用软件层来说，关键是进行合适粒度的功能分解，即模块划分。各种功能将在全舰计算环境的基础上以软件模块的形式提供，资源充分共享，通过灵活组织和系统管理支持完成任务。

（3）人机界面层。人机界面软件位于显控台，为完成各种特定领域应用功能、支持作战和平台任务提供界面显示与操控。

3）资源管理

资源管理的作用范围涉及全舰计算环境的各个层次，负责完成全舰计算环境所有软硬件设施的统一分配、管理与部署，如图 11-40 所示，主要包括以下部分。

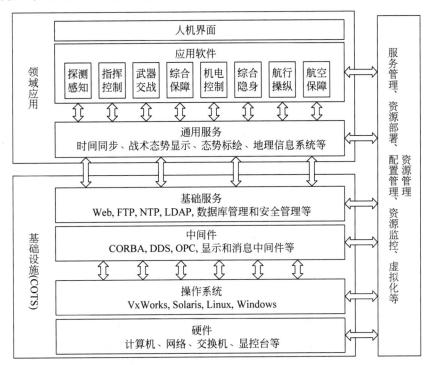

图 11-40　全舰计算环境技术架构

（1）硬件资源虚拟化。对全舰计算、存储和网络资源进行虚拟化，实现基础设施即服务（IaaS）。

（2）资源规划和部署。大量网络连接的计算资源统一管理和调度，构成一个虚拟的资源池。通过集中规划和部署所有的服务器，保证硬件资源的可用性和可扩展性。

（3）软件部署和配置管理。针对全舰计算环境基础设施的服务器、显控台等硬件进行软件部署，包括基础软件和领域应用软件的自动化安装设置、维护升级等。建立软件仓库，对软件进行集中的配置管理。应用快速部署使每个台位的功能可以根据任务需要灵活配置。

（4）硬件资源监控。实时获取基础设施公共资源的占用、运行、故障等状态信息，优化分配资源，提高资源利用率。进行故障预警和应用迁移，建立故障恢复机制。

（5）服务管理。建立注册库，注册全舰参与集成、提供服务的软件及其接口描述和数据模型，包括领域应用软件模块、通用服务和基础服务，并实时监控服务的运行状态。

美军认为，采用全舰计算环境后，系统可获得免维护部署能力、更强的可生存能力、更高的自动化能力及更少的人员配置需求，具有可升级、可重构等特性。

11.5.5　云计算在车载指挥信息系统的应用

1. 车载加固云技术平台系统架构

车载加固云计算平台应用于车载战术云中心，是车载战术云的基础设施平台，用于支撑车载战术云中心各类业务的开展。车载加固云计算平台系统按系统层次可划分为基础设施管理与虚拟化层次和基础设施层次，向上支撑系统集成、业务层次、服务层次、数据层次等多层次信息引接与融合业务体系，其在系统中的架构如图 11-41 所示。

车载加固云计算平台的系统架构具有可靠性、容错性、扩展性、负载均衡、计算存储融合统一化等特点，采用云平台基础设施管理平台部署和运维管理，基于虚拟化技术、集群技术及分布式技术，支持软件定义计算、软件定义存储、软件定义网络等资源，支持方便用户部署任务、监控资源的利用、合理分配各种资源，同时可通过任意席位、资源管理加固计算机等，动态掌握关键数据、控制关键流程，快速完成任务使命。

（1）可靠性：系统各分设备均采用军用车载加固型信息处理设备，质量等级高，具备高可靠性，确保 150 小时连续运行保障。云技术基础设施管理平台，对计算资源、存储资源、网络资源统一管理和融合，客户端、服务器资源、网络资源均采用统一虚拟化平台，实现数据的存储、访问管理等有统一的调度和按需分布，确保数据库的可靠性和强一致性。

（2）容错性：对于实体基础设施，加固型高性能服务器、加固型磁盘阵列等计算、存储资源采用多级别冗余热备份管理。实体设备自身具备 RAID 功能，数据平均分布在每个实体硬盘中，当单个硬盘部件失效的情况下，及时发现并自动恢复数据。同时通过云计算平台基础设施管理平台的运维管理实时监控每个设备的运行状态，在单个设备或者部件失效的情况下，对数据和业务迅速实现热备份和热迁移。对于虚拟资源，应用软件定义存储技术，任何结点出现问题或者存储错误，虚拟机都可以自动修复错误，以保证虚拟机运行正常。

（3）扩展性：车载加固云计算平台在千兆管理网络、万兆核心网络、高性能服务器、磁盘阵列等核心设备的接入接口、功耗负载、机架空间等方面都留有足够的余量，云计算平台

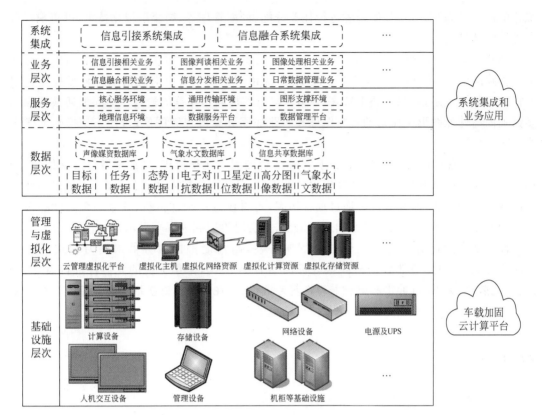

图 11-41　车载加固云计算平台系统架构图

基础设施管理平台支持计算资源、存储资源和网络资源的新增结点自动安装,加入即成为资源池的一部分,并进行快速部署和资源调配。

(4) 负载均衡:车载加固云计算平台系统内的高性能加固服务器、加固磁盘阵列等设备统一由云计算平台基础设施管理平台调度、分配虚拟化资源和管理,支持自动资源调度,根据策略实优化负载,实现整体资源使用均衡。

(5) 计算存储融合:云计算平台基础设施管理平台对高性能加固服务器、加固磁盘阵列等设备采用万兆交换机高速互连,通过软件定义计算、软件定义存储,对所有计算和存储资源进行融合并统一调度,形成统一云化的资源池,实现灵活便捷的目的。

2. 车载加固云技术平台硬件具体组成

车载加固云计算平台系统共由多个机柜和设备组成,各机柜及人机交互界面具体组成如下。

(1) 高性能计算机柜:每个机柜包含多台高性能加固服务器和 1 台 17in 加固 KVM。加固型 KVM 用于高性能加固服务器的本地控制台管理,多台高性能加固服务器通过万兆网络连接到加固万兆交换机,共同构成计算资源和网络资源。高性能加固服务器通过千兆网络连接到加固千兆交换机,接入资源管理网络。

(2) 存储与核心网络机柜:配置有加固万兆交换机、加固服务器及 48TB 加固磁盘阵列。磁盘阵列接入万兆交换,构成存储资源。加固服务器接入万兆交换机,作为云计算与虚拟化的调度管理平台,对整体资源进行任务分配、调度管理等,结合虚拟化技术,可实现资源的综合管理控制。

(3)显示控制机柜:各配置多台加固高性能图形工作站,每个加固高性能图形工作站输出多路高清 DVI 视频图像,其中 2 路 DVI 视频图像用于支撑对应的双屏幕显控席位上 2 个 24in 加固显示器,另一路 DVI 视频图像输出到加固切换器的输入。加固型切换器输入多路加固高性能图形工作站的视频图像和多路加固计算机视频图像,可任意切换输入送至指挥大屏幕。

(4)资源管理机柜:配置加固计算机和多台加固千兆交换机,构成资源管理网络,管理信息通过千兆网络交换。加固计算机输出的 DVI 视频图像接入加固切换器,用于对整体资源的状态监控与管理,同时也可通过远程访问,查看任意一个虚拟机、任意一个高性能图形服务器及席位上的业务软件界面和运行情况,并实时投射到大屏幕显示器上。

硬件平台的计算核心为高性能加固服务器,高性能加固服务器采用刀片式可拔插 ATCA 主板、背板及 RTM 后出线板等标准 ATCA 架构,采用优良的元器件进行设计、加固,强化散热、减振、抗冲击和电磁兼容性等专业设计,在保证良好扩展能力及系统运行的基础上,实现了强大处理能力,用于车载使用环境的需要。

习题 11

11-1　航空计算机有哪些技术特征?

11-2　航空计算机包含哪些基本结构单元?

11-3　AFDX 网络的技术特性有哪些?

11-4　【绘图题】绘制 MIL-STD-1553B 双冗余总线结构。

11-5　【绘图题】绘制 RapidIO 协议采用的三层体系结构。

11-6　【绘图题】绘制雷达系统的典型处理流程。

参 考 文 献

[1]　HENNESSY J L,PATTERSON D A. 计算机体系结构：量化研究方法[M]. 贾洪峰,译. 5 版. 北京：
　　　人民邮电出版社,2013.

[2]　TANENBAUM A S. 计算机组成——结构化方法[M]. 刘卫东,译. 5 版. 北京：机械工业出版
　　　社,2006.

[3]　WARFORD J S, 计算机系统：核心概念及软硬件实现[M]. 龚奕利,译. 北京：机械工业出版
　　　社,2015.

[4]　TURING A M. Computing machinery and intelligence[J], Mind, 1950, 59：433-460.

[5]　NEUMANN J V. First Draft of a Report on the EDVAC[EB/OL]. http://www.baidu.com/.

[6]　胡亚红,等. 计算机系统结构[M]. 4 版. 北京：科学出版社,2015.

[7]　BOGATIN E. 信号完整性分析[M]. 李玉山,等译. 北京：电子工业出版社,2005.

[8]　黄国睿,张平,魏广博. 多核处理器的关键技术及其发展趋势[J]. 计算机工程与设计,2009,30(10)：
　　　2414-2418.

[9]　朱红育,李郁,付学斌. IPMI 在 VPX 系统中的应用与设计[J]. 火控雷达技术,2013,42(4)：65-69.

[10]　关志华,贾福山. OpenVPX 在数字集群通信处理平台中的应用[J]. 硅谷,2014(10)：44-46.

[11]　杨峰,洪元佳,夏杰,等. AFDX 网络技术综述[J]. 电子技术应用,2016,4.

[12]　赵永库,李贞,唐来胜. AFDX 网络协议研究[J]. 计算机测量与控制,2011,19(12)：3137-3139,3142.

[13]　陈宗基,秦旭东,高金源. 非相似余度飞控计算机[J]. 航空学报,2005(03)：320-327.

[14]　易建勋,等. 计算机硬件技术——结构与性能[M]. 北京：清华大学出版社,2011.

[15]　易建勋,等. 计算机导论[M]. 2 版. 北京：清华大学出版社,2018.

[16]　NVIDIA 官方网站资料. GPU IB 提升油气勘探地震成像算法效率[EB/OL].

[17]　NVIDIA 官方网站资料. NV template_NVIDIA Tesla 加速捷尚公安视频侦查应用[EB/OL].

[18]　NVIDIA 官方网站资料. 英伟达 Tesla V100 架构解读 30 亿美元投入剑指 AI[EB/OL].

[19]　赵刚,江勇. 计算机图形显示、加速及实现技术[M], 北京：电子工业出版社,2009.

[20]　张舒. GPU 高性能运算之 CUDA[EB/OL].

[21]　COOK S. CUDA 并行程序设计：GPU 编程指南[M]. 北京：机械工业出版社,2014.

[22]　吴功宜,吴英. 物联网技术与应用[M]. 2 版. 北京：机械工业出版社,2018.

[23]　GUINARD D D. TRIFA V M. 从物联到万联：Node.js 与树莓派万维物联网构建实战[M]. 月影,
　　　译. 北京：电子工业出版社,2018.

[24]　WAHER P. 物联网实战指南[M]. 黄峰达,译. 北京：机械工业出版社,2016.

[25]　HWANG K,FOX G C,DONGARRA J J. 云计算与分布式系统：从并行处理到物联网[M]. 武永
　　　卫,秦中元,李振宇,等译. 北京：机械工业出版社,2013.

[26]　王见,赵帅,曾鸣,等. 物联网之云：云平台搭建与大数据处理[M]. 北京：机械工业出版社,2018.

[27]　刘军,阎芳,杨玺. 物联网技术[M]. 2 版. 北京：机械工业出版社,2017.

[28]　CLEMENTS A. 计算机组成原理[M]. 沈立,王苏峰,肖晓强,译. 北京：机械工业出版社,2017.

[29]　BRYANT R E. 深入理解计算机系统[M]. 龚奕利,贺莲,译. 3 版. 北京：机械工业出版社,2016.

[30]　KUROSE J F,ROSS K W. 计算机网络：自顶向下方法[M]. 陈鸣,译. 6 版. 北京：机械工业出版社,
　　　2014.

[31]　丁飞. 物联网开放平台平台架构关键技术与典型应用[M]. 北京：电子工业出版社,2018.

[32]　HILL F S, KELLEY S M. 计算机图形学(OpenGL 版)[M]. 胡事民,刘利刚,刘永进,等. 3 版. 北

京：清华大学出版社,2009：453-521.

[33] UDDIN J, OYEKANLU E, KIM C H, et al. High Performance Computing for Large Graphs of InternetApplications using GPU. International Journal of Multimedia and Ubiquitous Engineering [J], 2014, 9(3).

[34] 刘金硕,刘天晓,吴慧,等. 从图形处理器到基于 GPU 的通用计算[J]. 武汉大学学报（理学版）, 2013,59(2)：198-206.

[35] 杨柏林,陈根浪,徐静. OpenGL 编程精粹[M]. 北京：机械工业出版社,2010.

[36] 赵刚,张翀,江勇.计算机图形显示、加速及实现技术：基于 VxWorks 的嵌入式图形系统开发实例 [M].北京：电子工业出版社,2009,141-146.

[37] 怯肇乾.嵌入式图形系统设计[M].北京：北京航空航天大学出版社,2009.

[38] RAVANI B, GABIBULAYEV M. Improvement of a Human-Machine Interface（HMI）for Driver Assistance Using an Event-Driven Prompting Display. In：Control Systems Technology[J]，2011. 622-627.

[39] 孔祥营,张保山,俞烈彬.VxWorks 驱动及分布式编程[M].北京：中国电力出版社,2007.

[40] TAN H, HE X, WANG Z, et al. Parallelimplementation and optimization of high definition video realtimedehazing. Multimedia Tools and Applications[J]，2017，76(22),23413-23434.

[41] PRADES J,SILLA F. Turning GPUs into Floating Devices over The Cluster：The Beauty of GPU Migration. 6th Workshop on Heterogeneous and Unconventional Cluster Architectures and Applications（HUCAA），the 46th International Conference on Parallel Processing（ICPP-2017）[J]. Bristol UK,2017.

[42] PEREZ F, REANO C, SILLA F. Providing CUDA Acceleration to KVM Virtual Machines in InfiniBand Clusters with rCUDA. 16th IFIP International Conference on Distributed Applications and Interoperable Systems（DAIS 2016）[J]. Heraklion Crete Greece 2016.

[43] 蔡叶芳,田泽,李攀,等.一种 RapidIO IP 核的设计与验证[J].计算机技术与发展,2014,24(10)：97-100.

[44] 王勇,林粤伟,吴冰冰,等.RapidIO 嵌入式系统互联[M].北京：电子工业出版社,2006.

[45] 丁星,陈洁,倪明,等.Linux 下 RapidIO 子系统的分析与实现[J].计算机工程,2010,36(9)：260-262.

[46] 夏宇闻.Verilog 数字图像系统设计教程[M].北京：北京航空航天大学出版社,2013.

[47] 徐文波.田耘.Xilinx FPGA 开发实用教程[M].2 版.北京：清华大学出版社,2012.

[48] 牟新刚.基于 FPGA 的数字图像处理原理及应用[M].北京：电子工业出版社,2017.

[49] 丁全心.机载瞄准显示系统[M].北京：航空工业出版社,2015.

[50] 牛文生.机载计算机技术[M].北京：航空工业出版社,2013.

[51] 富勒,等.RapidIO 嵌入式系统互连[M].王勇,等译.北京：电子工业出版社,2006.

[52] 黄万伟,等. Xilinx FPGA 高速串行传输技术与应用[M].北京：电子工业出版社,2015.

[53] 芮雪.国产处理器研究与发展现状综述[J].现代计算机,2014(8)：15-19.

[54] 许国峰,许鹏文,邹红霞.国产自主可控技术在军队院校办公自动化中的应用[J].四川兵工学报, 2014,35(3)：130-132.

[55] 龙芯中科芯片研发部,龙芯芯片产品技术白皮书 V2.7.

[56] 郭保平,程建,刘争荣.云计算在军事信息系统中的应用探析[J].飞航导弹,2015,4：55-58.

[57] 董晓明,石朝明,黄坤,等.美海军 DDG-1000 全舰计算环境体系结构探析[J].中国舰船研究,2012, 7(6)：7-15.

[58] 张伟.美国海军全舰计算环境发展及关键技术[J].舰船科学技术,2016,38(4)：148-152.

[59] 董晓明,冯浩,石朝明,等.全舰计算环境体系结构和系统集成框架[J].中国舰船研究,2014,9(1)：8-13.

[60] 马中,陈敬东,戴新发,等.自主可控抗恶劣环境计算技术及应用的研究发展与趋势[M].北京：机械工业出版社,2018.

图 书 资 源 支 持

感谢您一直以来对清华版图书的支持和爱护。为了配合本书的使用,本书提供配套的资源,有需求的读者请扫描下方的"书圈"微信公众号二维码,在图书专区下载,也可以拨打电话或发送电子邮件咨询。

如果您在使用本书的过程中遇到了什么问题,或者有相关图书出版计划,也请您发邮件告诉我们,以便我们更好地为您服务。

我们的联系方式：

地　　址：北京市海淀区双清路学研大厦 A 座 701

邮　　编：100084

电　　话：010-83470236　　010-83470237

资源下载：http://www.tup.com.cn

客服邮箱：2301891038@qq.com

QQ：2301891038（请写明您的单位和姓名）

用微信扫一扫右边的二维码,即可关注清华大学出版社公众号"书圈"。

资源下载、样书申请

书　圈

扫一扫，获取最新目录

课　程　直　播